高等学校遥感科学与技术专业规划教材

遥感数字图像处理

主编 张玉娟

副主编 田泽宇 张利平 白阳

图书在版编目(CIP)数据

遥感数字图像处理/张玉娟主编;田泽宇,张利平,白阳副主编.—武汉:武汉大学出版社,2024.6
高等学校遥感科学与技术专业规划教材
ISBN 978-7-307-24388-0

Ⅰ.遥…　Ⅱ.①张…　②田…　③张…　④白…　Ⅲ.遥感图像—数字图像处理—高等学校—教材　Ⅳ.TP751.1

中国国家版本馆 CIP 数据核字(2024)第 095182 号

责任编辑:杨晓露　　责任校对:李孟潇　　版式设计:马　佳

出版发行:**武汉大学出版社**　(430072　武昌　珞珈山)
(电子邮箱:cbs22@ whu.edu.cn 网址:www.wdp.com.cn)
印刷:武汉贝思印务设计有限公司
开本:787×1092　1/16　印张:21.75　字数:514 千字　插页:1
版次:2024 年 6 月第 1 版　2024 年 6 月第 1 次印刷
ISBN 978-7-307-24388-0　定价:65.00 元

前　言

遥感数字图像处理是利用计算机技术对遥感数字图像进行一系列操作，从而获得某种预期结果的技术。

传统的遥感图像处理方法是利用光学、照相和电子学的方法对遥感模拟图像(照片、底片)进行处理，简称光学处理。光学处理方法复杂、灵活性差、再现性不好。与光学处理相比，遥感数字图像处理方法操作简单、灵活性强、再现性好，能够很容易地构建满足特定处理任务要求的遥感图像处理系统，同时随着计算机硬件和软件技术的发展，它的处理效率越来越高，可以准确地提取所需要的遥感信息，同时还可以和其他计算机系统(如地理信息系统和 GPS)无缝集成，形成 3S 技术(remote sensing，geography information systems，global positioning systems)的综合应用。

现阶段，遥感数字图像处理方法已经逐步取代光学方法，成为遥感图像处理的主流技术手段。随着计算机技术的快速发展，模式识别、机器学习和深度学习等方法与遥感数字图像深度融合，促进了遥感数字图像处理方法的长足发展，使这种方法已经广泛应用在城市规划、农业生产、林业调查、生态监测、国防建设等领域，产生了巨大的经济、社会效益。

本书共包括 9 章内容。第 1 章是遥感数字图像获取，主要介绍遥感的物理基础和传感器及成像原理。第 2 章是遥感数据，主要介绍遥感数据的表示方法、存储及显示。第 3 章是遥感图像的校正，包括辐射校正、大气校正、构像方程和几何处理。第 4 章是遥感影像调色、匀光、镶嵌与正射影像生产。第 5 章是图像变换与增强，主要介绍了傅里叶变换、小波变换、图像融合和图像增强。第 6 章是图像分割，包括边缘检测、阈值分割和区域分割。第 7 章是遥感图像分类，包括数据准备、非监督分类、监督分类、决策树分类、面向对象的图像分类、高光谱遥感影像分类和分类后精度评估。第 8 章是 ENVI 数字图像处理应用，包括 ENVI 软件简介和 ENVI 数字图像处理。第 9 章是遥感数字图像应用实例，主要介绍了景观生态风险时空变化与分析、景观生态风险时空变化驱动力、研究区域景观生态风险分布均匀度和研究区域景观生态风险分布预测。

本书在全面介绍遥感数字图像处理的基本概念、理论和方法的同时，在 ENVI 软件的基础上介绍了遥感数字图像处理的应用，并与景观生态风险时空变化驱动与预测项目相结合，详细介绍了遥感数字图像处理在景观生态风险时空变化、分析与预测中的应用。本书既包含经典的遥感数字图像处理内容，也创新地结合了遥感数字图像处理的应用和项目，具有一定的广度、深度和新颖性。

本书可以作为高校测绘工程、遥感科学与技术、地理信息科学与技术、计算机科学与技术、自动化、地质、气象等相关专业本科生和研究生教材，也可以供相关领域的大学教师、研究人员参考。

本书由多位老师合作编写。具体分工为：第 1 章、第 2 章、第 3 章、第 5.3 节、第 5.4 节、第 8.2.1 节、第 9 章由张玉娟编写；第 5 章除第 5.3 节、第 5.4 节外的其他小节，以及第 6 章由田泽宇编写；第 4 章和第 7 章由张利平编写；第 8 章除第 8.2.1 节外的其他小节由白阳编写。

本书由教育部新工科研究与实践项目(地方高校组，序号 217，面向新工科的工程实践教育体系与实践平台构建)和黑龙江省省属本科高校基本科研业务费项目(2020CX01)资助。

本书在撰写过程中，参阅了近年来大量的学术著作，参考了许多经典教材，以参考文献的形式列出，结合作者在长期教学和生产实践的基础上完成。本书的特点在于系统性和实用性。本书除了给出数字图像处理的基本原理及相关的研究方向之外，还给出了近几年的新技术。书稿虽多次修改，但疏漏之处仍在所难免，敬请大家不吝赐教。

目　　录

第1章　遥感数字图像获取

1.1　遥感的物理基础

遥感之所以能够根据收集到的电磁波来判断地物目标和自然现象，是因为一切物体，由于其种类、特征和环境条件的不同，而具有完全不同的电磁波的反射或发射辐射特征，因此遥感技术主要是建立在物体反射或发射电磁波的原理基础之上的。

1.1.1　电磁波的概念

根据麦克斯韦电磁场理论，变化的电场能够在它的周围引起变化的磁场，这个变化的磁场又在较远的区域内引起新的变化电场，并在更远的区域内引起新的变化磁场，这种变化的电场和磁场交替产生，以有限的速度由近及远在空间内传播的过程称为电磁波。

电磁波是如何产生的呢？电荷加速的时候就会产生电磁辐射，电磁辐射的波长（λ）取决于带电粒子加速时间的长短，频率则取决于每秒加速的次数，波长为一个周期中两个最大值或最小值之间的平均距离。

下列公式描述了电磁波的波长（λ）与频率（v）之间的关系，c 为光速。

$$c = \lambda v \tag{1.1}$$

注意，频率与波长成反比：波长越长，频率越低；波长越短，频率越高。当电磁辐射从一个物体传到另一个物体的时候，光速和波长有可能发生变化，但频率保持不变。

麦克斯韦把电磁辐射抽象为一种以速度 v 在介质中传播的横波，振动着的是空间里的电场强度矢量 $\boldsymbol{E}$ 和磁场强度矢量 $\boldsymbol{H}$，其振动方向垂直于前进方向，且同一点的 $\boldsymbol{E}$ 和 $\boldsymbol{H}$ 相互垂直，变化位相相同，这种关系可用下列方程组表达：

$$\frac{\mu}{c}\frac{\partial \boldsymbol{H}}{\partial t} = -\frac{\partial \boldsymbol{E}}{\partial x} \tag{1.2}$$

$$\frac{\varepsilon}{c}\frac{\partial \boldsymbol{E}}{\partial t} = -\frac{\partial \boldsymbol{H}}{\partial x} \tag{1.3}$$

式中：ε 为介质的相对介电常数；μ 为相对磁导率；c 为真空中的光速。

为了便于描述和比较电磁辐射的内部差异，按照它们的波长（频率）大小依次排列，如图1.1所示画成图表，这个图表就叫作电磁波谱。

不同波长的电磁波谱，既有共同特点，又有内部差异，各波段的主要特点如下：

1）γ 射线（gamma ray）

γ 射线（$\lambda \leqslant 0.03$nm）由于波长短、频率高，所以具有很大的能量、很强的穿透性。

γ 射线是原子核跃迁产生的，由放射性元素形成，来自放射性矿物的 γ 射线可以被低空探测器所探测，是一个有前景的遥感波区。

2) X 射线(X ray)

X 射线(λ 为 0.03~3nm)能量也较大，贯穿能力较强，是原子层内电子跃迁产生的，可由固体受高速电子冲击形成。X 射线在大气中会被完全吸收，不能用于遥感。

3)紫外线(ultraviolet ray，UV)

紫外线(λ 为 3~380nm)由原子或分子外层电子跃迁产生，按波长不同，可进一步分成近紫外(300~380nm)、远紫外(200~300nm)和超远紫外(3~200nm)。粒子性明显。来自太阳的紫外线，波长小于 0.3μm 者完全被大气吸收，波长在 0.3~0.38μm 的可以通过大气，用感光胶片和光电探测器进行探测，但是该波段散射严重，很少用于遥感。

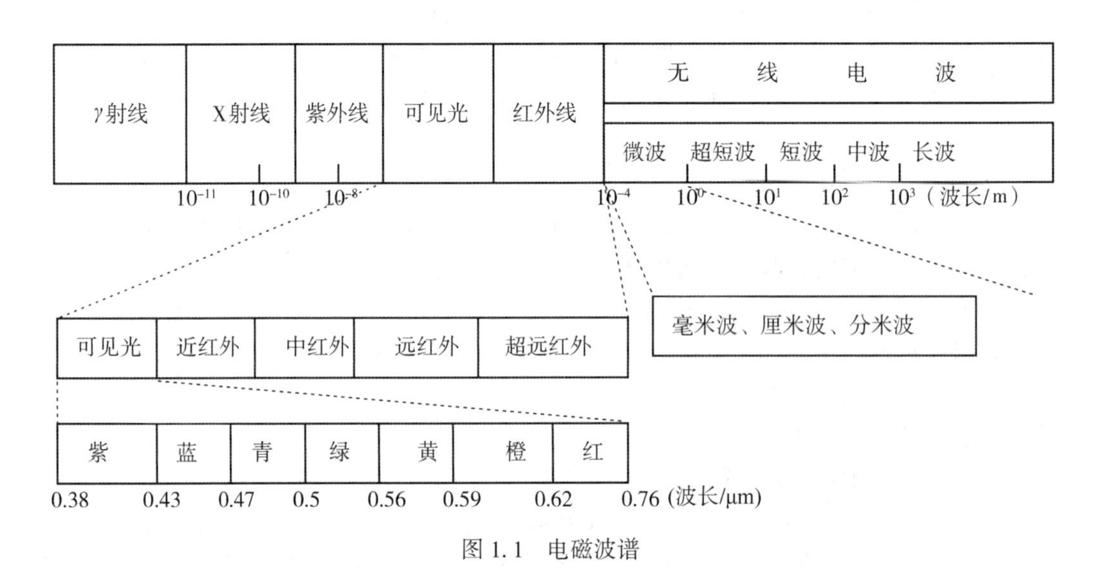

图 1.1　电磁波谱

4)可见光(visible light)

可见光(λ 为 0.38~0.76μm)由分子外层电子跃迁产生，是电磁波中眼睛所观察到的唯一波区。能通过透镜聚焦，经过棱镜色散分成赤、橙、黄、绿、青、蓝、紫等色光波段，具有光化作用和光电效应，在遥感中能用胶片和光电探测器收集记录。

5)红外线(infrared ray，IR)

红外线(λ 为 0.76~1000μm)由分子振动和转动产生，按照波长的不同可以分为近红外(0.76~3μm)、中红外(3~6μm)、远红外(6~15μm)、超远红外(15~300μm)、赫兹波(300~1000μm)。近红外是地球反射来自太阳的红外辐射，其中 0.76~1.4μm 的辐射可以用摄影方式探测，所以也称摄影红外。中、远红外等是物体发射的热辐射，所以也叫热红外，它只能用光学机械扫描方式获取信息。红外线是肉眼不可见的一种光线，能聚焦、色散、反射，具有光电效应，对一些物质和现象有特殊反应，如叶绿素、水、半导体、热等。

6)微波(microwave)

微波波长 λ 为 0.1~100cm，由固体金属分子转动所产生。微波可分为毫米波、厘米波和分米波。微波的特点是能穿云透雾，甚至穿透冰层和地面松散层，其他辐射或物体对它干扰小。物体辐射微波的能量很弱，接收和记录均较困难，要求传感器非常灵敏。

7)无线电波

无线电波由电磁振荡电路产生，不能通过大气层，其中短波被电离层反射，中波和长波吸收严重，故不能用于遥感。各电磁波波谱段及其遥感应用特征如表1.1所示，由于技术的限制和其他干扰，目前遥感所使用的主要是可见光、红外线、微波。

表1.1　电磁波波谱段及其遥感应用特征

波谱段	波长	遥感应用特征
γ射线	<0.03nm	来自太阳的辐射完全被大气吸收，不能为遥感所利用
X射线	0.03~3nm	完全被大气吸收，不能被遥感所用
紫外线	3~0.38μm	几乎完全被大气层中的臭氧吸收
可见光	0.38~0.76μm	照相机、光电扫描仪均可探测
红外线	0.76~1000μm	与物体的相互作用随波长而改变
微波	0.1~100cm	能穿透云雾，可用于全天候成像

1.1.2　电磁辐射原理

电磁波传递就是电磁能量的传递，因此遥感探测实际上是辐射能量的测定。自然界中几乎所有物体都是辐射源，不仅包括发光、发热的物体，还包括能发出其他波段电磁波的物体。微波雷达、激光雷达是人工辐射源，自然辐射源有太阳和地球。太阳是可见光和近红外的主要辐射源，用5800K的黑体辐射可模拟太阳辐射。传感器探测到小于2.5μm波长的辐射能主要是地球反射太阳辐射的能量；大于6μm的波长，主要是地物自身的热辐射；2.5~6μm之间的波长，两者都要考虑。辐射的度量单位主要有以下几种：

(1)辐射能量(W)：电磁辐射的能量，单位是J。

(2)辐射通量(ϕ)：在单位时间内通过某一面积的辐射能量，单位是J/s。

(3)辐射通量密度(E)：单位面积上的辐射通量，单位是W/m^2。

①辐照度(I)：被辐射的物体表面单位面积上的辐射通量，单位是W/m^2。

②辐射出射度(M)：温度为T的辐射源物体表面单位面积上的辐射通量，单位也是W/m^2。

(4)辐射强度：是描述点辐射源的辐射特性的，指在某一方向上单位立体角内的辐射通量。(见图1.2)

(5)辐射亮度(L)：如图1.3所示，描述面辐射源的辐射特性。指在某一方向上、单位投影表面、单位立体角Ω内的辐射通量。记为：$L=\phi/[\Omega(A\cos\theta)]$。辐射源向外辐射电磁波时，$L$往往随$\theta$角而改变。辐射亮度$L$与观察角$\theta$无关的辐射源叫作朗伯源。涂有氧化镁的表面可近似看作朗伯源，常用作遥感光谱测量的标准板。严格地说，只有绝对黑体才是朗伯源。

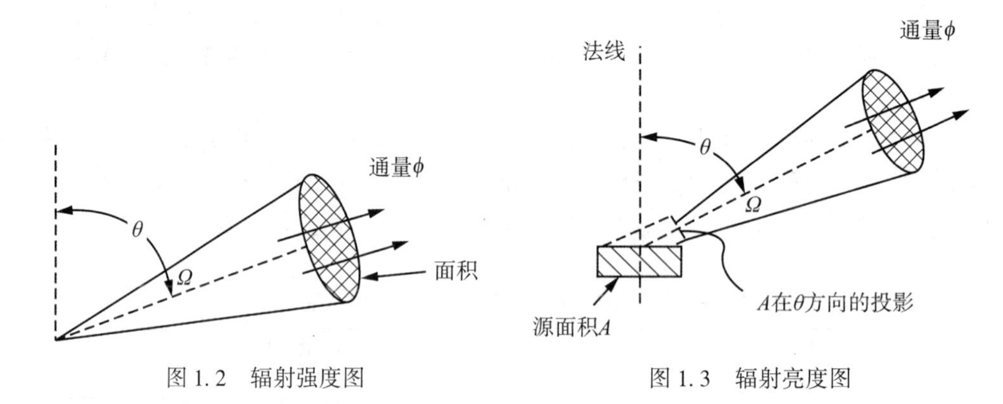

图 1.2　辐射强度图　　　图 1.3　辐射亮度图

1. 黑体辐射

自然界温度高于绝对零度的物体都具有发射电磁辐射的能力，其能力的大小主要取决于物体的温度和本身的性质。由于自然界中的物体千差万别，所以物体的辐射(发射和反射)情况相当复杂。因此，在研究真实物体的辐射时，为了方便起见，引入一个理想物体即黑体，它是指一个完全的辐射吸收和辐射发射体，即在任何温度下，对于任何波长的电磁辐射都全部吸收、同时能够在热力学定律所允许的范围内最大限度地把热能变成辐射能的理想辐射体。恒星和太阳的辐射也被看作接近黑体辐射的辐射源。

2. 普朗克公式(黑体辐射定律)

$$w_\lambda = \frac{2\pi hc^2}{\lambda^5} \cdot \frac{1}{e^{\frac{ch}{\lambda kT}} - 1} \tag{1.4}$$

式中，w_λ 为光谱辐射通量密度($\mathrm{W \cdot cm^{-2} \cdot \mu m^{-1}}$)；$c$ 为光速(3×10^{10}cm/s)；k 为玻尔兹曼常量(1.38×10^{-23}J/K)；e 为自然对数的底；T 为绝对温度；h 为普朗克常数(6.6256×10^{-34} J · s)。

上式描述了在给定温度下，单位时间、面积、波长范围内黑体发出的能量，称为普朗克公式。图 1.4 为几种温度下的黑体波谱辐射曲线。

3. 三个重要推导

(1)斯特藩(Stefan)-玻尔兹曼定律。

绝对黑体在一定温度下的辐射出射度 M 为：

$$M = \int_0^\infty w_\lambda \mathrm{d}\lambda \tag{1.5}$$

由实验及理论都可以得到斯特藩 - 玻尔兹曼定律：

$$M = \partial T^4 \tag{1.6}$$

$$\partial = 5.67 \times 10^{-8} \mathrm{W \cdot m^{-2} \cdot K^{-4}}$$

即绝对黑体的表面上，单位面积发出的总辐射能与绝对温度的四次方成正比。对于一般物

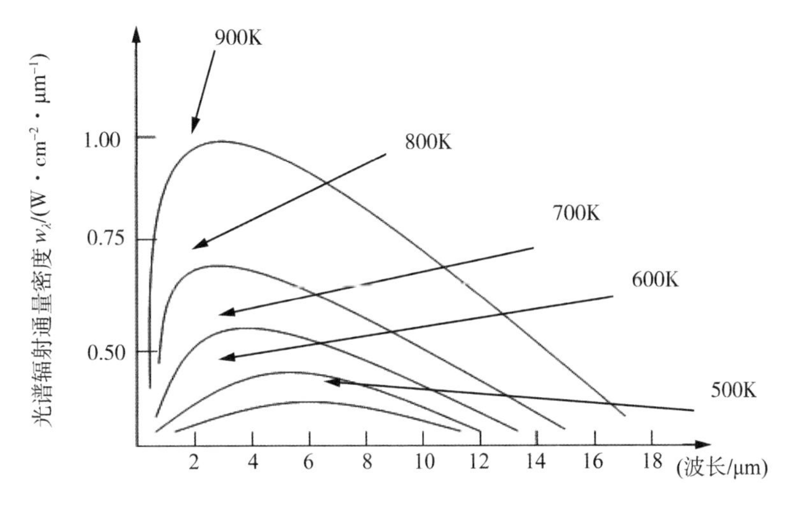

图 1.4 几种温度下的黑体波谱辐射曲线

体而言，传感器在检测到它的辐射能后就可以用此公式概略推算出物体总的辐射能量或绝对温度。热红外像片上色调的变化与相应的地物辐射强度的变化成函数关系，即地物发射的电磁波的功率和地物的发射率成正比，与地物绝对温度的四次方成正比，热红外遥感就是利用这一原理探测地物的温度差别，从而识别地物的。

(2)维恩(Wien)位移定律。

$$T\lambda_m = b \tag{1.7}$$

$$b = 2.897 \times 10^{-3}\mathrm{m \cdot K}$$

即当绝对黑体的温度升高时，单色辐出度最大值向短波方向移动。如燃烧充分的无烟煤总是发出蓝绿色光，而燃烧不充分的时候发出的光为红色。若知道了某物体的温度，就可以推算出它的辐射峰值波长。

(3)温度越高，所有波长上的辐射通量密度越大，不同温度的辐射通量密度曲线不相交。

$$\gamma \propto \frac{1}{\lambda^4} \tag{1.8}$$

$$L_\nu = \frac{2\pi h\nu^3}{c^2} \times \frac{1}{e^{\frac{h\nu}{kT}} - 1} \tag{1.9}$$

但在微波波段，$h\nu \ll kT$，则：

$$e^{\frac{h\nu}{kT}} = 1 + \frac{h\nu}{kT} + \frac{\left(\frac{h\nu}{kT}\right)^2}{2!} + \frac{\left(\frac{h\nu}{kT}\right)^3}{3!} + \cdots = 1 + \frac{h\nu}{kT} \tag{1.10}$$

$$L_\nu = \frac{2kT}{c^2}\nu^2 = \frac{2kT}{\lambda^2} \tag{1.11}$$

$$L = -\frac{2kT}{\lambda}\bigg|_{\lambda_1}^{\lambda_2} \tag{1.12}$$

因此，在微波波段黑体的辐射亮度与温度的一次方成正比。

4. 辐射传输方程

对可见光到近红外波段(0.4~2.5μm)来说，在卫星上传感器入瞳处的光谱辐射亮度 $L_{s\lambda}$ 是大气层外太阳光谱辐射照度 $E_0(\lambda)$ 、大气及大气与地面相互作用的总和。在辐射传输过程中，到达地球表面的总辐射能量主要是太阳直射辐照和天空散射辐照之和。由于地表目标反射是各向异性的，从遥感器观测方向的地物目标反射出来的辐射能量，经大气散射和吸收后，进入遥感器视场中含有目标信息。从太阳发射出的能量，有一部分未到地面之前就被大气散射和吸收，其中一部分散射能量也进入遥感器视场。此外，由于周围环境的存在，入射到环境表面的辐射波被反射后，有一部分经大气散射进入遥感器视场内；还有一部分又被大气反射到目标表面，再被目标表面反射，透过大气进入遥感器视场。因此，一幅图像上的各点，由于位置、视角环境的不同，辐射的情况也各不相同。

电磁波辐射与大气相互作用的理论相当复杂，任何问题的研究都需要假设与简化，遥感也不例外，从遥感应用的角度出发，作出以下假设：

(1)忽略大气的折射、湍流和偏振。

(2)假设天空为均匀朗伯体，即各向同性辐射；地表为均质平面朗伯体，即各向同性反射。由此，可将卫星遥感器接收到的辐射亮度的遥感器方程表达为下式：

$$L_{s\lambda} = L_{g\lambda}\exp(-\partial_\lambda \sec\theta_V) + L_{d\lambda}\uparrow \tag{1.13}$$

$$L_{s\lambda} = \left\{\left(\frac{\rho_{g\lambda}}{\pi}\right)[E_0(\lambda)\cos\theta_2\exp(-\partial_\lambda\sec\theta_2) + E_{d\lambda}\downarrow]\right\}\exp(-\delta_\lambda\sec\theta_V) + L_{d\lambda}\uparrow \tag{1.14}$$

上式可以近似为：

$$L_{s\lambda} = \tau_\lambda L_{g\lambda} + L_{d\lambda}\uparrow \tag{1.15}$$

式中：$L_{s\lambda}$ 为卫星遥感器入瞳处接收到的辐射亮度；$L_{g\lambda}$ 为地面辐射亮度；$L_{d\lambda}\uparrow$ 为大气透过率和由于大气散射造成的向上大气光谱辐射亮度，即路径辐射；$\rho_{g\lambda}$ 为地物表面反射率；$E_0(\lambda)$ 为大气层外相应波长的太阳光谱辐射照度；θ_2 为太阳天顶角；$E_{d\lambda}\downarrow$ 为大气向地面散射相应波长的太阳光谱辐射照度；∂_λ 为相应波长的光学厚度；θ_V 为遥感器观测角；τ_λ 为大气光谱透过率。

对于热红外波段(8~14μm)，遥感器入瞳处的辐射亮度主要包括以下几个方面：

(1)目标反射其表面的辐射照度，包括直射太阳辐射、半球天空向下漫射辐射和大气向下热辐射。所有这些能量将经过大气到达遥感器入瞳处。

(2)目标自身辐射，其能量的大小取决于地面目标的比辐射率和大气透过率，经大气衰减后到达遥感器入瞳处。

(3)在遥感器观测方向上的大气热辐射。在热红外光谱范围内，遥感器入瞳处的辐射亮度可以表示为：

$$L_{s\lambda} = (\varepsilon_\lambda L_{g\lambda} + \rho_{g\lambda}L_{d\lambda}\downarrow)\times\tau_\lambda + L_{d\lambda}\uparrow \tag{1.16}$$

式中：$L_{d\lambda}\downarrow$ 为大气散射造成的向下大气光谱辐射亮度，包括大气路径散射及大气向下热辐射；ε_λ 为地面目标光谱的比辐射率；$L_{g\lambda}$ 为地面目标为 r 时的等效黑体光谱辐射亮度；

$\rho_{g\lambda}$ 为目标光谱方向反射率因子，在热红外波段近似为 $1-\varepsilon$；$L_{d\lambda}\uparrow$ 为路径辐射；τ_{λ} 为大气光谱透过率。

5. 普通物体的发射

黑体辐射由普朗克定律描述，它仅依赖于波长和温度。然而，自然界中实际物体的发射和吸收的辐射量都比相同条件下的绝对黑体低。而且，实际物体的辐射不仅依赖于波长和温度，还与构成物体的材料、表面状况等因素有关。我们用发射率 ε 来表示它们之间的关系：

$$\varepsilon=\frac{w'}{w} \tag{1.17}$$

即发射率就是实际物体与同温度的黑体在相同条件下的辐射功率之比。

依据光谱发射率随波长的变化形式，将物体分成四类：

(1) 绝对黑体：$\varepsilon_{\lambda}=\varepsilon=1$。

(2) 灰体：$\varepsilon_{\lambda}=\varepsilon$，但是 $0<\varepsilon<1$。

(3) 选择性辐射体：$\varepsilon=f(\lambda)$。

(4) 理想反射体(绝对白体)：$\varepsilon_{\lambda}=\varepsilon=0$。

发射率是一个介于 0 和 1 之间的数，用来比较此辐射源接近黑体的程度。各种不同的材料，表面磨光的程度不一样，发射率也不一样，发射率随着波长和材料的温度而变化。表 1.2 列出了一些材料在各自温度下的发射率。实际测定物体的光谱辐射通量密度曲线并不像描绘的黑体光谱辐射通量密度曲线那么光滑。

表 1.2 几种主要材料的发射率

材料	温度/℃	发射率
人皮肤	32	0.98
干土壤	20	0.92
水	20	0.96
石英岩	20	0.63
大理石	20	0.94
铝	100	0.05
铜	100	0.03

为了便于分析，常常用一个最接近灰体辐射曲线的黑体辐射曲线作为参照，这时的黑体辐射温度称为等效黑体辐射温度(或称等效辐射温度)，写为 $T_{等效}$(在光度学中称为色温)。等效黑体辐射温度与灰体温度不等，可近似地确定它们之间的关系为：

$$T_{等效}=\sqrt[4]{\varepsilon}\,T' \tag{1.18}$$

基尔霍夫定律：在任一给定温度下，辐射通量密度与吸收率之比对任何材料都是一个常数，并等于该温度下黑体的辐射通量密度。即有：

$$\frac{W'}{a} = W \tag{1.19}$$

式中：a 为吸收率。

根据上述分析可得：$\varepsilon = a$，即任何材料的发射率等于其吸收率。

根据能量守恒定律，物体的光谱吸收率(a)、光谱反射率(λ)、光谱透射率(τ) 的关系为：

$$\lambda + a + \tau = 1 \tag{1.20}$$

1.1.3　太阳辐射及大气窗口

1. 太阳的电磁辐射

地球上的能源主要来源于太阳，太阳是被动遥感的主要辐射源。到达地球上的太阳辐射能占太阳总辐射能的 20 亿分之一，由于地球是个球体，所以仅半个球面承受太阳辐射，且球面上的各个部分因太阳高度角不同，能量的分布也不均衡，直射时接收的能量多，斜射时则少。通常用太阳常数来描述地球接收太阳辐射的大小。太阳常数指在日地平均距离处(1.496×10^{11}m)，垂直于太阳光线的平面上，在单位时间内单位面积上所接收到的太阳辐射能(1353W/m^2)。太阳常数可以认为是大气顶端接收的太阳能量。太阳辐射包括整个电磁波波谱范围。

太阳辐射的光谱是连续的，它的辐射特性与绝对黑体的辐射特性基本一致。太阳辐射从近紫外到中红外这一波段区间能量最集中而且相对来说较稳定；在 X 射线、γ 射线、远紫外及微波波段，能量小但是变化大。就遥感而言，被动遥感主要利用可见光、红外等稳定的太阳辐射，因而太阳的活动对遥感影响不大，可以忽略。另外，海平面处的太阳辐射照度曲线与大气层外的太阳辐射照度曲线有很大的不同。这主要是地球大气对太阳辐射的吸收和散射引起的。

太阳光谱辐射照度是指投射到单位面积上的太阳辐射通量密度，该值随波长不同而异。部分太阳光谱辐射照度的平均值(在大气上界) P_λ 和小于该波长所有太阳光谱辐射照度占全部太阳光谱辐射照度的百分率 D_λ 列于表 1.3。

太阳表面发出的连续光谱，近似于 5800K 的黑体辐射。而太阳光谱中的吸收线称为“夫琅禾费谱线”。太阳的主要能量集中在 0.2~4μm 之间，其中，可见光范围集中了 38% 的太阳辐射能量，太阳的辐射峰值在 0.5μm 附近，相当于可见光中的绿色光。

2. 大气对辐射的影响

1) 大气的组成成分

大气是指包围地球外围的空气层，总质量大约为 5.3×10^{15}t，仅是地球总质量的百万分之一。由于受重力的作用，大气从地面到高空逐渐稀薄。大气质量主要集中在下部，50%集中在 5km 以下，75%集中在 10km 以下，98%集中在 30km 以下。自然状态下，大气是由混合气体、水汽和杂质组成的。除去水汽和杂质的空气称为干洁空气，干洁空气的主要成分为78.09%的氮、20.94%的氧、0.93%的氩，这三种气体占总量的99.96%，其他各项气体含量不到0.1%，这些微量气体包括氖、氦、氪、氙等，在近地层大气中上述气体的含量几乎可认为是不变化的，称为恒定组分。在干洁空气中，易变的成分是二氧化碳(CO_2)、臭氧(O_3)等，二氧化碳含量在20km以上明显减少。

表1.3 部分太阳波谱辐射照度 P_λ 和 D_λ

波长/μm	P_λ/W·cm^{-2}·μm^{-1}	D_λ/%
0.25	0.00704	0.1944
0.30	0.0514	1.211
0.35	0.1093	4.517
0.40	0.1429	8.725
0.42	0.1747	11.222
0.44	0.1810	13.726
0.46	0.2066	16.653
0.48	0.2074	19.682
0.50	0.1942	22.599
0.52	0.1833	25.379
0.54	0.1783	28.084
0.56	0.1695	30.648
0.58	0.1715	33.176
0.60	0.1666	35.683
0.65	0.1511	41.550
0.70	0.1369	46.880
0.75	0.1235	51.691
0.80	0.1107	56.019
0.90	0.0889	63.358
1.00	0.0746	69.465
…	…	…

2)大气的结构

地球大气从垂直方向可划分为四层：对流层、平流层、电离层和外大气层。大气分层区间及各种航空、空间飞行器在大气层中的垂直分布见表1.4。

表1.4 地球大气垂直分布

高度	大气分层	大气分层(构成)	各种航空、空间飞行器在大气层中的分布
35000km	外大气层	质子层 氦层	静止通信卫星、气象卫星(36000km)
1000km 300km	电离层		600~800℃(资源卫星、气象卫星) F电离层230℃(航天飞机、侦察卫星)

续表

高度	大气分层	大气分层(构成)	各种航空、空间飞行器在大气层中的分布
80km 35km 25km	平流层	冷层 暖层 同温层	-55~75℃ 70~100℃气球 -55℃(气球、喷气式飞机)
12km 6km 2km	对流层	上层 中层 下层	-55℃飞机 5~10℃(一般飞机、气球)

(1)对流层。从地表到平均高度12km处，其主要特点是：

①温度随高度上升而下降，每上升1km下降6℃。

②空气密度和气压也随高度上升而下降，地面空气密度为$1.3\times10^{-3}g/cm^3$，气压为1×10^5Pa。对流层顶部空气密度仅为$0.4\times10^{-3}g/cm^3$，气压下降到0.26×10^5Pa左右。

③空气中不变成分的相对含量：氮气占78.09%，氧气占20.95%，氩等其余气体共占不到1%。可变成分中，臭氧较少，水蒸气含量不固定，在海平面潮湿的大气中，水蒸气含量可高达2%，液态和固态水也随气象而变化。在1.2~3.0km处的对流层是最容易形成云的区域，近海或盐湖上空含有盐粒，城市工业区和干旱无植被覆盖的地区上空有尘烟颗粒。

(2)平流层。在12~80km的垂直区间中，平流层又可分为同温层、暖层和冷层。空气密度继续随高度上升而下降。这一层中不变成分的气体含量与对流层的相对比例关系一样，只是绝对密度变小，平流层中水蒸气含量很少，可以忽略不计。臭氧含量比对流层大，在这一层的25~30km处，臭氧含量较大，这个区间称为臭氧层，再向上又减少，至55km处，趋近于0。

(3)电离层。在80~1000km为电离层。电离层空气稀薄，因太阳辐射作用而发生电离现象，分子被电离成离子和自由电子状态。电离层中气体成分为氧、氦、氢及氧离子，无线电波在电离层中发生全反射现象。电离层温度很高，上层达600~800℃。

(4)外大气层。1000km以上为外大气层，1000~2500km间主要成分是氦离子，称氦层；2500~25000km间主要成分是氢离子，又称质子层，温度可达1000℃。

3)大气传输特性

电磁辐射穿过大气时，会被大气衰减，若入射辐射强度为I_0，经过大气路程为x，则穿过该大气路程后的辐射强度为I_r，则有：

$$I_r = I_0 e^{-\sigma x} \tag{1.21}$$

式中：σ称为衰减系数或消光系数。根据透射率定义，有：

$$\tau = \frac{I_r}{I_0} = e^{-\sigma x} \tag{1.22}$$

τ和σ用在不同的场合，一般研究大气本身性质的时候用衰减系数，而将大气作为介质，研究地面物体时用透射率。

4) 大气对太阳辐射的吸收、散射、反射作用

大气对电磁辐射的影响主要是散射和吸收。在可见光波段，引起电磁波衰减的主要原因是分子散射。在紫外线、红外线与微波区，引起电磁波衰减的主要原因是大气吸收。

(1) 大气吸收。

引起大气吸收的主要成分是氧气、臭氧、水、二氧化碳等。大气吸收主要造成影像暗淡，它们吸收电磁辐射的主要波段如下。

臭氧主要吸收波长 0.3μm 以下的紫外线区的电磁波，另外，在波长 9.6μm 处有弱吸收，在波长 4.75μm 和 14μm 处的吸收更弱，已不明显。二氧化碳主要吸收带分别为：2.60~2.80μm 处的吸收峰为 2.70μm；4.10~4.45μm 处的吸收峰为 4.3μm；9.10~10.9μm 处的吸收峰为 10.0μm；12.9~17.1μm 处的吸收峰为 14.4μm。水蒸气主要有几个吸收带，分别为：0.70~1.95μm，吸收最强处为 1.38μm 和 1.87μm；2.5~3.0μm，2.7μm 处吸收最强；4.9~8.7μm，6.3μm 处吸收最强；15μm~1mm 间的超远红外区以及微波中 0.164cm 和 1.348cm 处吸收最强。此外，氧气对微波中 0.253cm 及 0.5cm 处也有吸收现象。另外，像甲烷、氧化氮，以及工业集中区附近的高浓度一氧化碳、氨气、硫化氢、氧化硫等都具有吸收电磁波的作用，但吸收率很低，可略而不计。在 15μm 以下的红外线、可见光和紫外线区的吸收程度可见图 1.5。

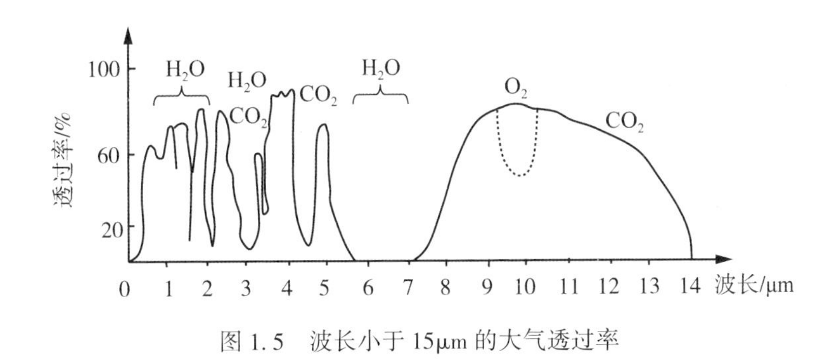

图 1.5 波长小于 15μm 的大气透过率

大气中其他成分的气体，由于都是对称分子，无极性，对电磁波不存在吸收。

(2) 大气散射。

电磁波在传播过程中，遇到小微粒而使传播方向发生改变，并向各个方向散开，称为散射。其性质和强度取决于大气中分子或微粒的半径与被散射光的波长二者之间的相互对比关系。太阳辐射到地面又反射到传感器的过程中，二次通过大气，传感器所接收到的能量除了反射光还增加了散射光，这两次影响增加了信号中的噪声部分，造成遥感影像对比度下降。

散射的方式和强度随电磁波波长与大气分子直径、气溶胶微粒大小之间的相对关系而变，实际工作中，主要有米氏(Mie)散射、均匀散射、瑞利(Rayleigh)散射三种类型。如

果介质中不均匀颗粒的直径与入射波长同数量级，发生米氏散射；当不均匀颗粒的直径远远大于入射波长时，发生均匀散射，它是一种非选择性的散射；而瑞利散射的条件是介质的不均匀程度小于入射电磁波波长的 1/10。瑞利散射的散射强度为：

$$\gamma \propto \frac{1}{\lambda^4} \tag{1.23}$$

可见瑞利散射强度与波长的四次方成反比，而米氏散射的强度与波长的平方成反比。

(3)大气反射。

电磁波与大气的相互作用还包括大气反射。由于大气中有云层，当电磁波到达云层时，就像到达其他物体界面一样，不可避免地要发生反射现象，这种反射同样满足反射定律。大气反射削弱了电磁波到达地面的程度，因此，应尽量选择无云的天气接收遥感信号。

3. 地球辐射

地球表面的平均温度大约是 300K，它的电磁辐射近似于该温度下的黑体辐射，地球辐射的能量分布在从近红外到微波这一很宽的范围内，但大部分能量集中在 4~30μm。各波段所占的能量比例是：0~3μm 占 0.2%，3~5μm 占 0.6%，5~8μm 占 10%，8~14μm 占 50%，14~30μm 占 30%，30~1000μm 占 9%，1mm 以上微波占 0.2%。地球辐射也被大气强烈吸收。

当太阳辐射入射到地球表面后，约 68%被吸收，32%被地面反射回空间。反射回去的太阳辐射，属于近紫外线、可见光、近红外线。太阳辐射被吸收的部分，通过能量转换，变为热能，使地面物体温度升高，能发射电磁辐射。温度不同，说明该物体所具有的热能不同，因而所辐射的电磁波波长也略有差异(见图 1.6)。

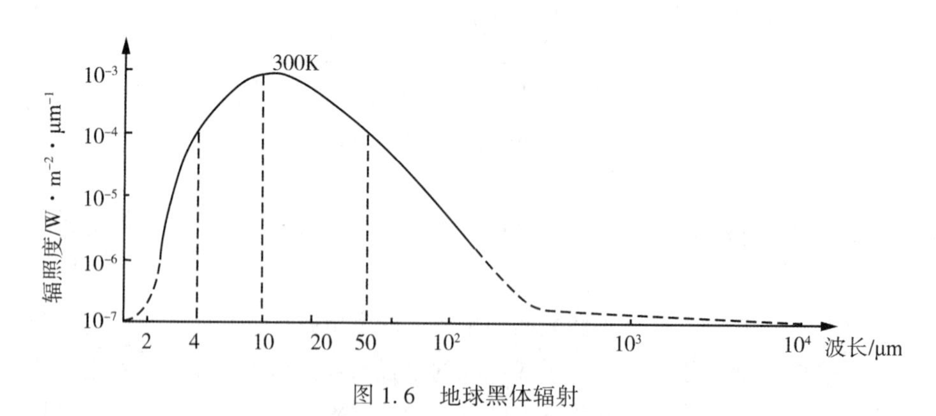

图 1.6 地球黑体辐射

4. 大气窗口

太阳辐射在到达地面之前穿过大气层，大气折射只改变太阳辐射的方向，并不改变辐射的强度。但是大气反射、吸收和散射的共同影响却衰减了辐射强度，剩余部分才为透射部分。不同电磁波段通过大气后衰减的程度是不一样的，因而遥感所能够使用的电磁波是有限的。有些大气中电磁波透过率很小，甚至完全无法透过的电磁波，称为“大气屏障”；反之，有些波段的电磁辐射通过大气后衰减较小，透过率较高，对遥感十分有利，这些波段通常称为“大气窗口”。目前可以用作遥感的大气窗口大体有如下几个：

(1)0.30~1.15μm 大气窗口。

(2)1.3~2.5μm 大气窗口属于近红外波段。

(3)3.5~5.0μm 大气窗口属于中红外波段。

(4)8~14μm 热红外窗口。运用热红外波段对地物进行探测是我们获取地物信息的重要手段之一，而地物热性能以及热传导理论是研究热红外遥感的重要理论基础。地物可以吸收、反射入射的能量，而吸收的能量又可以以一定的波长发射出来。这里我们引进“热惯量”这一概念，热惯量是物体阻碍物体自身热量变化的物理量，它在研究地物尤其是土壤时特别重要。如果流入(或流出)该体积的热量为 θ，它引起的这个单位体积物质温度的变化为热扩散率 κ，单位是 m^2/s。κ 是温度变化 ΔT 的量度，它表示在太阳加热期间，物体将热从表面传递到内部的能力，在夜晚表示物体将储存的热传递到表面的能力。热惯量大的物体，虽然其白天温度仍高于晚上温度，但其温度在白天相对较低，夜间较高，温差较小。由于我们观察的是相对能量，因而，在白天的热红外图像上，热惯量小的物体相对较亮，而在晚上的热红外图像上，热惯量大的物体相对较亮。

(5)1.0mm~1m 微波窗口。

大气窗口如图 1.7 所示。

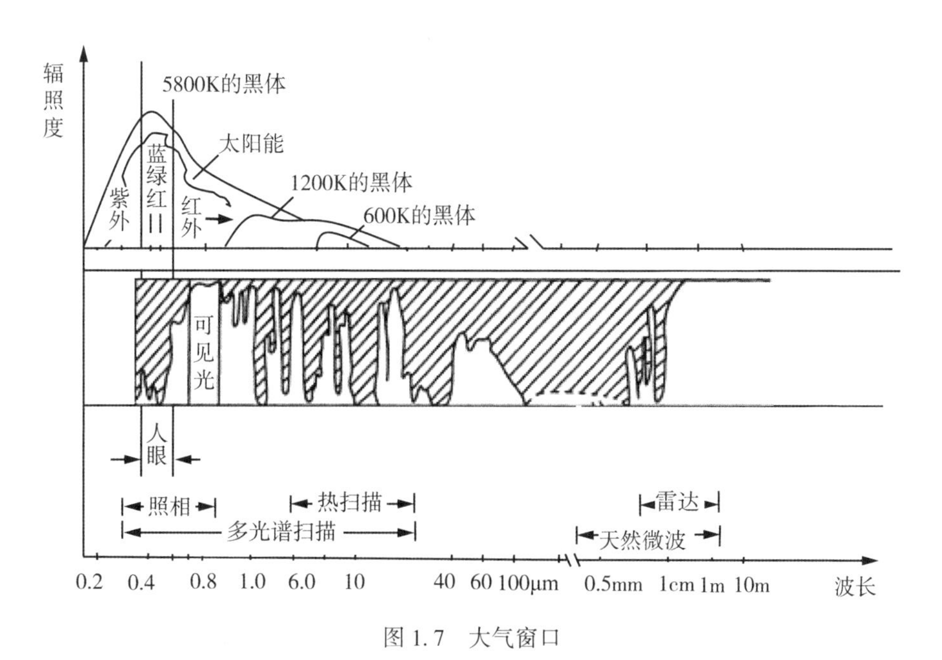

图 1.7 大气窗口

1.1.4　地物的反射辐射

1. 反射的类型

物体的表面一般比较复杂，往往是粗糙不平的。根据物体表面对反射的影响，反射可分为：

1)镜面反射

镜面反射(图 1.8(a))是指物体的反射满足反射定律。当发生镜面反射时，对于不透明物体，其反射能量等于入射能量减去物体吸收的能量，非常平静的水面可以近似认为是镜面。

2)漫反射

如果入射电磁波波长 λ 不变，表面粗糙度ん逐渐增加，直到ん与 λ 同数量级，这时整个表面均匀反射入射电磁波，入射到此表面的电磁辐射按照朗伯余弦定律反射。理想光滑表面的反射是镜面反射，理想粗糙表面的反射是漫反射(朗伯反射，如图 1.8(b)所示)，满足朗伯余弦定律，除了黑体、灰体外，实验表明，抛毛乳白玻璃的透视光或反射光，抛毛乳白板的反射光以及氧化镁、硫酸钡等表面的反射光很接近于理想的余弦辐射体，白雪对阳光的反射也符合余弦辐射体的规律。

3)方向反射

实际地物表面由于地形起伏，在某个方向上反射最强烈，这种现象称为方向反射(见图 1.8(c))。它是镜面反射和漫反射的结合。它发生在地物粗糙度继续增大的情况下，这种反射没有规律可循。从空间对地面进行观察时，对于平面地区，并且地面物体均匀分布，可以看成漫反射；对于地形起伏和地面结构复杂的地区，可以视为方向反射。

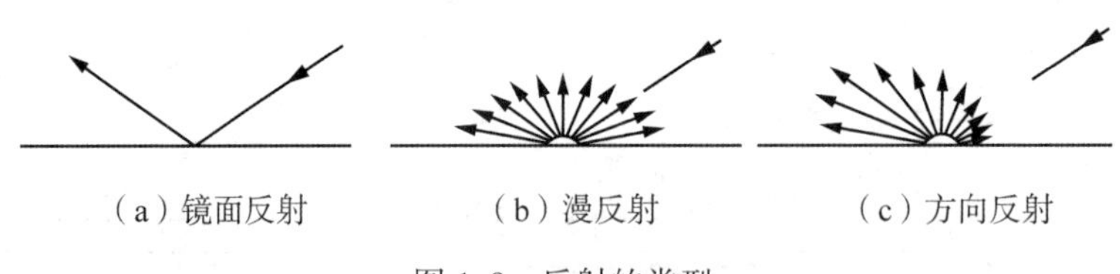

(a) 镜面反射　　(b) 漫反射　　(c) 方向反射

图 1.8　反射的类型

2. 光谱反射率

反射率是物体的反射辐射通量与入射辐射通量之比，即：

$$\rho = \frac{E_\rho}{E} \tag{1.24}$$

这个反射率是在理想的漫反射体的情况下，整个电磁波长的反射率。实际上由于物体固有的物理特性，对于不同波长的电磁波是有选择的反射，例如绿色植物的叶子由表皮、叶绿素颗粒组成的栅栏组织和多孔薄壁细胞组织构成，如图 1.9 所示。入射到叶子上的太阳辐射透过上表皮，蓝、红光辐射能被叶绿素吸收进行光合作用；绿光也吸收了一大部分，但仍反射一部分，所以叶子呈现绿色；而近红外线可以穿透叶绿素，被多孔薄壁细胞组织所反射，因此，在近红外波段上形成强反射。

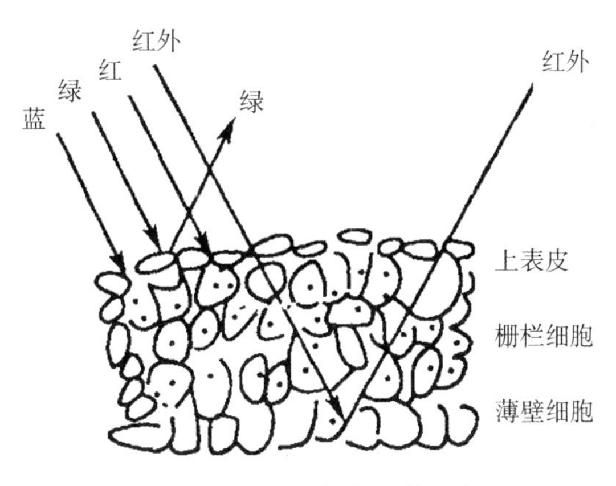

图 1.9　叶子的结构及其反射

我们定义光谱反射率为：就某一单位波段范围而言，反射辐射通量与入射辐射通量之比。公式为：

$$\rho_{\lambda} = \frac{E_{\rho\lambda}}{E_{\lambda}} \tag{1.25}$$

如果没有特殊说明，本书中的反射率都是指光谱反射率。

3. 地物的波谱特性

物体对电磁辐射的反射能力与入射的电磁辐射的波长有十分密切的关系，不同物体对同一波长的电磁辐射具有不同的反射能力，而同一物体对不同波长的电磁辐射也具有不同的反射能力。我们把物体对不同波长的电磁辐射反射能力的变化，亦即物体的反射系数(率)随入射波长的变化规律叫作该物体的反射波谱。

物体的反射波谱常用曲线表示，称为反射波谱曲线，它以横轴代表波长、纵轴代表反射率的直角坐标系来表示。图 1.10 是几种地物典型的反射波谱曲线。由图 1.10 可看出，由于物体的反射波谱不同，便形成了物体的不同颜色，在遥感影像上就显示为不同的色调灰度。从图中曲线可以看出，雪的反射光谱与太阳光谱最相似，在蓝光 0.49μm 附近有个波峰，随着波长增加反射率逐渐降低。沙漠的反射率在 0.6μm 附近有峰值，但在长波范围内比雪的反射率要高。湿地的反射率较低，色调暗灰。小麦叶子(绿色植物)的反射光谱与太阳的光谱有很大差别，在绿光波段处有个反射波峰，在红外部分 0.7~0.9μm 附近有一个强峰值。各种物体，由于其结构和组成成分不同，反射光谱特性是不同的。即各种物体的反射特性曲线的形状是不一样的，即便在某波段相似，甚至一样，但在另外的波段还是有很大区别的。不同波段地物反射率不同，这就使人们很容易想到用多波段进行地物探测。例如，在地物的光谱分析以及识别上用多光谱扫描仪、成像光谱仪等传感器。另外，多源遥感数据融合、假彩色合成等也逐渐成为遥感图像的重要处理方式。正因为不同

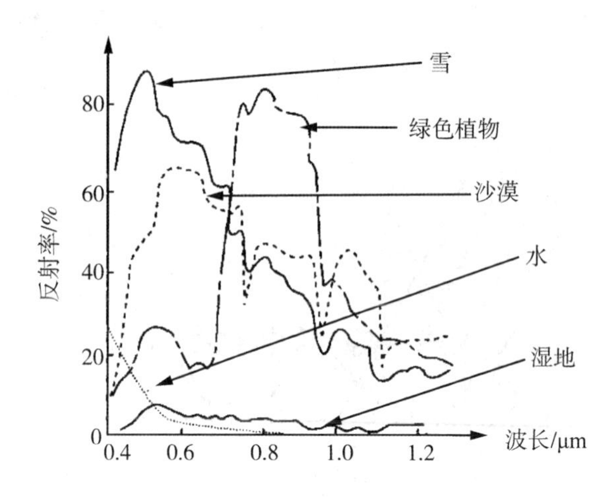

图 1.10　几种典型地物反射波谱曲线

地物在不同波段有不同的反射率，物体的反射特性曲线才作为判读和分类的物理基础，广泛地应用于遥感影像的分析和评价中。

4. 典型地物的反射波谱

1) 岩石的反射波谱

岩石的反射波谱主要取决于矿物类型、化学成分、太阳高度角、方位角、天气等。此外，覆盖于其上的土壤、植被对岩石的波谱特性影响也很大。(见图 1.11)

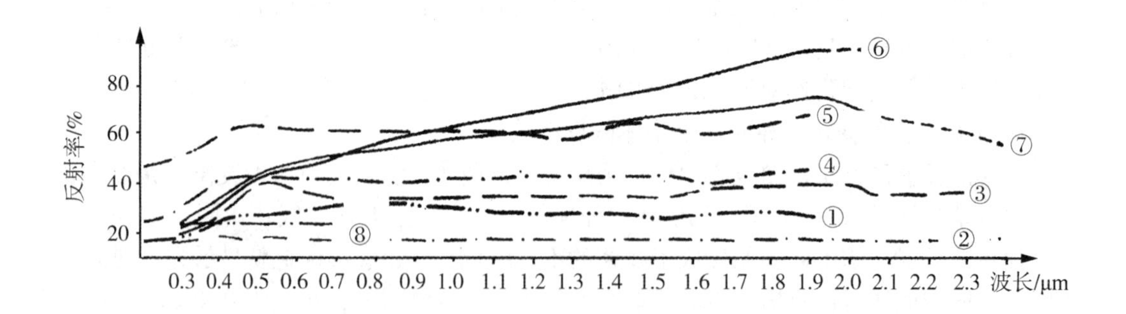

①超基性岩；②大理岩；③砂岩；④玄武岩；⑤花岗闪长岩；⑥花岗岩；⑦页岩；⑧ 安山岩

图 1.11　岩石的反射光谱

2) 城市道路的反射波谱特性

在城市遥感影像中，城市中道路的主要铺面材料为水泥沙地和沥青两大类，少部分为褐色地，从图 1.12 中可以看出，它们的反射波谱特性曲线形体大体相似，水泥路在干爽状态下呈灰白色，反射率最高，沥青路反射率最低。

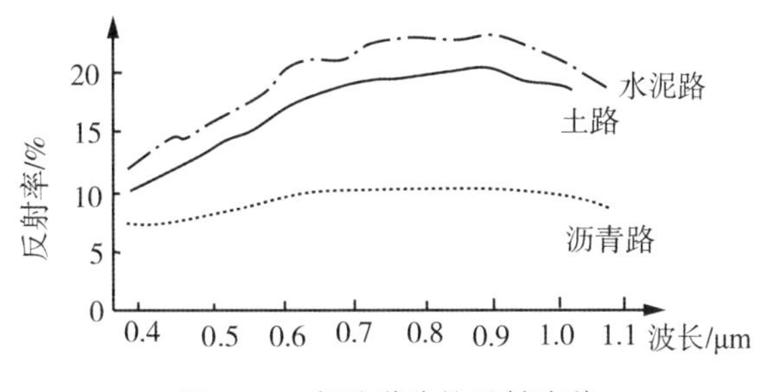

图 1.12 各种道路的反射波谱

3) 水体的反射波谱特性

水体的反射主要在蓝绿光波段，其他波段吸收率很强，特别在近红外波段、中红外波段有很强的吸收带，反射率几乎为零，因此在遥感中常用近红外波段确定水体的位置和轮廓，在此波段的黑白正片上，水体的色调很黑，与周围的植被和土壤有明显的反差，很容易识别和判读。但是当水中含有其他物质时，反射波谱曲线会发生变化。水中含泥沙时，由于泥沙的散射作用，可见光波段发射率会变大，峰值出现在黄红区；水中含有叶绿素时，近红外波段明显抬升。这些都是影像分析的重要依据。

4) 土壤的反射波谱特性

自然状态下土壤表面的反射率没有明显的峰值和谷值，土壤反射波谱特性曲线较平滑，因此在不同光谱段的遥感影像上，土壤的亮度区别不明显。土壤的反射波谱曲线与土壤类别、含水量、有机质含量、砂、土壤表面的粗糙度、粉砂相对百分含量等有关。此外，肥力也对反射率有一定的影响。

5) 植被的反射波谱特性

可见光波段(0.4～0.76μm)有一个小的反射峰，位置在0.55μm(绿)处，两侧0.45μm(蓝)和0.67μm(红)处则有两个吸收带。这一特征是受叶绿素的影响，即叶绿素对蓝光和红光吸收作用强，而对绿光反射作用强。在近红外波段(0.7～0.8μm)有一反射的“陡坡”，至1.1μm附近有一峰值，形成植被的独有特征。这是由于植被叶细胞结构的影响，除了吸收和透射的部分，对其他部分进行高反射。在中红外波段(1.3～2.5μm)受到绿色植物含水量的影响，吸收率大增，反射率大大下降，特别地，以1.45μm、1.95μm和2.7μm为中心是水的吸收带，形成低谷。植物波谱在上述基本特征下仍有细部差别，这种差别与植物种类、季节、病虫害影响、含水量多少等有关系。为了区分植被种类，需要对植被波谱进行研究。陆地资源卫星的主要任务之一，就是监测地球表面植被覆盖的情况，因此在研制传感器时，为确定传感器的探测波段，进行植被光谱测试是必要的。

5. 影响地物光谱反射率变化的因素

有很多因素会引起反射率的变化，如太阳位置、传感器位置、地理位置、地形、季节、气候变化、地面湿度变化、地物本身的变异、大气状况等。

(1) 太阳位置主要是指太阳高度角和方位角，改变太阳高度角和方位角，则地面物体入射照度也会发生变化。为了减小这两个因素对反射率变化的影响，遥感卫星轨道大多设计在同一地方时间通过当地上空，但季节的变化和当地经纬度的变化造成太阳高度角和方位角的变化是不可避免的。

(2)传感器位置指传感器的观测角和方位角，空间遥感用的传感器大部分设计成垂直指向地面，但由于卫星姿态引起的传感器指向偏离垂直方向，仍会造成反射率变化。

(3)地理位置、太阳高度角和方位角、地理景观等都会引起反射率变化，还有海拔高度不同、大气透明度改变也会造成反射率变化。

(4)地物本身的变异，如植物的病害将使反射率发生较大变化，土壤的含水量也直接影响着土壤的反射率，含水量越高红外波段的吸收越严重。反之，水中的含沙量增加将使水的反射率提高。随着时间的推移、季节的变化，同一种地物的光谱反射率特性曲线也会发生变化，比如新雪和陈雪、不同月份的树叶等。即使在很短的时间内，各种随机因素(包括外界的随机因素和仪器的响应偏差)的影响也会引起反射率的变化。

1.2　传感器及成像原理

1.2.1　传感器的分类

遥感传感器是获取遥感数据的关键设备，由于设计和获取数据的特点不同，传感器的种类也较多，常见传感器分类如图 1.13 所示。

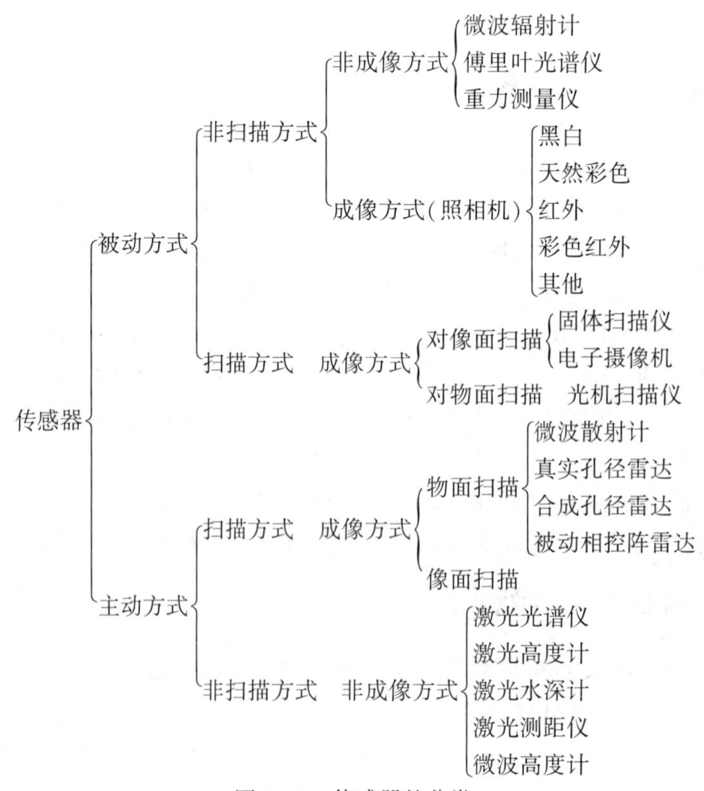

图 1.13　传感器的分类

1. 按电磁波辐射来源分类

按电磁波辐射来源，传感器可分为主动式传感器和被动式传感器。主动式传感器本身向目标发射电磁波，然后收集从目标反射回来的电磁波信息，如合成孔径侧视雷达等；被动式传感器收集的是地面目标反射来自太阳光的能量或目标本身辐射的电磁波能量，如摄影相机和多光谱扫描仪等。

2. 按传感器的成像原理和所获取图像的性质不同分类

按传感器的成像原理和所获取图像的性质不同，可将传感器分为摄影机、扫描仪和雷达三种。摄影机按所获取图像的特性又可细分为框幅式、缝隙式、全景式三种；扫描仪按扫描成像方式又可分为光机扫描仪和推扫式扫描仪；雷达按其天线形式分为真实孔径雷达和合成孔径雷达。

扫描类遥感数据的种类如表 1.5 所示。

表 1.5　扫描类遥感数据

成像方式	工作波段	实　例
光机扫描图像	红外扫描图像(中、热、远红外)	热红外图像
	多波段扫描图像(紫外~远红外)	Landsat/TM 图像
	超多波段扫描图像(可见光~远红外)	成像波谱仪图像
固体自扫描图像	固体自扫描图像(可见光~近红外)	SPOT/HRV 图像
天线扫描图像	成像雷达图像(微波)	SAR 图像

3. 按传感器对电磁波信息的记录方式分类

按传感器对电磁波信息的记录方式，传感器可分为成像方式的传感器和非成像方式的传感器。成像方式的传感器的输出结果是目标的图像；而非成像方式的传感器的输出结果是研究对象的特征数据，如微波高度计记录的是目标距平台的高度数据。

1.2.2　传感器的组成及特性

无论哪种类型的遥感传感器，它们都由图 1.14 所示的基本部分组成。

(1)收集器：收集地物辐射来的能量。具体的元器件如透镜组、反射镜组、天线等。

(2)探测器：将收集的辐射能转变成化学能或电能。具体的元器件如感光胶片、光电管、光敏和热敏探测元件、谐振器等。

(3)处理器：对收集的信号进行处理，如显影、定影、信号放大、变换、校正和编码

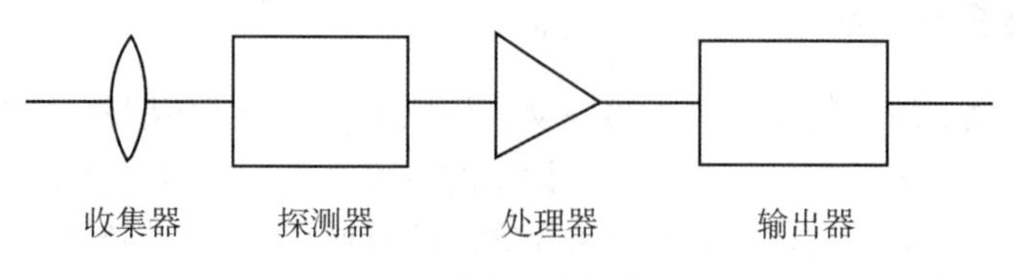

图 1.14　遥感传感器的一般结构

等。具体的处理器类型有摄影处理装置和电子处理装置。

(4)输出器：输出获取的数据。输出器类型有扫描晒像仪、阴极射线管、电视显像管、磁带记录仪、彩色喷墨仪等。

传感器的性能直接影响到遥感成果的好坏。反映传感器性能的指标主要有以下几种：

1. 波谱分辨率

波谱分辨率是指传感器所用波段数、波长及波段宽度，也就是选择的通道数、每个通道的波长和带宽。一般来说，传感器的波段越多，频带宽度越窄，所包含的信息量越大，针对性越强。多波段影像可以对照分析或进行彩色合成，为目视解译提供方便。目前使用的传感器，特别是扫描仪，少则三五个通道，多的达二十甚至上百个通道。几种传感器的光谱分辨能力见表 1.6。

2. 几何分辨率

传感器瞬时视场内所观察到的地面场元的宽度称为空间分辨率。假定像元的宽度为 a，则地物宽度在 $3a$(海拉瓦)或至少在 $2\sqrt{2}a$(康内斯尼)时，能被分辨出来，这个大小称为图像的几何分辨率。影像的比例尺可以缩小和放大，而地面分辨率是不变的。地面分辨率在不同比例尺的具体影像上的反映叫作影像分辨率。举例来说，陆地卫星 MSS 传感器的地面分辨率为 79m×79m，笼统地讲，其空间分辨率为 79 。在 1∶100 万图像上，其影像分辨率为 0.079mm；在 1∶10 万图像上，其影像分辨率为 0.79mm。

3. 辐射分辨率

即使两种地物面积都超过了几何分辨率，是否能判读出来，还取决于传感器的辐射分辨率(当然也与地物间反射率大小有关，如果两种地物的亮度一样，就无法区分)。所谓辐射分辨率是指传感器能区分两种辐射强度最小差别的能力。它表征传感器所能探测到的最小辐射功率的指标，指影像记录的灰度值的最小差值。传感器的输出包括信号和噪声两大部分。如果信号小于噪声，则输出的是噪声；如果两个信号之差小于噪声，则在输出的记录上无法分辨这两个信号。噪声是一种随机电起伏，其算术平均值(以时间取平均)为 0，应用平方和之根计算噪声电压 N，求出等效噪声功率：

$$P_{EN}=\frac{P}{\frac{S}{N}}=\frac{N}{R} \tag{1.26}$$

式中：P 为输入功率；S 为输出电压；N 为噪声电压；R 为探测率。

表 1.6 传感器的光谱分辨能力

卫星	传感器	波谱总宽度/μm	波段数	各波段波长范围/μm
SPOT	HRG	0.50~1.75	5	0.50~0.59 0.61~0.68 0.79~0.89 1.58~1.75 PAN 0.51~0.73
Landsat	MSS	0.5~1.1 10.4~12.6	5	0.5~0.6 0.6~0.7 0.7~0.8 0.8~1.1 10.4~12.6
	TM	0.45~2.35 10.4~12.5	7	0.45~0.52 0.52~0.60 0.63~0.69 0.76~0.90 1.55~1.75 2.08~2.35 10.40~12.50
EOS-AM1	MODIS (中分辨率成像光谱仪)	0.405~14.385	36	0.620~0.670 0.841~0.876 0.459~0.479 0.405~0.420 … 14.085~14.385

只有当信号功率大于等效噪声功率 P_{EN} 或等于 2~6 倍等效噪声功率时，才能显示出信号来。对于一定的传感器来讲，地面分辨率和辐射分辨率是一对矛盾体。因此，有时为了提高地面分辨率而牺牲辐射分辨率，有时则为了提高辐射分辨率而牺牲地面分辨率。只有探测器的灵敏度提高，两者才能同时得到提高。

4. 时间分辨率

时间分辨率是指对同一地区重复获取图像所需的时间间隔。时间分辨率与所需探测目标的动态变化有直接的关系。各种传感器的时间分辨率，与卫星的重复周期及传感器在轨道间的立体观察能力有关。表 1.7 列出了几种卫星的重复周期与时间分辨率的关系。

表 1.7　时间分辨率

卫星	重复周期/d	时间分辨率/d
Landsat-1、2、3	18	18
Landsat-4、5	16	16
SPOT	26	2~26

大多在轨道间不进行立体观察的卫星，时间分辨率等于其重复周期。进行轨道间立体观察的卫星的时间分辨率比重复周期短。如 SPOT 卫星，在赤道处一条轨道与另一条轨道间交向摄取一个立体图像对，时间分辨率为 2d。未来的遥感小卫星群将能在更短的时间间隔内获得图像。时间分辨率越短的图像，更能详细地观察地面物体或现象的动态变化。与光谱分辨率一样，时间分辨率并非时间越短越好，也需要根据物体的时间特征来选择一定时间间隔的图像。

遥感传感器的种类很多，不同的专业需要根据地物的波谱特性和必需的地面分辨率来考虑最适当的传感器。一般地说，传感器的波段多，分辨率高，获取的信息量大，就认为它遥感的能力强，但也不尽然。对于特定的地物，并不是波段越多、分辨率越高效果就越好，而要根据目标的波谱特性和必需的地面分辨率和灰度分辨率来考虑。在某些情况下，波段太多，分辨率太高，接收到的信息量太大，反而会“掩盖”地物电磁辐射特性，不利于快速探测和识别地物。例如对海洋进行遥感，微波的几个波段都很重要，但分辨率却不一定像陆地遥感那样高。因此，选择最佳工作波段与波段数，并具有最适当的分辨率的传感器是非常重要的。

1.2.3　摄影类型的传感器

1. 框幅式摄影机

框幅式摄影机是大家最为熟悉的一种传感器，主要由收集器、物镜、探测器、感光胶片组成，另外还有暗盒、快门、光栏、机械传动装置等。曝光后的底片上只有一个潜像，须经摄影处理后才能显出影像来。测图所用的航空摄影机，为了保证有较高的影像质量，要求其透镜的像差小，整个摄影系统的分辨率高，底片需要有压平装置。此外，为了实现连续摄影，需配有自动卷片、时间间隔控制器等装置。

2. 缝隙摄影机

缝隙摄影机又称为航带摄影机。在飞机或卫星上，摄影瞬间所获取的影像，是与航向垂直且与缝隙等宽的一条地面影像。这是由于在摄影机的焦平面前方放置一开缝的挡板，将缝隙外的影像全挡去的缘故。当飞机或卫星向前飞行时，摄影机焦平面上与飞行方向垂直的狭缝中的影像也连续变化。如果摄影机内的胶片也不断地进行卷绕，且其速度与地面在缝隙中的影像移动速度相同，就得到连续的条带状的航带摄影负片。这种摄影机不是一幅一幅地曝光，摄影机上不需要快门。

影像的投影性质：对于瞬间获取的一条缝隙宽度的影像，仍为中心投影；但是对于条带影像，由于它是在摄影机随飞行器移动的情况下连续获得的，因此与框幅式影像的投影性质就不一样，其航迹线影像为正射投影，而其他部分的像点，是相对各自缝隙内的摄影中心的中心投影，称之为多中心投影。

3. 全景摄影机

全景摄影机又称为扫描摄影机。它是在物镜焦面上平行于飞行方向设置一狭缝，并随物镜作垂直航线方向扫描，得到一幅扫描成的影像图，因此称为扫描像机；又由于物镜摆动的幅度很大，能将航线两边地平线内的影像都摄入底片，因此又称为全景摄影机。

全景摄影机的特点是：焦距长，有的达600mm以上；幅面大，可在长约23cm、宽达128cm的胶片上成像。这种摄影机的精密透镜既小又轻，扫描视场很大，有时能达180°。这种摄影机利用焦平面上一条平行于飞行方向的狭缝来限制瞬时视场。因此，在摄影瞬间得到的是地平面上平行于航迹线的一条很窄的影像。当物镜沿垂直方向摆动时，就得到一幅全景像片。这种摄影机的底片呈弧状放置，当物镜扫描一次后，底片旋进一幅。由于每个瞬间的影像都在物镜中心一个很小的视场内构像，因此每一部分的影像都很清晰，像幅两边的分辨率有所提高，但是由于全景摄影机的像距保持不变，而物距随扫描角的增大而增大，因此出现两边比例尺缩小的现象，整个影像产生所谓的全景畸变。

4. 多光谱摄影机

对于同一地区，在同一瞬间摄取多个波段影像的摄影机称为多光谱摄影机。采用多光谱摄影机的目的，是充分利用地物在不同光谱区有不同的反射特征，来增加获取目标的信息量，以便提高影像判读和识别能力。在一般摄影方法的基础上，对摄影机和胶片加以改进，再选用合适的滤光片，即可实现多光谱摄影。多光谱摄影机分为多镜头型多光谱摄影机、单镜头分光束多光谱摄影机。

1.2.4 扫描类型的传感器

扫描类型的传感器是逐点逐行地以时序方式获取二维影像的，它有两种主要的方式，即对物面进行扫描的传感器和对像面进行扫描的传感器。

1.2.4.1 光机扫描成像类传感器

扫描仪主要依靠探测元件和扫描镜对目标地物以瞬时视场为单位进行逐点、逐行采样，以得到目标地物电磁辐射特性信息，利用光电效应和光热效应，将辐射能转变为电能，或是其他物理特性的变化，从而对物体进行探测。光机扫描仪属于扫描成像类传感器，全称是光学机械扫描仪，它是借助于遥感平台沿飞行方向运动和遥感器本身光学机械横向扫描达到地面覆盖，得到地面条带图像的成像装置。光机扫描仪主要有红外扫描仪和多光谱扫描仪两种，依靠探测元件和扫描镜对目标地物以瞬时视场为单位进行逐点、逐行取样，以得到目标地物电磁辐射特性信息，形成一定谱段的图像。

1. 红外扫描仪

1)组成

典型的机载红外扫描仪的结构如图 1.15 所示。具体结构元件有旋转扫描镜、反射镜组、探测器、制冷设备、电子处理装置和输出装置。旋转扫描镜的作用是实现对地面垂直航线方向的扫描，并将地面辐射来的电磁波反射到反射镜组；反射镜组的作用是将地面辐射来的电磁波聚焦在探测器上；探测器则是将辐射能转变成电能，探测器通常做成一个很小面积的点元，有的小到几微米，随输入辐射能的变化，探测器输出的电流强度(视频信号)发生相应的变化；为了隔离周围的红外辐射直接照射探测器，一般机载传感器可使用液氧或液氮制冷；电子处理装置主要是对探测器输出的视频信号放大和进行光电变换，它由低噪声前置放大器和电光变换线路等组成；输出端是一个阴极射线管和胶片传动装置，视频信号经电光变换线路调制阴极射线管的阴极，这时阴极射线管屏幕上扫描线的亮度变化相应于地面扫描现场内的辐射量变化，胶片曝光后得到扫描线的影像。

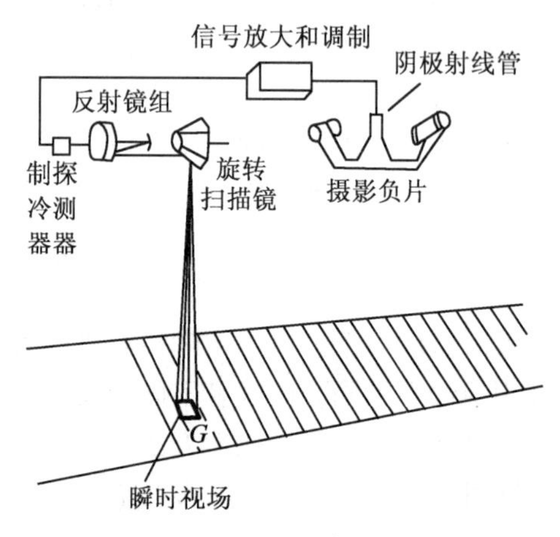

图 1.15　机载红外扫描仪结构原理图

2)成像过程

当旋转棱镜旋转时，镜面对地面横越航线方向扫视一次，在地面瞬时视场内的地面辐射能由旋转棱镜反射到反射镜组；经其反射，聚焦在分光器上；经分光器分光后分别照射到相应的探测器上。探测器则将辐射能转变为视频信号，再经电子放大器放大和调整，在阴极射线管上显示瞬时视场的地面影像，底片曝光后记录下来，随着棱镜的旋转，垂直于飞行方向上的地面依次被扫描，形成一条条相互衔接的地面影像，最后形成连续的地面条带影像(见图 1.16)。

① 瞬时视场角：扫描系统在某一时刻对空间所张的角度，即探测元件的线度与光学系统的总焦距之比。

② 像点：瞬时视场角在影像上对应的点，也叫像元、像素。

③ 空间分辨率：瞬时视场在地面上对应的距离。扫描角越大，分辨率越低，航高越高，分辨率也越低(见图 1.17)。

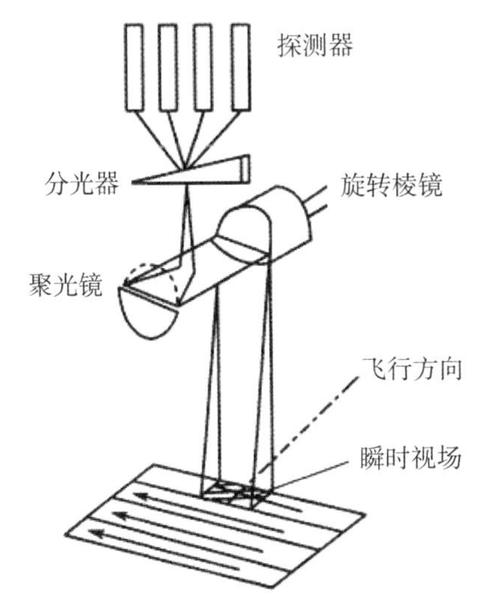

图 1.16　光机扫描仪成像过程

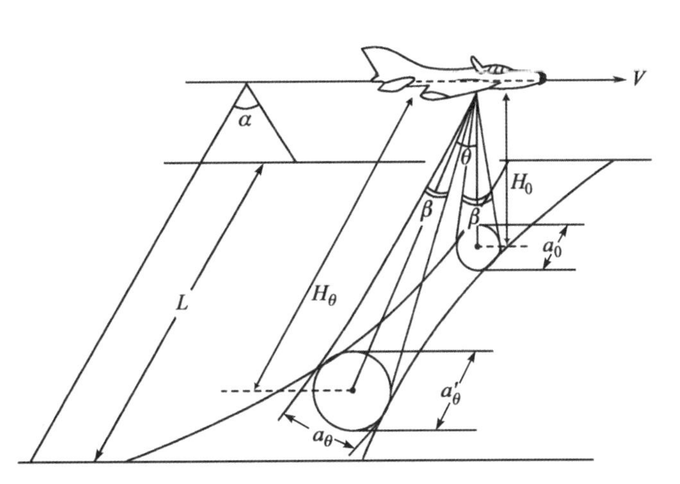

图 1.17　扫描仪的地面分辨率

垂直摄影时，扫描角 θ 为 0°，则空间分辨率：

$$a = dH/f \tag{1.27}$$

式中：d 为探测器尺寸；f 为扫描仪焦距；H 为航高。当观测视线倾斜时，平行于航线方向的地面分辨率为：

$$a_\theta = a\sec\theta \tag{1.28}$$

垂直于航线方向的地面分辨率为

$$a'_\theta = a\sec^2\theta \tag{1.29}$$

④ 扫描线的衔接：

$$W = A/T \tag{1.30}$$

式中：A 为探测器的地面分辨率；T 为旋转棱镜扫描一次的时间；W 为飞机的地速。这时，两个扫描带的重叠度为 0，但是没有空隙。为使扫描线正确衔接，速度与行高之比应为一个常数。由于地面分辨率随扫描角发生变化，而使红外扫描影像产生畸变，这种畸变通常称为全景畸变，其形成的原因与全景摄影机类似，是像距保持不变，总在焦面上，而物距随 θ 角发生变化而致。红外扫描仪还存在一个温度分辨率的问题，温度分辨率与探测器的响应率和传感器系统内的噪声有直接关系。为了获得较好的温度鉴别力，红外系统的噪声等效温度限制在 0.1~0.5K 之间。而系统的温度分辨率一般为等效噪声温度的 2~6 倍。

3)热红外像片的色调特征

热红外像片上的色调变化与相应的地物的辐射强度变化成函数关系。在前面已经讲过，地物发射电磁波的功率与地物的发射率 ε 成正比，与地物温度的四次方成正比，温度的变化能产生较高的色调差别。例如机场的停机坪的热红外像片，像片中飞机已发动的温度较高，色调浅，未发动的温度低，显得很暗；水泥跑道发射率较高，出现灰色调；飞机的金属蒙皮，发射率很低，显得很黑。

2. MSS 多光谱扫描仪

1)结构

MSS 多光谱扫描仪结构如图 1.18 所示。

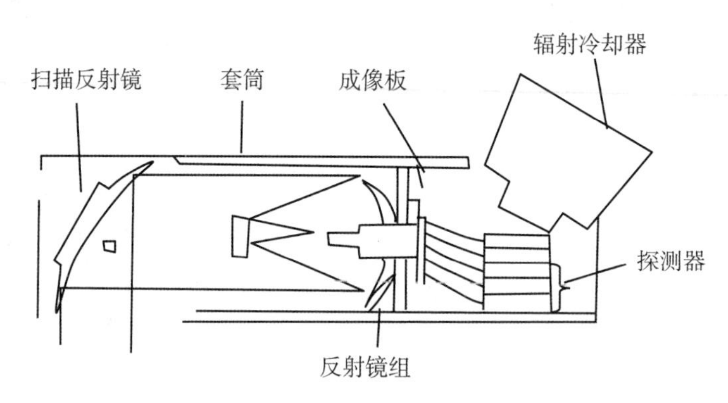

图 1.18　MSS 多光谱扫描仪结构

(1)扫描反射镜。

扫描反射镜是一个表面镀银的椭圆形的铍反射镜，长轴为 33cm，短轴为 23cm。当仪器垂直观察地面时，来自地面的光线与进入聚光镜的光线成 90°，扫描镜摆动的幅度为 ±2.899°，摆动频率为 13.62Hz，周期为 73.42ms，它的总观测视场角为 11.56°。扫描镜的作用是获取垂直飞行方向两边共 185km 范围内的来自景物的辐射能量，配合飞行器的往前运行获得地表的二维图像。

(2)反射镜组。

反射镜组由主反射镜和次反射镜组成，焦距为 82.3cm，第一反射镜的孔径为 22.9cm，第二反射镜的孔径为 8.9cm，相对孔径为 3.6cm。反射镜组的作用是将扫描镜反射进入的地面景物聚集在成像面上。

(3)成像板。

成像板上排列有(24+2)个玻璃纤维单元，如图 1.19 所示，按波段排列成四列，每列有 6 个纤维单元，每个纤维单元为扫描仪的瞬时视场的构像范围。由于瞬时视场为 86μrad，而卫星高度为 915km，因此它观察到地面上的面积为 79m×79m，四列的波段编号和光谱范围，如表 1.8 所示。Landsat-4 的轨道高度下降为 705km，其 MSS 的瞬时视场为 83m×83m，在遥感中称为空间分辨率。Landsat-2、3 上增加一个热红外通道，编号为 MSS8，波长范围为 10.4~12.6μm，分辨率为 240m×240m，仅由两个纤维单元构成。纤维单元后面有光学纤维，它将成像面上接收的能量传递到探测器上去。

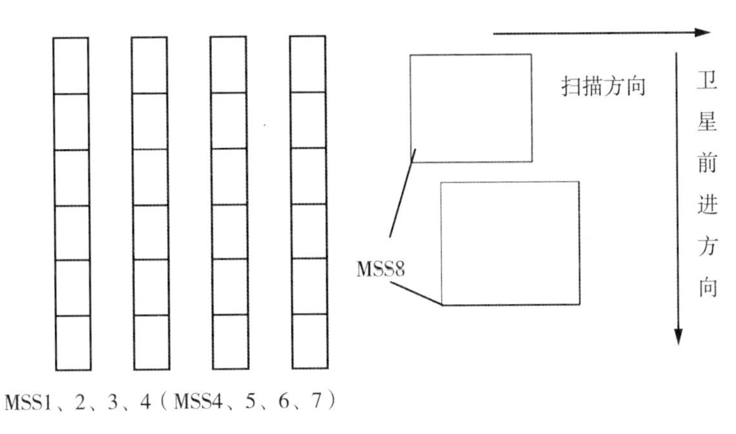

图 1.19 成像板

表 1.8 MSS 波段编号和光谱范围

Landsat-1~3	Landsat-4~5	波长范围/μm
MSS4	MSS1	0.5~0.6
MSS5	MSS2	0.6~0.7
MSS6	MSS3	0.7~0.8
MSS7	MSS4	0.8~1.1
MSS8(Landsat-2、3)		10.4~12.6

(4)探测器。

探测器的作用是将辐射能转变成电信号输出。它的数量与成像板上的光学纤维单元的个数相同，所使用的类型与响应波长有关，MSS-4~6 采用 18 个光电倍增管，MSS-7 使用 6 个硅光电二极管，Landsat-2、3 上的 MSS8 采用 2 个碲镉汞热敏感探测器。其制冷方式采用辐射制冷器制冷。经探测器检波后输出的模拟信号进入模数变换器进行数字化，再由发射机内调制器调制后向地面发送或记录在宽带磁带记录仪上。

2)成像过程

成像过程如图 1.20 所示。扫描仪每个探测器的瞬时视场为 86μrad，卫星高为 915km，因此扫描瞬间每个像元的地面分辨率为 79m×79m，每个波段由 6 个相同大小的探测单元与飞行方向平行排列，这样在瞬间看到的地面大小为 474m×79m。又由于扫描总视场为 11.56°，地面宽度为 185km，因此扫描一次每个波段获取 6 条扫描线图像，其地面范围为 474m×185km，又因扫描周期为 73.42ms，卫星速度(地速)为 6.5km/s，在扫描一次的时间里卫星往前正好移动 474m，因此扫描线恰好衔接。实际上，在扫描的同时地球自西往东自转，下一次扫描所观测到的地面景象相对上一次扫描应往西移位，其移位量 $\Delta y = vt$，v 为地面的自转线速度，它是纬度的函数，t 为扫描 1 次的时间。

成像板上的光学纤维单元接收的辐射能，经光学纤维传递至探测器，探测器对信号检

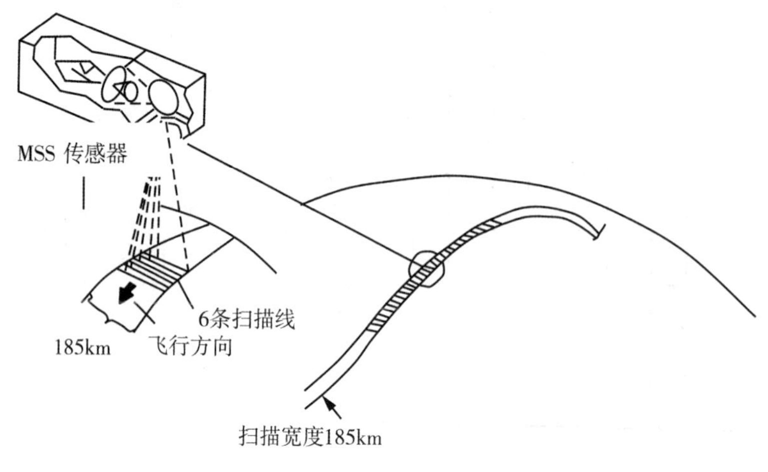

图 1.20 成像过程

波后有 24 路输出，采用脉码多路调制方式，每 9.958μs 对每个信道做一次抽样。由于扫描镜频率为 13.62Hz，周期为 73.42ms，而自西往东对地面的有效扫描时间为 33ms(即在 33ms 内扫描地面的宽度为 185km)，按以上宽度计算，每 9.958μs 内扫描镜视轴仅在地面上移动了 56m，因此采样后的 MSS 像元空间分辨率为 56m×79m(Landsat4 为 68m×83m)。采样后对每个像元(每个信道的一次采样)采用 6bit 进行编码(像元亮度值在 0~63 之间)，24 路输出共需 144bit，在 9.958μs 内生成，反算成每个字节(6bit)所需的时间为 0.4149μs(其中包括同步信号 0.3983μs)，每 bit 为 0.0692μs，因此，bit 速率约为 15Mbit/s(15MHz)。采样后的数据用脉码调制方式以 2229.5MHz 或 2265.5MHz 的频率馈入天线向地面发送。

3)地面接收站及产品

遥感数据的地面接收站主要接收卫星传输的遥感图像信息及卫星姿态、星历参数等，将这些信息记录在高密度数字磁带上，然后送往数据中心，将其处理成可供用户使用的胶片和数字磁带等。发射卫星的国家除了在本土建立接收站以外，还可根据本土和其他有关国家的需要，在其他国家建立接收站。那些地面接收站仅仅接收遥感图像信息，本土上的地面接收站除了这项任务外，还担负发送控制中心的指令，以指挥星体的运行和星上设备的工作，同时接收卫星发回的有关星上设备工作状态的遥感数据和地面遥测数据收集站发射给卫星的数据。每个接收站都有一个跟踪卫星的大型天线，接收站除了接收本国卫星发回的信息，还可以经其他国家允许，每年交纳一定费用，以接收其他国家卫星发送的图像信息。

MSS 产品有以下几种类别：

①粗加工产品。它经过了辐射校准(系统噪声改正)、几何校正(系统误差改正)、分幅注记(28.6s 扫描 390 次分一幅)。

②精加工产品。它是在粗加工的基础上，用地面控制点进行了纠正(去除了系统误差和偶然误差)。

③特殊处理产品。

4)影像特征

Landsat-1~5、7 均采用了 MSS，其中除 Landsat-2、3 采用 5 个波段外，其余均采用可见光~近红外 4 个波段。

MSS4：0.5~0.6μm，为蓝绿波段；对蓝绿、黄色景物一般呈浅色调，随着红色成分的增加而变暗，水体色调最浅，对水体有一定的穿透能力，可测一定水深(10~20m)的水下地形，并利于识别水体浑浊度、沿岸流、沙地、沙洲等。

MSS5：0.6~0.7μm，为橙红色波段；橙红景物一般呈浅色调，随着绿色成分的增加而变暗。水体色调最浅，对水体也有一定的穿透能力(约 2m)，对水中泥沙变化较为敏感，对裸露的地表、植被、土壤、岩性地层、地貌现象等可提供较丰富的信息，为可见光最佳波段。

MSS6：0.7~0.8μm，为红、近红外波段。

MSS7：0.8~1.1μm，为近红外波段。

MSS6、MSS7 波段相关性较大，植被为浅色调，水体为深色调。尤其是 MSS7，它的水陆界线清晰，对土壤含水量变化较为敏感，对寻找地下水以及识别与水有关的地质构造、隐伏构造、作物病虫害、植物生长状况、军事伪装、土壤岩石类型等很有利。

Landsat-2、3 的 MSS 有 5 个通道，增加了一个热红外波段(10.4~12.6μm)，编号为 MSS8，空间分辨率为 240m。MSS 扫描宽度为 185km，地面分辨率为 80m。扫描镜每振动一次，有 6 条扫描线同时覆盖 4 个光谱带，约扫描地面宽 474m，扫描一张图像约需 390 次，包含 2340(390 次×6 行/次)行扫描线，每行扫描线为 3240 像元，则 MSS 图像一景的总数据量约为 30 兆字节(3240 像元×2340 行×4 个波段)，辐射分辨率分别为 64(MSS7)、128(MSS4~6)级。

3. TM 专题制图仪

1)组成

Landsat-4、5 上的 TM(thematic mapper)是一个高级的多波段扫描型的地球资源敏感仪，与 MSS 相比，TM 增加一个扫描改正器，使扫描行垂直于飞行轨道，另外使往返双向都对地面扫描，探测器 100 个，分 7 个波段，探测器每组 16 个，6 波段为 4 个，TM1~5 和 TM7 每个探测元件的瞬时视场在地面为 30m×30m，TM6 为 120m×120m，摄影瞬间 16 个探测器观测地面的长度为 480m，扫描线的长度仍为 185km，一次扫描成像为地面的 480m×185km。仪器的结构如图 1.21 所示。

它的太阳遮光板安装在指向地球的一个水平位置上，其上面装扫描镜。扫描镜周围是驱动机构，即控制电子设备及扫描监视器硬件。主镜装在望远镜轴线的下方，在光学挡板和二次镜的后面。在主镜的后面是扫描行改正器、内部校正器以及可见光谱检测器聚焦平面和它的安装硬件与对准机构。在仪器的尾端安装辐射冷却室(内装冷焦平面装配件)、中继镜片和红外检测器。在望远镜上方的一个楔形箱体里，装有插件形式的电子设备、多路转换器、电源、信号放大器以及各波道的滤波器。TM 中增加一个扫描改正器，使扫描行垂直于飞行轨道(MSS 扫描不垂直于飞行轨道)，另外使往返双向都对地面扫描(MSS 仅仅从西向东扫描时收集图像数据，从东向西时，关闭望远镜与地面之间的光路)。TM 的

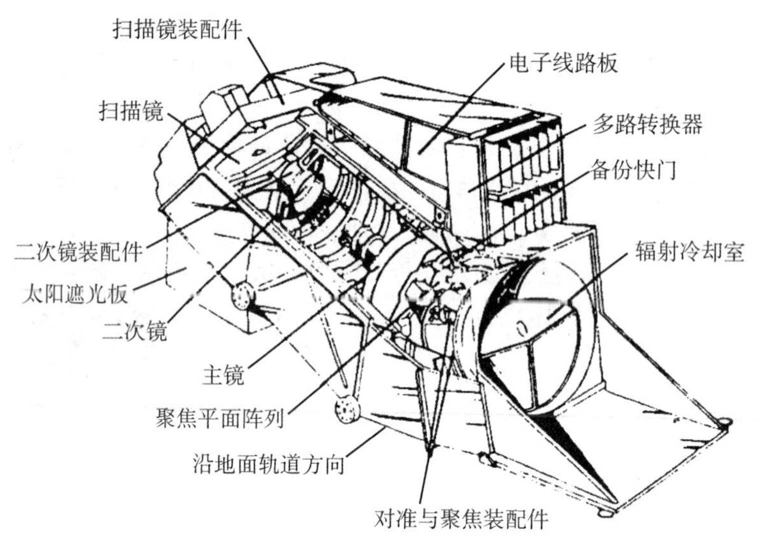

图1.21　TM仪器结构

探测器采用带通滤光片分光，滤光片紧贴于探测器阵列的前面。探测器每组16个，呈错开排列，如图1.22所示。TM1～4用硅探测器，TM5和TM7各用16个锑化铟红外探测器，其排列同TM1～4一样。TM6用4个汞镉碲热红外探测器，排成两行，制冷温度为95K。TM1～5及TM7每个探测器的瞬时视场在地面上为30m×30m，TM6为120m×120m。摄影瞬间16个探测器(TM6为4个)观测地面的长度为480m，扫描线的长度仍为185km，一次扫描成像为地面的480m×185km半个扫描周期，即单向扫描所用的时间为71.46ms，卫星正好飞过地面480m，下半个扫描周期获取的16条图像线正好与上半个扫描周期的图像线衔接。为做辐射校正，扫描仪内设有白炽灯做可见光和近红外波段的标准源。TM6

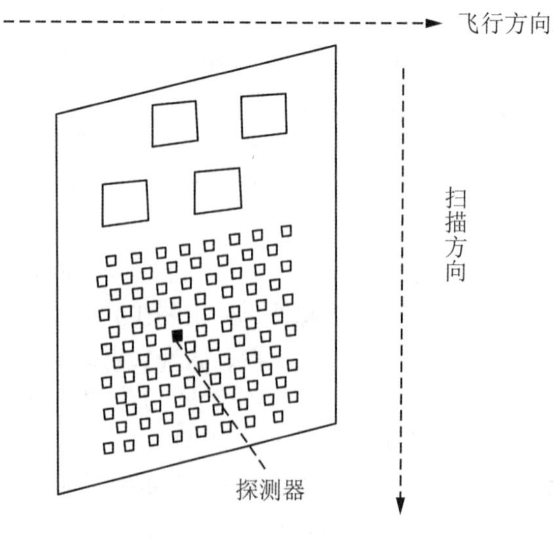

图1.22　探测器的排列方式

的校正源，是一个按地面指令控制温度的黑体源。扫描仪中的电子处理器件，对全部波段的探测器输出信号做前置放大、编码和传输，探测器元件的相互位置见图1.23。每个像元的亮度值用8bit编码。卫星向地面传送数据是通过中继通信卫星做实时发送，星上不再带磁带记录仪。TM探测器技术指标见表1.9。

表1.9　TM探测器技术指标

探测器	波段/μm	分辨率/m	量化/bit	扫幅/km	信噪比
TM	0.45~0.52	30	8	185	52~143
	0.52~0.62	30			60~279
	0.63~0.69	30			48~248
	0.76~0.90	30			35~342
	1.55~1.75	30			40~194
	10.40~12.50	120			0.1~0.28KΔT_{NE}
	2.08~2.35	30			21~164

2）TM各波段的图像特征

Landsat-4、5采用了TM传感器，其空间、光谱、辐射性能比MSS均有明显提高，使数据质量提高、信息量大大增加，TM的扫描镜可在往返两个方向进行扫描和获取数据（MSS只能单方向扫描），这样可以降低扫描速率，增加停顿时间，提高测量精度，所以TM的辐射分辨率从MSS的64、128个量级提高到256个量级。有7个较窄的、更适宜的光谱段。

TM1：0.45~0.52μm，蓝波段。波段的短波相对应于清洁水的峰值，长波段在叶绿素吸收区；这个波段对水体的穿透力强，对叶绿素与叶色素浓度反应敏感，有助于判别水深、水中泥沙分布和进行近海水域制图等；对针叶林的识别比Landsat-1~3的能力更强。

TM2：0.52~0.60μm，绿波段。这个波段在两个叶绿素吸收带之间，因此相应于健康植物的绿色；与MSS4相关性大；对健康茂盛植物反应敏感，对水的穿透力较强；用于探测健康植物绿色反射率，按“绿峰”反射评价植物生活力，区分林型、树种和反映水下特征等。TM1和TM2合成，相似于水溶性航空彩色胶片SO-224，显示水体的蓝绿比值，能估测可溶性有机物和浮游生物。

TM3：0.63~0.69μm，红波段。这个波段为叶绿素的主要吸收波段，与MSS5相关性大，反映不同植物的叶绿素吸收、植物健康状况，用于区分植物种类与植物覆盖度；在可见光中，这个波段是识别土壤边界和地质界线的最有利的光谱区，信息量大，表面特征经常展现出高的反差，大气的影响比其他可见光谱段低，影像的分辨能力较好；广泛用于地貌、岩性、土壤、植被、水中泥沙流等方面。

TM4：0.76~0.90μm，近红外波段。它对绿色植物类别差异最敏感（受植物细胞结构控制），相应于植物的反射峰值，为植物遥感识别通用波段；用于生物量调查、作物长势

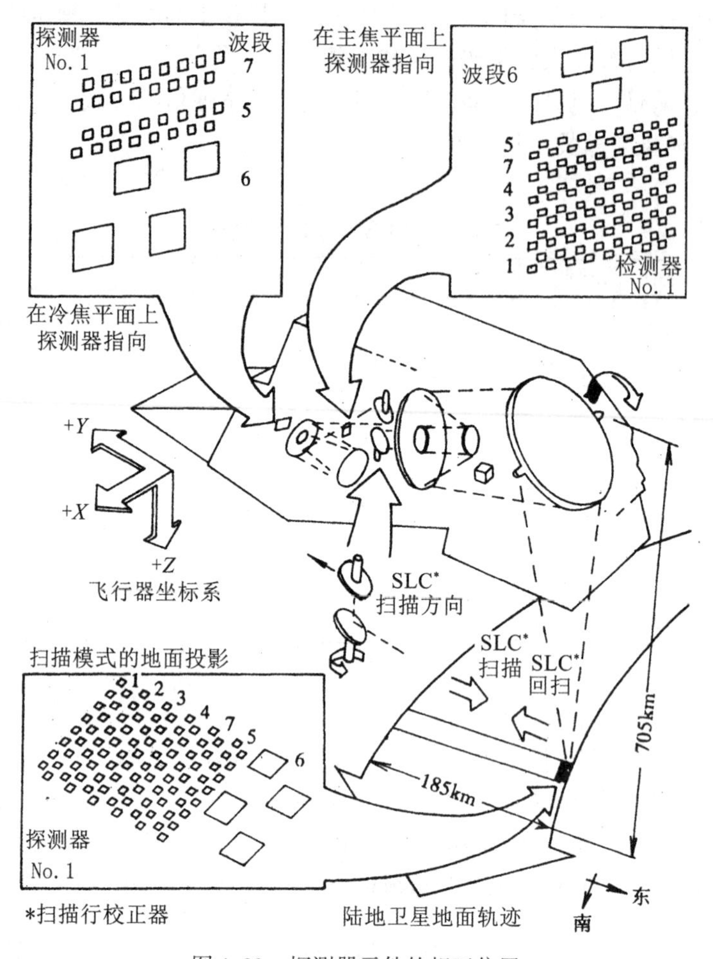

图1.23 探测器元件的相互位置

测定、农作物估产等。

TM5：1.55~1.75μm，中红外波段。它处于水的吸收带(1.4~1.9μm)内，对含水量反应敏感，在这个波段叶面反射强烈地依赖于叶湿度，对干旱的监测和植物生物量的确定是有用的；用于土壤湿度调查、植物含水量调查、水分状况分析、地质研究、作物长势分析等，从而提高了区分不同作物类型的能力，易于区分云、冰与雪。

TM6：10.4~12.5μm，热红外波段。这个波段来自表面发射的辐射量，根据辐射响应的差别，区分农、林覆盖类型，辨别表面湿度、水体、岩石以及监测与人类活动有关的热特征，进行热测量与制图，对于植物分类和估算收成很有用。

TM7：2.08~2.35μm，近红外波段。这个波段为地质学研究追加的波段，由于岩石在不同波段发射率的变化与硅的含量有关，因此可以利用这种发射光谱特性来区分岩石类型，为地质解译提供更多的信息。该波段处于水的强吸收带，水体呈黑色，用于城市土地利用与制图、岩石光谱反射及地质探矿与地质制图，特别是热液变质岩环的制图。

4. ETM+

Landsat-7 卫星携带的传感器 ETM+是 TM 的增强型，是具有 8 个波段的扫描式光学成像仪器，ETM+与 TM 的波段、光谱特性和分辨率基本相似，见表 1.10，最大的变化有 3 个方面：

(1)增加了分辨率为 15m 的全色波段 PAN(0.52~0.90μm)。

(2)波段 6 的分辨率由 120m 提高到 60m。

(3)辐射定标误差率小于 5%，比 Landsat-5 高。

表 1.10 ETM+探测器技术指标

探测器	波段/μm	分辨率/m	量化/bit	扫描/km	信噪比
ETM+	PAN 0.50~0.90	15	8	185	15~88
	0.45~0.52	30			32~103
	0.52~0.60	30			33~137
	0.63~0.68	30			25~115
	0.76~0.90	30			28~194
	1.55~1.75	30			24~134
	10.40~12.50	60			
	2.08~2.35	30			18~96

5. OLI 陆地成像仪

2013 年 2 月 11 日，NASA 成功发射了 Landsat-8 卫星，为走过了 40 年辉煌岁月的 Landsat 计划重新注入新鲜血液。Landsat-8 携带两个主要载荷：OLI 和 TIRS。其中 OLI(全称：Operational Land Imager，陆地成像仪)由科罗拉多州的鲍尔航天技术公司研制；TIRS(全称：Thermal Infrared Sensor，热红外传感器)，由 NASA 的戈达德太空飞行中心研制。设计使用寿命为至少 5 年。

OLI 陆地成像仪包括 9 个波段，空间分辨率为 30m，其中包括一个 15m 的全色波段，成像宽幅为 185km×185km。OLI 包括 ETM+传感器所有的波段，为了避免大气吸收特征，OLI 对波段进行了重新调整，比较大的调整是 OLI Band5(0.845~0.885μm)，排除了 0.825μm 处水汽吸收特征；OLI 全色波段 Band8 波段范围较窄，这种方式可以在全色图像上更好地区分植被和无植被特征；此外，还有两个新增的波段：蓝色波段(Band1，0.433~0.453μm)主要应用于海岸带观测，短波红外波段(Band9，1.360~1.390μm)包括水汽强吸收特征，可用于云检测；近红外 Band5 和短波红外 Band9 与 MODIS 对应的波段接近。

OLI 陆地成像仪和 ETM+的比较，见表 1.11。

表 1.11　OLI 陆地成像仪和 ETM+的比较

OLI 陆地成像仪			ETM+		
波段名称	波段/μm	空间分辨率/m	波段名称	波段/μm	空间分辨率/m
Band1 Coastal	0.433～0.453	30			
Band2 Blue	0.450～0.515	30	Band1 Blue	0.450～0.515	30
Band3 Green	0.525～0.600	30	Band2 Green	0.525～0.605	30
Band4 Red	0.630～0.680	30	Band3 Red	0.630～0.690	30
Band5 NIR	0.845～0.885	30	Band4 NIR	0.775～0.900	30
Band6 SWIR1	1.560～1.660	30	Band5 SWIR1	1.550～1.750	30
Band7 SWIR2	2.100～2.300	30	Band7 SWIR2	2.090～2.350	30
Band8 PAN	0.500～0.680	15	Band8 PAN	0.520～0.900	15
Band9 Cirrus	1.360～1.390	30			

1.2.4.2　固体自扫描

固体自扫描与其他扫描成像的区别是探测器系统是电荷耦合器件 CCD。CCD 是一种新兴半导体器件，利用电荷量来表示信号，是用耦合的方法进行信号传输的器件。

以法国 SPOT 卫星上装载的 HRV(High Resolution Visible Range Instrument)为例来说明，如图 1.24 所示。

1. 结构和成像原理

法国 SPOT 卫星上装载的 HRV 是一种线阵列推扫式扫描仪，把电荷耦合器件做成电极数目相当多的一个线阵列，仪器中有一个平面反射镜，将地面辐射来的电磁波反射到反射镜组，然后聚焦在 CCD 线阵列元件上，CCD 的输出端以一路时序视频信号输出。HRV 扫描仪的简单结构见图 1.25。使用 CCD 做探测器，在瞬间能同时得到垂直航线的一条图

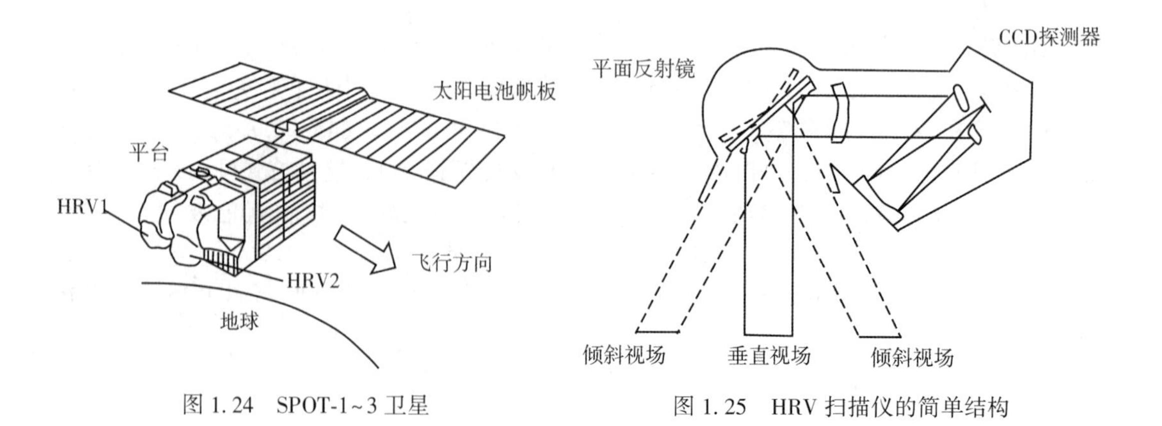

图 1.24　SPOT-1～3 卫星

图 1.25　HRV 扫描仪的简单结构

像线，不需要用摆动的扫描镜，以“推扫”方式获取沿轨道的连续图像条带。数据采集方式见图 1.26。

CCD(Charge Coupled Device)称电荷耦合器件，是一种由硅等半导体材料制成的固体器件，受光或电激发产生的电荷靠电子或空穴运载，在固体内移动，达到一路时序输出信号。如果把电耦合器件做成电极数目相当多的一个线阵列或面阵列，就可将其作为一维或二维的成像器件。CCD 受光谱灵敏度的限制，只能在可见光和近红外(波长 1.2μm 以内)范围内响应地物辐射的电磁波，对于热红外区没有反应；但如果与多元阵列热红外探测器结合使用，则可使多路输出信号变成一路时序信号，因为它对电能的强度有响应。

HRV 的平面反射镜可根据指令绕指向卫星前进方向的滚动轴旋转，从而实现不同轨道间的立体观测(见图 1.27)。平面镜向左右两侧偏离垂直方向最大可达±27°，从天底点向轨道任意一侧可观测到 450km 附近的景物，两台 HRV 可观察到轨道左右两侧(950±50)km范围之内的地面目标。每台 HRV 的观察角最多可分 91 级，级间间隔为 0.6°，这样在邻近的许多轨道间都可以获取立体影像。在倾斜作业中，几何透视及距离的改变，使得地面的成像宽度由天底点的 60km 增加到最大偏移时的 80km。在赤道附近，可在 7 条轨道间进行立体观测。由于轨道的偏移系数为 5，所以相邻轨道差 5 天，也就是说，如果第一天垂直地面观测，则第一次立体观测要到第 6 天实现。随着纬度的增加，轨道间距变小，因此重复观测的机会增多。在不同轨道上对同一地区进行重复观测，除了建立立体模型，进行立体量测外，主要用来获取多时相图像，分析图像信息的时间特性，监视地表的动态变化。

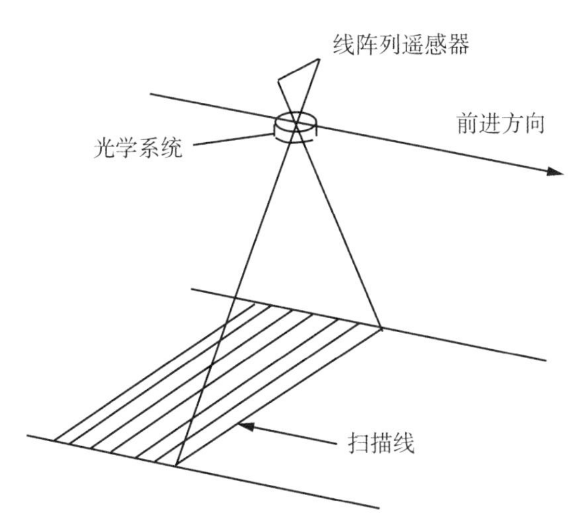

图 1.26 推扫式扫描仪数据采集方式

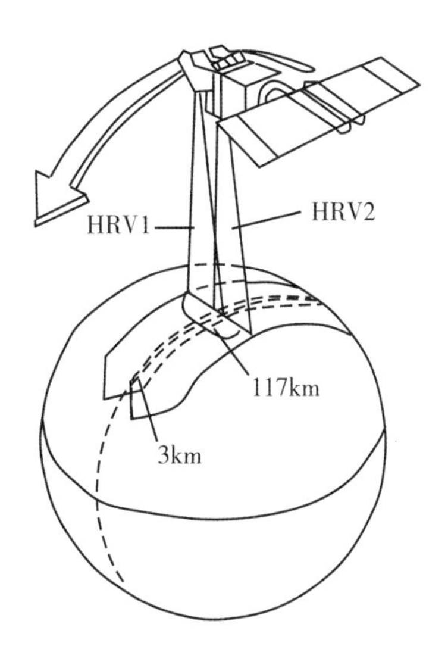

图 1.27 SPOT 上的 HRV 扫描过程

2. SPOT 的影像特征

1)SPOT-1~3

SPOT-1~3 卫星上的传感器 HRV 分成两种形式：多光谱(XS)HRV 和全色(PAN)HRV。多光谱 HRV 的每个波段由 3000 个 CCD 元件组成，每个元件形成的像元对应地面大小为 20m×20m，即地面分辨率为 20m，每个像元用 8bit 对亮度进行编码；全色 HRV 用 6000 个 CCD 元件组成一行，每个像元对应地面大小为 10m×10m，即地面分辨率为 10m，由于相邻像元亮度差很小，因此只用 6bit 进行编码。SPOT-1、SPOT-2、SPOT-3 卫星的空间、光谱特性见表 1. 12。

PAN：0. 51~0. 73μm，为全色波段；地面分辨率较高，为 10m。

XS1：0. 50~0. 59μm，为绿波段；波段中心位于叶绿素反射曲线最大值，即 0. 55μm 处，对于水体浑浊度评价以及水深 10~20m 以内的干净水体的调查是十分有用的。

XS2：0. 61~0. 68μm，为红波段；位于叶绿素吸收带，同 MSS5 及 TM3 相关性大，受大气散射的影响较小，为可见光最佳波段，用于识别裸露的地表、植被、土壤、岩性地层、地貌现象等。

XS3：0. 79~0. 89μm，为近红外波段；能够很好地穿透大气层，在该波段，植被表现得特别明亮，水体表现得非常黑。

表 1. 12　SPOT-1、SPOT-2、SPOT-3 卫星的空间、光谱特性

成像方式	全色波段	多光谱
地面分辨率	10m	20m
成像波段	0. 51~0. 73μm	0. 50~0. 59μm 0. 61~0. 68μm 0. 79~0. 89μm
视场宽度	60km	

2）SPOT-4

SPOT-4 的传感器为 HRVIR 和 VI。HRVIR 是 HRV 的改进版，具体的改进如下：

（1）在 HRVIR 中增加了 1 个波长为 1. 58~1. 75μm、地面分辨率为 20m 的近红外波段（SWIR），对水分、植被比较敏感，常用于土壤含水量监测、植被长势调查、地质调查中的岩石分类，对于城市地物特征也有较强的突显效应。

（2）原 10m 分辨率的全色通道改为 0. 61~0. 68μm 的红色通道，这样 HRVIR 共有 4 个波段，2 种分辨率。

“植被”（vegetation）成像装置，是一个高辐射分辨率和 1km 的空间分辨率的宽视场扫描仪，波段与范围基本同 HRV，主要用于监测全球耕地、森林和草地的状态；此外，它还有 1 个 B_0（0. 43~0. 47μm）波段，主要用于海洋制图和大气校正。红和近红外波段的综合使用对植被和生物的研究是相当有利的，全色数据可与多光谱数据配合使用。

3）SPOT-5

为了确保遥感图像服务的连续性，法国于 2002 年 5 月 4 日发射了 SPOT-5 号卫星，SPOT-5 号卫星搭载了 3 种传感器，除了前几颗卫星上的高分辨率几何装置（HRG）和植被探测器（vegetation）外，还有一个高分辨率立体成像（HRS）装置。SPOT-5 与 SPOT-1~4 相比：地面分辨率几乎提高了一个数量级，最高可达 2. 5m；以前后模式实时获取立体像对；

在运营性能上也有了很大提高；在数据压缩、存储和传输等方面都有显著提高。SPOT-5卫星的空间、光谱特性见表1.13。

表1.13 SPOT-5卫星的空间、光谱特性

波段	分辨率		
	高分辨率几何装置	植被探测器	高分辨率立体成像装置
PAN：0.51~0.73μm	2.5m		10m
0.43~0.47μm		1km	
0.49~0.61μm	10m		
0.61~0.68μm	10m	1km	
0.78~0.89μm	10m	1km	
SWIR：1.58~1.75μm	20m	1km	
视场宽度	60km	2 250km	120km

SPOT-5卫星搭载两个高分辨率HRG传感器，其中VI与SPOT-4的相同，每一个HRG仪器拥有两个全色光谱影像、一个多光谱影像，以及一个短波红外线波段影像。其中，HM(全色波段)空间分辨率为2.5m，HI(多光谱波段)和SWIR(短波红外)的空间分辨率为10m，影像幅宽保持60km。另外，HRS为立体成像传感器，专为制作数字高程模型而设计，其拍摄范围为120km×600km。像以前的卫星一样，每个HRVIR探测器都能偏转一定的角度，使得卫星能在每5天内重访同一地点，而且星上处理能力增强。高分辨率立体成像装置用两个相机沿轨道成像，一个向前，一个向后，实时获取立体图像。较之SPOT系统前几颗卫星的旁向立体成像模式轨道间立体成像而言，SPOT-5几乎能在同一时刻以同一辐射条件获取立体像对，避免了像对间由于获取时间不同而存在的辐射差异，大大提高了获取的成功率，在制图、虚拟现实等许多领域能得到广泛的应用。SPOT-5卫星上的每个传感器只有一个线性阵列，而SPOT-1~4号则有4个，大大简化了焦平面的设计，使得将来更容易添加波段。B1、B2、B3波段使用包含12000个CCD元件的传感器，全色图像则是使用两个包含120000个CCD元件的传感器来获取的，SPOT-5图像极高的分辨率要求在数据传输速率上有明显的提高，SPOT-5设计的数据输出速率是每秒128兆位。

3. 高分一号卫星

高分一号卫星于2013年4月26日在酒泉卫星发射中心由长征二号丁运载火箭成功发射，是高分辨率对地观测系统国家科技重大专项的首发星，配置了2台2m空间分辨率全色/8m空间分辨率多光谱相机，4台16m空间分辨率多光谱宽幅相机。设计寿命为5~8年。高分一号卫星具有高、中空间分辨率对地观测和大幅宽成像结合的特点，2m空间分辨率全色和8m空间分辨率多光谱图像组合幅宽优于60km；16m空间分辨率多光谱图像组合幅宽优于 800km，见表 1.14。

表 1.14　高分一号卫星数据参数

<table>
<tr><th>参数</th><th colspan="2">2m 分辨率全色/8m 分辨率多光谱相机</th><th>16m 分辨率多光谱相机</th></tr>
<tr><td rowspan="5">光谱范围</td><td>全色</td><td>0.45～0.90μm</td><td></td></tr>
<tr><td rowspan="4">多光谱</td><td>0.45～0.52μm</td><td>0.45～0.52μm</td></tr>
<tr><td>0.52～0.59μm</td><td>0.52～0.59μm</td></tr>
<tr><td>0.63～0.69μm</td><td>0.63～0.69μm</td></tr>
<tr><td>0.77～0.89μm</td><td>0.77～0.89μm</td></tr>
<tr><td rowspan="2">空间分辨率</td><td>全色</td><td>2m</td><td rowspan="2">16m</td></tr>
<tr><td>多光谱</td><td>8m</td></tr>
<tr><td>幅宽</td><td>60km(2 台相机组合)</td><td>800km(4 台相机组合)</td><td></td></tr>
<tr><td>重返周期(侧摆时)</td><td colspan="2">4d</td><td>—</td></tr>
<tr><td>覆盖周期(不侧摆时)</td><td colspan="2">41d</td><td>4d</td></tr>
</table>

高分一号卫星是中国高分辨率对地观测系统的第一颗卫星，由中国航天科技集团有限公司所属空间技术研究院研制，突破了高空间分辨率、多光谱与宽覆盖相结合的光学遥感等关键技术。高分辨率对地观测系统工程是《国家中长期科学和技术发展规划纲要(2006—2020 年)》确定的 16 个重大专项之一，由国防科工局、总装备部牵头实施。

高分一号卫星发射成功后，能够为国土资源部门、农业部门、环境保护部门提供高精度、宽范围的空间观测服务，在地理测绘、海洋和气候气象观测、水利和林业资源监测、城市和交通精细化管理、疫情评估与公共卫生应急、地球系统科学研究等领域发挥重要作用。

航天专家表示，高分辨率对地观测系统是国家科技重大专项，将全面提升中国自主获取高分辨率观测数据能力，推动卫星及应用技术的跨越发展，保障现代农业、防灾减灾、资源环境、国家安全等重大战略需求，加快推动中国空间信息产业发展。

1.2.5　成像光谱仪

成像光谱仪基本上属于多光谱扫描仪，其构造与像面扫描仪和物面扫描仪接近，但是具有的通道多。各通道波段宽度较窄，波谱分辨率要求在 10nm 以下，甚至接近于连续的光谱分辨率，其空间分辨能力也较强。在这种情况下，它与一般的像面扫描仪和物面扫描仪相比，有更高的技术要求。一是集光系统要尽量使用反射式光学系统，并且要求具有消除球面像差、像散差及畸变像差的非球面补偿镜头的光学系统。二是分光系统，使用分色滤光片和干涉滤光片已经行不通，必须使用由狭缝、平行光管、棱镜以及绕射光栅组成的分光方式。绕射光栅能对由光导纤维导入的各波谱带的入射光进行高精度的分光，能用于从紫外至红外范围，绕射光栅可用全息技术精确制作。三是探测器敏感元件，要求由成千上万个探测元件组成的阵列，并且能够感受可见光和红外谱区的电磁波。

1.2.6 雷达成像仪

微波能穿透云雾及雪，具有全天候工作能力，并且对地物有一定的穿透能力。微波遥感自20世纪60年代开始被各国重视并竞相发展，20世纪90年代以来，作为遥感的又一重要手段形成高潮。微波遥感有主动与被动之分，主动微波遥感影像常称为雷达影像。所谓雷达，其英文为Radar，雷达成像仪是微波遥感的一种。

侧视雷达成像与航空摄影不同，航空摄影利用太阳光作为照明源，而侧视雷达利用发射的电磁波作为照射源。

图1.28为脉冲式雷达的一般结构，它由发射机、接收机、转换开关和天线等构成。发射机产生脉冲信号，由转换开关控制，经天线向观测地区发射。地物反射脉冲信号，也由转换开关控制进入接收机。接收的信号在显示器上显示或记录在磁带上。雷达接收到的回波中含有多种信息，如雷达到目标的距离、方位，雷达与目标的相对速度（即做相对运动时产生的多普勒频移），目标的反射特性等。其中距离信息可用下式表示：

$$R = \frac{1}{2}vt \tag{1.31}$$

式中：R为雷达到目标的距离；v为电磁波传播速度；t为雷达和目标间脉冲往返的时间。

雷达接收到的回波强度是系统参数和地面目标参数的复杂函数。系统参数包括雷达波的波长、发射功率、照射面积和方向、极化等。地面目标参数与地物的复介电常数、地面粗糙度等有关。

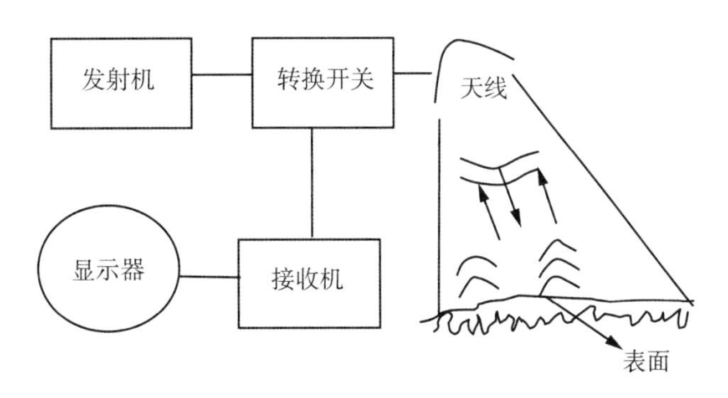

图1.28　脉冲式雷达的一般结构

1. 真实孔径雷达

真实孔径侧视雷达的工作原理如图1.29所示。天线装在飞机的侧面，发射机向侧向面内发射一束窄脉冲，地物反射的微波脉冲，由天线收集后，被接收机接收。由于地面各点到飞机的距离不同，接收机接收到许多信号，以它们到飞机距离的远近，先后依序记录。信号的强度与辐照带内各种地物的特性、形状和坡向等有关。如图1.29中的a、b、c、d、e等各处的地物。a处由于地物隆起，反射面朝向天线，出现强反射；b处为阴影，无反射；c 处为草地，是中等反射；d 处为金属结构，导电率大，出现最强的反射；e 处为平滑表面，出现镜面反射，回波很弱。回波信号经电子处理器的处理，在阴极射线管上形成一条相应于辐照带内各种地物反射特性的图像线，记录在胶片上。飞机向前飞行时，对一条一条辐照带连续扫描，在阴极射线管处的胶片与飞机速度同步转动，就得到沿飞机航线侧面的由回波信号强弱表示的条带图像。

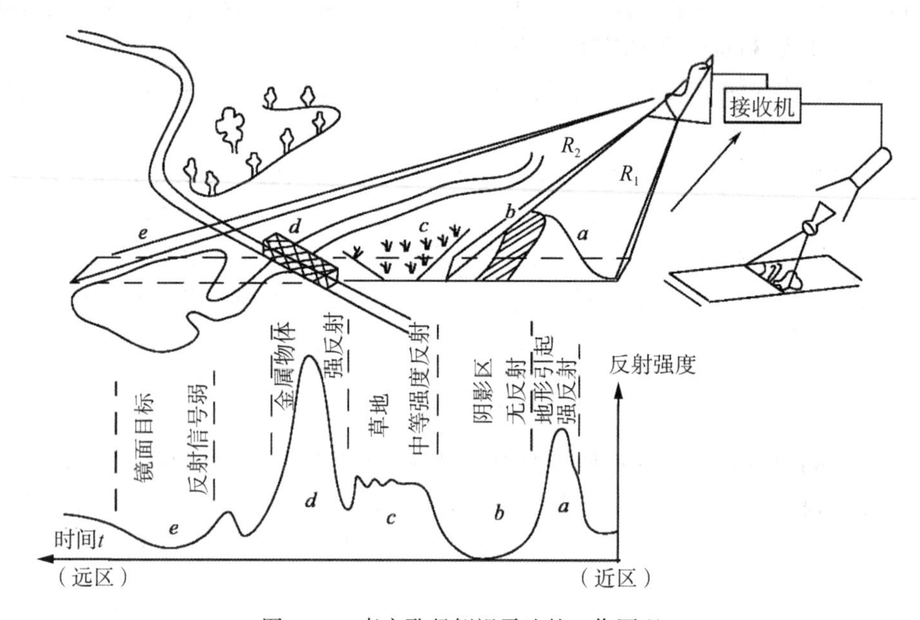

图 1.29　真实孔径侧视雷达的工作原理

真实孔径侧视雷达的分辨率包括距离分辨率和方位分辨率两种。距离分辨率是在脉冲发射的方向上，能分辨两个目标的最小距离，它与脉冲宽度有关，可用下式表示：

$$R_r = \frac{\tau c}{2}\sec\varphi \quad 或 \quad R_d = \frac{\tau c}{2} \tag{1.32}$$

式中：R_r 为地距分辨率；R_d 为斜距分辨率；τ 为脉冲宽度；φ 为俯角。地距分辨率与斜距分辨率的关系如图 1.30 所示。距离分辨率与天线和目标之间的距离无关，或者说距离分辨率与天线的高度无关。

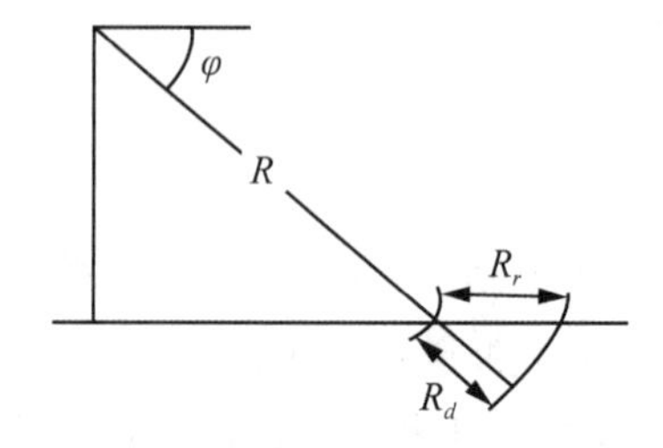

图 1.30　地距分辨率与斜距分辨率

如图 1.31 所示，无论天线在 S_1 处，或是在 S_2 处，所接收的相邻目标信号均是相同的。但是在不同俯角下的两个目标(见图 1.32)则有不同的结果，X 处与 Y 处的两个物体虽然都相距同一距离，但是 X 处的俯角大，两个目标反射就会重叠，故而两点信号无法分开；而 Y 处的俯角小，反射信号不会重叠。

若要提高距离分辨率，需减小脉冲宽度，但是这样将使作用距离减小。为了保持一定的作用距离，这时需加大发射功率，造成设备庞大。目前一般采用脉冲压缩技术来提高距离分辨率。

方位分辨率是指相邻的两束脉冲之间，能分辨两个目标的最小距离，见图 1.33。在航向上，两个目标要能区分出来，就不能处于同一波束内。方位分辨率与波瓣角 β 有关，这时的方位分辨率为：

$$R_\beta = \beta R \tag{1.33}$$

式中：β 为波瓣角；R 为斜距。

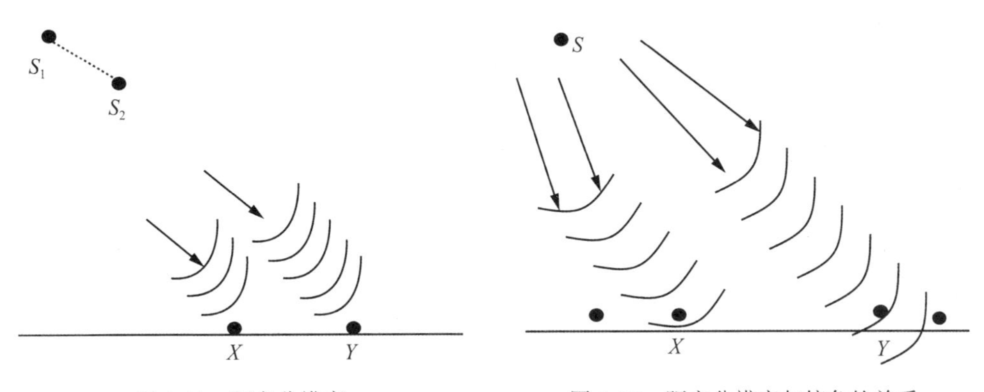

图 1.31　距离分辨率

图 1.32　距离分辨率与俯角的关系

波瓣角 β 与波长 λ 成正比，与天线孔径 D 成反比，因此方位分辨率又为：

$$R_\beta = \frac{\lambda}{D} R \tag{1.34}$$

可以看出，要提高方位分辨率，需采用波长较短的电磁波，加大天线孔径和缩短观测距离。这几项措施无论在飞机上使用还是在卫星上使用都受到限制。目前多利用合成孔径侧视雷达来提高侧视雷达的方位分辨率。

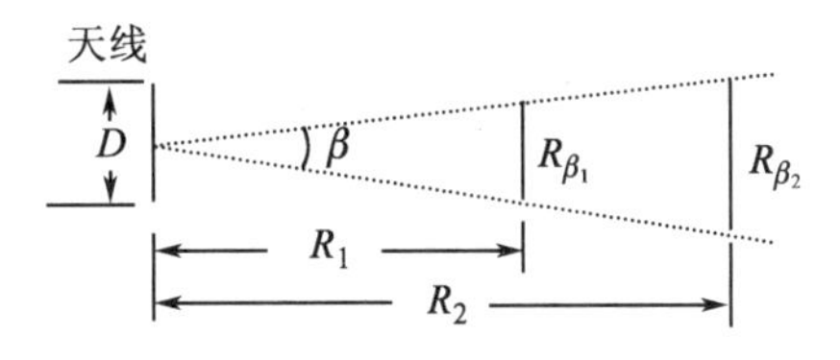

图 1.33　方位分辨率

2. 合成孔径侧视雷达

合成孔径技术的基本思想，是用一个小天线作为单个辐射单元，将此单元沿一直线不断移动；在移动中选择若干个位置，在每个位置上发射一个信号，接收相应发射位置的回波信号并贮存和记录下来。存储时必须同时保存接收信号的幅度和相位，当辐射单元移动一段距离 L_S 后，存储的信号和实际天线阵列诸单元所接收的信号非常相似。合成孔径天线是在不同位置上接收同一地物的回波信号，真实孔径天线则在一个位置上接收目标的回波。如果把真实孔径天线划分成许多小单元，则每个单元接收回波信号的过程与合成孔径天线在不同位置上接收回波的过程十分相似。真实孔径天线接收目标回波后，好像物镜那样聚合成像。而合成孔径天线对同一目标的信号不是在同一时刻得到的，它在每一个位置上都要记录一个回波信号。每个信号由于目标到飞机之间球面波的距离不同，其相位和强度也不同。然而，这种变化是有规律地进行的：当飞机向前移动时，飞机与目标之间的球面波数逐步减小，目标在飞机航线的法线上时距离最小；当飞机越过这条法线时又有规律地增加。在这个过程中，每个反射信号在数据胶片上，连续记录成间距变化的一条光栅状截面，在胶片上呈一条一维相干雷达图像。这样形成的整个图像，不像真实孔径侧视雷达那样，能看到实际的地面图像，而是相干图像，它需要经过处理后，才能恢复地面的实际图像。

合成孔径侧视雷达的方位分辨率可从图 1.33 中看出。若用合成孔径侧视雷达的实际天线孔径来成像，则其分辨率将很差。如图 1.34 所示，天线孔径为 16m，波长为 4cm，目标与飞机间的距离为 400km 时，经计算，其方位分辨率为 1km。现在若用合成孔径技术，合成后的天线孔径为 L_S，则其方位分辨率为：

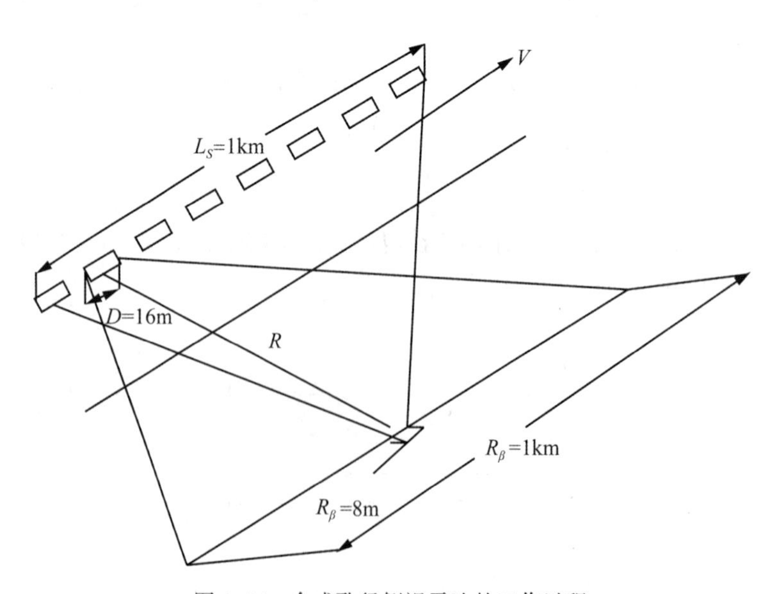

图 1.34　合成孔径侧视雷达的工作过程

$$R_S = \frac{\lambda}{L_S} R \tag{1.35}$$

由于天线最大孔径为：

$$L_S = R_\beta = \frac{\lambda}{D} R \tag{1.36}$$

因此：

$$R_S = D \tag{1.37}$$

如果采用双程相移技术，则方位分辨率还可以提高一倍，即：

$$R_S = \frac{D}{2} \tag{1.38}$$

3. 侧视雷达图像的几何特征

侧视雷达图像在垂直飞行方向(y)的像点位置是以飞机的目标的斜距来确定的，称之为斜距投影。图像点的斜距算至地面的距离为：

$$G = R\cos\varphi = \sqrt{R^2 - H^2} \tag{1.39}$$

(1)飞行方向(x)与推扫式扫描仪相同。由于斜距投影的特性，产生以下几种图像的几何特点：

垂直飞行方向(y)的比例尺由小变大，如图1.35所示。地面上有A，B，C三点，它们之间的距离相等，投影至雷达图像上为a，b，c。由于$c > b > a$，因此：

$$\frac{1}{m_c} > \frac{1}{m_b} > \frac{1}{m_a}$$

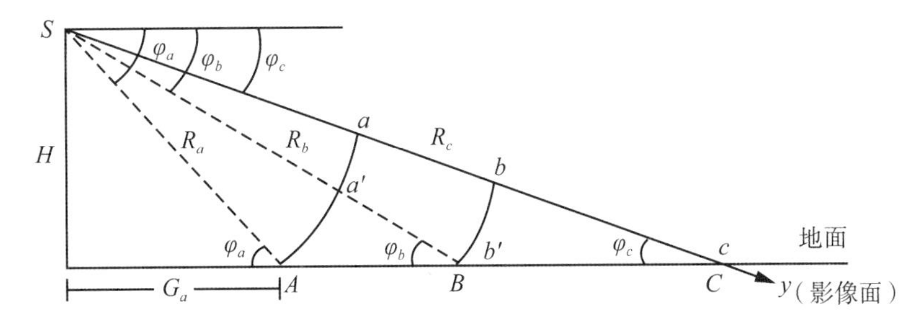

图1.35 斜距投影

显然，这是$\cos\varphi$的作用造成的，地面上AB线段投影到影像上为ab，比例尺为：

$$\frac{1}{m_{ab}} = \frac{ab}{AB} = \frac{a'b'}{AB} \tag{1.40}$$

弧线$Aa' \perp SB$。假定弧线段近似为直线段，并且$\angle Aa'B$也近似为直角，则：

$$\frac{a'b'}{AB} = \cos\varphi_b \tag{1.41}$$

所以：

$$\frac{1}{m_{ab}} = \cos\varphi_b \tag{1.42}$$

变成通式即：

$$\frac{1}{m} = \cos\varphi \tag{1.43}$$

考虑到实测的斜距按照$\frac{1}{m_r}$比例尺缩小为影像，因此在侧视方向上的比例尺为：

$$\frac{1}{m_y} = \frac{1}{m_r}\cos\varphi \tag{1.44}$$

(2) 造成山体前倾，朝向传感器的山坡影像被压缩，而背向传感器的山坡被拉长，与中心投影相反，还会出现不同地物点重影现象。如图 1.36 所示，地物点 AC 之间的山坡在雷达图像上被压缩，在中心投影像片上是拉伸的，CD 之间的山坡出现的现象正好相反。地物点 A 和 B 在雷达图像上出现重影，在中心投影像片中不会出现这种现象。

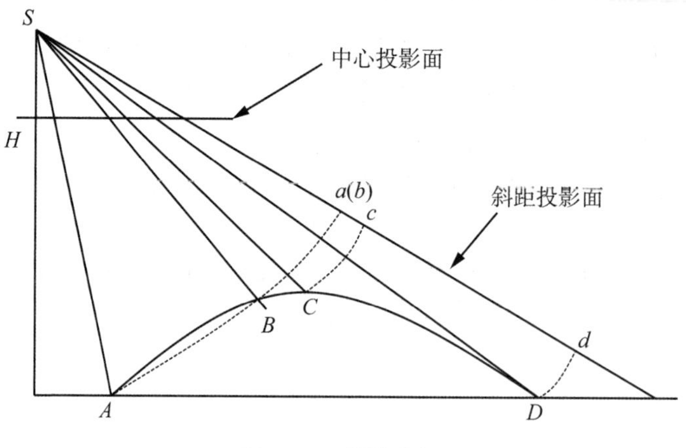

图 1.36　重影现象

(3)高差产生的投影差亦与等效中心投影影像投影差位移的方向相反，位移量也不同。如图 1.37 所示。

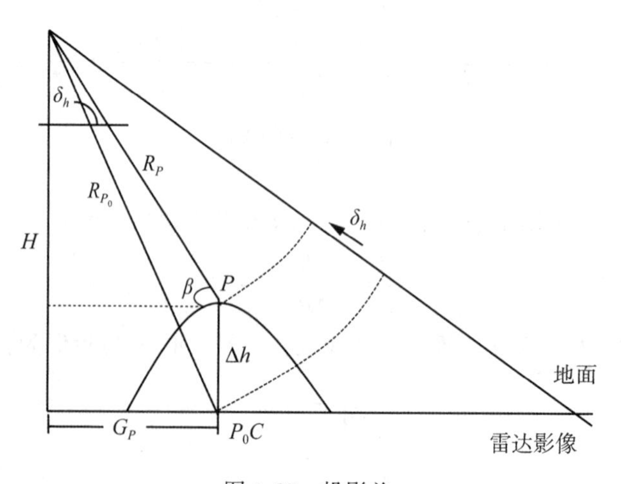

图 1.37　投影差

4. 相干雷达(InSAR)

合成孔径雷达(Synthetic Aperture Radar, SAR)技术是干涉合成孔径雷达(Interferometric Synthetic Aperture Radar, InSAR, 简称干涉雷达)技术和差分干涉合成孔径雷达(Differential Interferometric Synthetic Aperture Radar, D-InSAR, 简称差分干涉雷达)技术的基础，它涉及侧视雷达系统、雷达波信号处理技术以及雷达图像的生成等诸方面。而干涉雷达技术和差分干涉雷达技术则是基于合成孔径雷达技术的图像处理方法和模型的，是合成孔径雷达技术的应用延伸和扩展。

合成孔径雷达干涉测量技术是以同一地区的两张 SAR 图像为基本处理数据，通过求取两幅 SAR 图像的相位差，获取干涉图像，然后经相位解缠，从干涉条纹中获取地形高程数据的空间对地观测新技术。

差分干涉雷达测量技术是指利用同一地区的两幅干涉图像，其中一幅是通过形变事件前的两幅 SAR 获取的干涉图像，另一幅是通过形变事件前后两幅 SAR 图像获取的干涉图像，然后通过两幅干涉图差分处理(除去地球曲面、地形起伏影响)来获取地表微量形变的测量技术。

InSAR 数据处理的主要步骤包括影像配准、干涉图生成、噪声滤除、基线估算、平地效应消除、相位解缠、高程计算和纠正(地理编码处理)等。

5. 激光雷达

激光雷达是发射激光束探测目标的位置、速度等特征量的雷达系统。从工作原理上讲，激光雷达与微波雷达没有根本的区别：向目标发射探测信号(激光束)，然后将接收到的从目标反射回来的信号(目标回波)与发射信号进行比较，作适当处理后，就可获得目标的有关信息，如目标距离、方位、高度、速度、姿态甚至形状等参数，从而对飞机、导弹等目标进行探测、跟踪和识别。

激光雷达用激光器作为发射光源，是采用光电探测技术手段的主动遥感设备。激光雷达是激光技术与现代光电探测技术结合的先进探测方式，由发射系统、接收系统、信息处理等部分组成。发射系统由各种形式的激光器，如二氧化碳激光器、掺钕钇铝石榴石激光器、半导体激光器及波长可调谐的固体激光器以及光学扩束单元等组成；接收系统采用望远镜和各种形式的光电探测器，如光电倍增管、半导体光电二极管、雪崩光电二极管、红外和可见光多元探测器件等组成。激光雷达采用脉冲或连续波两种工作方式，探测方法按照探测的原理不同可以分为米氏散射、瑞利散射、拉曼散射、布里渊散射等。

随着科学技术的发展和计算机及高新技术的广泛应用，数字立体摄影测量也逐渐发展和成熟起来，并且相应的软件和数字立体摄影测量工作站已在生产部门普及。但是摄影测量的工作流程基本上没有太大的变化，如航空摄影-摄影处理-地面测量(空中三角测量)-立体测量-制图(DLG、DTM、GIS 及其他)的模式基本没有大的变化。这种生产模式的周期太长，以至于不适应当前信息社会的需要，也不能满足数字地球对测绘的要求。

LiDAR 测绘技术空载激光扫描技术的发展，源自 1970 年美国航空航天局(NASA)的研发。全球定位系统（Global Positioning System，GPS）及惯性导航系统（Inertial Navigation System，INS）的发展，使精确的即时定位及姿态确定成为可能。德国斯图加特（Stuttgart）大学于 1988 年到 1993 年间将激光扫描技术与即时定位定姿系统结合，形成空载激光扫描仪（Ackermann-19）。之后，空载激光扫描仪发展相当快速，大约从 1995 年开始商业化，目前已有 10 多家厂商生产空载激光扫描仪，可选择的型号超过 30 种。研发空载激光扫描仪的初始目的是得到多重反射的观测值，测出地表及树顶的高度模型。其高度自动化及精确的观测成果使空载激光扫描仪成为主要的 DTM 生产工具。

第2章 遥感数据

2.1 数据的表示方法

地物的光谱特性一般以图像的形式记录下来。地面反射或发射的电磁波信息经过地球大气到达遥感传感器，传感器根据地物对电磁波的发射或反射强度，以不同的亮度值体现在遥感图像上。成像遥感传感器记录地物电磁波的信号有两种形式：一种以胶片或其他光学成像载体记录，即光学图像；另一种以数字形式记录下来，也就是所谓的数字图像。与光学图像处理相比，数字图像的处理简洁、快速，并且可以完成光学图像处理所不能完成的功能。随着数字图像处理设备成本降低，数字图像处理的应用越来越广泛。图像的表示形式如图2.1所示。

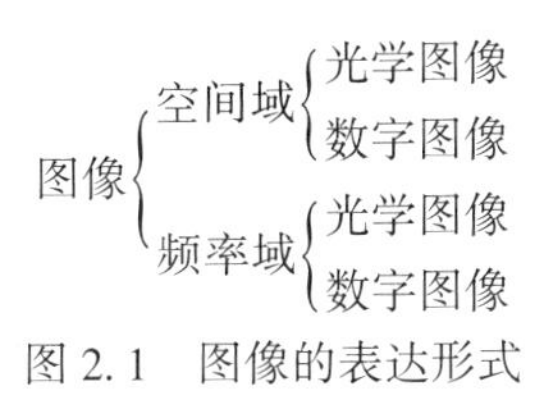

图2.1 图像的表达形式

2.1.1 光学图像

一个光学图像，如相片或透明正片、负片等，可以看作一个二维的连续的光密度(透过率)函数，如图2.2所示。

相片上的密度随坐标x，y的变化而变化，如果取一个方向的图像，则密度随空间变化而变化，是一条连续的曲线。用函数$f(x, y)$来表示光密度函数，则光学图像的光密度函数的特点是：它是二维连续的光密度函数，其值是非负的和有限的。可用下式来表示：

$$0 \leq f(x, y) \leq \infty \tag{2.1}$$

对于多时相图像，可用下标来区分其时间特性：

$$0 \leq f_t(x, y) \leq \infty \tag{2.2}$$

对于多光谱图像，也可以用下标来区分其光谱特性：

$$0 \leq f_l(x, y) \leq \infty \tag{2.3}$$

2.1.2 数字图像

数字图像是一个二维的离散的光密度函数。相对于光学图像，它在空间坐标(x, y)

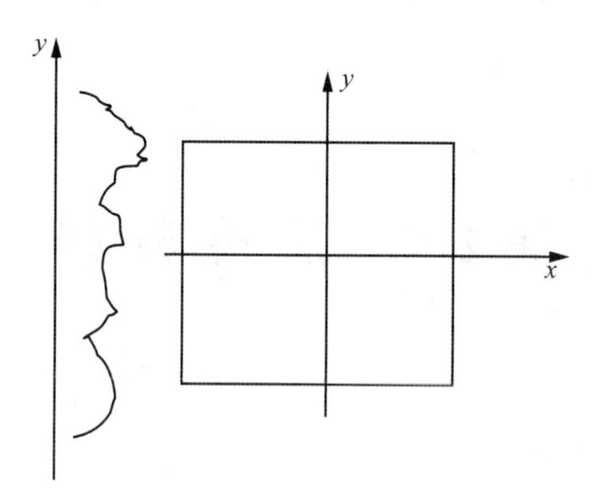

图 2.2　二维光密度函数及连续光密度

和密度上都已经离散化，空间坐标 x，y 仅取离散值：

$$x = x_0 + i\Delta x \tag{2.4}$$

$$y = y_0 + j\Delta y \tag{2.5}$$

式中：$i=1, 2, 3, \cdots, m-1$；$j=1, 2, 3, \cdots, n-1$；Δx 和 Δy 为离散化的坐标间隔。同时 $f(x, y)$ 也为离散值，一般取值区间为：$0 \leqslant f(x, y) \leqslant 127$ 或 $0 \leqslant f(x, y) \leqslant 255$。数字图像可用矩阵来表示：

$$\boldsymbol{f}(x, y) = \begin{bmatrix} f(0, 0) & f(0, 1) & \cdots & f(0, n-1) \\ f(1, 0) & f(1, 1) & \cdots & f(1, n-1) \\ \vdots & \vdots & & \vdots \\ f(m-1, 0) & f(m-1, 1) & \cdots & f(m-1, n-1) \end{bmatrix} \tag{2.6}$$

矩阵中的每个元素称为像元。图 2.3 直观地表示了一幅数字图像，它实际上是由每个像元的密度值排列而成的一个数字矩阵。

16	45	37	…	54
18	66	56	…	56
22	36	78	…	12
⋮	⋮	⋮		⋮
89	56	151	…	73

图 2.3　数字图像

2.1.3　光学图像与数字图像的转换

1. 数字图像转换成光学图像

数字图像转换为光学图像一般有两种方式。一种是通过显示终端设备显示出来，这些设备包括显示器、电子束或激光束成像记录仪等，这些设备输出光学图像的基本原理是通过数模转换设备将数字信号以模拟方式表现。如显示器就是将数字信号以蓝、绿、红三色的不同强度通过电子束打在荧光屏上表现出来的。一个数字图像的像元如(70，60，80)，以红色电子束打在荧光屏上，同理，绿色、蓝色的电子束也打在同一个位置，三个颜色的综合就显示出该像元应有的颜色。电子束或激光束成像记录仪的工作原理与显示器的工作原理基本相似。另一种是通过照相或打印的方式输出，如早期的遥感图像处理设备中包含的屏幕照相设备和目前的彩色喷墨打印机。

2. 光学图像转换为数字图像

光学图像转换成数字图像也就是把一个连续的光密度函数变成一个离散的光密度函数。图像函数$f(x, y)$不仅在空间坐标上、而且在幅度(光密度)上都要离散化，其离散后的每个像元的值用数字表示，整个过程叫作图像数字化(见图2.4)。图像空间坐标的数字化称为图像采样，幅度(光密度)数字化则称为灰度级量化。图像数字化一般可用测微密度计进行，为了得到数字形式的数字化数据，并与计算机连接，要配以模/数变换器，还应有驱动马达、接口装置等，将它们组合成一个数字化器。具体数字化过程是将透明正片(或负片)放在测微密度计的承片框上，承片框的一边是照明灯源，另一边是一个探测头，探测头上的视场可调到需要的大小，视场中图像的大小称为采样窗口。

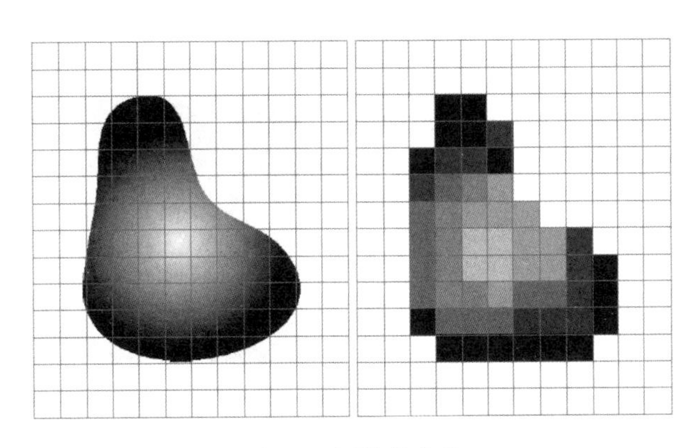

图2.4　图像数字化

空间坐标数字化称为采样。如图2.5所示，采样窗口是图像的一个很小部分，如光源的光线透过窗口中的图像，进入探测头的光学系统，传递到探测器上，然后量测出该窗口图像的强度积分值。窗口的形状除了正方形以外还可以是长方形、圆形或其他形状。一般对整幅图像按等间隔采样，邻近采样像元之间的间隔称为采样间隔。采样间隔ΔX，ΔY一般与窗口宽度dX，dY相等，也可以略有重叠，即采样间隔略小于dX或dY。采样间隔ΔX，ΔY的大小，取决于图像的频谱。如果采样间隔满足：

$$\Delta \leqslant \frac{1}{2f_c} \tag{2.7}$$

则图像能完整地恢复，式中f_c为截止频率，每个像元的空间坐标按式(2.4)和式(2.5)计算。

图2.5　均匀采样

图像灰度的数字化称为量化。在连续灰度的极限取值范围内离散化，即将它分成若干个灰度等级值，像元灰度处于某两个相邻划分值之间时，用所对应的最靠近的一个灰度级值代替。输出的量化值按灰度级数表示，一般用二进制位数(bit数)来编码。若用6位二进制数(即6bit)编码，灰度区间为0，1，2，…，63，共64个等级(即2^6)，也可以用7bit、8bit甚至16bit编码。

Landsat-MSS等图像是直接对物面扫描后进行采样、量化和编码，地面接收后就以数字图像的形式记录在CCT磁带上。目前遥感卫星影像大多是这种格式。

2.1.4　图像的频谱表示

前面讨论的光学图像或数字图像是一种空间域的表示形式，它是空间坐标x，y的函数。图像还可以用另一种坐标空间来表示，即以频率域的形式来表示。这时图像是频率坐标u，v的函数，用$F(u, v)$表示。

$$F(u, v) = \frac{1}{MN}\sum_{x=0}^{N-1}\sum_{y=0}^{M-1} f(x, y)\mathrm{e}^{-2\pi\mathrm{i}\left(\frac{u_x}{N}+\frac{v_y}{M}\right)} \tag{2.8}$$

式中，N是x方向上的数目，M是y方向上的数目。每景遥感影像都可以看作一个二维的离散函数。因此，影像可以进行傅里叶变换，也可以进行逆变换：

$$f(x, y) = \sum_{u=0}^{N-1}\sum_{v=0}^{M-1} F(u, v)\mathrm{e}^{2\pi\mathrm{i}\left(\frac{u_x}{N}+\frac{v_y}{M}\right)} \tag{2.9}$$

$F(u, v)$包含的原始图像$f(x, y)$的空间频率信息，称为频谱。它是一个复函数，可以用下式表示：

$$F(u, v) = R(u, v) + \mathrm{i}I(u, v) \tag{2.10}$$

等价于：

$$F(u, v) = |F(u, v)| e^{i\varphi(u, v)} \tag{2.11}$$

其中：

$$|F(u, v)| = \sqrt{R^2(u, v) + I^2(u, v)} \tag{2.12}$$

$|F(u, v)|$是傅里叶变换的振幅，可以用二维影像来表示，它代表了影像$f(x, y)$中不同频率组分的振幅和方向。式(2.11)中变量φ代表影像$f(x, y)$的相位信息。

通常将图像从空间域变入频率域采用傅里叶变换；反之，则采用傅里叶逆变换。图2.6展示了图像在两个域中的表示形式。

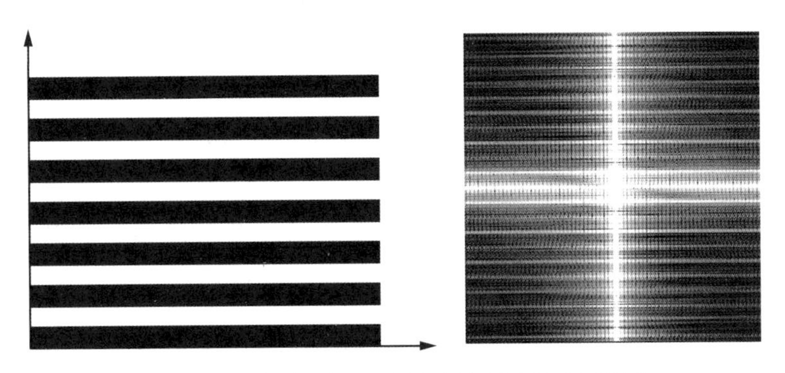

图2.6 二维图像在空间域和频率域中的表示形式

傅里叶振幅图像都呈中心对称，通常将$F(0, 0)$调整到傅里叶振幅影像的中心，而不是影像的左上角。因此，中心的亮度代表了最低频成分的振幅。

虽然傅里叶变换后的影像$F(u, v)$看起来有点奇怪，但是它包含了原始图像的所有信息，它提供了通过空间频率来分析和处理影像的途径。傅里叶变换对于影像复原、滤波、辐射校正都很有用。例如，傅里叶变换可以用于去除遥感数据中的周期性噪声，当周期性噪声的模式在全景影像中保持不变时，为静态噪声。遥感影像中的条带通常是由静态周期性噪声构成的，当静态周期性噪声在空间域为单频率的正弦函数时，它的傅里叶变换结果由单个亮点(亮点峰值)组成。

2.2 图像的存储

为了使遥感数据能够为用户所使用，建立一种通用的存储格式是必不可少的。目前，遥感图像数据主要是记录在磁带、磁盘或光盘上的，以记录在磁带上为最多，即计算机兼容磁带(CCT)，但是随着光盘技术的发展，将会有越来越多的遥感数据存储在光盘上。在遥感平台(如飞机、卫星)上的记录系统或卫星地面接收站的记录系统所用的一般都是高密度磁带(HDT)。记录在各种介质上的遥感数据，除了有遥感的影像数据外，还有与遥感图像成像条件有关的其他数据，如成像时间、光照条件等。

多波段图像具有空间的位置和光谱的信息。多波段图像的数据格式，根据在二维空间的像元配置中如何存储各种波段的信息，具体分为以下几类：

1）BSQ格式（band sequential）

各波段的二维图像数据按波段顺序排列。

2）BIL格式（band interleaved by line）

对每一行中代表一个波段的光谱值进行排列，然后按波段顺序排列该行，最后对各行进行重复。

在遥感数据中，除图像信息以外还附带各种注记信息。这是在进行数据分发时，对存储方式用注记信息的形式来说明所提供的格式。以往曾使用多种格式，但从1982年起逐渐以世界标准格式的形式进行分发。因为这种格式是由Landsat Technical Working Group确定的，所以也叫LTWG格式。

世界标准格式具有超结构（super structure）的构造，在它的卷描述符、文件指针、文件说明符的3种记录中记有数据的记录方法，其图像数据部分为BSQ格式或BIL格式。

3）BIP格式（band interleaved by pixel）

在一行中，每个像元按光谱波段次序进行排列，然后对该行的全部像元进行这种波段次序排列，最后对各行进行重复。

4）行程编码格式（run-length encoding）

为了压缩数据，采用行程编码形式，属波段连续方式，即对每条扫描线仅存储亮度值以及该亮度值出现的次数。如一条扫描线上有60个亮度值为10的水体，它在计算机内以整数格式存储。其含义为60个像元，每个像元的亮度值为10。计算机仅存60和10，这要比存储60个10的存储量少得多。但是对于仅有较少相似值的混杂数据，此法并不适宜。

5）HDF格式

HDF格式是一种不必转换格式就可以在不同平台间传递的新型数据格式，由美国国家超级计算应用中心（NCSA）研制，已经应用于MODIS、MISR等数据中。

HDF有6种主要数据类型：栅格图像数据、调色板（图像色谱）、科学数据集、HDF注释（信息说明数据）、Vdata（数据表）、Vgroup（相关数据组合）。HDF采用分层式数据管理结构，并通过所提供的“层体目录结构”可以直接从嵌套的文件中获得各种信息。因此，打开一个HDF文件，在读取图像数据的同时可以方便地查取到其地理定位、轨道参数、图像属性、图像噪声等各种信息参数。

具体地讲，一个HDF文件包括一个头文件和一个或多个数据对象。一个数据对象是由一个数据描述符和一个数据元素组成的。前者包含数据元素的类型、位置、尺度等信息；后者是实际的数据资料。HDF这种数据组织方式可以实现HDF数据的自我描述。HDF用户可以通过应用界面来处理这些不同的数据集。例如一套8bit图像数据集一般有3个数据对象：1个描述数据集成员，1个是图像数据本身，1个描述图像的尺寸大小。

在普通的彩色图像显示装置中，图像被分为R、G、B三个波段显示，这种按波段进行的处理最适合BSQ方式。而在最大似然比分类法中对每个像元进行的处理最适合BIP方式。

2.3　遥感影像显示

1. 利用金字塔加速

利用金字塔加速这种方案应用还算比较多的，如果不用这种方案，在缩放的时候速度就会很慢，但是这种方案比较占硬盘。

2. 利用帧缓存技术

利用帧缓存技术这种方案使得拖动较为流畅，但是在拖动的时候会有黑块出现，这种方案是在拖动的时候，计算出需要显示的内容，将其存储在某个对象中，显示时交换即可。改进方案以显示的部分为中心，读取 9 倍大小的影像块，这样在拖动的时候，不管怎么拖动都在影像范围内，就会显得无缝。在拖动时，还需要一个缓存，来存储要用的区域，拖动完进行交换。

第3章 遥感图像的校正

3.1 遥感图像的辐射校正

3.1.1 辐射误差来源

传感器观测目标的反射或辐射能量时，所得到的测量值与目标的光谱反射率或光谱辐射亮度等物理量之间的差值称为辐射误差。辐射误差造成了遥感图像的失真，影响人们对遥感图像的判读、解译，因此必须消除或减小。

由辐射传输方程可知，传感器的输出 E_λ 为：

$$E_\lambda = K_\lambda\{[\rho_\lambda \cdot E_0(\lambda)\mathrm{e}^{-t(z_1,\ z_2)\sec\theta} + e_\lambda \cdot w_e(\lambda)]\mathrm{e}^{-t(0,\ H)} + b_\lambda\} \tag{3.1}$$

式中：K_λ 为传感器的光谱响应系数；ρ_λ 为地物的波谱反射系数；E_0 为太阳辐射照度；$t(z_1,\ z_2)$ 为区段大气层的光学厚度；θ 为太阳天顶角；e_λ 为波谱发射率系数；$w_e(\lambda)$ 为地物同温度黑体的发射通量密度；H 为平台高度；b_λ 为大气辐射所形成的天空辐照亮度。

由辐射传输方程可知，传感器接收的电磁能量包括三部分：

(1)太阳经大气衰减后照射到地面，经地面反射后，又经大气第二次衰减进入传感器的能量；

(2)地面本身辐射的能量经大气后进入传感器的能量；

(3)大气散射、反射、辐射的能量。

辐射误差受传感器响应特性、太阳照射(位置和角度)和大气传输(雾和云)等条件的影响。

1. 因传感器的响应特性引起的辐射误差

1)光学摄影机引起的辐射误差

光学摄影机引起的辐射误差主要是由光学镜头中心和边缘的透射光强度不一致造成的，它使同一类地物在图像上不同位置有不同的灰度值。

2)光电扫描仪引起的辐射误差

光电扫描仪引起的辐射误差主要包括两类：一类是光电转换误差，即在扫描方式的传感器中，传感器接收系统收集到的电磁波信号需要经光电转换系统变成电信号记录下来，这个过程所引起的辐射量误差；另一类是探测器增益变化引起的误差。

2. 因大气影响引起的辐射误差

太阳光在到达地面目标之前，大气会对其产生吸收和散射作用。同样，来自目标物的反射光和散射光在到达传感器之前也会被吸收和散射。入射到传感器的电磁波能量除了地物本身的辐射以外，还有大气引起的散射光。从辐射数据处理的角度看，进入传感器的辐射畸变成分包括大气的消光(吸收和散射)、天空光(大气散射的太阳光)照射、路径辐射。大气的影响中主要研究大气散射的影响。散射是大气中的分子和颗粒对光波多次作用的结果，散射效应随电磁波波长和散射体的大小不同而不同。按大气中颗粒对电磁波波长选择的不同，散射分为选择散射和非选择散射。波长越短，散射越厉害。

1)大气影响的定量分析

进入大气的太阳辐射会发生反射、折射、吸收、散射和投射。如果没有大气存在，传感器接收的辐照度只与太阳辐射到达地面的辐照度和地物的反射率有关，由于大气的存在，辐射经过大气吸收和散射，透过率小于1，从而减弱了信号的强度。同时，大气的散射光也有一部分直接或经过地物反射进入传感器，这两部分又增强了信号，但是用处却不大。

设 $E_{0\lambda}$ 为波长 λ 的辐照度，θ 为入射方向的天顶角，当无大气存在的时候，地面上单位面积的辐照度为：

$$E_{\lambda} = E_{0\lambda}\cos\theta \tag{3.2}$$

假如地面是朗伯体，其表面是漫反射，则某方向物体的亮度为：

$$L_{0\lambda} = \frac{R_{\lambda}}{\pi}E_{\lambda} = \frac{R_{\lambda}}{\pi}E_{0\lambda}\cos\theta \tag{3.3}$$

式中：R_{λ} 是地物的反射率；π 是球面度。

传感器接收信号时，受仪器的影响，还有一个系统增益系数 S_{λ}，这时，进入传感器的亮度值为：

$$L'_{0\lambda} = \frac{R_{\lambda}}{\pi}E_{0\lambda}S_{\lambda}\cos\theta \tag{3.4}$$

由于大气的存在，在入射方向有与入射天顶角 θ 和波长 λ 有关的透过率 $T_{\theta\lambda}$，反射后，在反射方向上有与反射天顶角 ϕ 和波长 λ 有关的透过率 $T_{\phi\lambda}$，因此，进入传感器的亮度为：

$$L_{1\lambda} = \frac{R_{\lambda}T_{\phi\lambda}}{\pi}E_{0\lambda}T_{\theta\lambda}S_{\lambda}\cos\theta \tag{3.5}$$

大气对辐射散射后，来自各个方向的散射又以漫入射的形式照射地物，其辐照度为 E_D，经过地物的反射及其反射路径上大气的吸收后进入传感器，其亮度值为：

$$L_{2\lambda} = \frac{R_{\lambda}T_{\phi\lambda}}{\pi}S_{\lambda}E_D \tag{3.6}$$

相当部分的散射光向上通过大气直接进入传感器，亮度为 L_P。所以由于大气的存在，实际到达传感器的辐射亮度是三者之和：

$$L_{\lambda} = L_{1\lambda} + L_{2\lambda} + L_P$$

$$L = \frac{RT_{\phi\lambda}}{\pi}S(E_0T_{\theta}\cos\theta + E_D) + L_P \tag{3.7}$$

前面提到的辐射值校准是假定在正常大气条件下对系统辐射强度进行的校准，但实际像场对应的大气类似一个随机畸变系统，为了更精确地校正辐射值，需要进行实际像场大气的校正。削弱由大气散射引起的辐射误差的处理过程称为大气校正。

2)大气校正

大气校正有三种方法：野外波谱测试回归分析法、辐射传递方程计算法、波段对比法。

(1)野外波谱测试回归分析法。

在获取地面目标图像的同时，也可预先在地面设置反射率已知的标志，或事先测出若干地面目标的反射率，把由此得到的地面实况数据和传感器的输出值进行比较，以削弱大气的影响。由于遥感过程是动态的，在地面特定地区、特定条件和一定时间段内测定的地面目标反射率不具有普遍性，因此该方法仅适用于包含地面实况数据的图像。

(2)辐射传递方程计算法。

在可见光和近红外区，大气的影响主要是由气溶胶引起的散射造成的；在热红外区，大气的影响主要是由水蒸气的吸收造成的。为了消除或减弱大气的影响，需要测定可见光和近红外区的气溶胶的密度以及热红外区的水蒸气浓度，但是仅从图像数据中很难正确测定这些数据。在利用辐射传递方程时，通常只能得到近似解，改进的方法是在获取地面目标图像的同时，利用搭载在同一平台上测量气溶胶和水蒸气浓度的传感器获取气溶胶和水蒸气的浓度数据，利用这些辅助数据进行大气校正。

若地面的辐射能量为 E_0，它通过高度为 H 的大气层后，传感器接收系统所能收集到的电磁波能量为 E，则由辐射传递方程可得

$$E = E_0 A \tag{3.8}$$

式中：A 为大气衰减系数。

由于野外波谱测试回归分析法需要到野外进行与陆地卫星同步的一致的测试，辐射传递方程计算法需要测定具体天气条件下的大气参数，这两种方法实现起来较困难。因此常采用第三种简单易行的方法：波段对比法。

(3)波段对比法。

波段对比法的理论依据在于大气散射的选择性，即大气散射对短波影响大，对长波影响小。因此对于陆地卫星来说，4 波段受散射影响最严重，其次为 5 波段、6 波段，而 7 波段受散射影响最小。为处理问题方便，可以把近红外图像当作无散射影响的标准图像，通过对不同波段的对比分析，计算出大气干扰值。一般有两种方法：回归分析法和直方图法。

回归分析法是在不受大气影响的波段和待校正的某一波段图像中，选择最黑区域中的一系列目标，将每一个目标的两个待比较的波段亮度值提取出来进行综合分析。以 TM 为例，1 波段的散射最大，7 波段几乎不受影响，可以以 7 波段为基础对其他波段进行辐射校正。若对 3 波段进行校正，首先在 3 波段上选择最黑的影像目标，在 7 波段找出对应的目标，取灰度值，在以(TM_7，TM_3)为坐标的直角坐标系中绘制散点图，并用最小二乘法建立回归方程：

$$TM_3 = a + b \cdot TM_7 \tag{3.9}$$

式中：a 为一固定的常数，b 为回归系数。设 $L_{较}$ 为不受大气影响的辐射率，所以校正公

式为：

$$L_{较}=TM_3-a \tag{3.10}$$

即图像中的每一个像元值都扣除 a 的影响。

直方图法的思想在于一幅图像总可以找到其亮度值为 0 的地物，实际上，不为 0，校正时候将每一个波段中每一个像元的亮度值都减去本波段的最小值。直方图法能使图像的亮度动态范围得到改善，对比度增强，从而图像质量提高。

3. 因太阳辐射引起的辐射误差

1) 太阳位置引起的辐射误差

太阳位置主要指太阳高度角和方位角，如果太阳高度角和方位角不同，则地面物体入射照度也就发生变化，这样地物的反射率也就随之改变。

为了尽量减少太阳高度角和方位角引起的辐射误差，遥感的卫星轨道大多设计在同一个地方时间通过当地上空。但季节的变化和地理经纬度的变化造成太阳高度角和方位角的变化是不可避免的。

2) 地形起伏引起的辐射误差

太阳光线和地表作用以后，再反射到传感器的太阳光的辐射亮度和地面倾斜度有关。太阳光线垂直入射到水平地表和有一定倾角的坡面上所产生的辐射亮度是不同的，这样地形起伏的变化，在遥感图像上会造成同类地物灰度不一致的现象。

4. 其他原因引起的辐射误差

遥感影像中有时因各检测器特性的差别、干扰、故障等原因引起不正常的条纹和斑点，它们不但造成直接引用错误信息，而且在统计分析中也会引起不好的效果，应该予以消除或减弱。

条纹误差主要是由检测器引起的。斑点误差主要由噪声或磁带的误码率等原因造成，具有分散和孤立的特点。

3.1.2 传感器的辐射定标

辐射定标的定义：建立遥感传感器的数字量化输出值 DN 与其所对应视场中辐射亮度值之间的定量关系。传感器的辐射定标包括 3 个阶段：发射前的实验室定标、星上定标和场地定标。实验室定标的主要作用是确定传感器的响应并评估其不确定度。星上定标则长期地监测传感器响应的衰变，并可以进行阵列传感器响应均匀性校正。场地替代定标可以验证传感器的辐射响应并进行多个传感器的交叉定标。

1. 实验室定标

在传感器发射之前对其进行的波长位置、辐射精度、空间定位等的定标，将仪器的输出值转换为辐射值。有的仪器内有内定标系统，但是在仪器运行之后，还需要定期定标，以监测仪器性能的变化，相应调整定标参数。

(1) 光谱定标。其目的是确定遥感传感器每个波段的中心波长和带宽，以及光谱响应函数。

（2）辐射定标。其中：绝对定标是通过各种标准辐射源，在不同波谱段建立成像光谱仪入瞳处的光谱辐射亮度值与成像光谱仪输出的数字量化值之间的定量关系；相对定标确定场景中各像元之间、各探测器之间、各波谱之间以及不同时间测得的辐射量的相对值。

2. 星上定标

星上定标用来经常性地检查飞行中的传感器定标情况，一般采用内定标的方法，即辐射定标源、定标光学系统都在飞行器上，在大气层外，太阳的辐照度可以认为是一个常数，因此也可以选择太阳作为基准光源，通过太阳定标系统对星载成像光谱仪器进行绝对定标。

3. 场地定标

场地定标指的是传感器处于正常运行条件下，选择辐射定标场地，通过地面同步测量对传感器的定标。场地定标可以实现全孔径、全视场、全动态范围的定标，并考虑到了大气传输和环境的影响。该定标方法可以实现对传感器运行状态下与获取地面图像完全相同条件的绝对校正，可以提供传感器整个寿命期间的定标，对传感器进行真实性检验和对一些模型进行正确性检验。但是地面目标应是典型的均匀稳定目标，地面定标还必须同时测量和计算传感器过顶时的大气环境参量和地物反射率。

场地定标的原理是：在传感器飞越辐射定标场地上空时，在定标场地选择若干个像元区，测量成像光谱仪对应的地物的各波段光谱反射率和大气光谱等参量，并利用大气辐射传输模型等手段给出成像光谱仪入瞳处各光谱带的辐射亮度，最后确定它与成像光谱仪对应输出的数字量化值的数量关系，求解定标系数，并估算定标不确定性。

场地定标的基本技术流程是：获取空中、地面及大气环境数据，计算大气气溶胶光学厚度，计算大气中水和臭氧含量，分析和处理定标场地及训练区地物光谱等数据，获取定标场地数据时的几何参量和时间，将获取和计算的各种参数代入大气辐射传输模型，求取传感器入瞳时的辐射亮度，计算定标系数，进行误差分析，讨论产生误差原因。

场地定标的方法主要有：

（1）反射率法：在卫星过顶时同步测量地面目标反射率因子和大气光学参量（如大气光学厚度、大气柱水汽含量等），然后利用大气辐射传输模型计算出传感器入瞳处辐射亮度值。该方法具有较高的精度。

（2）辐亮度法：采用经过严格光谱与辐射标定的辐射计，通过航空平台实现与卫星传感器观测几何相似的同步测量，把机载辐射计测量的辐射度作为已知量，去标定飞行中传感器的辐射量，从而实现卫星的标定，最后辐射校正系数的误差以辐射计的定标误差为主。

（3）辐照度法：又称改进的反射率法，利用地面测量的向下漫射与总辐射度值来确定卫星传感器高度的表观反射率，进而确定出传感器入瞳处辐射亮度。这种方法使用解析近似方法来计算反射率，从而可大大缩减计算时间和降低计算复杂性。

随着多波段、多平台、高光谱分辨率遥感仪器的迅速发展，要求光谱辐射定标技术具有前所未有的高精度和长期测量稳定性。目前，传统辐射定标方法的精度已逐渐难以满足定量遥感应用的需求。

3.2 遥感图像的大气校正

大气校正是指传感器最终测得的地面目标的总辐射亮度并不是地表真实反射率的反映，其中包含了由大气吸收，尤其是散射作用造成的辐射量误差。大气校正就是消除这些由大气影响所造成的辐射误差，反演地物真实的表面反射率的过程。主要方法有以下3种。

1. 基于辐射传输方程的大气校正

辐射传输方程具有较高的辐射校正精度，是利用电磁波在大气中的辐射传输原理建立起来的模型对遥感图像进行大气校正的方法。

目前常用模型有6S模型、LOWTRAN、MORTRAN、紫外线和可见光辐射传输模型UVRAD、空间分布快速大气校正模型ATCOR。

2. 基于地面场数据或辅助数据进行辐射校正

该方法假设地面目标反射率与遥感探测器信号之间具有线性关系，并通过获取遥感影像上特定地物的灰度值及其成像时对应的地面目标反射光谱的测量值，建立两者之间的线性回归方程式，在此基础上对整幅遥感影像进行辐射校正。

3. 利用某些受大气影响较小的波段进行大气辐射校正

一般情况下，散射主要发生在短波图像，对近红外几乎没有影响，如MSS-7几乎不受大气辐射的影响，把它作为无散射影响的标准图像，通过对不同波段图像的对比分析来计算大气影响。对比分析的方法有回归分析法，在受大气影响的波段图像和待校正的某一波段图像中，选择从最亮到最暗的一系列目标，对每一目标的两个波段亮度值进行回归分析。

3.3 遥感图像的构像方程

3.3.1 通用构像方程

遥感图像的构像方程是指地物点在图像上的图像坐标(x, y)和其在地面上对应点的地面坐标(X, Y, Z)之间的数学关系。根据摄影测量的原理，这两个对应点和传感器的成像中心成共线关系。这个数学关系是对任何类型的传感器进行几何纠正和对某些参量进行误差分析的基础。为建立图像点和地面对应点之间的数学关系，需要在像方和物方空间建立坐标系，如图3.1所示。

其中主要的坐标系有：

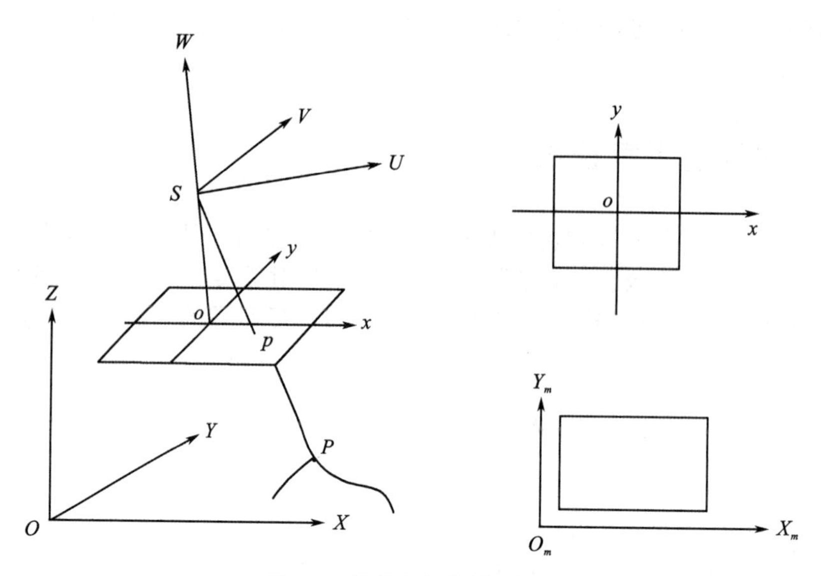

图 3.1 构像方程中的坐标系

(1)传感器坐标系 S-UVW，S 为传感器投影中心，作为传感器坐标系的坐标原点，U 轴的方向为遥感平台的飞行方向，相当于摄影测量学中所定义的像空间坐标系。

(2) 地面坐标系，通常为地面摄影测量坐标系。

(3) 像平面坐标系，在平时的计算中，常常采用以像主点为原点的像平面坐标系。

设地面点 P 在地面坐标系中的坐标为$(X, Y, Z)_P$，P 在传感器坐标系中的坐标为$(U, V, W)_P$，传感器投影中心 S 在地面坐标系中的坐标为$(X, Y, Z)_S$，传感器的姿态角为$(\varphi \quad \omega \quad \kappa)$。

$$\begin{bmatrix} X \\ Y \\ Z \end{bmatrix}_P = \begin{bmatrix} X \\ Y \\ Z \end{bmatrix}_S + \boldsymbol{A} \begin{bmatrix} U \\ V \\ W \end{bmatrix}_P \tag{3.11}$$

式中：$\boldsymbol{A}$ 为传感器坐标系相对于地面坐标系的旋转矩阵，是传感器姿态角的函数。

$$\boldsymbol{A} = \begin{bmatrix} a_1 & a_2 & a_3 \\ b_1 & b_2 & b_3 \\ c_1 & c_2 & c_3 \end{bmatrix} \tag{3.12}$$

其中：

$$a_1 = \cos\varphi\cos\kappa - \sin\varphi\sin\omega\sin\kappa$$
$$b_1 = -\cos\varphi\sin\kappa - \sin\varphi\sin\omega\cos\kappa$$
$$c_1 = -\sin\varphi\cos\omega$$
$$a_2 = \cos\omega\cos\kappa$$
$$b_2 = \cos\omega\cos\kappa$$
$$c_2 = -\sin\omega$$
$$a_3 = \sin\varphi\cos\kappa + \cos\varphi\sin\omega\sin\kappa$$

$$b_3 = -\sin\varphi\sin\kappa + \cos\varphi\sin\omega\sin\kappa$$

$$c_3 = \cos\varphi\cos\omega$$

3.3.2 中心投影构像方程

如图 3.2 所示，根据中心投影的特点，像点在传感器坐标系下的坐标(x, y, $-f$)和地面点在传感器坐标系下的坐标(U, V, W)$_P$ 之间有如下关系：

$$\begin{bmatrix} U \\ V \\ W \end{bmatrix}_P = \lambda_p \begin{bmatrix} x \\ y \\ -f \end{bmatrix} \tag{3.13}$$

式中：λ_p 为成像比例尺分母；f 为摄影机主距。所以，中心投影像片坐标与地面点大地坐标的关系(构像方程)为：

$$\begin{bmatrix} X \\ Y \\ Z \end{bmatrix}_P = \begin{bmatrix} X \\ Y \\ Z \end{bmatrix}_S + \lambda_p \boldsymbol{A} \begin{bmatrix} x \\ y \\ -f \end{bmatrix} \tag{3.14}$$

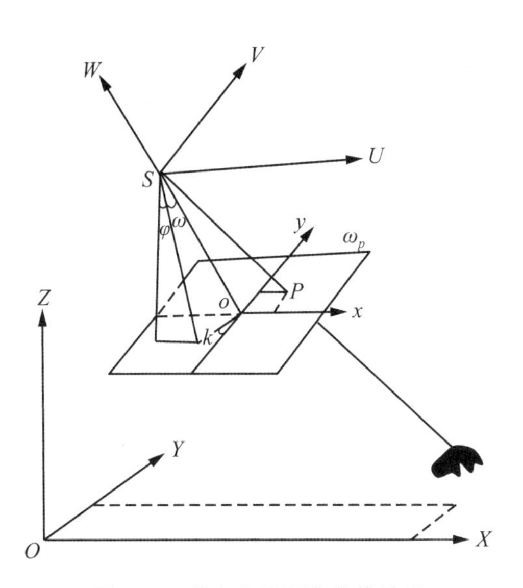

图 3.2 单中心投影的构像关系

3.3.3 全景摄影机的构像方程

全景摄影机所生成的每幅图像是由一条曝光缝隙沿旁向扫描而成的，对于每一条缝隙图像的生成，其几何关系等效于一架框幅式摄影机沿旁向倾斜一个扫描角 θ 后，以中心线($y=0$)成像的情况，如图 3.3 所示。因此：

$$\begin{bmatrix} x \\ 0 \\ -f \end{bmatrix} = \lambda R_\theta^{\mathrm{T}} R^{\mathrm{T}} \begin{bmatrix} X_A - X_S \\ Y_A - Y_S \\ Z_A - Z_S \end{bmatrix} \tag{3.15}$$

其中：
$$\boldsymbol{R}_\theta = \begin{bmatrix} 1 & 0 & 0 \\ 0 & \cos\theta & -\sin\theta \\ 0 & \sin\theta & \cos\theta \end{bmatrix},\quad \boldsymbol{R} = \begin{bmatrix} a_1 & a_2 & a_3 \\ b_1 & b_2 & b_3 \\ c_1 & c_2 & c_3 \end{bmatrix}$$

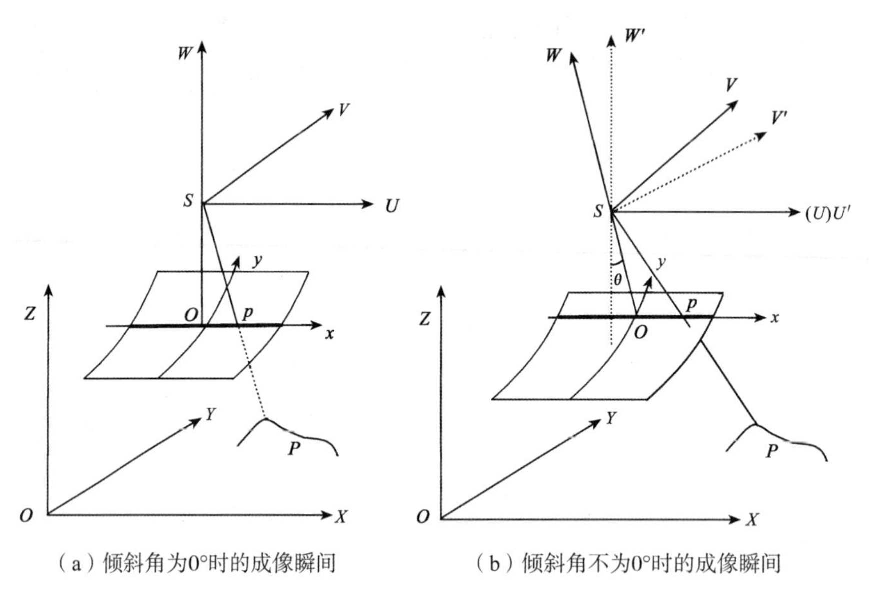

（a）倾斜角为0°时的成像瞬间　　（b）倾斜角不为0°时的成像瞬间

图 3.3　全景摄影机成像瞬间的几何关系

3.3.4　CCD 直线阵列推扫式传感器的构像方程

CCD 直线阵列推扫式传感器是行扫描动态传感器，图像中每一行上所有像元都是在时刻 t 时成像，如图 3.4 所示，故在旁向（Y 方向）可认为是中心投影的关系，而在航向（X 方向）则是以时间为参数的正射投影。所以在垂直成像的情况下，点 P 的坐标为$(0,\ y,\ -f)$，因此推扫式传感器的构像方程为：

$$\begin{bmatrix} X \\ Y \\ Z \end{bmatrix}_P = \begin{bmatrix} X \\ Y \\ Z \end{bmatrix}_{S_t} + \lambda \boldsymbol{A}_t \boldsymbol{R}_\theta \begin{bmatrix} 0 \\ y \\ -f \end{bmatrix} \tag{3.16}$$

为了获取立体图像，CCD 传感器一般要进行倾斜扫描，当推扫式传感器沿卫星轨道方向旁向倾斜固定角 θ 时：

$$\boldsymbol{R}_\theta = \begin{bmatrix} 1 & 0 & 0 \\ 0 & \cos\theta & -\sin\theta \\ 0 & \sin\theta & \cos\theta \end{bmatrix} \tag{3.17}$$

当推扫式传感器阵列在其卫星轨道方向内向前或向后倾斜角 θ 时：

$$\boldsymbol{R}_\theta = \begin{bmatrix} \cos\theta & 0 & -\sin\theta \\ 0 & 1 & 0 \\ \sin\theta & 0 & \cos\theta \end{bmatrix} \tag{3.18}$$

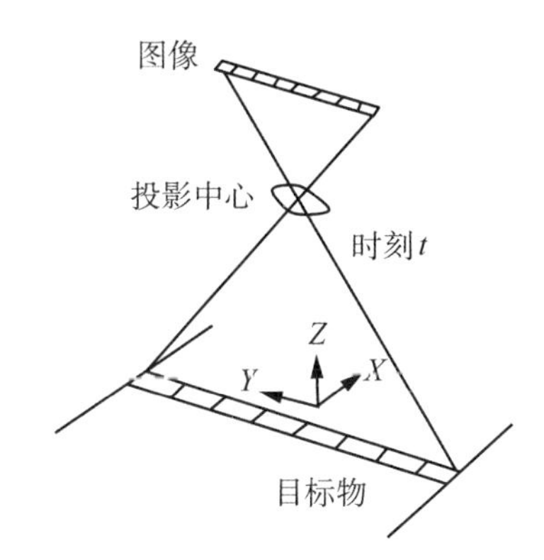

图 3.4 CCD 直线阵列推扫式传感器成像方式

3.3.5 红外扫描仪和多光谱扫描仪式传感器的构像方程

红外扫描仪和多光谱扫描仪是通过反射镜的旋转来实现扫描的，通过飞行器的前进来实现整幅图像的面扫描。由于聚焦透镜与探测器之间的光距(f) 是固定不变的，并且每个被扫描的目标点 P 都由探测器来检测成像，所以任意地面扫描线 AB 的图像是一个圆弧 ab，整个图像是一个等效圆柱面。所以这类传感器具有全景投影的成像方式，它的任意一个像元的构像，等效于中心投影朝旁向旋转了扫描角 θ 后，以像幅中心成像的几何关系，所以扫描式传感器的构像方程为：

$$\begin{bmatrix} X \\ Y \\ Z \end{bmatrix}_P = \begin{bmatrix} X \\ Y \\ Z \end{bmatrix}_{S_t} + \lambda \boldsymbol{A}_t \boldsymbol{R}_\theta \begin{bmatrix} 0 \\ 0 \\ -f \end{bmatrix} \tag{3.19}$$

其中：

$$\boldsymbol{R}_\theta = \begin{bmatrix} 1 & 0 & 0 \\ 0 & \cos\theta & -\sin\theta \\ 0 & \sin\theta & \cos\theta \end{bmatrix}$$

3.4 遥感图像的几何处理

遥感图像的几何处理，是遥感信息处理过程中的一个基本环节。它的重要性主要体现在以下三个方面：第一，作为地球资源及环境的遥感调查结果，通常需要用能够满足量测和定位要求的各类专题图来表示，而这些图件的产生，则要求对原始图像的几何变形进行改正；第二，当应用不同传感方式、不同光谱范围以及不同成像时间的各种同一地域复合图像数据来进行计算机自动分类、地物特征的变化监测或其他应用处理时，必须保证不同图像间的几何一致性，即需要进行图像间的几何配准，以便满足复合处理原理上的正确性；第三，利用遥感图像进行地形图测图或更新，是卫星遥感的致力方向之一，它对遥感图像的几何纠正提出了更严格的要求。

遥感图像的几何处理包括两个层次：第一是遥感图像的粗加工处理；第二是遥感图像的精加工处理。遥感图像的粗加工处理也称为粗纠正，它仅做系统误差的改正。当已知图像的构像方程式时，就可以把与传感器有关的测定的校正数据代入构像方程中对原始图像进行几何校正。遥感图像的精加工处理(精纠正)是指消除图像中的几何变形，产生一幅符合某种地图投影或图形表达要求的新图像的过程。它包括两个环节：一是像素坐标的变化，即图像坐标转化为底图或地面坐标；二是对坐标变换后的像素亮度值进行重采样。遥感图像纠正的主要处理过程如下：

(1)根据图像的成像方式确定影像坐标和地面坐标之间的数学模型；

(2)根据所采用的数学模型确定纠正公式；

(3)根据地面控制点和对应像点坐标进行平差计算，变换参数，评定精度；

(4)对原始影像进行几何变换计算、像素亮度值重采样。

当知道了消除图像几何畸变的理论校正公式后，可把该式中所含的与遥感器构造有关的校准数据(焦距等)及遥感器的位置、姿态等的测量值代入理论校正式中进行几何校正。中心投影型遥感器的共线条件式就是理论校正式的典型例子。该方法对遥感器的内部畸变大多是有效的。可是在很多情况下，遥感器位置及姿态的测量值精度不高，所以外部畸变的校正精度也不高。

3.4.1　多项式纠正法

1. 原理

在对遥感影像进行几何精校正时，常常采用多项式纠正法，利用控制点的图像坐标和地图坐标的对应关系，近似地确定所给图像坐标系和应输出的地图坐标系之间的坐标变换式。坐标变换式的系数可从控制点的图像坐标值和地图坐标值中根据最小二乘法求出，方法有以下两种，如图 3.5 所示。

(1)对输入图像的各个像元在变换后的输出图像坐标系上的相应位置进行计算，把各个像元的数据投影到该位置上。

(2)对输出图像的各个像元在输入图像坐标系的相应位置进行逆运算，求出该位置的像元数据。该方法是通常采用的方法。

在整幅图像中，几何畸变的形状不一定是单一的，所以在重采样中往往不必求出所需的输出图像坐标(地图坐标)到输入图像坐标的逆变换式。此时可以利用以下方法。①小区域分割法：把图像分割成一个个小区域，使其中所含的几何畸变的形状单一化，对每个小区域求出逆变换的近似式(通常为低次多项式)。②扫描函数、像元函数法：利用扫描函数、像元函数作为逆变换式的近似式。扫描函数是在地图坐标系上表示扫描线序号为 L 的扫描线的函数，根据该扫描函数，可以求出通过地图坐标(X, Y)的最近的扫描线的扫描序号 L。像元函数 $i=G_L(X, Y)$ 是表示扫描线序号为 L 的扫描线上的像元序号 i 与地图坐标(X, Y)的关系的函数，可以通过地图坐标(X, Y)求出 i。总之，首先从地图坐标(X, Y)中，根据扫描函数求出对应的扫描线的序号，然后从该扫描线的像元函数中求出像元序号。

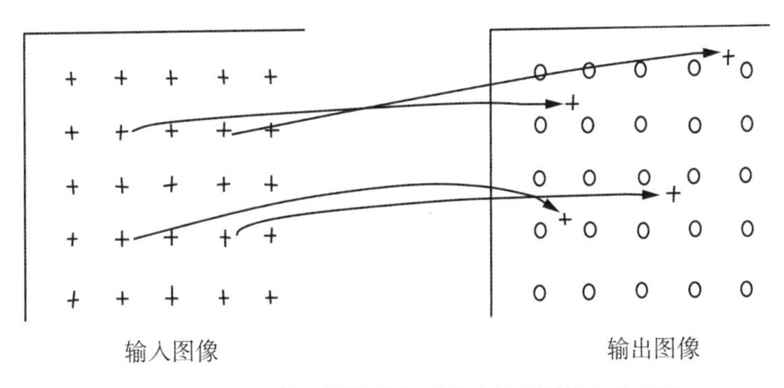

（a）输入图像的各要素在输出图像上的投影

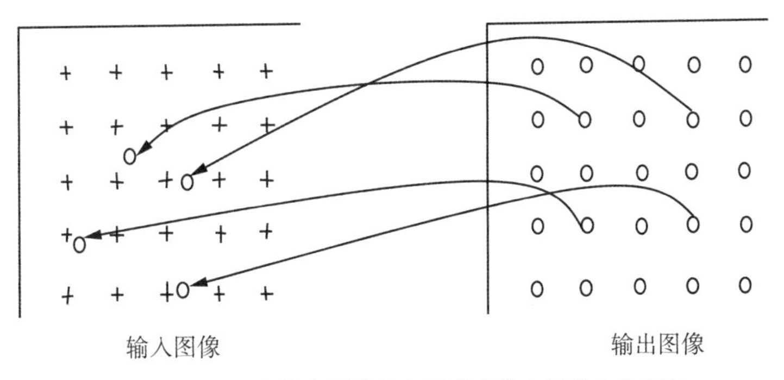

（b）输出图像的各要素在输入图像上的投影

图 3.5 图像坐标变换方法

通常的几何校正过程是在校正后的输出地图坐标系上设定正方格，求出格点上对应的图像数据。可是，该输出图像坐标系的格点 L 所对应的输入图像坐标通常不是整数值，所以必须用输入图像上周围点的像元值对所求点的像元值进行内插(interpolation)来求出。

3.4.2 RPC 正射校正

RPC 模型将像点坐标 d(line，sample)表示为以地面点大地坐标 D(latitude，longitude，height)为自变量的比值。为了减小计算过程中舍入误差，增强参数求解的稳定性，需要把地面坐标和影像坐标正则化到(-1，1)之间。对于一个影像，定义如下比值多项式：

$$Y=\frac{\mathrm{Num}_L(P,\ L,\ H)}{\mathrm{Den}_L(P,\ L,\ H)}$$
$$X=\frac{\mathrm{Num}_S(P,\ L,\ H)}{\mathrm{Den}_S(P,\ L,\ H)} \tag{3.20}$$

式中：$(P,\ L,\ H)$ 为正则化的地面坐标；$(X,\ Y)$ 为正则化的影像坐标。

正则化规则如下：

$$\begin{aligned}\mathrm{Num}_L(P,\ L,\ H)=\ & a_1+a_2L+a_3P+a_4H+a_5LP+a_6LH+a_7PH+a_8L^2+a_9P^2+a_{10}H^2+\\ & a_{11}PLH+a_{12}L^3+a_{13}LP^2+a_{14}LH^2+a_{15}L^2P+a_{16}P^3+a_{17}PH^2+a_{18}L^2H\\ & +a_{19}P^2H+a_{20}H^3\end{aligned}$$

$$
\begin{aligned}
\mathrm{Den}_L(P,\ L,\ H) = {} & b_1 + b_2L + b_3P + b_4H + b_5LP + b_6LH + b_7PH + b_8L^2 + b_9P^2 + b_{10}H^2 + \\
& b_{11}PLH + b_{12}L^3 + b_{13}LP^2 + b_{14}LH^2 + b_{15}L^2P + b_{16}P^3 + b_{17}PH^2 + b_{18}L^2H + \\
& b_{19}P^2H + b_{20}H^3 \\
\mathrm{Num}_S(P,\ L,\ H) = {} & c_1 + c_2L + c_3P + c_4H + c_5LP + c_6LH + c_7PH + c_8L^2 + c_9P^2 + c_{10}H^2 + \\
& c_{11}PLH + c_{12}L^3 + c_{13}LP^2 + c_{14}LH^2 + c_{15}L^2P + c_{16}P^3 + c_{17}PH^2 + c_{18}L^2H + \\
& c_{19}P^2H + c_{20}H^3 \\
\mathrm{Den}_S(P,\ L,\ H) = {} & d_1 + d_2L + d_3P + d_4H + d_5LP + d_6LH + d_7PH + d_8L^2 + d_9P^2 + d_{10}H^2 + \\
& d_{11}PLH + d_{12}L^3 + d_{13}LP^2 + d_{14}LH^2 + d_{15}L^2P + d_{16}P^3 + d_{17}PH^2 + d_{18}L^2H + \\
& d_{19}P^2H + d_{20}H^3
\end{aligned}
$$

式中，a_1，a_2，a_3，…，a_{20}，b_1，b_2，b_3，…，b_{20}，c_1，c_2，c_3，…，c_{20}，d_1，d_2，d_3，…，d_{20} 为 RPC 参数。

在 RPC 模型中，可用一阶多项式来表示由光学投影引起的畸变误差模型，可用二阶多项式趋近由地球曲率、投影折射、镜头倾斜等因素引起的畸变，可用三阶多项式来模拟高阶部分的其他未知畸变。

RPC 模型的优化方法有两种：直接优化法和间接优化法。直接优化法是利用足够的地面控制点信息重新计算 RPC 系数。因此，优化后的 RPC 系数可以直接用于影像的定位和计算，而不需要对已经建立起来的模型进行改变。间接优化法是在像方或物方空间进行一些补偿换算，以减小一些系统误差。在间接优化法中，仿射变换法是最常用的方法。

仿射变换公式如下：

$$
\begin{aligned}
y &= e_0 + e_1\mathrm{sample} + e_2\mathrm{line} \\
x &= f_0 + f_1\mathrm{sample} + f_2\mathrm{line}
\end{aligned} \tag{3.21}
$$

式中，$(x,\ y)$ 是在影像上量测得到的 GCP 的影像坐标。(sample，line)是利用 RPC 模型计算得到的 GCP 的影像坐标。e_0，e_1，e_2，f_0，f_1，f_2 是两组坐标之间的仿射变换参数。

利用少量的地面控制点即可解算出仿射变换的参数，这样就能利用仿射变换对由 RPC 模型计算得到的影像坐标解求出更为精确的行列坐标，从而达到优化 RPC 模型的目的。

3.4.3　基于共线方程的严密物理模型

考虑成像时造成影像变形的物理条件如地表起伏、大气折射、相机透镜畸变及卫星的位置、姿态变化等，然后利用这些物理条件建构成像几何模型。通常这类模型的数学形式较为复杂且需要较完整的传感器信息，但由于其在理论上是严密的，因而模型的定位精度较高，也称其为严密或严格传感器模型。在该类传感器模型中，最有代表性的是摄影测量中以共线条件方程为基础的传感器模型。共线方程是摄影测量里最基本的公式，是研究最多和使用最广的空间几何模型。共线方程校正法是建立在对传感器成像时的位置和姿态进行模拟和解算的基础上的。由于其严格给出了成像瞬间物方空间和像方空间的几何对应关系，所以其几何校正精度被认为是最高的。共线方程模型的应用分两种情况：轨道参数及姿态参数已知和未知。商业软件基本都以此为基础实现各种来源的遥感影像纠正功能。共线方程模型的严密特性使它在各种分辨率的遥感影像纠正中都适用。

第4章　遥感影像调色、镶嵌与正射影像生产

4.1　遥感影像调色

4.1.1　遥感影像彩色合成

根据不同的用途，选择不同波段范围内的波段作为RGB分量合成RGB彩色图像，可以合成真彩色合成图像、模拟真彩色合成图像、假彩色合成图像、自然彩色图像。

1. 真彩色合成

如果彩色合成中选择的波段波长与红、绿、蓝的波长相同或近似，那么合成后的图像颜色就会与真彩色近似，这种合成方式称为真彩色合成。使用真彩色合成的优点是合成后图像颜色更接近于自然色，与人对地物的视觉感觉一致，更容易对地物进行识别。例如，TM图像的3、2、1波段分别与红、绿、蓝的波长近似，将3、2、1波段分别赋予红、绿、蓝三色，可以得到近似的真彩色图像。

2. 模拟真彩色合成

蓝光容易受大气中气溶胶的影响而使图像质量变差，有些传感器舍弃了蓝波段，因此无法得到真彩色图像。这时，可通过某种形式的运算得到模拟的红、绿、蓝三个通道，然后通过彩色合成产生近似的真彩色图像。对于只有绿色、红色、近红外3个波段的卫星遥感影像，需要利用其他波段信息重新生成某一波段的方法来制作真彩色影像。

例如资源一号02C数据，原来的绿波段当作蓝波段(该波段靠近蓝波段的光谱范围)，红波段仍采用原来的波段，绿波段用原来的绿波段、红波段、近红外波段的算术平均值代替。

3. 假彩色合成

假彩色合成是选其中的某三个波段，分别赋予红、绿、蓝三种原色，即可在屏幕上合成彩色图像。因为三个波段原色的选择是根据增强目的决定的，与原来波段的真实颜色不同，所以合成的彩色图像并不表示地物的真实颜色，这种合成方法称为假彩色合成。

4.1.2　遥感影像调色

一般的遥感图像专业处理软件如ERDAS、PCI、ENVI等可进行影像的辐射增强和色

彩处理，从而达到一定的效果，但操作十分复杂，处理的效果也比较一般。遥感正射影像生产对影像色调质量的要求是：影像反差适中，层次分明，色彩基本平衡，影像的直方图应基本接近正态分布。我们为了满足正射影像生产质量要求，就要从整体到细节对影像进行调整，而 Photoshop 图像处理工具，操作简便，图像处理工具比较齐全，经常用来做遥感影像色彩调整。本书主要介绍利用 Photoshop 软件进行影像的色彩处理。

1. 色阶调整

色阶在数字图像中指的是灰度分辨率，决定图像的色彩丰满度和精细度。色阶指亮度，和颜色无关，但最亮的只有白色，最不亮的只有黑色。色阶图只是一个直方图，用一系列高度不等的纵向条纹或线段表示数据分布的情况，一般用横轴表示像素亮度，纵轴表示具有特定亮度的所有像素数目分布情况。如图 4.1 所示，色阶 0 处像素为黑色，色阶 255 处像素为白色，纵向线段越长，表示该亮度的像素数目越多。因此，对色阶进行调整就是设法改变影像的直方图。彩色图像的色阶可以一起进行调整，也可以分通道来实现，比如 RGB 模式的图像可以分别调整 R、G、B 分量，CMYK 模式的图像可以分别调整 C、M、Y、K 四个分量，HIS 模式的图像可以分别调整图像的亮度、饱和度和色度等。

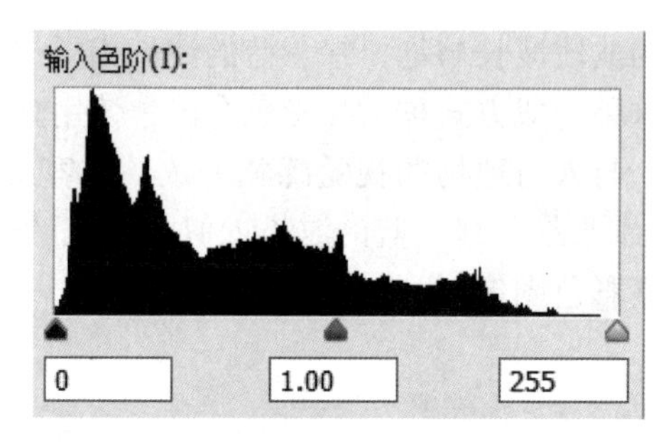

图 4.1　色阶工具图

对于遥感影像来说，当直方图一般呈正态分布时，直方图的峰顶在中间值附近，直方图的底部尽量在最大和最小色阶附近，这样的影像反差适中，色调效果比较好。如果遥感影像出现大面积的水泥地、水面等特别暗或特别亮的区域，直方图很难呈正态分布，影像调整时就要分区域进行色调调整。

在 Photoshop 中，色阶调整工具有三个滑块，如图 4.1 所示，最小色阶 0，最大色阶 255 和中间值对应的上面分别有一个滑块。这三个滑块往右滑动，使得图像颜色加深；往左滑动，则颜色渐淡。在色阶调整时，如果最亮和最暗的地方直方图显示的线段比较短，所占的像素量比较少时，可以向中间靠拢。但是不能将直方图拉伸过大，拉伸过大会造成最亮和最暗的色阶信息丢失。调整直方图的中间值，相当于调整图像的对比度，不会对暗部和亮部有太大的影响，调整时一般朝直方图峰值方向进行调整。在对遥感影像进行调整时，一般采取 RGB 模式，R、G、B 分别代表遥感影像的三个波段，不同的波段组合得到的影像原始色调是不一样的。对影像各光谱的色阶分别调整，可以达到改变颜色的目的。对于有些质量太差的图像，可以先进行自动色阶处理。

2. 色彩平衡

色彩平衡是图像处理软件(如 Photoshop)中的一个重要操作，如图 4.2 所示。对图像进行色彩平衡处理，可以校正图像色偏、过饱和或饱和度不足的情况，也可以根据影像制作需要，调制需要的色彩。色彩平衡一般只用来改变图像的色度，对于亮度、反差、饱和度的调整是有限的。

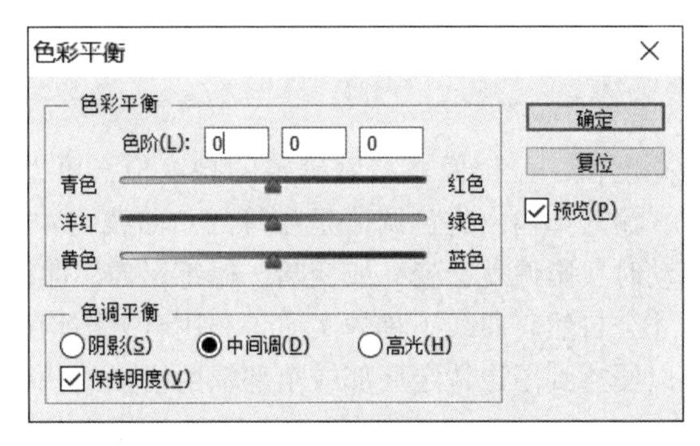

图 4.2 色彩平衡工具图

首先需要在对话框的平衡范围选项栏中选择想要进行更改的色调范围，其中包括阴影、中间调、高光。选项栏下面的“保持明度”选项可保持图像中的色调平衡。通常，调整 RGB 色彩模式的图像时，为了保持图像的光度值，都要将此选项选中。然后是色彩平衡栏的主要部分：色彩平衡就通过在数值框中输入数值或移动三角形滑块实现。三角形滑块移向需要增加的颜色，或拖离想要减少的颜色，就可以改变图像中颜色的组成(增加滑块接近的颜色，减少滑块远离的颜色)，与此同时，颜色条旁的三个数据框中的数值会在 -100~100 之间不断变化(根据滑块位置出现相应数值)。

3. 可选颜色

Photoshop 中“可选颜色”是增加和减少颜色的量，如图 4.3 所示。选定要修改的颜色

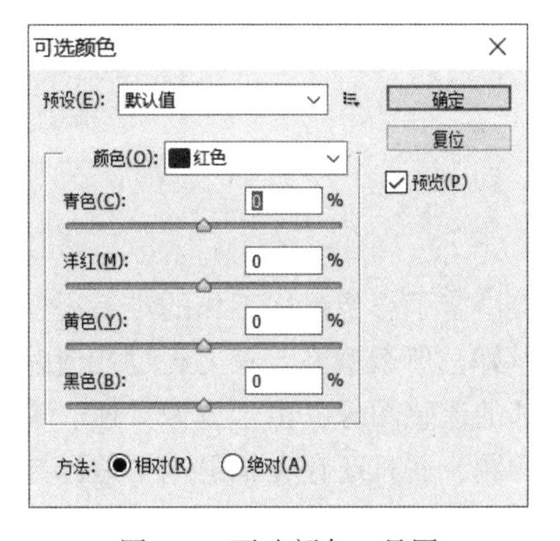

图 4.3 可选颜色工具图

（红色、绿色、蓝色、青色、洋红色、黄色、白色、中性色、黑色共 9 种颜色可选择），然后通过增减青、洋红、黄和黑四色改变选定的颜色，只改变选定的颜色，并不会改变其他未选定的颜色。

在遥感影像的处理中通常使用这种方法来调整影像偏色现象。例如 SPOT-5 合成的彩色图像洋红比较多，用“可选颜色”方法选取洋红，并减小数值，还可依影像情况加减黄色、青色或黑色，使它更接近于真实的效果。“色彩平衡”改变了图像整体色彩，“可选颜色”只改变了一种颜色。

4. 曲线

曲线反映了图像的亮度值，一个像素有着确定的亮度值，可以改变它使其变亮或变暗。在未做任何改变时，输入和输出的色调值是相等的，曲线为 45°的直线。单击确立一个调节点，当它上下移动时，影像就会变亮或变暗。遥感影像用曲线调节时，要缓慢地逐步改变，这样色调过渡才会自然。曲线工具的实质是利用直方图均衡地对图像所有灰度值范围进行非线性拉伸，以便达到图像特定局部或全部辐射增强的一种方法，可以调整从阴影到高光整个色调范围内的点，是 Photoshop 软件中较复杂且精准的颜色调整工具。在遥感影像的处理中使用这种工具主要来对影像进行精细化调整，适当增大曲线中部的斜度，可以增强中间调的对比度，调整效果明显。曲线的另一个重要作用就是在对 R、G、B 单个通道进行处理后还可以在 RGB 总通道内对影像进行明暗和对比度的调整，而这点在色阶中是很难实现的。曲线不但可以初步完成色阶的调整功能，而且可以根据数据调整需要在中间调上任意添加控制点来实现目的。

5. 匀色模板制作

匀色模板的制作首先根据实际应用需求定义兴趣区域，将兴趣区域以外的影像内容划分到辐射范围之外；同时对于云雪、水体等这类受光照等客观因素影响色彩反差较大，容易造成直方图匹配产生偏差的地类，应建立掩膜将这类地物覆盖，以消除或降低它们对辐射均衡的影响。利用 Photoshop 软件调节色调，使调整后的模板影像色调均匀、反差适中、色彩接近自然真彩色。

4.2　遥感影像匀光

4.2.1　影像匀光概述

原始影像的数据质量直接决定了影像镶嵌工作的难易程度。如果是单一数据源，相邻影像间时相差异小，辐射质量好，那么镶嵌时只要经过几何配准，适当调整镶嵌线，最终的镶嵌效果就会很理想。相邻的遥感图像，由于成像日期、季节、天气、环境等因素可能有差异，不仅存在几何畸变问题，而且还存在辐射水平差异导致同名地物在相邻图像上的色彩亮度值不一致。如不进行色调调整就把这种图像镶嵌起来，即使几何配准的精度很高，重叠区复合得很好，镶嵌后两边的影像色调差异也很明显，接缝线十分突出，既不美观，也影响对地物影像与专业信息的分析与识别，降低应用效果。因此，为了消除影像色彩(色调)上的差异，需要对影像进行色彩平衡处理，即匀光匀色处理。

从匀光处理的角度来讲，影像的色彩不平衡可以分为单幅影像内部的色彩不平衡和区域范围内多幅影像之间的色彩不平衡。单幅影像内部的色彩不平衡主要是影像在获取过程中成像的不均匀性，大气衰减，云层、烟雾以及向阳、背阳等造成的光照条件不同等因素引起的。多幅影像之间的色彩不平衡主要有摄影时的因素，比如传感器不同、曝光时间不同，影像获取时间不同、影像获取时摄影角度不同、阴影或云层的影响而使光照条件不同，等等。为了保证产品的质量和数据应用的质量，需要对这两个方面的色彩不平衡分别进行处理。单幅匀光主要是处理亮度、色彩等不均匀分布现象，多幅影像间的匀色处理主要解决不同影像之间存在的亮度、色彩差异现象。

最初针对影像的匀色处理，主要依靠手工处理的方式，使用图像处理工具软件提供的图像处理的基本功能进行处理。由于色彩处理的主观性比较强，当处理的区域涉及多影像时，很难把握整体的处理效果。另外，在色彩调节过程中需要耗费大量的人工。随着影像获取技术的飞速发展，遥感卫星影像的数量与日俱增，传统的色彩均衡手段也日益凸显出它的不足。因此，影像的匀色处理逐渐成为数字影像产品生产过程中的一个瓶颈问题，也逐渐引起国内外学者的广泛重视，针对自动影像匀光处理的问题，许多文献及商业软件都给予了极大的关注，分别提出了许多不同的处理方法。目前，在色彩均衡方面已涌现出大量算法，比较成熟且得到广泛应用的方法也较多，本书主要介绍直方图匹配方法、Mask匀光方法和Wallis滤波方法。

4.2.2　直方图匹配

在遥感数字图像处理中，经常用到直方图匹配的增强处理方法，使一幅图像与另一幅(相邻)图像的色调尽可能保持一致。例如，在进行两幅图像的镶嵌(拼接)时，两幅图像的时相季节不同会引起图像间色调的差异，这就需要在镶嵌前进行直方图匹配，以使两幅图像的色调尽可能保持一致，消除成像条件不同造成的不利影响，做到无缝拼接。

直方图匹配又称为直方图规定化，是指将一幅图像的直方图变成规定形状的直方图而进行的图像增强方法。直方图匹配用于遥感影像之间的匀色处理时，是以一幅影像为参考模板或单独选取一幅色彩效果较好的影像为参考模板，将其他影像通过直方图映射的方式，使得各幅影像具有相似的直方图，达到自动匀色的目的。

直方图均衡化是使变换后图像灰度值的概率分布密度为均匀分布的映射变换方法，它是一种典型的通过对图像的直方图进行修正来获得图像增强效果的自动方法。从实现算法上可以看出，直方图均衡化能自动增强整幅图像的对比度，但具体的增强效果也因此不易控制，只能得到全局均衡化处理的直方图。在实际应用中有时需要修正直方图使之成为某个特别需要的形状，从而可以有选择性地增强图像中某个灰度值范围内的对比度或使图像灰度值的分布满足特定的要求。这时可以采用比较灵活的直方图规定化方法，从某种意义上，直方图规定化方法可看作直方图均衡化方法的改进。

规定直方图主要有两种类型：参考图像的直方图(通过变换使两幅图像的亮度变化规律尽可能地接近)和特定函数形式的直方图(通过变换使变换后的图像亮度变化规律尽可

能地服从某种函数的分布)。

直方图规定化方法主要有三个步骤(设 M 和 N 分别为原始图像和规定图像中的灰度级,且只考虑 $N < M$ 的情况):

(1) 对原始图像的直方图进行灰度均衡化:

$$g_f = \sum_{i=0}^{f} \frac{n_i}{n} = \sum_{i=0}^{f} p(i) \quad (f = 0,\ 1,\ \cdots,\ M-1) \tag{4.1}$$

(2) 规定需要规定的直方图,计算能使规定的直方图均衡化的变换:

$$t_s = \sum_{j=0}^{s} \frac{n_j}{n} = \sum_{i=0}^{s} p(j) \quad (j = 0,\ 1,\ \cdots,\ N-1) \tag{4.2}$$

(3) 将第(1)步得到的变换反转过来,即将原始直方图对应映射到规定的直方图,也就是将所有 $p(i)$ 对应到 $p(j)$。

直方图匹配处理速度快,算法简单,实现难度较小,且能起到良好匀光匀色效果,能够显著改善全图的整体色调,适用于影像整体色彩均衡,不存在亮度突变点的情况。该方法的局限在于,无法消除局部亮度的不合理差,从而无法对影像内部色彩分布不均匀的现象进行修正处理。

4.2.3 基于 Mask 的单幅影像匀光

匀光技术源于像片的晒印。由于不均匀光照现象的影响,在晒印像片时,便产生负片透明处曝光量多、不透明处曝光量少的现象,使得像片上较大密度和较小密度都过多地出现,导致照度不均匀。匀光技术就是在晒印像片时,通过对曝光过强和曝光过弱的地方进行补偿,从而获得照度均匀的光学像片。

Mask 匀光法又称模糊正像匀光法,它是针对光学像片的晒印提出来的。它是用一张模糊的透明正片作为遮光板,将模糊透明正片与负片按轮廓线叠加在一起进行晒像,便得到一张反差较小而密度比较均匀的像片;然后用硬性相纸晒印,增强整张像片的总体反差;最后得到晒印的光学像片。

Mask 匀光法不仅可以保证不减小整张像片的总体反差,而且还可以使像片中大反差减小、小反差增大,得到反差基本一致、相邻细部反差增大的像片。因此,对于光学影像的晒印,该方法可以有效地消除不均匀光照现象,在实际的像片晒印过程中得到了广泛的应用。

Mask 匀光算法主要针对影像亮度分布不均匀对影像信息进行处理,以此来达到光照均衡的效果。不均匀光照的影像可以理解为由一幅受光均匀的影像与一幅背景影像相互叠加产生的结果。获取的影像之所以存在不均匀光照现象或亮度、色彩差异现象,是由背景影像的不均匀造成的。因此,背景影像质量的好坏直接影响影像的最终效果。如果能够通过运算模拟出背景影像,并将其从不均匀光照影像中减去,并以常量补偿亮度损失,从而消除单幅影像存在的亮度、色彩差异现象。按照 Mask 匀光方法,对一幅影像可用数学模型作如下描述:

$$I'(x,\ y) = I(x,\ y) + B(x,\ y) \tag{4.3}$$

式中:$I'(x, y)$ 表示不均匀光照的影像;$I(x, y)$ 表示理想条件下受光均匀的影像;

$B(x, y)$ 表示背景影像。

输入影像与获得的背景影像的相减运算可表示为：

$$I(x, y) = I'(x, y) - B(x, y) + \text{offset} \tag{4.4}$$

式中，offset 是偏移量，之所以加上一个偏移量，是为了使处理后影像的像素灰度值分布在合理的动态范围内。同时，偏移量的值决定了结果影像的平均亮度。如果要保持原影像的平均亮度，则偏移量可取原影像的亮度均值。

基于 Mask 单幅匀色处理步骤之一是求解已知影像的背景影像。因为 Mask 匀光算法使得整体影像背景均一化，不同地物信息的特征不突出，不利于物类间的区分和判读，为了增大相邻细部反差，同时提高整张影像的总体反差，需要对相减的结果影像进行拉伸处理。基于 Mask 单幅影像匀色流程如图 4.4 所示。

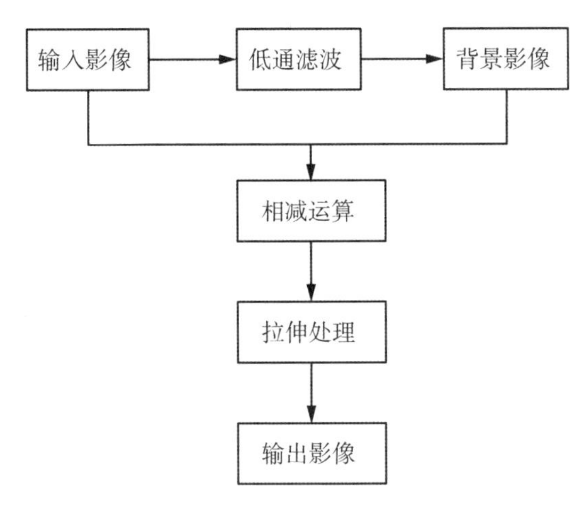

图 4.4　基于 Mask 单幅影像匀色流程图

从频率域角度考虑，在一幅影像中，高频空间信息表现为像素灰度值在一个狭小像素范围内急剧变化，而低频空间信息则表现为像素灰度值在较宽像素范围内逐渐改变。高频信息包括边缘、细节以及噪声等；低频信息则包括背景等。背景影像主要包含原影像中的低频信息，将原影像与背景影像做相减运算也就去除了原影像中的一些低频信息，产生了一张主要包含高频信息的影像。再对得到的影像进行拉伸处理，则主要起到了增强高频信息的作用。整个处理过程在抑制低频信息的同时，增强了高频信息。这样处理后，结果影像各像素灰度值与原影像中各部分像素的灰度值的变化快慢(即频率域中的频率)密切相关，而与像素灰度值大小并无太大关系。灰度值变化快慢主要取决于地物的反差，于是对于原影像中那些偏亮或者偏暗的部分，尽管灰度值偏高或者偏低，但灰度值的变化快慢基本一致，所以通过这种处理基本就可以消除影像的不均匀光照现象。

背景影像的生成质量直接影响最终的匀色效果。由于代表影像色调和亮度的变化位于影像的低频部分，因此，通过低通滤波的方法获取的影像的低频部分可以作为近似背景影像，反映影像背景照度的变化。采用低通滤波的方法来获得近似的背景影像时，合适的低通滤波器的选取是至关重要的。由于要将滤波后的影像作为背景影像，而背景影像只反映影像的亮度变化，并不表达影像的细节信息，因此，滤波器的尺寸通常较大。对于大尺寸滤波器的选取，考虑的主要因素是滤波器的空间域误差和频率域误差。高斯滤波器可以同时在空间域和频率域达到最佳，一般选用高斯滤波器，采用高斯模糊法求背景。由于原影像要与背景影像进行相减运算，背景影像所包含的信息会从原影像中去除，因此滤波器尺寸的大小若选取不当会导致较多的信息丢失。滤波器尺寸的大小同样也是计算背景影像的一个主要参数，它也决定着背景影像的生成质量。由于背景影像只反映影像的亮度变化，不表达细节信息，这就要求滤波器能够将反映细节的信息滤掉，因此滤波器尺寸与影像的内容有关；对地物性质不同、分辨率不同的影像，滤波器的尺寸也是不同的。

4.2.4　基于 Wallis 滤波器的多幅影像匀光

Wallis 滤波器是一种比较特殊的滤波器，其目的是将局部影像的灰度均值和方差映射到给定的灰度均值和方差上。它实际上是一种局部影像变换，使得在影像不同位置处的灰度方差和灰度均值具有近似相等的数值，即影像反差小的区域的反差增大，影像反差大的区域的反差减小，以达到影像中灰度的微小信息得到增强的目的。Wallis 滤波器可以表示为如下形式：

$$f(x, y) = [g(x, y) - m_g]\frac{cs_f}{cs_g + (1-c)s_f} + bm_f + (1-b)m_g \tag{4.5}$$

式中，$g(x, y)$ 为原始影像灰度；$f(x, y)$ 为 Wallis 变换后结果影像的灰度值；m_g 为原影像的局部灰度均值；s_g 为原影像的局部灰度标准偏差；m_f 为结果影像局部灰度均值的目标值；s_f 为结果影像局部灰度标准偏差的目标值：$c \in [0, 1]$ 为影像方差的扩展常数；$b \in [0, 1]$ 为影像的亮度系数，当 $b \to 1$ 时影像均值被强制到 m_f，当 $b \to 0$ 时影像均值被强制到 m_g 或者也可以表示为：

$$f(x, y) = g(x, y) r_1 + r_0 \tag{4.6}$$

式中，$r_1 = \frac{cs_f}{cs_g + (1-c)s_f}$，$r_0 = bm_f + (1-b-r_1)m_g$，参数 r_0 和 r_1 分别为乘性系数和加性系数，即 Wallis 滤波器是一种线性变换。

典型的 Wallis 滤波器中 $c = 1$，$b = 1$，此时 Wallis 滤波公式变为：

$$f(x, y) = [g(x, y) - m_g]\frac{s_f}{s_g} + m_f \tag{4.7}$$

一幅影像的均值反映了它的色调与亮度，标准偏差则反映了它的灰度动态变化范围，并在一定程度上反映了它的反差。一方面，考虑到相邻地物的相关性，理想情况下获取的多幅影像在色彩空间上应该是连续的，应该具有近似一致的色调、亮度与反差，近似一致的灰度动态变化范围，因而也应该具有近似一致的均值与标准偏差。因此，要实现多幅影像间的色彩平衡，就应该使不同影像具有近似一致的均值与标准偏差，这是一个必要条件。另一方面，由于在真实场景中地物的色彩信息在色彩空间上是连续的，因此在整个场景中，尽管不同影像范围内地物的色彩信息仍然存在差异，存在变化，但一般来说，这些差异、变化都是局部的，其整体信息的变化是很小的。而影像的整体信息可以通过整幅影像的均值、方差等统计参数反映出来，所以可以对不同影像以标准参数为准，进行标准化的处理，从而获取影像间的整体映射关系，这是一个充分条件。因此，可以采用基于Wallis 滤波器方法进行多幅影像间的匀光处理。

对整个测区的图像利用 Wallis 算子进行色差调整时，往往在测区中选择一张色调具有代表性的图像作为色调基准影像。基准影像一般是正射影像产品客户提供的标准样片，如果客户没有提供，可以在测区内选取一张色调较好的影像或者选取一张以往匀色处理后色调较好的影像作为基准影像。首先统计出基准图像的均值与方差，将其作为 Wallis 处理时的标准均值与标准方差，然后对测区中的其他待处理图像利用标准均值与标准方差进行Wallis 滤波处理，其流程图如图 4.5 所示。

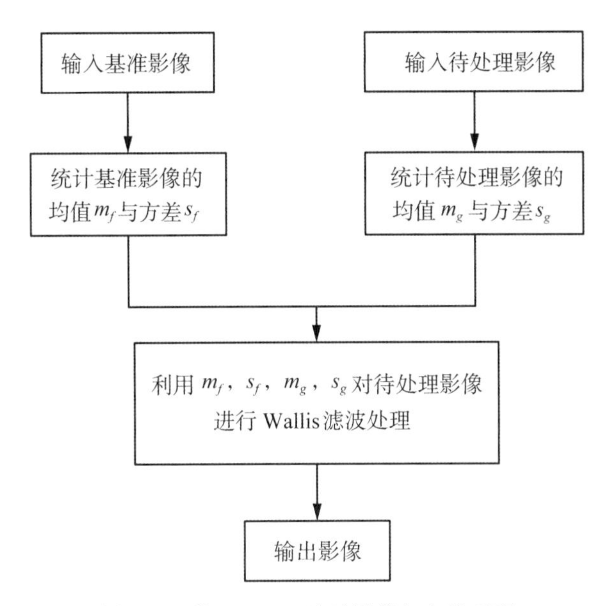

图 4.5 基于 Wallis 滤波影像匀色流程图

4.3 遥感影像镶嵌

4.3.1 影像镶嵌概述

由于遥感影像受卫星传感器幅宽的限制，一幅卫星影像所覆盖的范围是有限度的，每景遥感图像所包括的地理区域都有一定的范围。不同分辨率的图像所限定的范围不一样：一般情况下，分辨率高，则影像所覆盖的实际地理范围窄；分辨率低，影像覆盖范围宽。在实际工作中，用户的分析区域往往包括多景影像，此时需要将若干影像进行拼接，生成目标区域的完整影像，以便于获取更多、更准确的关于感兴趣区域的信息。

遥感数字图像镶嵌又称遥感影像镶嵌、遥感图像拼接，是指受幅宽等因素限制，需要将两景或多景遥感影像按照统一坐标系和灰度要求拼接在一起，构成一幅目标区域的完整影像的技术过程。

如何在几何上将多幅不同的影像连接在一起呢？因为不同影像的几何位置和变形不同，故不能直接连接。解决几何连接的实质就是几何校正，可以使用几何精校正、正射校正或配准将所有参加镶嵌的图像校正到统一的坐标系中。参与镶嵌的图像可以是不同时间同一传感器获取的图像，也可以是不同时间不同传感器获取的图像，但要求图像之间具有一定的重叠度，影像镶嵌之前要把影像重采样成统一分辨率。影像镶嵌先对每景图像进行几何校正与图像匹配，将它们变换到统一的坐标系中，然后进行裁剪和重叠区处理，再将裁剪后的多景图像镶嵌在一起，消除色彩差异，最后形成一幅镶嵌影像。

遥感数字图像镶嵌分为有地理坐标的遥感数字图像镶嵌和无地理坐标的遥感数字图像镶嵌。有地理坐标的遥感数字图像进行镶嵌时，经过几何精纠正和正射纠正的图像数据，纠正后就含有地理坐标，直接利用图像间位置的相互关系，裁剪有效区域，处理多景影像的重叠区，消除色彩差异，就可最终完成镶嵌。无地理坐标的遥感数字图像进行镶嵌时，由于缺少两景图像的位置关系，镶嵌的第一步是解决如何充分利用两景图像重叠区的信息，对两景图像进行配准以获得正确的相对位置，并且对其中一景图像进行几何校正(一景为参考影像，另一景为待校正影像)，消除图像的形变。

遥感数字图像镶嵌之前要进行数据预处理，包括纠正、配准、融合、色调调整、匀色等步骤，保证不同景影像重叠区域的色调基本一致，景与景之间的接边精度满足要求，然后再进行影像镶嵌。影像镶嵌的关键技术包括镶嵌线的生成和重叠区处理。

4.3.2 影像配准

在许多遥感图像处理中，需要对这些多源数据进行比较和分析，如进行图像的融合、变化检测、统计模式识别、三维重构和地图修正等，这些都要求多源图像在几何上是相互配准的。这些多源图像包括不同时间同一地区的图像、不同传感器同一地区的图像以及不同时段的图像等，它们一般存在相对的几何差异和辐射差异。无地理坐标的遥感数字图像镶嵌时，需要对图像进行配准以获得正确的相对位置。影像配准技术是为影像融合、多波段配准等功能服务的。影像融合和多波段配准对匹配精度要求很高。比如，对于多波段配准，如果波段之间有0.3像素的误差，局部地物的色彩就会异常。全色和多光谱进行融合时，要求多光谱的配准精度在1像素之内，否则会产生重影。

遥感图像配准是将不同传感器、不同时间或不同视角获取的同一目标或景物的两幅或多幅图像进行匹配的过程。图像配准的实质就是前面所述的遥感图像的纠正，根据图像的几何畸变特点，采用一种几何变换将图像统一到相同的坐标系中。图像之间的配准一般有两种方式：

(1)绝对配准，即选择某个地图坐标系，将多源图像变换到这个地图坐标系来实现坐标系的统一，可以采用前面的几何校正和正射校正的方法。

(2)图像间的匹配，即以多源图像中的一幅图像为参考图像，其他图像与之配准，其坐标系是任意的，可以自动匹配生成同名点，利用同名点进行自动配准。

图像自动配准通常采用多项式纠正法，配准的过程分两步：第一步是在多源图像上通过影像相关获取分布均匀、足够数量的图像同名点；第二步是通过所选择的图像同名点解算几何变换的多项式系数，通过纠正变换完成一幅图对另一幅图的几何配准。

影像相关是利用互相关函数，根据某种相似性尺度评判两张像片上子区域(窗口)内影像的相似性，以确定同名像点的过程。数字图像相关常用的相关函数是相关系数。数字图像相关的过程：先在参考图像上选取以目标点为中心、大小为 $n\times n$ 的区域，将其作为目标区域，估计出搜索同名点可能出现的范围，建立一个 $l\times m$（即 $l>n$，$m>n$）的搜索区域；然后从左至右、从上到下，逐像素地移动搜索区来计算目标区和搜索区之间的相关系数。相关系数值最大时，对应的相关窗口的中点就是目标点的同名像点。相关系数计算公式如下：

$$
\begin{aligned}
\rho_{kh} &= \frac{\sigma_{gg'}}{\sqrt{\sigma_{gg}\cdot\sigma_{g'g'}}} \quad (k=0,\ 1,\ \cdots,\ m-n;\ h=0,\ 1,\ \cdots,\ l-n)\\
\sigma_{gg'} &= \frac{1}{n^2}\sum_{i=1}^{n}\sum_{j=1}^{n} g_{ij}\cdot g'_{i+k,\ j+h} - \bar{g}\,\bar{g'}_{kh}\\
\sigma_{gg} &= \frac{1}{n^2}\sum_{i=1}^{n}\sum_{j=1}^{n} g_{ij}^2 - \bar{g}^2\\
\sigma_{g'g'} &= \frac{1}{n^2}\sum_{i=1}^{n}\sum_{j=1}^{n} g'^2_{i+k,\ j+h} - \bar{g'}^2_{kh}\\
\bar{g} &= \frac{1}{n^2}\sum_{i=1}^{n}\sum_{j=1}^{n} g_{ij}\\
\bar{g'} &= \frac{1}{n^2}\sum_{i=1}^{n}\sum_{j=1}^{n} g'_{i+k,\ j+h}
\end{aligned} \tag{4.8}
$$

4.3.3 影像镶嵌线生成

镶嵌线，也称拼接线或接缝线，是在图像镶嵌过程中，在相邻的两个图像的重叠区域内，按照一定规则选择一条线作为两个图像的接边线。常用的镶嵌线生成方法分为人工和自动两大类，在实际处理中通常相互结合。

镶嵌线人工生成方法分为两种。一种是对影像自动拼接生成一幅镶嵌图，通过手动移位匹配法将多幅影像叠加在镶嵌图上，再去除重叠部分的影像。移位匹配法简单且方便，以左右两幅图像为例，首先将两幅图叠加或自动镶嵌线镶嵌成一幅图，在软件上打开镶嵌图，把左右两幅图叠加显示到镶嵌图上，分别移动左右两幅图，使两幅图像不断改变相对位置，当所有纹理细节达到最佳吻合时，两幅图像便达到几何位置的完全重叠，从而确定两幅图像的重叠范围。另一种方法是先自动生成镶嵌线矢量文件，然后根据实际情况手动修改镶嵌线的位置进行镶嵌。

镶嵌线自动生成的方法主要有灰度差最小法、中线法、基于地形设定法等。

1. 灰度差最小法

假定现在要对左右两幅相邻图像 A 和 B 进行镶嵌，这两幅图像间存在一宽度为 L 的重叠区域，要在重叠区找出一条拼接缝。此时只要找出这条线在每一行的交点即可，为此可取一长度为 d 的一维窗口，让窗口在一行内逐点滑动，计算出每一点处 A 和 B 两幅图像

在窗口内各个对应像元点的亮度值绝对差的和，最小的值即为镶嵌线在这一行的位置，计算公式为

$$\min\sum_{j=0}^{d-1}\left|g_A(i,\ j_0+j)-g_B(i,\ j_0+j)\right| \quad (j_0=1,\ 2,\ \cdots,\ L-d+1) \tag{4.9}$$

式中：$g_A(i,\ j_0+j)$ 和 $g_B(i,\ j_0+j)$ 为影像 A 和 B 在重叠区 $(i,\ j_0+j)$ 处的亮度值；j_0 为窗口所在的左端点；i 为窗口所在的图像行数。

满足上述条件的点就是接缝点，所有接缝点的连线就是镶嵌线。

2. 中线法

矩形情况是图像镶嵌相交区域最常出现的情形，多幅图像镶嵌时会出现相交区为不规则多边形的情况。一般采用沿着边界向多边形内侧平移边界算法来计算划分多边形的连线点。以相交区的中点连线为接边线。相交区如果为上下关系，接边线从左至右算；如果为左右关系，接边线则从上至下算。

3. 基于地形设定法

实际应用中，常依据 DEM 数据进行地形局部修正，通过对地物的线特征与边缘轮廓特征设计镶嵌线，实现高精度配准和无缝镶嵌，满足变化监测、地物解译等视觉效果需求。该方法考虑地物因素较多，比较复杂，目前还没有较为实用的自动处理算法。

通常情况下，测区内每张正射影像总存在着与其相互重叠的其他正射影像。这些正射影像就构成了一个影像数据集合。若以其中一张正射影像为主影像，那么该影像与其他影像两两之间都存在着镶嵌线。各镶嵌线和该影像的有效范围边界就构成了这张影像的镶嵌多边形，如图 4.6 所示。

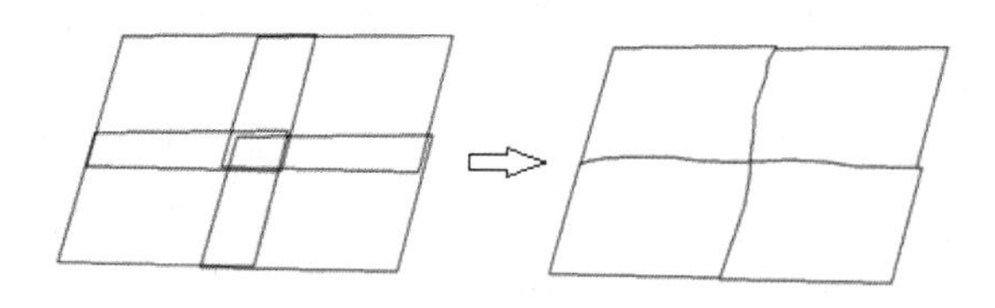

图 4.6　镶嵌多边形图

镶嵌线自动生成后，对镶嵌线不合理的地方要进行修改。镶嵌线要尽可能沿着线性地物走，如河流、道路、线性构造等；当两幅图像的质量不同时，要尽可能选择质量好的图像，用镶嵌线去掉有云、噪声的图像区域，以便于保持图像色调的总体平衡，产生浑然一体的视觉效果。

4.3.4　影像重叠区处理

在多幅影像镶嵌时，尽管是匀色之后的影像，无论怎样进行处理，相邻两幅影像间还会存在亮度差异(当相邻两幅影像季节差异较大时或当不同传感器获取遥感影像时，影像

间的亮度差异特别严重)，特别是在两幅影像的对接处，这种差异有时还比较明显，为了消除两幅影像在拼合时的差异，有必要进行重叠区域的色彩平衡，使影像自然过渡。

一般地，在拼接缝附近，两幅影像灰度上的细微差别都会导致明显的拼接缝，而在实际的成像过程中，被拼接的影像在拼接边界附近灰度(或颜色)的细微差别几乎是不可避免的。为避免在镶嵌影像中留下明显的镶嵌缝，常通过羽化方法对镶嵌图的接边线进行羽化处理。镶嵌线羽化是指将镶嵌线两侧的影像色调过渡均匀、自然，不留镶嵌的痕迹。镶嵌线可以是直线，也可以是曲线。在影像几何拼接阶段，可以手工或自动确定影像之间的镶嵌线，在记录每一条镶嵌线位置的同时，记录该镶嵌线的拓扑属性，即该镶嵌线是左右像片之间的，还是上下像片之间的。对于镶嵌后的整幅影像中的每一条镶嵌线，如果它是左右像片之间的镶嵌线，则统计拼接缝左右两侧一定范围内的灰度差，然后将灰度差在拼接缝左右两侧一定范围内强制改正；如果它是上下像片之间的镶嵌线，则统计拼接缝上下两侧一定范围内的灰度差，然后将灰度差在拼接缝上下两侧的一定范围内强制改正。这个过程通常形象地称为羽化处理。

4.4 遥感正射影像生产

4.4.1 数据准备

收集影像、DEM 数据及覆盖该区域的控制资料等，要求数字高程模型、数字正射影像等基础资料的范围要大于拟纠正影像的范围。

1. 影像获取

收集的影像应按空间分辨率更高、影像质量更清晰、云影覆盖较少的原则选择更优的影像，同时考虑选用侧视角较小的数据，减小地物阴影、影像拉花等问题的影响。取得原始影像数据后，首先要对数据源质量进行全面检查。主要检查内容和要求如下：

(1)原始数据检查以景为单位，应用遥感图像处理软件打开影像数据，采用人工目视检查的方法，对每景数据进行质量检查，并进行文字记录。

(2)检查相邻景影像之间的重叠是否在 4%以上，特殊情况下不少于 2%。

(3)检查原始影像信息是否丰富，是否存在噪声、斑点和坏线。

(4)检查影像云、雪覆盖情况，是否满足云、雪覆盖量小于 10%，且不能覆盖城乡接合部等重点地区。

(5)检查侧视角是否满足规程之规定：一般小于 15°，平原地区不超过 25°，山区不超过 20°。

原始影像数据质量检查合格后，通过 GIS 软件生成接图表，检查数据覆盖是否完整，并对重叠较小的区域进行确认，如有缺漏数据情况要及时补充。

2. DEM 数据准备

首先要对 DEM 数据进行检查，包括：DEM 范围要大于分包区域，相邻分幅数字高程模型应有重叠区域，且重叠区域的高程值应保持一致；分幅 DEM 接边不存在错位、裂隙、缺失等严重错误；DEM 数据现势性对纠正后的影像不产生畸变。然后，对 DEM 数据按纠正区域范围进行拼接。

3. 控制资料准备

纠正所需要的控制资料可采用 GPS 实测，或从比最后制作影像图大一个等级的比例尺的已有图件(数字正射影像或数字地形图)上采集。

采用 GPS 实测控制点时，先在粗纠正的遥感影像上选取控制点，然后外业根据内业所选的像片控制点的位置进行 GPS 测量。采用正射影像或地形图作为控制资料时，要检查控制资料的现势性和精度，优先选取精度高的正射影像或地形图。

控制点选取的原则如下：

(1)像控点一般按工作区域统一布点，尽可能均匀分布；

(2)相邻影像之间的像控点应尽量共用；

(3)位于自由图边或非连续作业的待测图边的像控点，一律布在图廓线外，确保成图满幅；

(4)点位必须选择影像上清晰的定位识别标志(如线状地物交叉点)，所选控制点地物不随时间变化(如道路交叉口、建筑物等)，选取没有高度的控制点。

4.4.2　正射影像生产技术流程

正射影像生产主要有区域网平差和单景纠正两种方式。根据基础资料情况，尽可能采用区域网平差的方式生产，无法采用区域网平差方式生产时，采用单景纠正方式进行生产。利用基础控制资料和数字高程模型(DEM)对遥感影像进行正射纠正、影像配准、影像融合、图像增强、影像镶嵌、分幅裁切、分幅接边等工序，生产整景纠正影像和分幅数字正射影像。单景生产模式流程如图 4.7 所示。

区域网平差方式是整个区域一起做平差计算，这样能减少控制点的数量，提高纠正效率和接边精度。对于原始的全色波段影像和多光谱影像配准精度比较高的，还可以采取先融合后纠正的方式。在正射影像生产时还应注意以下几个问题：

(1)用单景生产模式时，控制点的数量要求每景影像不得少于 5 个，要求分布均匀；采用区域网平差模式时，控制点的数量可以适当放宽，但是平均每景影像的控制点数量不得少于 1 个，分布上应在景与景之间的重叠区域，以保证区域网的可靠性，且均匀地分布在区域内。

(2)为了保证融合效果，全色波段影像和多光谱影像配准后应进行套合检查，典型地物和地形特征(如山谷、山脊)不能有重影，如达不到配准精度要求，应增加控制点重新进行正射纠正。

(3)融合方法可采用 Pansharpen 或高通滤波融合方法，影像色彩调整时应尽量恢复地物的自然真彩色，避免颜色的严重失真，并对整个区域进行匀光匀色。在不影响图像专题信息的前提下进行锐化处理，增强整个图像的清晰度。

(4)影像镶嵌时，须尽量避开有云区域，选择无云影像进行镶嵌处理。影像镶嵌时，

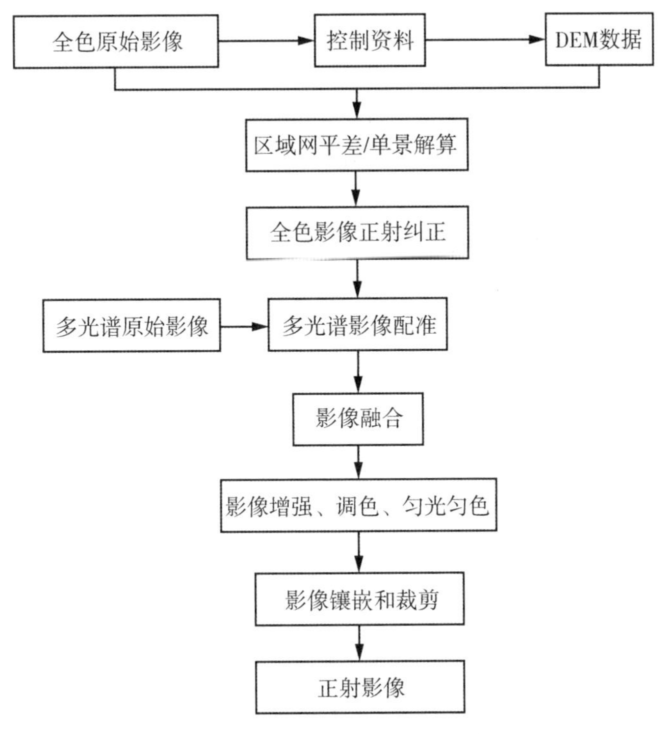

图 4.7　单景生产模式流程图

优先选择现势性和质量更好的影像，应保持景与景之间接边处色彩过渡自然，地物合理接边，保持人工地物的完整性和合理性，无重影和发虚现象。

(5)对区划边界进行图像裁剪，也可根据需要进行标准分幅裁剪。

4.4.3　正射影像质量评价

遥感影像质量的评价内容可分为三部分：几何质量、内容完整性和构像质量。几何质量表达了影像能正确量测真实地物几何特性的能力；内容完整性指的是对影像相关信息的描述的完整性、正确性、逻辑性等；构像质量反映了影像表达真实地表的敏感能力和能为目视分辨相邻两个微小地物提供足够反差的能力，一般通过影像的反差、可分辨性、清晰度等系列指标来反映。

几何质量主要是对影像的纠正精度和接边精度进行评价。接边精度是在相邻景影像或相邻幅影像上选取同名点计算较差，通过较差评定接边精度。对纠正后的影像几何精度进行评价是通过在影像上选取一定数目的均匀分布的检查点，通过计算其在图像上的坐标与其真实地理位置的坐标误差，统计计算平均中误差来表征。精度评定原则上以纠正单元(单景影像或区域整体)进行。评定时，选取纠正控制点以外的特征地物点作为已知点，查找正射影像图同名特征地物点检查点。计算已知点与检查点较差及其中误差。按下式统计中误差：

$$M = \pm\sqrt{M_x^2 + M_y^2}, \quad M_x = \pm\sqrt{\frac{\sum_{i=1}^{n}(x_i - X_i)^2}{n}}, \quad M_y = \pm\sqrt{\frac{\sum_{i=1}^{n}(y_i - Y_i)^2}{n}} \tag{4.10}$$

式中：X_i、Y_i 为实测或控制资料上获取的检查点的坐标值；x_i、y_i 为正射影像上检查点的坐标值；M_x、M_y分别为检查点在 X、Y 方向的点位中误差；n 为检测点个数；M 为检测点点位中误差。

影像构像质量和内容完整性的评价主要是主观评价，以目视评估为基础，检查影像是否反差适中、色调均匀、纹理清楚、层次丰富、无明显失真，检查影像有没有模糊、错位、扭曲、变形、拉花、漏洞等问题。

第5章　图像变换与增强

5.1　图像变换概述

图像变换是为了有效和快速地对图像进行处理和分析而使用的一种数学方法。图像变换将图像从空间域变换到频率域，在变换域中图像能量集中分布在低频率成分上，边缘、线信息反映在高频率成分上，利用频率域的特有性质对图像进行一定的加工，最后再转换回空间域，得到所需的图像处理效果。图像变换过程如图5.1所示。

图像的空间域又称图像空间，是由图像像素组成的空间，一般指图像平面所在的二维平面，在图像空间中以距离为自变量，直接对像素灰度值进行处理，称为图像空间域处理。

图像的频率域是图像像素的灰度值随位置变化的空间频率，以频谱表示信息分布特征，图像变换能把图像从空间域变换到只包含不同频率信息的频率域，原始图像上的灰度突变部位、图像结构复杂的区域、图像细节及干扰噪声等信息集中在高频区，而原始图像上灰度变化平缓部位的信息集中在低频区。

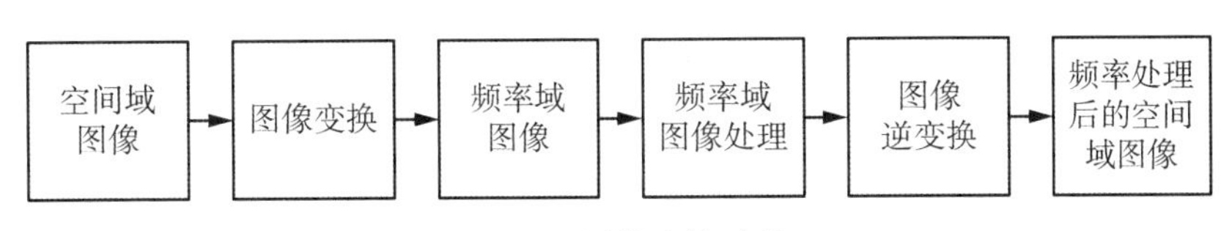

图5.1　图像变换过程

图像变换的目的是：

①利用频率域特性，使图像处理问题简化；

②有利于图像特征提取；

③有助于从概念上增强对图像信息的理解。

图像变换广泛应用在图像增强、图像恢复、特征提取、图像压缩编码和形状分析等方面。图像变换算法很多，本章主要讨论常用的傅里叶变换、小波变换等。

5.2　傅里叶变换

傅里叶(Fourier，1768—1830年)是法国数学家及物理学家。1807年，傅里叶提出了傅里叶级数的概念，即任一函数都可以展开成三角函数的无穷级数。1822年，傅里叶又提出了傅里叶变换，本质上提出了一种与空间思维不同的频率域思维方法。傅里叶变换是一种常用的正交变换，它的理论完善，应用程序多。在数字图像应用领域，傅里叶变换起着非常重要的作用，用它可完成图像分析、图像增强及图像压缩等工作。

傅里叶变换是 19 世纪数学界和工程界最辉煌的成果之一，一直是信号处理领域中最完美、应用最广泛、效果最好的一种频率域分析手段。傅里叶变换使信号处理或图像处理问题有了空间域与频率域两个不同的角度，有时在空间域无法解决的问题，在频率域答案却是显而易见的。

傅里叶分析是贯穿时域与频域的方法之一。傅里叶分析可分为傅里叶级数(Fourier series)和傅里叶变换(Fourier transform)。傅里叶级数对应周期函数，傅里叶变换对应非周期的连续函数。

5.2.1　傅里叶级数

具有周期 T 的连续变量 t 的周期函数 $f(t)$ 可以被描述为乘以适当系数的正弦和余弦的和，这个和就是傅里叶级数。

$$f_T(t) = \frac{a_0}{2} + \sum_{n=1}^{\infty} (a_n \cos nwt + b_n \sin nwt) \tag{5.1}$$

其复数形式为：

$$f_T(t) = \sum_{n=-\infty}^{\infty} c_n e^{jnwt} \tag{5.2}$$

其中：

$$c_n = \frac{1}{T}\int_{-\frac{T}{2}}^{\frac{T}{2}} f_T(t) e^{-jnwt} dt \quad (n = 0,\ \pm 1,\ \pm 2,\ \cdots) \tag{5.3}$$

傅里叶级数的本质是将一个周期的信号分解成无限多分开的(离散的)、不同振幅的、不同相位的正弦波。

5.2.2　连续函数的傅里叶变换

1. 一维连续函数的傅里叶变换

傅里叶变换将一个时域非周期的连续信号转换为一个频域非周期的连续信号。傅里叶变换的作用在多数理论和应用数学中远大于傅里叶级数。傅里叶变换表示的函数特征完全可以通过傅里叶反变换来重建，而不丢失任何信息。

一维连续函数的傅里叶变换：

令 $f(x)$ 为实变量 x 的连续函数，$f(x)$ 的傅里叶变换用 $F(u)$ 表示，变量 u 是频率变量，则傅里叶变换的公式为：

$$F(u) = \int_{-\infty}^{\infty} f(x) e^{-j2\pi ux} dx \tag{5.4}$$

若已知 $F(u)$，则傅里叶反变换为：

$$f(x) = \int_{-\infty}^{\infty} F(u) e^{j2\pi ux} du \tag{5.5}$$

函数$F(u)$和$f(x)$称为傅里叶变换对，正反傅里叶变换的唯一区别是幂的符号。这里$f(x)$是实函数，它的傅里叶变换$F(u)$通常是复函数。$F(u)$的实部、虚部、振幅、能量和相位分别表示如下：

实部：
$$R(u)=\int_{-\infty}^{\infty}f(x)\cos(2\pi ux)\mathrm{d}x \tag{5.6}$$

虚部：
$$I(u)=-\int_{-\infty}^{\infty}f(x)\sin(2\pi ux)\mathrm{d}x \tag{5.7}$$

振幅：
$$|F(u)|-\sqrt{[R^2(u)+I^2(u)]} \tag{5.8}$$

能量：
$$E(u)=|F(u)|^2=R^2(u)+I^2(u) \tag{5.9}$$

相位：
$$\varphi(u)=\arctan\left[\frac{I(u)}{R(u)}\right] \tag{5.10}$$

其中，实部和虚部的计算，可以利用欧拉公式$e^{-j2\pi ux}=\cos2\pi ux-j\sin2\pi ux$将傅里叶变换公式中的指数项表示成正弦和余弦，即$F(u)$包含了无限项的正弦和余弦的和。

2. 二维连续函数的傅里叶变换

一维连续函数傅里叶变换可以推广到二维连续函数傅里叶变换，如果二维函数$f(x,y)$是连续和可积的，且$F(u,v)$是可积的，则二维傅里叶变换对为：

正变换：
$$F(u,v)=\int_{-\infty}^{\infty}\int f(x,y)e^{-j2\pi(ux+vy)}\mathrm{d}x\mathrm{d}y \tag{5.11}$$

反变换：
$$f(x,y)=\int_{-\infty}^{\infty}\int F(u,v)e^{j2\pi(ux+vy)}\mathrm{d}u\mathrm{d}v \tag{5.12}$$

式中，u、v是频率变量。与一维连续函数傅里叶变换情况相同，二维函数的傅里叶频谱、相位谱和能量谱为：

傅里叶频谱：
$$|F(u,v)|=\sqrt{[R^2(u,v)+I^2(u,v)]} \tag{5.13}$$

相位谱：
$$\varphi(u,v)=\arctan[\frac{I(u,v)}{R(u,v)}] \tag{5.14}$$

能量谱：
$$E(u,v)=|F(u,v)|^2=R^2(u,v)+I^2(u,v) \tag{5.15}$$

5.2.3 离散傅里叶变换

由于数字图像在计算机中是离散存在的，连续函数的傅里叶变换不能直接应用在数字图像的处理中。所以，需要引入离散傅里叶变换，进行数字图像的处理。

离散傅里叶变换 DFT(discrete fourier transform)，是傅里叶变换在时间域和频率域上都呈离散的形式，将信号的时间域采样变换为其 DFT 的频率域采样。

1. 一维离散函数的傅里叶变换

假定存在连续函数$f(x)$，利用取间隔Δx单位的抽样方法，对该连续函数$f(x)$进行采样，获得离散化的序列$\{f(x_0),f(x_0+\Delta x),\cdots,f(x_0+(N-1)\Delta x)\}$，如图 5.2 所示。将该序列表示成：

$$f(x)=f(x_0+x\cdot\Delta x) \tag{5.16}$$

通过以上公式，序列$\{f(x_0), f(x_0+\Delta x), \cdots, f(x_0+(N-1)\Delta x)\}$可以表示为$\{f(0), f(1), \cdots, f(N-1)\}$。

序列$\{f(0), f(1), \cdots, f(N-1)\}$的离散傅里叶变换$F(u)$定义式为：

$$F(u)=\frac{1}{N}\sum_{x=0}^{N-1}f(x)\mathrm{e}^{-\mathrm{j}2\pi ux/N} \tag{5.17}$$

式中，u是频率变量，$u=0, 1, 2, \cdots, N-1$。

一维离散函数的傅里叶反变换定义式为：

$$f(x)=\sum_{x=0}^{N-1}F(u)\mathrm{e}^{\mathrm{j}2\pi ux/N} \tag{5.18}$$

式中，$x=0, 1, 2, \cdots, N-1$。

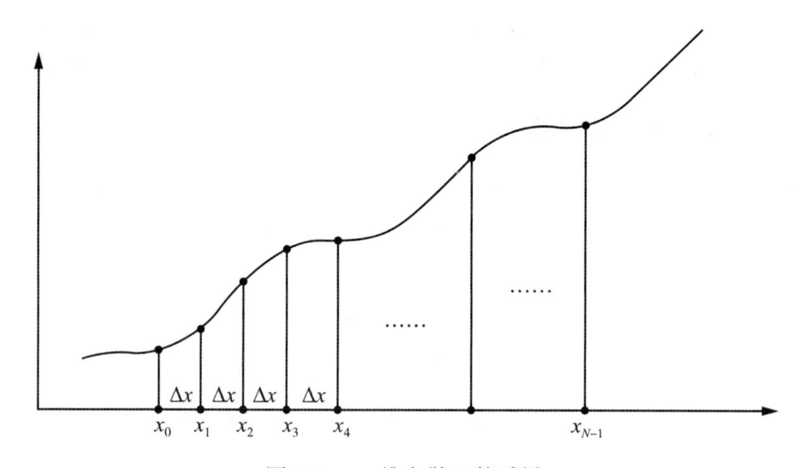

图5.2　一维离散函数采样

正反离散傅里叶变换的唯一区别是幂的符号。离散序列$f(x)$和$F(u)$被称为一个离散傅里叶变换对，对于任一离散序列$f(x)$，其傅里叶变换$F(u)$是唯一的，反之亦然。

一维傅里叶变换$F(u)=R(u)+\mathrm{j}I(u)$，$R(u)$是实部，$I(u)$是虚部，其傅里叶频谱、相位谱和能量谱分别表示如下：

傅里叶频谱：
$$|F(u)|=\sqrt{[R^2(u)+I^2(u)]} \tag{5.19}$$

相位谱：
$$\varphi(u)=\arctan\left[\frac{I(u)}{R(u)}\right] \tag{5.20}$$

能量谱：
$$E(u)=|F(u)|^2=R^2(u)+I^2(u) \tag{5.21}$$

2. 二维离散函数的傅里叶变换

同连续函数的傅里叶变换一样，离散傅里叶变换也可以推广到二维的情形，其二维离散傅里叶变换定义为：

$$F(u, v)=\frac{1}{MN}\sum_{x=0}^{M-1}\sum_{y=0}^{N-1}f(x, y)\mathrm{e}^{-\mathrm{j}2\pi(ux/M+vy/N)} \tag{5.22}$$

式中，u 和 v 是频率变量，$u=0, 1, 2, \cdots, M-1$，$v=0, 1, 2, \cdots, N-1$。

二维离散函数的傅里叶反变换定义为：

$$f(x, y)=\sum_{u=0}^{M-1} \sum_{v=0}^{N-1} F(u, v) \mathrm{e}^{\mathrm{j} 2 \pi(u x / M+v y / N)} \tag{5.23}$$

式中，$x=0, 1, 2, \cdots, M-1$；$y=0, 1, 2, \cdots, N-1$。

一维和二维离散函数的傅里叶频谱、相位谱和能量谱也分别由连续傅里叶变换的式子给出，唯一的差别在于独立变量是离散的。

当图像抽样为一个方阵时，即图像行与列相等($M=N$)，该图像的二维傅里叶变换可表示为：

$$F(u, v)=\frac{1}{N} \sum_{x=0}^{N-1} \sum_{y=0}^{N-1} f(x, y) \mathrm{e}^{-\mathrm{j} 2 \pi(u x+v y) / N} \tag{5.24}$$

式中，u 和 v 是频率变量，$u=0, 1, 2, \cdots, N-1$；$v=0, 1, 2, \cdots, N-1$。

该图像的二维离散傅里叶反变换定义为：

$$f(x, y)=\frac{1}{N} \sum_{u=0}^{N-1} \sum_{v=0}^{N-1} F(u, v) \mathrm{e}^{\mathrm{j} 2 \pi(u x+v y) / N} \tag{5.25}$$

式中，$x=0, 1, 2, \cdots, N-1$；$y=0, 1, 2, \cdots, N-1$。

二维函数的离散傅里叶频谱、相位谱和能量谱为：

傅里叶频谱：
$$|F(u, v)|=\sqrt{\left[R^2(u, v)+I^2(u, v)\right]} \tag{5.26}$$

相位谱：
$$\varphi(u, v)=\arctan \left[\frac{I(u, v)}{R(u, v)}\right] \tag{5.27}$$

能量谱：
$$E(u, v)=|F(u, v)|^2=R^2(u, v)+I^2(u, v) \tag{5.28}$$

一般来说，对一幅图像进行傅里叶变换运算量很大，不直接利用以上公式计算。现在都采用傅里叶变换快速算法，这样可大大减少计算量。提高傅里叶变换算法的速度有两种途径：一种途径是软件要不断改进算法；另一种途径为硬件化，它不但体积小且速度快。

数字图像的二维离散傅里叶变换所得结果的频率成分的分布示意图，如图 5.3 所示。变换结果的左上、右上、左下、右下四个角的周围对应于低频成分，中央部位对应于高频成分，左上角为直流成分，代表图像的平均亮度。为使直流成分出现在变换结果数组的中央，可采用图示的换位方法。但应注意到，换位后的数组进行反变换时，得不到原始图

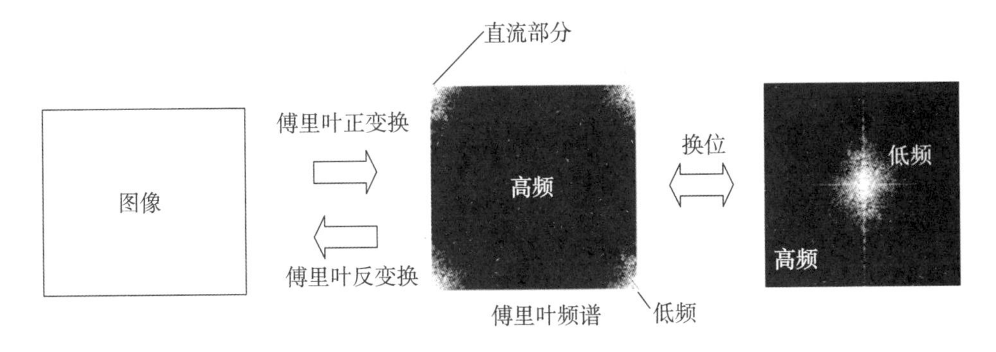

图 5.3　二维离散傅里叶变换结果频率成分分布

像。也就是说，在进行反变换时，必须使用四角代表低频成分的变换结果，使画面中央对应高频部分。真实遥感图像的傅里叶频谱如图 5.4 所示。

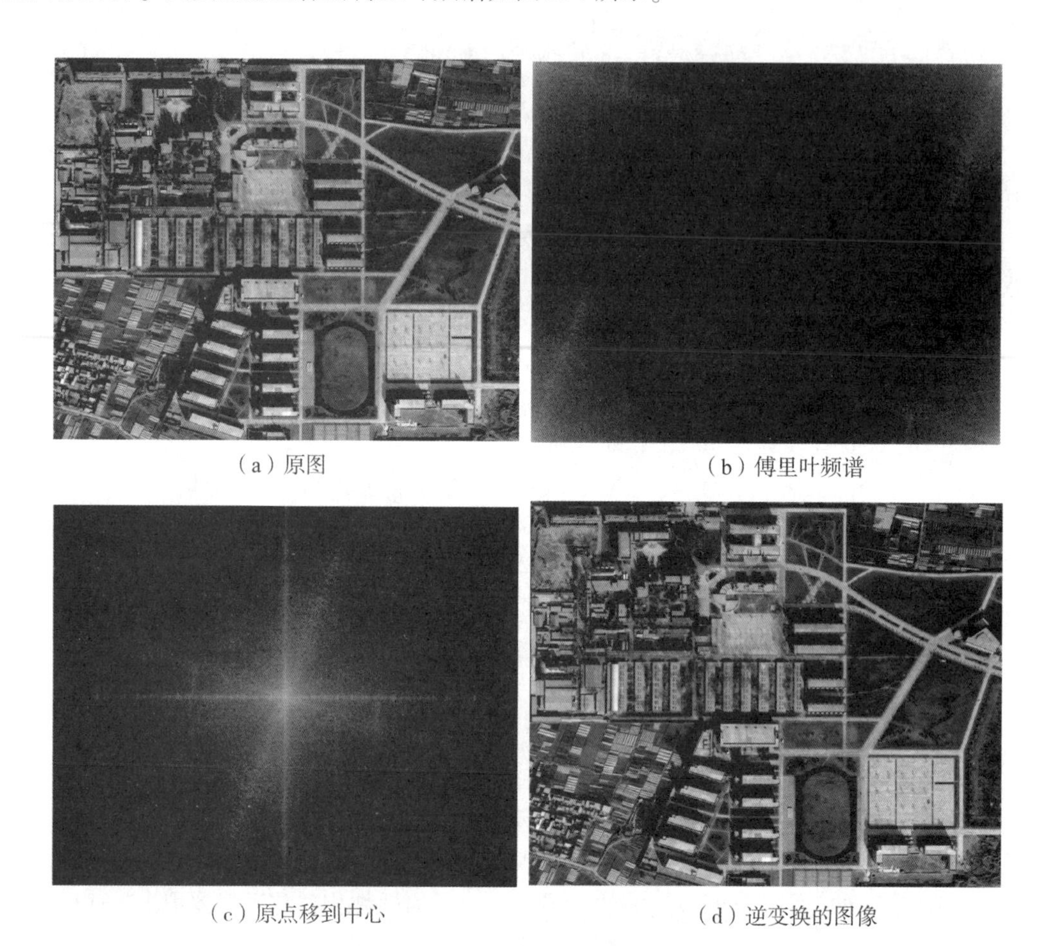

（a）原图　（b）傅里叶频谱

（c）原点移到中心　（d）逆变换的图像

图 5.4　图像的傅里叶频谱

图像傅里叶变换统计特征有以下三个方面：

(1)傅里叶变换后的零频分量 $F(0,\ 0)$ 也称作直流成分，根据傅里叶变换公式有：

$$F(0,\ 0)=\frac{1}{MN}\sum_{x=0}^{M-1}\sum_{y=0}^{N-1}f(x,\ y) \tag{5.29}$$

直流成分反映了原始图像的平均亮度。

(2)对于大多数无明显颗粒噪声的图像来说，低频区集中了 85%的能量，这成为对图像进行变换压缩编码的理论根据。如变换后仅传送低频成分的幅值，对高频成分不传送，反变换前再将它们恢复为零值，就可以达到压缩的目的。

(3)图像灰度变化缓慢的区域，对应它变换后的低频成分；图像灰度呈阶跃变化的区域，对应变换后的高频成分。除颗粒噪声外，图像细节的边缘、轮廓处都是灰度变化突变区域，它们都具有变换后的高频成分特征。

图像如果是全黑图像，即图像像素灰度全是 0，其傅里叶频谱也是全黑图像。图像如果是单一灰度的图像，但图像像素灰度不是0，其傅里叶频谱是中央有个白色小正方形的全黑图像，如图5.5所示。图像如果是全白图像，即图像像素灰度全是255，其傅里叶频谱也是中央有个白色小正方形的全黑图像，如图5.6所示。

图5.5 灰色图像的傅里叶频谱

图5.6 全白图像的傅里叶频谱

真实遥感图像的傅里叶频谱如图5.7所示。

5.2.4 傅里叶变换的性质

1. 可分离性

二维离散傅里叶变换为：

$$F(u, v) = \frac{1}{N}\sum_{x=0}^{N-1}\sum_{y=0}^{N-1} f(x, y) e^{-j2\pi(ux/N+vy/N)} \tag{5.30}$$

式中，u 和 v 是频率变量，$u=0, 1, 2, \cdots, N-1$；$v=0, 1, 2, \cdots, N-1$。

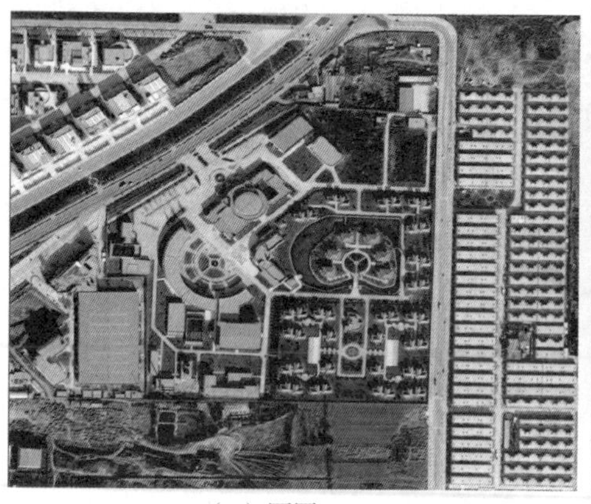

（a）原图

（b）傅里叶频谱

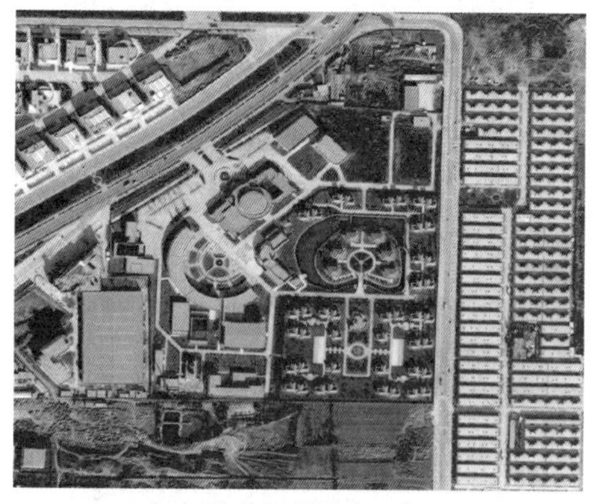

（c）逆变换的图像

图 5.7　遥感图像的傅里叶频谱

二维离散傅里叶反变换为：

$$f(x, y) = \sum_{u=0}^{N-1} \sum_{v=0}^{N-1} F(u, v) \mathrm{e}^{\mathrm{j}2\pi(ux/N+vy/N)} \tag{5.31}$$

式中，$x=0, 1, 2, \cdots, N-1$；$y=0, 1, 2, \cdots, N-1$。

对二维离散傅里叶变换公式的每一列先求变换：

$$F(x, v) = \frac{1}{N}\sum_{y=0}^{N-1} f(x, y) \mathrm{e}^{-\mathrm{j}2\pi vy/N} \tag{5.32}$$

再乘以 N：

$$F(x, v) = N\left[\frac{1}{N}\sum_{y=0}^{N-1} f(x, y) \mathrm{e}^{-\mathrm{j}2\pi vy/N}\right] \tag{5.33}$$

式中，$v=0, 1, 2, \cdots, N-1$。

再对 $F(x, v)$ 的每一行求傅里叶变换：

$$F(u, v) = \frac{1}{N}\sum_{y=0}^{N-1} f(x, v) \mathrm{e}^{-\mathrm{j}2\pi ux/N} \tag{5.34}$$

式中，$u=0, 1, 2, \cdots, N-1$；$v=0, 1, 2, \cdots, N-1$。

由两步一维变换计算二维变换，如图 5.8 所示。

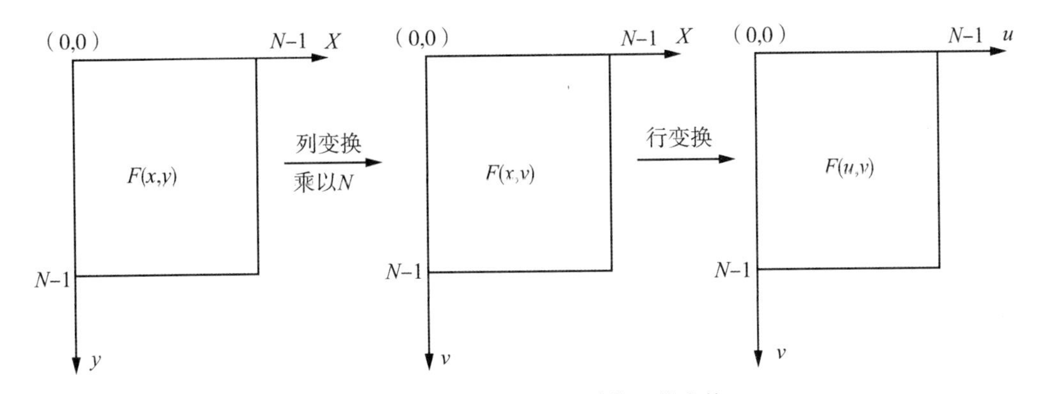

图 5.8　由两步一维变换计算二维变换

2. 平移性质

傅里叶变换的平移性质可以表示为：

$$f(x, y)e^{j2\pi(ux_0+v_0y)/N} \Leftrightarrow F(u-u_0, v-v_0) \tag{5.35}$$

将 $f(x, y)$ 乘以指数项，等于将变换后的频域中心移到新的位置。

傅里叶反变换的平移性质可以表示为：

$$f(x-x_0, y-y_0) \Leftrightarrow F(u, v)e^{-j2\pi(ux_0+v_0y)/N} \tag{5.36}$$

同样地，将 $F(u, v)$ 乘以指数项，等于把反变换后的空域中心移到新的位置。

3. 周期性与共轭对称性

傅里叶变换和反变换的周期均为 N，将变量 $u+N$ 和 $v+N$ 代入傅里叶变换的公式，可得：

$$F(u, v)=F(u+N, v)=F(u, v+N)=F(u+N, v+N) \tag{5.37}$$

以上公式说明，只需根据任一个周期里的 N 个值就可以从 $F(u, v)$ 得到 $f(x, y)$。

如果 $f(x, y)$ 是实函数，则傅里叶变换具有共轭对称性：

$$\begin{aligned} F(u, v) &= F^*(-u, -v) \\ |F(u, v)| &= |F(-u, -v)| \end{aligned} \tag{5.38}$$

4. 旋转性质

通过极坐标 $x=r\cos\theta$、$y=r\sin\theta$、$u=w\cos\phi$、$v=w\cos\phi$ 将傅里叶变换对：

$$f(x, y) \Leftrightarrow F(u, v) \tag{5.39}$$

转换为：

$$f(r, \theta + \theta_0) \Leftrightarrow F(w, \phi + \theta_0) \tag{5.40}$$

以上表明，$f(x, y)$ 旋转一个角度 θ_0，$F(u, v)$ 对应于将其傅里叶变换也旋转相同的角度 θ_0。同样地，$F(u, v)$ 旋转一个角度 θ_0，其傅里叶反变换 $f(x, y)$ 也旋转相同的角度 θ_0。

5. 分配律

根据傅里叶变换对的定义可得到：

$$F\{f_1(x, y) + f_2(x, y)\} = F\{f_1(x, y)\} + F\{f_2(x, y)\} \tag{5.41}$$

上式表明傅里叶正变换和反变换满足加法分配率，但是并不满足乘法分配率，一般有：

$$F\{f_1(x, y) \cdot f_2(x, y)\} \neq F\{f_1(x, y)\} \cdot F\{f_2(x, y)\} \tag{5.42}$$

6. 尺度变换

假设有标量 a 和 b，有以下公式成立：

$$af(x, y) \Leftrightarrow aF(u, v) \tag{5.43}$$

$$f(ax, by) \Leftrightarrow \frac{1}{|ab|}F\left(\frac{u}{a}, \frac{v}{b}\right) \tag{5.44}$$

7. 平均值

二维数字图像的平均值可用下式表示：

$$\bar{f}(x, y) = \frac{1}{N^2}\sum_{x=0}^{N-1}\sum_{y=0}^{N-1} f(x, y) \tag{5.45}$$

傅里叶变换域原点的频谱分量为：

$$F(0, 0) = \frac{1}{N}\sum_{x=0}^{N-1}\sum_{y=0}^{N-1} f(x, y)\mathrm{e}^{-j\frac{2\pi}{N}(x\cdot 0+y\cdot 0)} = N\left[\frac{1}{N^2}\sum_{x=0}^{N-1}\sum_{y=0}^{N-1} f(x, y)\right] = N\bar{f}(x, y) \tag{5.46}$$

即：

$$\bar{f}(x, y) = \frac{1}{N}F(0, 0) \tag{5.47}$$

傅里叶频谱的直流成分 N 倍于图像的平均亮度。

8. 卷积定理

$f(x, y)$，$g(x, y)$ 是两个二维数字图像，离散卷积定义为：

$$f(x, y) * g(x, y) = \sum_{m=0}^{N-1}\sum_{n=0}^{N-1} f(m, n)g(x-m, y-n) \tag{5.48}$$

式中，$x = 0, 1, 2, \cdots, M-1$；$y = 0, 1, 2, \cdots, N-1$。

对上式两边同时进行傅里叶变换，可得：

$$F[f(x, y) * g(x, y)] = F(u, v)G(u, v) \tag{5.49}$$

5.3 小波变换

傅里叶变换存在不能同时进行时间-频率局部分析的缺点，为了弥补这方面的不足，Gabor 在 1946 年提出了信号的时频局部化分析方法，即所谓的 Gabor 变换，信号 $f(t)$ 的 Gabor 变换定义式为：

$$W_f(w, \tau) = \int_R g(t - \tau)f(t)e^{-w\tau}dt \tag{5.50}$$

其中，函数 $g(t) = \frac{1}{\sqrt{2\pi}}e^{-\frac{t^2}{2}}$ 为窗口函数。此方法在后续被不断完善，形成了加窗傅里叶变换或称为短时傅里叶变换。

虽然短时傅里叶变换能在不同程度上克服傅里叶变换的上述弱点，但提取精确信息，要涉及时窗和频窗的选择问题。Gabor 变换的时-频窗口是固定不变的，窗口没有自适应性，不适于分析多尺度信号过程和突变过程，而且其离散形式没有正交展开，难于实现高效算法，这是 Gabor 变换的主要缺点，也限制了它的应用。

小波的概念是由法国 Elf Aquitaine 公司的地球物理学家 J. Morlet 在 1984 年提出的，他在分析地质资料时，首先引进并使用了“小波”(wavelet)这一术语。顾名思义，“小波”就是小的波形。所谓“小”是指它具有衰减性；而称之为“波”则是指它的波动性，其振幅呈正负相间的振荡形式。

小波变换(wavelet transform，WT)是一种新的变换分析方法，它继承和发展了短时傅里叶变换局部化的思想，同时又克服了窗口大小不随频率变化等缺点。与傅里叶变换相比，小波变换是空间(时间)和频率进行局部变换，能有效地从信号中提取信息，能对时间(空间)频率进行局部化分析，通过伸缩和平移等运算功能可对函数或信号进行多尺度的细化分析，最终达到高频处时间细分、低频处频率细分，能自动适应时频信号分析的要求，从而可聚焦到信号的任意细节。小波变换解决了傅里叶变换的困难问题，成为继傅里叶变换以来在科学方法上的重大突破。

小波变换主要包括连续小波变换和离散小波变换。

5.3.1 连续小波变换

连续小波变换的含义是把某一被称为基本小波的函数作位移后，再在不同尺度下，与待分析信号作内积。给定一个基本函数 $\psi(t)$，令

$$\psi_{a,b}(t) = \frac{1}{\sqrt{a}}\psi\left(\frac{t-b}{a}\right) \tag{5.51}$$

式中，a，b 均为常数，且 $a > 0$。基本函数 $\psi(t)$ 先作移位再作伸缩，然后得到函数

$\psi_{a,b}(t)$。给定平方可积的信号 $x(t)$，则 $x(t)$ 的小波变换定义为

$$\begin{aligned}\mathrm{WT}_x(a,b)&=\frac{1}{\sqrt{a}}\int x(t)\psi\left(\frac{t-b}{a}\right)\mathrm{d}t\\&=\int x(t)\psi_{a,b}(t)\mathrm{d}t=\langle x(t),\psi_{a,b}(t)\rangle\end{aligned}\tag{5.52}$$

式中，a、b 和 t 均是连续变量，因此该式又称为连续小波变换。信号 $x(t)$ 的小波变换 $\mathrm{WT}_x(a,b)$ 是 a 和 b 的函数，b 是时移，a 是尺度因子。$\psi(t)$ 又称为基本小波，或母小波。$\psi_{a,b}(t)$ 是母小波经移位和伸缩产生的一族函数，我们称之为小波基函数，或简称小波基。这样，上式的 WT 又可解释为信号 $x(t)$ 和一族小波基的内积。

设 $x(t)$，$\psi(t)\in L^2(R)$，$x(t)$ 可由其小波变换 $\mathrm{WT}_x(a,b)$ 来恢复，一维小波反变换：

$$x(t)=\frac{1}{c_\psi}\int_0^\infty a^{-2}\int_{-\infty}^\infty \mathrm{WT}_x(a,b)\psi_{a,b}(t)\mathrm{d}a\mathrm{d}b\tag{5.53}$$

$f(x,y)$ 是二维函数，其二维连续小波变换的公式为：

$$W_f(a,b_x,b_y)=\int_{-\infty}^{+\infty}\int_{-\infty}^{+\infty}f(x,y)\varphi_{a,b_x,b_y}(x,y)\mathrm{d}x\mathrm{d}y\tag{5.54}$$

其中，b_x 和 b_y 分别表示在 x 轴和 y 轴的平移。二维连续小波逆变换：

$$f(x,y)=\frac{1}{C_\varphi}\int_0^{+\infty}\int_{-\infty}^{+\infty}\int_{-\infty}^{+\infty}W_f(a,b_x,b_y)\varphi_{a,b_x,b_y}(x,y)\mathrm{d}b_x\mathrm{d}b_y\frac{\mathrm{d}a}{a^3}\tag{5.55}$$

式中，φ_{a,b_x,b_y} 公式如下：

$$\varphi_{a,b_x,b_y}(x,y)=\frac{1}{|a|}\varphi\left(\frac{x-b_x}{a},\frac{y-b_y}{a}\right)\tag{5.56}$$

5.3.2　离散小波变换

参数 a 的伸缩和参数 b 的平移为连续取值的子波变换称为连续小波变换，主要用于理论分析。在实际应用中需要对尺寸参数 a 和平移参数 b 进行离散化处理。

令 $a=a_0^j$，$j\in\mathbf{Z}$，可以实现对 a 的离散化。若 $j=0$，则 $\psi_{j,b}(t)=\psi(t-b)$。欲对 b 离散化，最简单的方法是将 b 均匀抽样，如令 $b=kb_0$，b_0 的选择应保证能由 $\mathrm{WT}_x(j,k)$ 来恢复出 $x(t)$。当 $j\neq 0$ 时，将 a 由 a_0^{j-1} 变成 a_0^j，即将 a 扩大 a_0 倍，这时小波 $\psi_{j,k}(t)$ 的中心频率比 $\psi_{j-1,k}(t)$ 的中心频率下降了，带宽也下降了。因此，这时对 b 抽样的间隔也可相应地扩大 a_0 倍。由此可以看出，当尺度 a 分别取 a_0，a_0^1，a_0^2，… 时，对 b 的抽样间隔可以取 a_0b_0，$a_0^1b_0$，$a_0^2b_0$，…，这样，对 a 和 b 离散化后的结果是：

$$\begin{aligned}\psi_{j,k}(t)&=a_0^{-j/2}\psi[a_0^{-j}(t-ka_0^jb_0)]\\&=a_0^{-j/2}\psi(a_0^{-j}t-kb_0)\quad(j,k\in\mathbf{Z})\end{aligned}\tag{5.57}$$

对给定的信号 $x(t)$，上式的连续小波变换可变成如下离散栅格上的小波变换，即：

$$\mathrm{WT}_x(j,k)=\int x(t)\psi_{j,k}(t)\mathrm{d}t\tag{5.58}$$

此式称为离散小波变换(Discrete Wavelet Transform, DWT)。

利用小波变换对遥感影像进行变换，如图5.9所示。

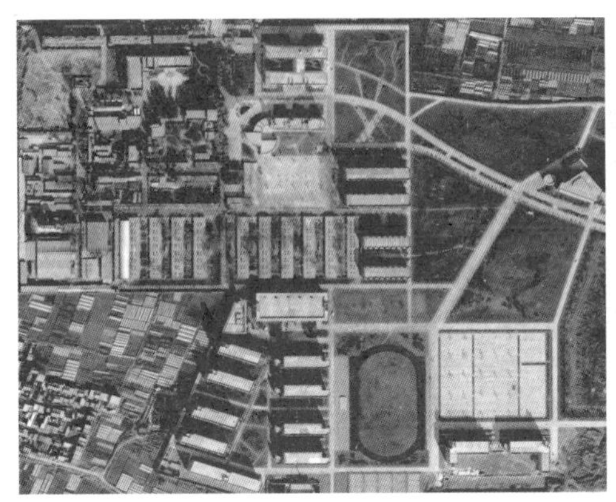

(a)原始图像

(b)低频系数图像

(c)水平高频系数图像

(d)垂直高频系数图像

(e)斜线高频系数图像

图5.9 遥感影像的小波变换

5.4　图像融合

图像融合是将两个或两个以上的传感器在同一时间或不同时间获取的关于某个具体场景的图像或图像序列信息加以综合，以生成新的有关此场景解释的信息处理过程。

图像融合是指将多源信道所采集到的关于同一目标的图像数据进行图像处理，最大限度地提取各信道中的有利信息，最后综合成高质量的图像，以提高图像信息的利用率、改善计算机解译精度和可靠性、提升原始图像的空间分辨率和光谱分辨率。

图像融合是以图像为研究对象的信息融合，它把对同一目标或场景的用不同传感器获得的不同图像，或用同种传感器以不同成像方式或在不同成像时间获得的不同图像，融合为一幅图像。融合图像能反映多重原始图像的信息，以达到对目标和场景的综合描述，使之更适合视觉感知或计算机处理。它是综合了传感器、信号处理、图像处理和人工智能等技术的新兴学科。

多源图像主要分为多传感器图像、遥感多光源图像、多聚焦图像和时间序列(动态)图像等。

(1)多传感器图像：成像机理不同的独立传感器获得的图像，如前视红外线图像和可见光图像、CT 图像和 MRI 图像、前视红外线图像和毫米波雷达图像。

(2)遥感多光源图像：成像机理不同的传感器或同种传感器不同工作模式下获得的遥感图像，如 SPOT 卫星的多光谱图像和全色图像、QuickBird 卫星的多光谱图像和全色图像。

(3)多聚焦图像：光学传感器的不同成像方式(指不同聚焦点)获得的图像。

(4)时间序列(动态)图像：同种图像传感器以相同成像方式在离散时刻拍摄的图像。

一般情况下，图像融合由低到高分为三个层次，即像素级融合、特征级融合、决策级融合，如图 5.10 所示。像素级融合也称数据级融合，是指直接对传感器采集来的数据进行处理而获得融合图像的过程，它是高层次图像融合的基础，也是目前图像融合研究的重点之一。这种融合的优点是保持尽可能多的现场原始数据，提供其他融合层次所不能提供的细微信息。

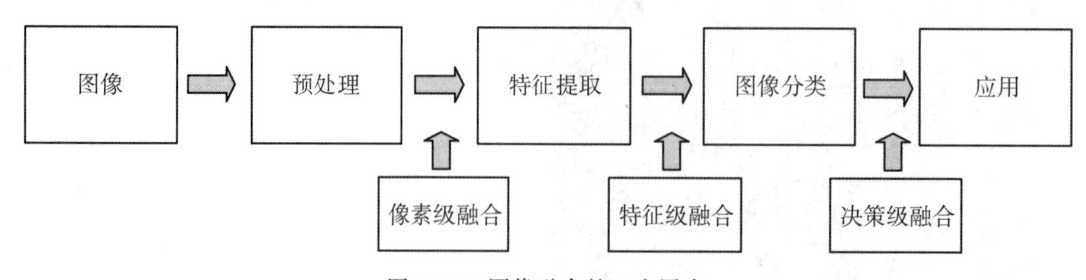

图 5.10　图像融合的三个层次

(1)像素级融合：在严格配准的条件下，直接进行像素信息综合；基于数据层面，主要完成多源图像中目标和背景信息的直接融合。像素级融合是最低层次的图像融合，准确性最高，能够提供其他层次处理所需要的细节信息，处理的信息量较大。

(2)特征级融合：在像素级融合的基础上，使用参数模板、统计分析、模式相关等方法进行几何关联、目标识别、特征提取的融合方法，用以排除虚假特征，利于系统判决。特征级融合可从两个方面进行研究：目标状态融合和目标特性融合。该层融合的优点在于实现了可观的信息压缩，便于实时处理，其融合结果能够最大限度地给出决策分析所需要的特征信息。

(3)决策级融合：主要在于主观的要求，根据一定的准则以及每个决策的可信度做出最优决策。它同样也有一些规则，如贝叶斯法、D-S 证据法和表决法等。决策级融合是最高层次的信息融合，实时性好，并且具有一定的容错能力。

1. HSV 变换融合

在图像处理中经常应用的彩色坐标系统(或称彩色空间)有两种：一种是由红(R)、绿(G)、蓝(B)三原色组成的彩色空间，即 RGB 空间；另一种是 HSV 颜色空间，即亮度(V)、色调(H)和饱和度(S)。

在遥感图像融合中，常常需要把 RGB 空间转换为 HSV 空间，在 HSV 空间复合不同分辨率的数据，即直接采用全色图像替换多光谱图像的亮度分量 V，然后采用最近邻法、双线性内插法或者三次卷积法对 HSV 颜色空间的色调和饱和度重采样到高分辨率像元尺寸，然后通过逆变换回到 RGB 颜色空间形成复合图像。

2. Brovey 变换融合

Brovey 变换可以对来自不同传感器的数据进行融合，是较为简单的融合方法。该方法通过归一化后的多光谱波段与高分辨率全色影像乘积增强图像的信息。其融合后的红、绿、蓝三波段结果如下：

$$\begin{aligned} R &= [\mathrm{bandR}/(\mathrm{bandR}+\mathrm{bandG}+\mathrm{bandB})]\cdot \mathrm{pan} \\ G &= [\mathrm{bandG}/(\mathrm{bandR}+\mathrm{bandG}+\mathrm{bandB})]\cdot \mathrm{pan} \\ B &= [\mathrm{bandB}/(\mathrm{bandR}+\mathrm{bandG}+\mathrm{bandB})]\cdot \mathrm{pan} \end{aligned} \tag{5.59}$$

其中，bandR/(bandR + bandG + bandB)、bandG/(bandR+bandG+bandB)和 bandB/(bandR+bandG+bandB)体现了图像的光谱信息，pan 体现了图像的空间信息。该方法有两个不足之处：

(1)一次操作只能对三个多光谱波段进行融合；

(2)颜色与原始多光谱波段相比有较大扭曲。

3. Gram-Schmidt 融合

第一步，从低分辨率的波段中复制出一个全色波段。

第二步，对复制出的全色波段和多波段进行 Gram-Schmidt 变换，其中全色波段被作为第一个波段。

第三步，用高空间分辨率的全色波段替换 Gram-Schmidt 变换后的第一个波段。

第四步，应用 Gram-Schmidt 反变换得到融合图像。

Gram-Schmidt 融合能较好地保持空间纹理信息，尤其能高保真地保持光谱特征。

4. 主成分变换(PC)融合

主成分变换的基本思想是：首先对多光谱影像进行主成分变换，得到互不相关的新的影像，将高分辨率全色光影像与第一主成分进行直方图匹配，使它们具有相同的均值和方差；然后用匹配后的高分辨率影像替换第一主成分；最后将替换后的主成分与其他成分一起进行逆变换，得到融合影像。融合影像不仅清晰度和空间分辨率比原多光谱影像提高了，还可增强多光谱影像的判读和量测能力，在保持多光谱特性的能力上较强。

5. Pan Sharpening 融合

Pan Sharpening 是最新的多源遥感数据的融合方法，该融合方法基于最小二乘法，用来模拟原始多光谱、全色数据和融合后多光谱、全色数据之间的灰度值关系。在融合时不进行任何的光谱变换，以减少多光谱的信息损失。Pan Sharpening 融合专为最新高空间分辨率影像设计，能较好地保持影像的纹理和光谱信息。

5.5　图像增强

图像增强算法主要是对成像设备采集的图像进行一系列的加工处理，增强图像的整体效果或局部细节，提高整体与部分的对比度，抑制不必要的细节信息，改善图像的质量，将图像转换成一种更适合人或计算机处理的形式。图像增强不是以图像保真度为准则，而是采用一系列技术有选择性地突出某些感兴趣的信息，同时抑制一些不需要的信息，改善图像的视觉效果，提高图像的使用价值。

图像增强方法从增强的作用域出发，可分为空间域增强和频率域增强两种。图像空间域增强在空间域上直接处理图像像素；图像频率域增强是在图像经傅里叶变换等图像变换后，处理频率域的频谱成分，然后经图像逆变换，获得增强之后的图像。图像增强涉及的内容如图5.11所示。

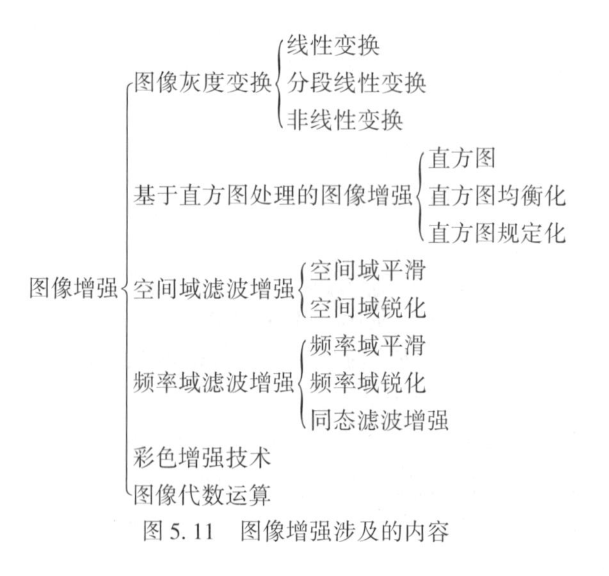

图5.11　图像增强涉及的内容

5.5.1 图像灰度变换

图像的灰度范围指的是图像从暗到亮的灰度变化范围。由于人眼可以分辨的灰度的变化范围是有限的，所以图像灰度范围太大或太小，就会导致某些有价值的灰度部分被掩盖。图像灰度变换就是把原始图像的像素灰度经过某个函数，变换成新图像的像素灰度，用来调整图像的灰度动态范围或图像对比度，是图像增强的重要手段之一。图像灰度变换包括线性变换、分段线性变换和非线性变换三类。

1. 线性变换

假定原始图像$f(x, y)$的灰度范围为$[a, b]$，希望线性变换后图像$g(x, y)$的灰度范围扩展至$[c, d]$，则线性变换公式可表示为：

$$g(x, y)=\frac{d-c}{b-a}[f(x, y)-a]+c \tag{5.60}$$

如图5.12所示，若变换后的$g(x, y)$的灰度范围大于变换前$f(x, y)$的灰度范围，这种情况属于灰度拉伸，尽管变换前后图像的像素个数不变，但是像素间的灰度差变大，对比度增强，图像清晰度提高，有效改善视觉效果。若变换后的$g(x, y)$的灰度范围小于变换前$f(x, y)$的灰度范围，这种情况属于灰度压缩，同样变换前后图像的像素个数不变，但是像素间的灰度差变小，减小了图像的灰度范围，降低了图像的对比度。

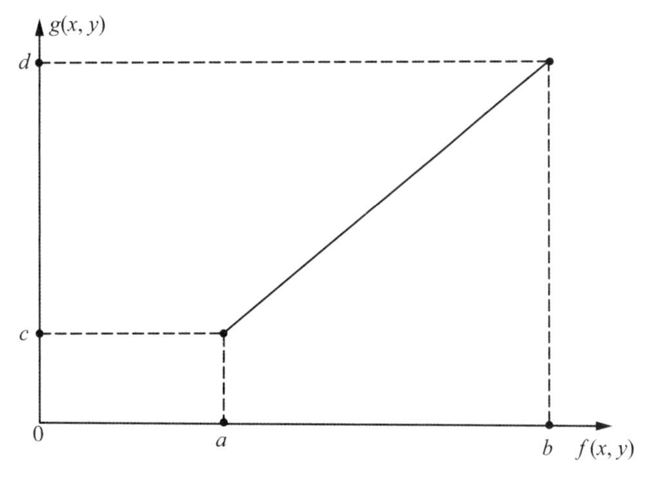

图5.12 线性变换

2. 分段线性变换

相对于线性变换只能进行灰度拉伸或者灰度压缩，分段线性变换可以同时进行灰度拉伸和灰度压缩，通过灰度拉伸，突出感兴趣的灰度区间，通过灰度压缩，相对抑制那些不感兴趣的灰度区间。

图 5.13 中图像总灰度级为 L，对灰度区间 $[a, b]$ 内的像素进行灰度拉伸，突出感兴趣的区域，对灰度区间 $[0, a]$ 内的像素进行灰度压缩，对灰度区间 $[b, L-1]$ 内的像素进行灰度压缩，抑制了不感兴趣的区域。图 5.13 的数学表达式如下：

$$g(x, y)=\begin{cases}\dfrac{c}{a}f(x, y), & 0 \leqslant f(x, y) < a \\ \dfrac{d-c}{b-a}[f(x, y)-a]+c, & a \leqslant f(x, y) < b \\ \dfrac{L-1-d}{L-1-b}[f(x, y)-b]+d, & b \leqslant f(x, y) < L\end{cases} \tag{5.61}$$

在实际应用中，通过调整折线点、分段斜率和分段数量，可以按需求对任一灰度区间进行拉伸或压缩。

3. 非线性变换

非线性变换采用非线性变换函数进行图像增强处理。典型的非线性变换函数有对数函数、指数函数、幂函数等。

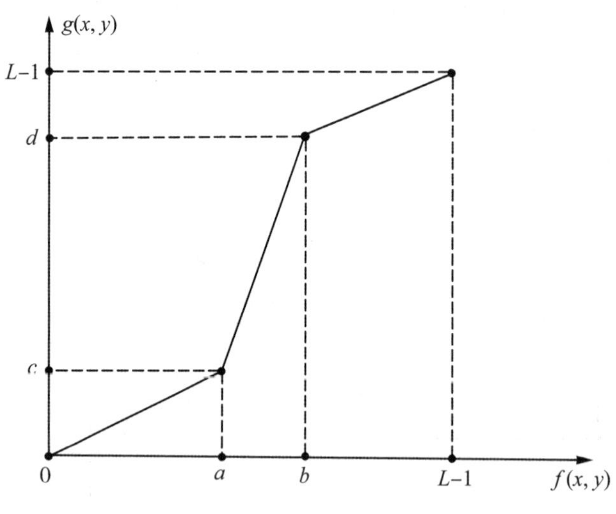

图 5.13　分段线性变换

1) 对数变换

对数变换公式为：

$$g(x, y)=a+\frac{\ln[f(x, y)+1]}{b\ln c} \tag{5.62}$$

式中：参数 a、b、c 可以调整变换曲线的位置和形状。对数变换扩展图像的低灰度范围，压缩图像的高灰度范围，变换后的图像更加符合人的视觉特性，因为人眼对高亮度的分辨率要高于对低亮度的分辨率。

2) 指数变换

指数变换公式为：

$$g(x, y) = b^{c[f(x, y) - a]} - 1 \tag{5.63}$$

式中：参数 a、b、c 可以调整变换曲线的位置和形状。指数变换的效果与对数变换的效果相反，指数变换可以较大拉伸图像的高灰度范围。

3) 幂律变换

幂律变换公式为：

$$g(x, y) = c[f(x, y)]^{\gamma} \tag{5.64}$$

式中：参数 γ 对灰度变换具有不同的响应。若 γ 小于 1，它对灰度进行非线性放大，使得图像的整体亮度提高，它对低灰度的放大程度大于高灰度的放大程度，导致图像的低灰度范围得以扩展而高灰度范围得以压缩。若 γ 大于 1，则相反。

幂律变换与对数变换都可以扩展与压缩图像的动态范围。相比而言，幂律变换更具有灵活性，它只需改变 γ 值就可以达到不同的增强效果；而对数变换则在压缩动态范围方面更有效。

5.5.2　基于直方图处理的图像增强

灰度直方图是将数字图像中的所有像素，按照灰度值的大小，统计其出现的频率。灰度直方图以灰度级为横坐标，纵坐标为灰度级的频率，绘制频率同灰度级的关系图就是图像灰度直方图。灰度直方图是图像处理中非常重要的一个概念，反映了图像灰度分布的情况。频率计算公式如下：

$$P(k) = \frac{n_k}{n} \tag{5.65}$$

且

$$\sum_{k=0}^{L-1} P(k) = 1 \tag{5.66}$$

式中：k 为图像的第 k 级灰度值，$k = 0, 1, \cdots, L-1$；L 为灰度级数；n_k 为图像中灰度值为 k 的像素个数；n 为图像的总像素个数。

灰度直方图能反映图像的概貌和质量，也是图像增强处理的重要依据。遥感图像的灰度直方图如图 5.14 所示。

1. 灰度直方图的性质

(1) 灰度直方图的空间位置信息缺失性。灰度直方图描述了每个灰度级具有的像素的个数，反映图像的灰度分布情况。但是灰度直方图丢失了图像像素的所有空间位置信息，在灰度直方图中不能找到任何位置的线索。

(2) 直方图与图像的一对多性。任一幅图像都能计算出唯一对应的一个直方图，但由于直方图丢失了位置信息，一个直方图可以对应多幅图像。只要图像的灰度分布情况相同，则这些图像就具有相同的直方图，即图像与直方图是一对一的关系，直方图与图像是多对一的关系。

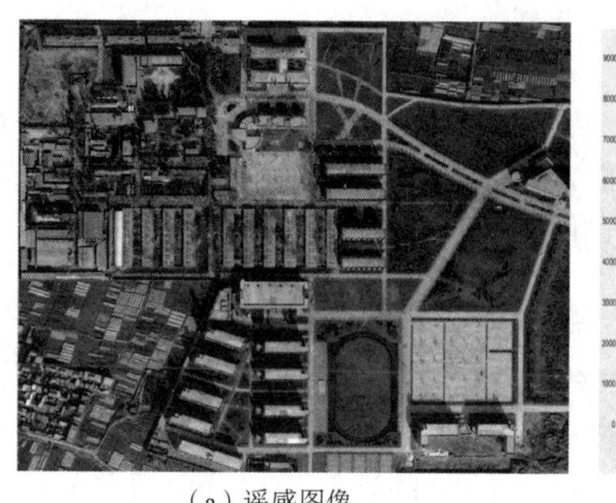

（a）遥感图像　　（b）灰度直方图

图 5.14　遥感图像的灰度直方图

(3)直方图的叠加性。由于灰度直方图统计各灰度级出现的频率，将一幅图像分成多个子图像，各子图像直方图的叠加就是原始图像的直方图。

2. 灰度直方图的应用

1)作为图像数字化的参数

灰度直方图是一个简单可视的图像数字化指示，可以判断图像量化是否恰当，判断一幅图像是否合理地利用了全部允许的灰度范围。一般情况下，一幅图像应该利用全部的灰度范围，如图 5.15 所示。如果未能全部利用允许的灰度范围，属于灰度级未能有效利用的情况，图像对比度偏低，如图 5.16 所示。针对这种情况，可以通过直方图拉伸或者直方图修正等算法，提高图像的对比度。如果超出允许的灰度范围，超出部分相应的图像内容消失，并且消失的内容不可恢复。针对这种情况，应提高数字化器所能处理的范围。

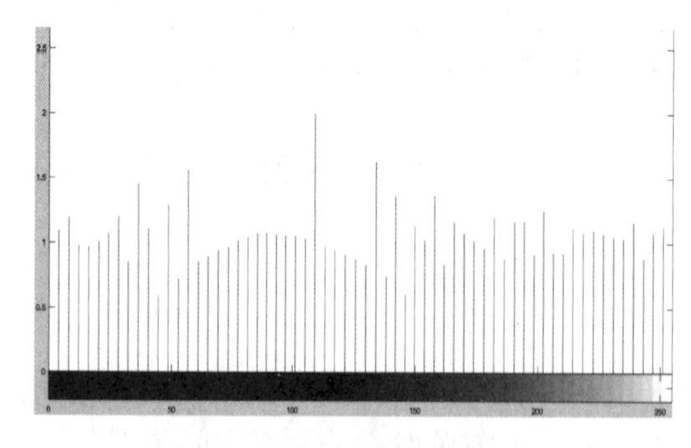

图 5.15　利用全部的灰度范围

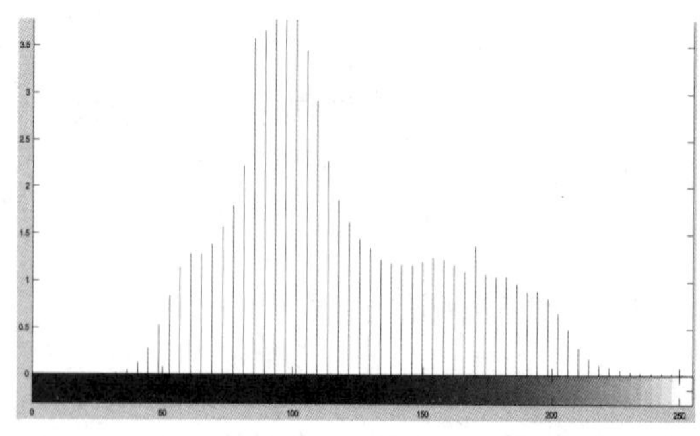

图 5.16　未能全部利用允许的灰度范围

2)图像二值化边界阈值的选取

某幅图像的灰度直方图具有二峰性，表明该图像较亮的物体部分和较暗的背景部分可以较好地分割开来，以两个波峰之间的波谷对应的灰度值作为图像二值化的阈值，如图 5.17 所示。

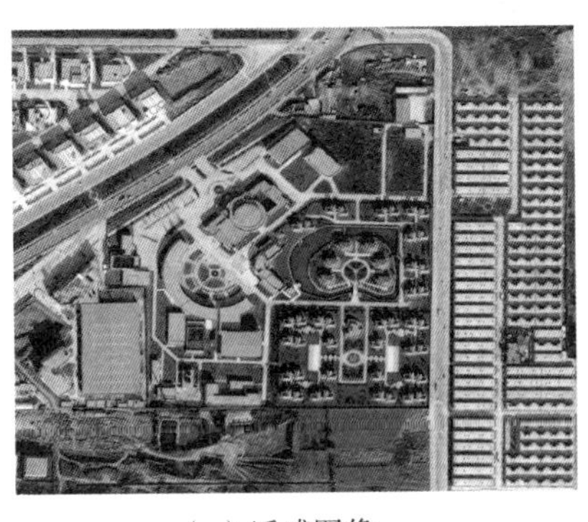

（a）遥感图像

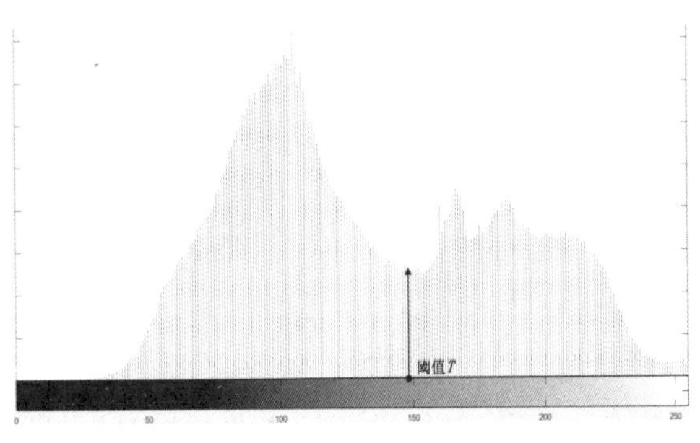

（b）直方图二值化阈值选取

图 5.17 图像二值化边界阈值的选取

3)统计图像中物体的面积

当图像中物体的灰度值比背景的灰度值高的时候，可以利用灰度直方图统计物体的面积，如下式所示：

$$A = n\sum_{k \geqslant T}^{L-1} P(k) \tag{5.67}$$

式中：n 为图像像素总数；$P(k)$ 是图像灰度级为 k 的像素出现的频率。

3. 直方图均衡化

直方图均衡化是一种基于灰度直方图的图像增强方法，该方法的目的是将原始图像的直方图变为均衡分布的形式，将非均匀灰度概率密度分布图像，通过寻求某种灰度变换，变成一幅具有均匀概率密度分布的图像，增强图像对比度。直方图均衡化虽然只是数字图像处理的基本方法，但是其作用很强大，是一种很经典的算法。

假定：r 代表原始图像的灰度，$P(r)$ 为灰度 r 的概率密度函数，即 $P(r)$ 是原始图像的直方图，r 值已经过归一化处理，s 代表直方图均衡化后的图像灰度。原始图像灰度 r 与其概率密度函数 $P(r)$ 之间的关系，如图 5.18(a)所示。直方图均衡化的目的是将原始图像的直方图变换成如图 5.18(b)所示，即将原始图像的直方图变换成一条直线的分布。

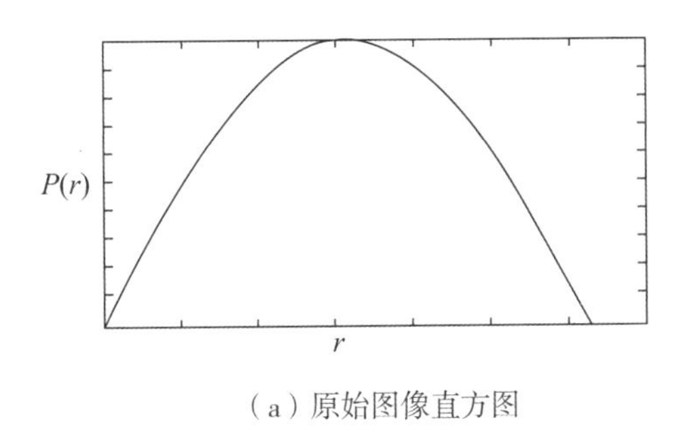

（a）原始图像直方图

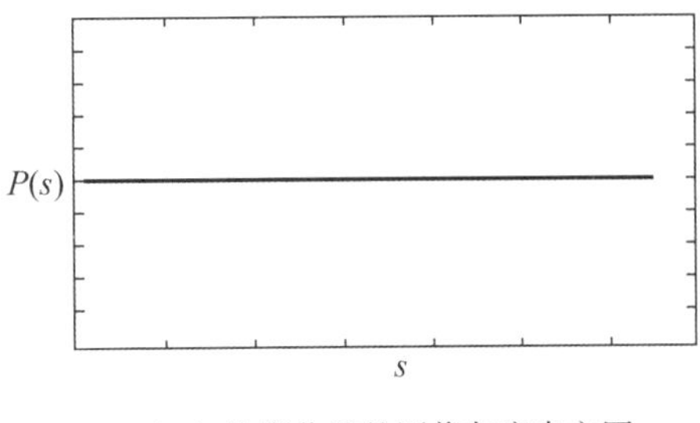

（b）均衡化后的图像灰度直方图

图 5.18 直方图均衡化

假设变换 T 可以将直方图变换成一条直线，即 $s = T(r)$ 为使变换后的灰度仍保持从黑到白的单一变化顺序，且变换范围与原先一致，避免整体变亮或变暗，需满足以下条件：

(1) 在 $0 \leqslant r \leqslant 1$ 中，$T(r)$ 是单调递增函数，且 $0 \leqslant T(r) \leqslant 1$；

(2) 反变换 $r = T^{-1}(s)$，$T^{-1}(s)$ 也是单调递增函数，且 $0 \leqslant s \leqslant 1$。

变换 T 的示意图如图 5.19 所示。

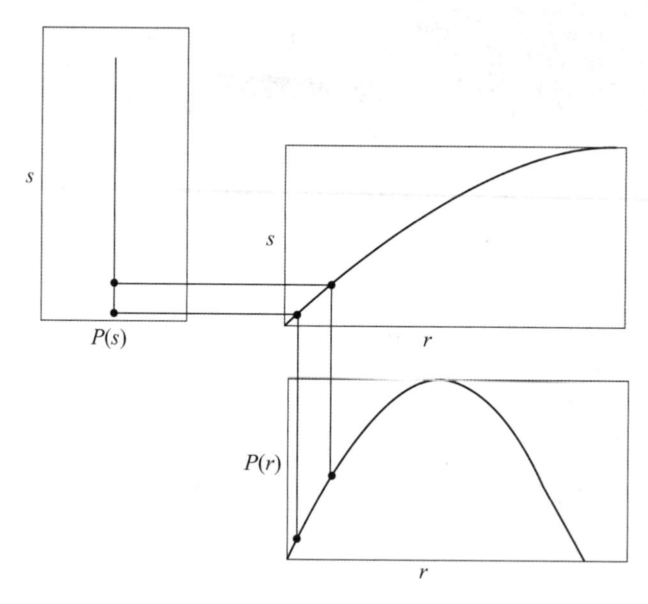

图 5.19　直方图均衡化变换 T 示意图

直方图均衡化进行的是灰度变换，不影响像素的位置，也不影响像素的数目，有如下推导公式：

$$\int_0^r p(r)\,\mathrm{d}r = \int_0^s p(s)\,\mathrm{d}s = \int_0^s 1 \cdot \mathrm{d}s = s = T(r)$$
$$T(r) = \int_0^r p(r)\,\mathrm{d}r \tag{5.68}$$

上式就是推导获得的连续变换函数，表明若变换函数 $T(r)$ 是原始图像直方图的累积分布函数，就可以达到直方图均衡化的目的。

对于离散的数字图像，假设该幅数字图像的像素总数为 n，共有 L 个灰度级，n_k 表示第 k 个灰度级出现的个数，$p(r_k) = n_k/n$ 是第 k 个灰度级出现的概率，原始图像灰度 r_k 经过归一化处理，$0 \leqslant r_k \leqslant 1$，$k = 0, 1, 2, \cdots, L-1$。离散数字图像的直方图累积分布函数为：

$$s_k = T(r_k) = \sum_{j=0}^{k} P_r(r_j) = \sum_{j=0}^{k} \frac{n_j}{n} \tag{5.69}$$

根据以上推导过程，可以获得离散数字图像直方图均衡化的计算步骤：

(1) 对原始图像的灰度 r_k 进行归一化处理，$0 \leqslant r_k \leqslant 1$，$k = 0, 1, 2, \cdots, L-1$。

(2) 统计原始图像各灰度级的像素个数 n_k。

(3) 计算各灰度级的频率 $P(r_k)$，得到原始图像的灰度直方图 $P(r_k)=n_k/n$。

(4) 根据变换函数公式，得到原始图像各灰度级的直方图累积分布 $s_{k计算}$。

(5) 因为数字图像的灰度级均是离散的、等间隔的，且输出图像与原始图像的灰度范围一致，需要确定与步骤(4) 获得的 $s_{k计算}$ 最接近的灰度值，作为输出图像的灰度值 $s_{k舍入}$。

(6) 对输出图像的灰度值 $s_{k舍入}$ 进行灰度值合并。

(7) 统计直方图均衡化后输出图像的新灰度级 s_k 的像素数目 n_{s_k}。

(8) 计算直方图均衡化后输出图像的各灰度级 s_k 的频率 $p(s_k)$，得到输出图像的直方图。

例 1 假定有一幅总像素为 64 × 64 的图像，灰度级数为 8，已知灰度分布为 $n_0=600$，$n_1=940$，$n_2=1023$，$n_3=300$，$n_4=650$，$n_5=100$，$n_6=83$，$n_7=400$，对图像做直方图均衡化运算，如表 5.1 所示。

表 5.1 直方图均衡化运算

序号	运算	步骤和结果							
1	归一化原始图像灰度	0	1/7	2/7	3/7	4/7	5/7	6/7	1
2	原始图像各灰度级像素	600	940	1023	300	650	100	83	400
3	原始图像直方图	0.146	0.230	0.250	0.073	0.159	0.024	0.020	0.098
4	原始图像累积直方图	0.146	0.376	0.626	0.699	0.858	0.882	0.902	1.000
5	确定输出图像的灰度值	1/7	3/7	4/7	5/7	6/7	6/7	6/7	1
6	灰度值合并	1/7	3/7	4/7	5/7			6/7	1
7	输出图像各灰度级像素	600	940	1023	300			833	400
8	输出图像的直方图	0.146	0.230	0.250	0.073			0.203	0.098

(1) 对原始图像的灰度进行归一化处理，得到 $r_0=0$，$r_1=1/7$，$r_2=2/7$，$r_3=3/7$，$r_4=4/7$，$r_5=5/7$，$r_6=6/7$ 和 $r_7=1$。

(2) 由已知条件可得，原始图像各灰度级的像素个数 $n_0=600$，$n_1=940$，$n_2=1023$，$n_3=300$，$n_4=650$，$n_5=100$，$n_6=83$，$n_7=400$。

(3) 根据公式 5.65，计算各灰度级的频率 0.146、0.230、0.250、0.073、0.159、0.024、0.020 和 0.098，得到原始图像的灰度直方图。

(4) 根据变换函数公式 5.69，得到原始图像各灰度级的直方图累积分布 0.146、0.376、0.626、0.699、0.858、0.882、0.902 和 1.000。

(5) 确定与步骤(4) 获得的直方图累积分布最接近的灰度值 1/7、3/7、4/7、5/7、6/7、6/7、6/7 和 1，作为输出图像的灰度值 1/7、3/7、4/7、5/7、6/7 和 1。

(6) 统计直方图均衡化后输出图像的新灰度级的像素数目 600、940、1023、300、833 和 400。

(7)根据公式5.65，计算直方图均衡化后输出图像的各灰度级的频率0.146、0.230、0.250、0.073、0.203和0.098，得到输出图像的直方图。

原直方图上频数较少的灰度级被合并到一个或几个灰度级中，频率较小的部分被压缩，频率较大的部分被增强。均衡化后的直方图并不是一条直线，均衡化后的直方图是一种近似的、非理想的结果，但是相比原始图像直方图，均衡化后的直方图平坦多了。直方图均衡化实质上是减少图像的灰度级来加大对比度，图像经均衡化处理之后，图像变得清晰，直方图中灰度级减少，但分布更加均匀，对比度更高。但是直方图均衡化技术仍存在如下缺点：

(1)直方图均衡化只能产生近似均匀的直方图。

(2)在某些情况下，并不一定需要具有均匀直方图的图像。

图5.20给出了图像直方图均衡的实例。原始遥感图像(a)对比度不高，均衡化的图像(c)对比度增大，细节更清晰，均衡后图像的直方图(d)比原始遥感图像直方图(b)分布更加均匀。

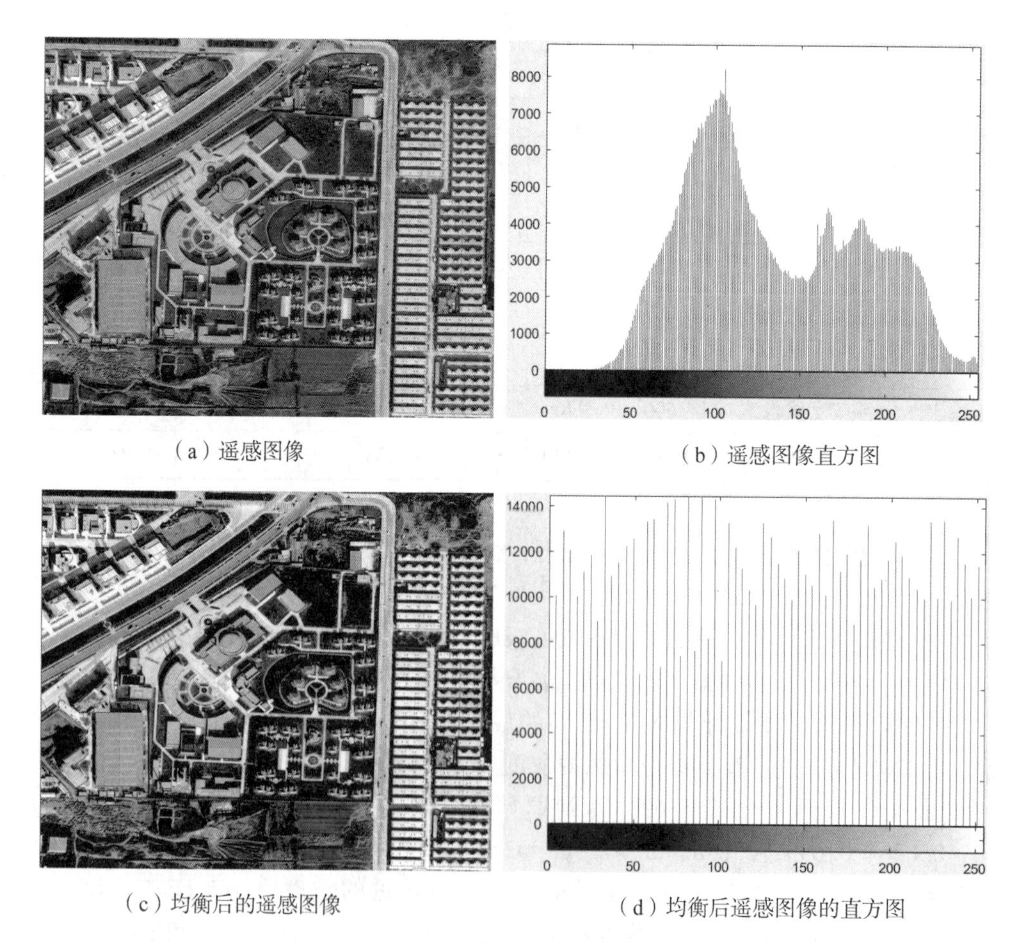

(a)遥感图像　　(b)遥感图像直方图

(c)均衡后的遥感图像　　(d)均衡后遥感图像的直方图

图5.20　均衡化后灰度直方图

4. 直方图规定化

针对直方图均衡化只能产生近似均匀直方图的缺点，直方图规定化可以产生特定形状的直方图，按需求增强图像中某些灰度级。直方图规定化可以按事先规定的直方图的形状，对原始图像进行处理，产生具有规定形状直方图的图像。直方图规定化适用于更多的图像增强情况。直方图均衡化是直方图规定化的一个特例，产生形状为直线的直方图。

直方图规定化又称直方图匹配，通过构建灰度映射函数，将原始图像的直方图变换为规定的直方图，输出规定化后的图像。

假定 r 表示输入的连续原始图像，z 表示希望得到的规定化后的图像灰度级，对灰度级 r 和 z 均进行归一化，计算原始图像概率密度函数 $P_r(r)$ 和希望得到的图像概率密度函数 $P_z(z)$。

首先，对输入的原始图像 r 进行直方图均衡化，求得变换函数：

$$s = T(r) = \int_0^r P_r(r)\,\mathrm{d}r \tag{5.70}$$

然后，假定已经得到了希望的图像 z，对这幅图像进行直方图均衡化处理：

$$v = G(z) = \int_0^z P_z(z)\,\mathrm{d}z \tag{5.71}$$

其逆变换为：

$$z = G^{-1}(v) \tag{5.72}$$

由于原始图像均衡化处理后的图像概率密度函数 $P_s(s)$ 及理想图像均衡化处理后的图像概率密度函数 $P_v(v)$ 是相等的，可以用原始图像变换后的灰度级 s 代替 v，得到

$$z = G^{-1}(s) \tag{5.73}$$

其中的灰度级 z 就是所希望得到图像的灰度级。

直方图规定化的变换函数为：

$$z = G^{-1}(T(r)) \tag{5.74}$$

直方图均衡化的离散公式为：

$$s_k = T(r_k) = \sum_{j=0}^{k} P_r(r_j) = \sum_{j=0}^{k} \frac{n_j}{n} \quad (0 \leqslant r_k \leqslant 1,\ k = 0,\ 1,\ 2,\ \cdots,\ L-1) \tag{5.75}$$

其中，n 为图像像素总和，n_j 为灰度级为 r_j 的像素数量，L 为离散灰度级的数量。

理想图像的均衡化的离散表达式由给定的直方图 $P_z(z_i)$ $(i = 0,\ 1,\ 2,\ \cdots,\ L-1)$ 得到，形式为：

$$v_k = G(z_k) = \sum_{i=0}^{k} P_z(z_i) = s_k \tag{5.76}$$

其中，$k = 0,\ 1,\ 2,\ \cdots,\ L-1$。

由 $v_k = s_k$，可得 $G(z_k) = s_k$，规定化后的 z 值必须满足该等式。但由于图像离散化后的灰度都是整数，所以只需得到满足等式 $G(z_k) - s_k = 0$ 的最接近整数即可。

直方图规定化算法的步骤如下：

(1)计算原始图像的概率密度函数，进行直方图均衡化。

(2)根据希望得到图像的概率密度函数(规定直方图)，进行直方图均衡化。

(3)确定原始图像直方图与规定直方图的对应映射关系，原则是针对原始图像均衡化后的直方图的每一个灰度级概率密度，查找最接近的规定直方图灰度概率密度，建立灰度映射表。

(4)根据映射结果对像素点进行处理。

结合以上计算步骤，下面举例说明直方图规定化的过程。

例2　对例1中图像进行直方图规定化，规定直方图的灰度级分布为0、0、0、0.15、0.20、0.30、0.20和0.15。

其直方图规定化运算如表5.2所示。

表5.2　直方图规定化运算

序号	运算	步骤和结果							
1	归一化原始图像灰度	0	1/7	2/7	3/7	4/7	5/7	6/7	1
2	原始图像各灰度级像素	600	940	1023	300	650	100	83	400
3	原始图像直方图	0.146	0.230	0.250	0.073	0.159	0.024	0.020	0.098
4	原始图像累积直方图 V1	0.146	0.376	0.626	0.699	0.858	0.882	0.902	1.000
5	规定直方图	0	0	0	0.15	0.20	0.30	0.20	0.15
6	规定累积直方图 V2	0	0	0	0.15	0.35	0.65	0.85	1.00
7	确定 V2-V1 最小的灰度	3/7	4/7	5/7	5/7	6/7	6/7	6/7	1
8	确定映射关系	0→3	1→4	2，3→5		4，5，6→6			7→7
9	变换后图像各灰度级像素	0	0	0	600	940	1323	833	400
10	变换后直方图	0	0	0	0.146	0.230	0.323	0.203	0.098

(1)对原始图像灰度进行归一化处理，得到$r_0=0$，$r_1=1/7$，$r_2=2/7$，$r_3=3/7$，$r_4=4/7$，$r_5=5/7$，$r_6=6/7$和$r_7=1$。

(2)由已知条件可得，原始图像各灰度级的像素个数$n_0=600$，$n_1=940$，$n_2=1023$，$n_3=300$，$n_4=650$，$n_5=100$，$n_6=83$，$n_7=400$。

(3)计算各灰度级的频率0.146、0.230、0.250、0.073、0.159、0.024、0.020和0.098，得到原始图像的灰度直方图。

(4)计算原始图像各灰度级的直方图累积V1分布0.146、0.376、0.626、0.699、0.858、0.882、0.902和1.000。

(5)根据规定直方图的灰度分布，计算规定累积直方图V2，得到0、0、0、0.15、0.35、0.65、0.85和1.00。

(6)确定能使|V2-V1|最小的灰度值，作为规定化后输出图像的灰度值3/7、4/7、5/7、5/7、6/7、6/7、6/7和1。

(7)确定规定化前后的映射关系，0→3；1→4；2，3→5；4，5，6→6和7→7。

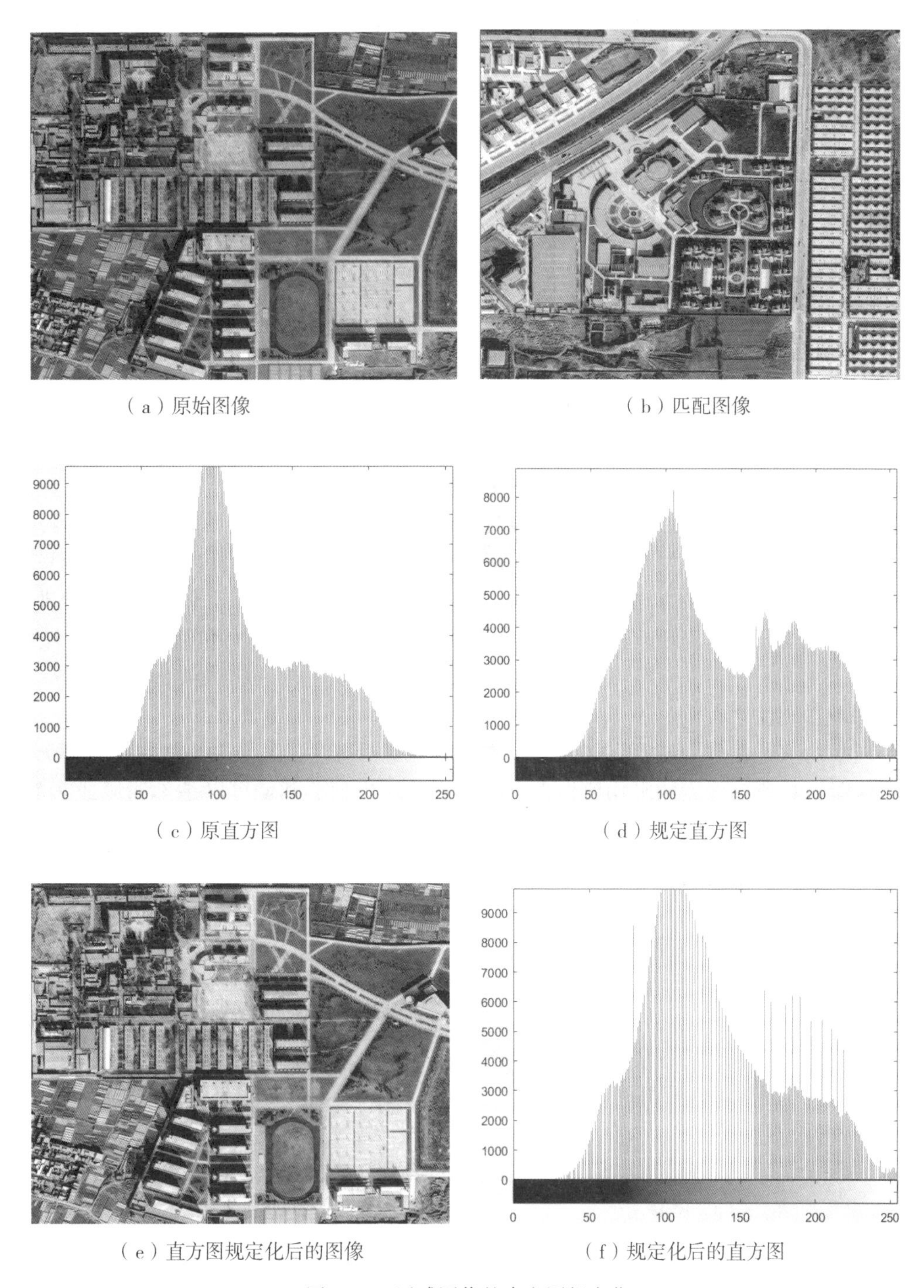

（a）原始图像　（b）匹配图像

（c）原直方图　（d）规定直方图

（e）直方图规定化后的图像　（f）规定化后的直方图

图 5.21　遥感图像的直方图规定化

(8)统计直方图规定化后输出图像的新灰度级的像素数目 0、0、0、600、940、1323、833 和 400。

(9)计算直方图规定化后输出图像的各灰度级的频率 0、0、0、0.146、0.230、

0.323、0.203 和 0.098，得到直方图规定化处理后图像的直方图与规定直方图的形状接近。当规定直方图是一条直线的时候，直方图规定化就是直方图均衡化。直方图规定化的难点在于构建有意义的规定化直方图，对图像进行增强，将图像转化为更适合人或机器处理的形式。在遥感图像处理中，经常利用直方图规定化对遥感图像进行处理，使一幅图像的直方图和另一幅图像的直方图尽可能地接近，以满足图像拼接或者图像融合处理的需要。图 5.21 是直方图规定化的实例。

5.5.3　空间域滤波增强

1. 空间域平滑

图像在生成、传输和存储等过程中会受到各种噪声的干扰，导致图像质量下降，影响图像的分析处理。不考虑图像降质的原因，只抑制图像中的噪声，提高图像质量，这种操作叫作图像平滑。图像平滑分为空间域平滑和频率域平滑。

图像空间域平滑是在原始图像上直接处理像素的灰度，可分为两类：一类是点运算，对图像做逐点运算；另一类是局部运算，对图像的局部邻域进行运算。图像频率域平滑通过傅里叶变换等图像变换方法，将图像从空间域转换为频率域，在频率域上进行处理，增强感兴趣的频率分量，再进行反变换，得到平滑后的图像。下面介绍图像空间域平滑方法。

1) 邻域平均法

邻域平均法是在空间域上直接处理像素的图像平滑方法。邻域平均法均等处理邻域内的每个像素，将所有像素的平均值作为中心像素的输出值。邻域可以是 4-邻域或 8-邻域，如图 5.22 所示。

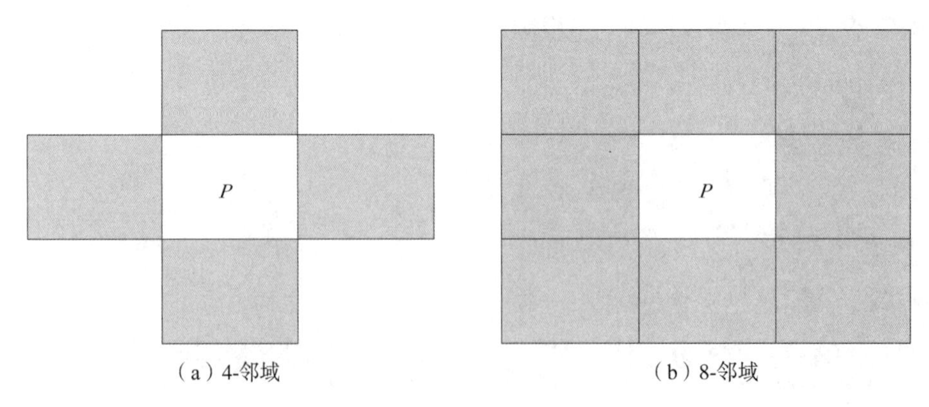

（a）4-邻域　　（b）8-邻域

图 5.22　邻域

邻域平均法的公式如下：

$$g(x, y) = \frac{1}{M}\sum_{(i, j) \in s} f(i, j) \tag{5.77}$$

式中：$x, y = 0, 1, \cdots, N-1$；S 是以 (x, y) 为中心的邻域的集合，M 是 S 内的点数。

邻域平均法是基于图像的像素间存在空间相关性，相邻像素的灰度值通常相近这一假设产生的，噪声是统计独立的，可以通过邻域内像素点求平均来去除突变的像素点，从而滤掉一定的噪声。邻域平均法的算法简单，计算速度快，但会造成图像一定程度上的模糊。

采用邻域平均法对图 5.23(a)中的图像加入椒盐噪声，得到图 5.23(b)。利用 3×3 均值滤波、5×5 均值滤波对图 5.23(b)进行去噪，得到图 5.23(c)和图 5.23(d)。可以看出经过邻域平均法处理后，虽然图像的噪声得到了抑制，但图像变得相对模糊了。而且，5×5均值滤波的去噪效果比 3×3 均值滤波的去噪效果更好，但得到的 5×5 均值滤波结果图像比 3×3 均值滤波结果图像更加模糊。

2)阈值法

在邻域平均法的基础上进行改进，将邻域中心点的像素灰度值和邻域平均值做差，当差的绝对值大于规定阈值时，用邻域平均值作为邻域中心点的像素值，当差的绝对值小于规定阈值时，不做任何处理。阈值法的公式如下：

$$g'(x, y) = \begin{cases} g(x, y), & \text{当} |f(x, y) - g(x, y)| > T \\ f(x, y), & \text{当} |f(x, y) - g(x, y)| \leqslant T \end{cases} \tag{5.78}$$

式中：$f(x, y)$ 是邻域中心点的原始像素值；$g(x, y)$ 是邻域平均值；$g'(x, y)$ 是邻域中心点的输出像素值；T 为选定的阈值。

阈值法可以有效抑制椒盐噪声，并有效保护细节和纹理。图 5.23(e)和图 5.23(f)分别表示 3×3、5×5 邻域的阈值法结果。阈值法的邻域越大，去噪能力越强，但模糊程度也越重，但同邻域平均法相比，阈值法具有更强的去噪效果和更好的图像细节保护效果。

3) K 邻点平均法

在 $n \times n$ 的窗口内，属于同一集合体的像素，它们的灰度值将高度相关。因此，可用窗口内与中心像素的灰度最接近的 K 个邻像素的平均灰度来代替窗口中心点像素灰度值。

在邻域平均法的基础上进行改进，先在邻域内寻找与中心点像素灰度值最接近的 K 个点，然后计算 K 个点灰度值的平均值，作为中心像素的输出值。

K 邻点平均法的公式如下：

$$g(x, y) = \frac{1}{K} \sum_{(i, j) \in s_k} f(i, j) \tag{5.79}$$

式中：$x, y = 0, 1, \cdots, N-1$；s_k 是以(x, y) 为中心的邻域集合的子集合，该子集合 s_k 由与点(x, y) 的灰度值最接近的 K 个点组成，K 是 s_k 内的点数。

4)模板卷积运算

模板卷积运算是数字图像处理中常用的一种运算方式，图像的平滑、锐化以及后面将要讨论的细化、边缘检测等都要用到。例如，邻域平均法采用 8-邻域时，可以通过以下模板表示：

$$\frac{1}{9}\begin{bmatrix} 1 & 1 & 1 \\ 1 & 1^* & 1 \\ 1 & 1 & 1 \end{bmatrix}$$

以上模板中带星号的数据表示该元素为中心元素，对这个中心元素进行处理。

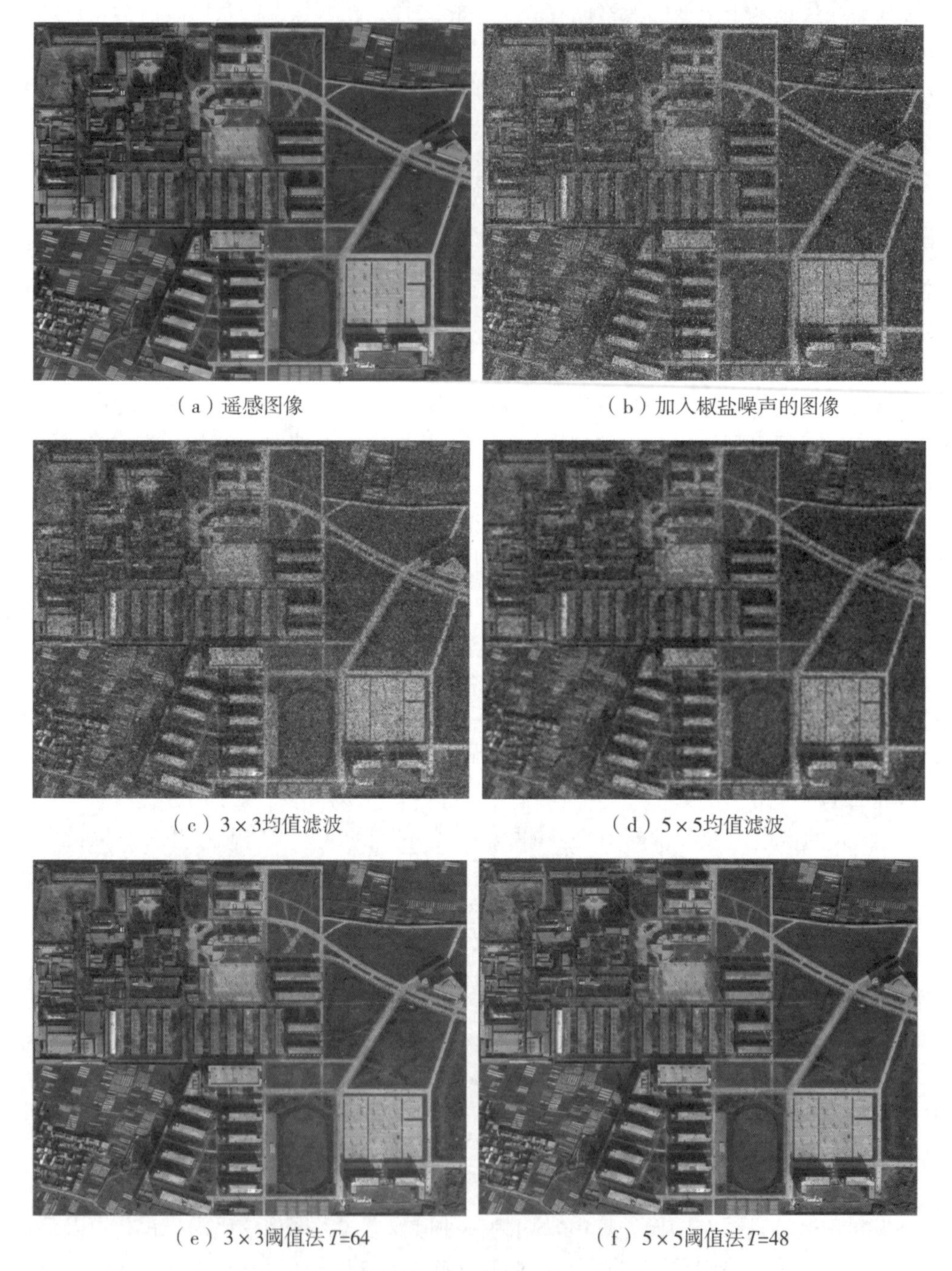

（a）遥感图像 （b）加入椒盐噪声的图像

（c）3×3均值滤波 （d）5×5均值滤波

（e）3×3阈值法 T=64 （f）5×5阈值法 T=48

图5.23 遥感图像的邻域平均法和阈值法

模板卷积运算将此模板覆盖到图像上，将模板中的权重值与模板覆盖区域的像素灰度值进行对应位置的相乘，并将乘积相加，除以9，得到平均值，将该平均值作为中心元素的像素灰度输出值；然后按从左到右、从上到下的顺序对图像中的每个像素进行处理。

模板卷积运算是一种邻域运算。卷积是一种用途很广的算法，可用卷积来完成各种处理变换。假设离散图像为 $f(x, y)$，模板为 $H(r, s)$，卷积运算后输出的数字图像 $g(x, y)$ 为：

$$g(x, y)=\sum_{r=-k}^{k}\sum_{s=-l}^{l}f(x-r, y-s)H(r, s) \tag{5.80}$$

式中，$x, y=0, 1, \cdots, N-1$，根据邻域大小决定 k, l。

常用的模板有：

$$H_1=\frac{1}{9}\begin{bmatrix}1 & 1 & 1\\1 & 1 & 1\\1 & 1 & 1\end{bmatrix}\quad H_2=\frac{1}{10}\begin{bmatrix}1 & 1 & 1\\1 & 2 & 1\\1 & 1 & 1\end{bmatrix}\quad H_3=\frac{1}{16}\begin{bmatrix}1 & 2 & 1\\2 & 4 & 2\\1 & 2 & 1\end{bmatrix}$$

$$H_4=\frac{1}{8}\begin{bmatrix}1 & 1 & 1\\1 & 0 & 1\\1 & 1 & 1\end{bmatrix}\quad H_5=\frac{1}{2}\begin{bmatrix}0 & \frac{1}{4} & 0\\\frac{1}{4} & 1 & \frac{1}{4}\\0 & \frac{1}{4} & 0\end{bmatrix}$$

利用以上常用模板进行图像平滑，如图 5.24 所示。

不同模板中不同的权重，使卷积运算中邻域内各像素的重要程度不同。不同模板适用的情况不同，可根据实际需要选择。但为了保证输出图像的灰度在许可范围内，不产生灰度溢出现象，必须保证模板权重之和为 1。

模板卷积运算的具体步骤为：

①选定模板；

②将模板中心在图像中按从左到右、从上到下的顺序移动；

③将模板与对应的像素进行卷积运算，将卷积运算结果赋给模板中心对应的像素。

在卷积的加权运算中，当模板移动到图像的边界上时，在原始图像中找不到与模板中的权重值对应的 9 个像素，即此时模板超出了图像的边界范围。通常情况下，通过以下两种方法处理图像边界问题：

①忽略图像边界数据，不对图像边界像素进行处理；

②在模板超出图像边界的部分，复制原始图像边界像素值进行填充，使卷积运算可以正常进行。

5）高斯模板滤波法

高斯模板滤波是一种线性平滑滤波，适用于消除高斯噪声，广泛应用于图像处理的减噪过程。高斯模板滤波通过高斯分布确定模板权重，高斯函数：

$$f(i)=\frac{1}{\sqrt{2\pi}}\exp(-i^2/2\sigma^2) \tag{5.81}$$

式中：i 代表邻域像素点到中心像素点的距离；可以通过调整参数 σ，控制平滑效果的程度。

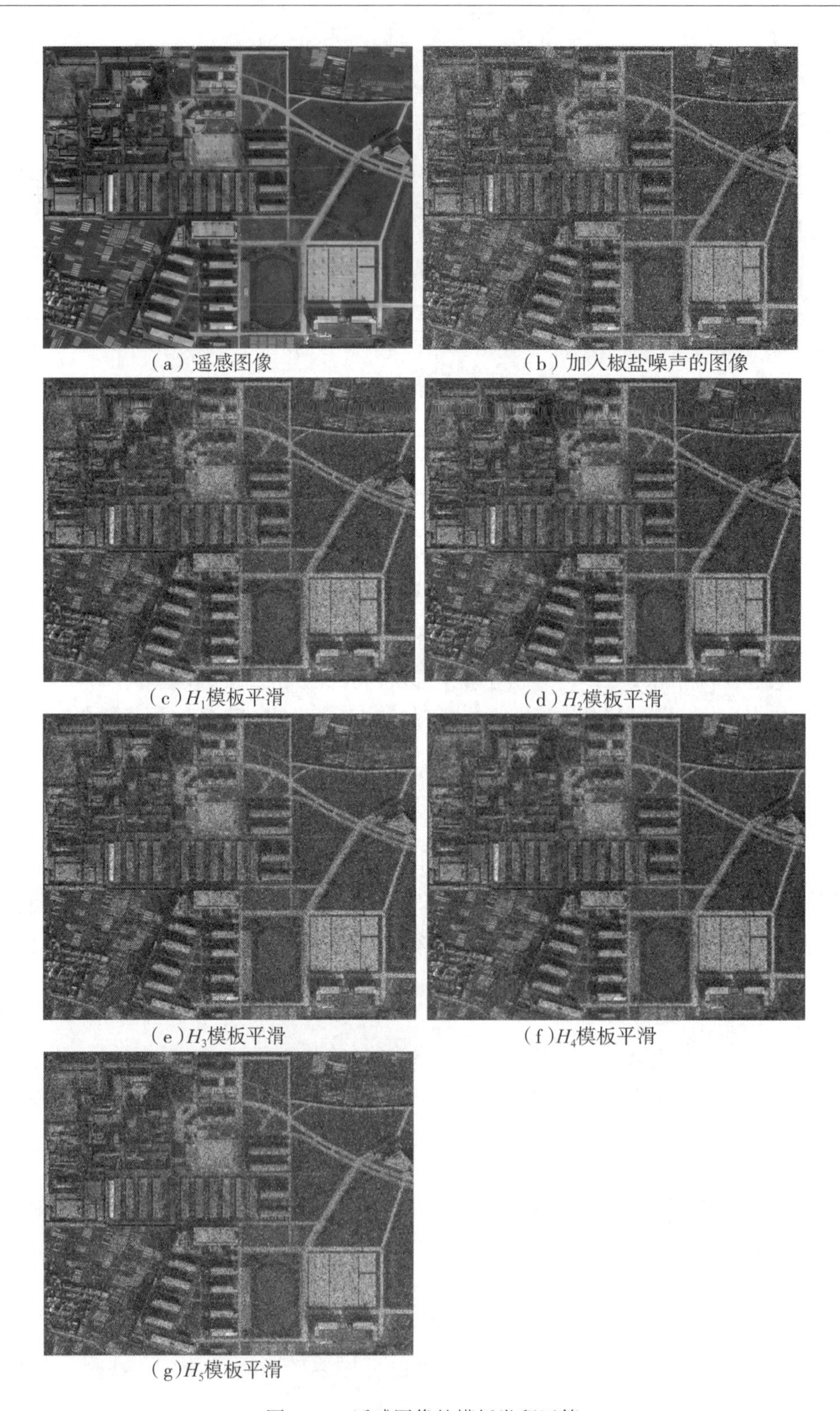

(a) 遥感图像　(b) 加入椒盐噪声的图像

(c) H_1模板平滑　(d) H_2模板平滑

(e) H_3模板平滑　(f) H_4模板平滑

(g) H_5模板平滑

图 5.24　遥感图像的模板卷积运算

常用的3×3、5×5、7×7高斯模板为：

1	2	1
2	8	2
1	2	1

1	1	2	1	1
1	3	4	3	1
2	4	8	4	2
1	3	4	3	1
1	1	2	1	1

1	1	2	2	2	1	1
1	2	2	2	2	2	1
1	2	4	4	4	2	1
1	2	4	8	4	2	1
1	2	4	4	4	2	1
1	2	2	2	2	2	1
1	1	2	2	2	1	1

以上模板在进行图像平滑时，需要进行归一化处理，保证输出图像的灰度在许可范围内，不产生灰度溢出现象。利用上述高斯模板对遥感图像进行滤波，如图5.25所示。对图5.25(a)加入高斯噪声，得到图5.25(b)。分别利用3×3、5×5、7×7高斯模板进行滤波，从滤波结果可以看出，高斯模板尺寸越大去噪能力越强，同时图像也更加模糊。

6)梯度倒数加权平滑法

通常，在一幅离散图像中，相邻区域间像素的灰度变化大于区域内部像素的灰度变化，在同一区域中中间像素的灰度变化小于边缘像素的灰度变化。基于以上考虑，将相邻像素灰度差值的绝对值作为梯度，取梯度倒数作为权重，在图像灰度变化缓慢的区域，梯度值小，权重大，在图像边缘部分，即图像灰度变化迅速的区域，梯度值大，权重小。将权重进行归一化，形成模板，对图像进行平滑处理，去除噪声。

设像素(x, y)的灰度值为$f(x, y)$，像素(x, y)的3×3邻域内的像素梯度倒数即权重为：

$$g(x, y, i, j) = \frac{1}{|f(x+i, y+j) - f(x, y)|} \tag{5.82}$$

式中，$i, j = -1, 0, 1$，但i, j不能同时为0。若$f(x+i, y+j) = f(x, y)$，则规定$g(x, y, i, j) = 2$。

建立归一化的权重矩阵$\boldsymbol{W}$作为平滑的模板。对3×3窗口，其组成为：

$$\boldsymbol{W} = \begin{bmatrix} w(x-1, y-1) & w(x-1, y) & w(x-1, y+1) \\ w(x, y-1) & w(x, y) & w(x, y+1) \\ w(x+1, y-1) & w(x+1, y) & w(x+1, y+1) \end{bmatrix} \tag{5.83}$$

规定中心元素$w(x, y) = 1/2$，其余8个加权元素之和为1/2，使权重矩阵$\boldsymbol{W}$各元素之和等于1。其他8个权重公式为：

$$w(x+i, y+j) = \frac{1}{2} \frac{g(x, y, i, j)}{\sum_i \sum_j g(x, y, i, j)} \tag{5.84}$$

式中，$i, j = -1, 0, 1$，但i, j不能同时为0。

利用定义的模板$\boldsymbol{W}$，在图像上进行卷积运算，得到输出图像。

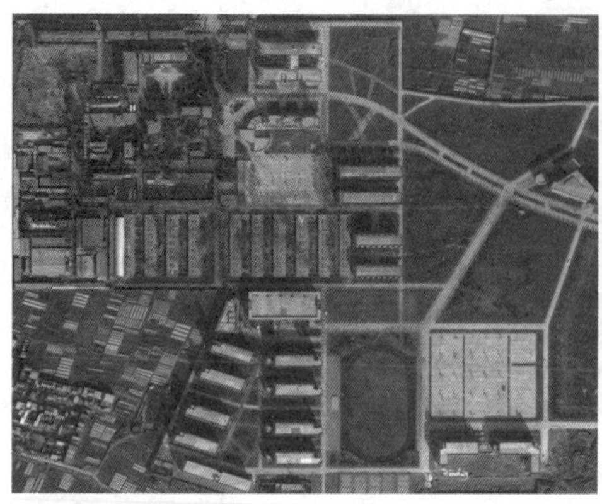

（a）遥感图像

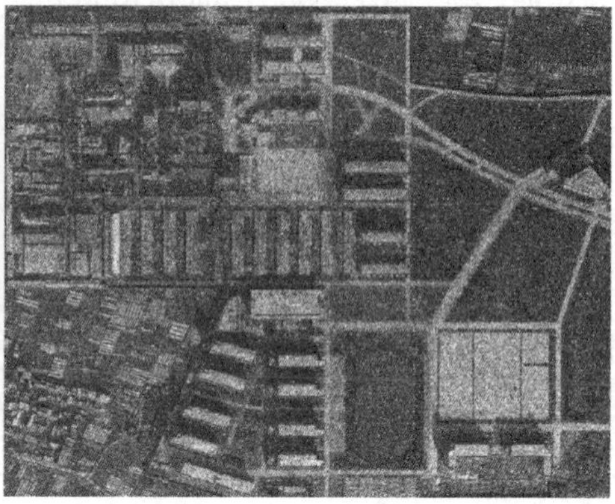

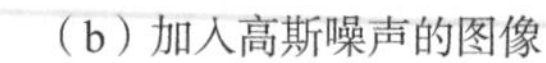

（b）加入高斯噪声的图像

（c）3×3高斯模板滤波

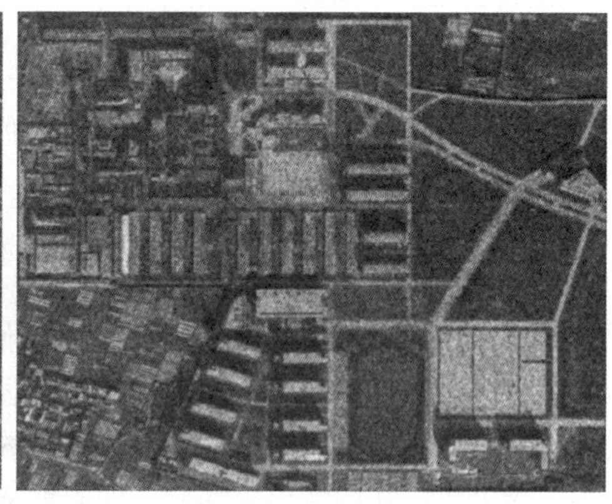

（d）5×5高斯模板滤波

（e）7×7高斯模板滤波

图 5.25　遥感图像的高斯滤波

7）最大均匀性平滑法

最大均匀性平滑法：对图像中像素(x, y)构建5个重叠的3×3掩膜，将1个3×3掩膜中心与像素(x, y)重合，将另外4个3×3掩膜的左下角、左上角、右下角和右上角，分别与像素(x, y)重合，如图5.26所示。把5个邻域中灰度分布最均匀的邻域的像素平均值作为像素(x, y)的灰度值。最大均匀性平滑法可以在消除图像噪声的同时，在一定程度上避免图像边界的模糊。

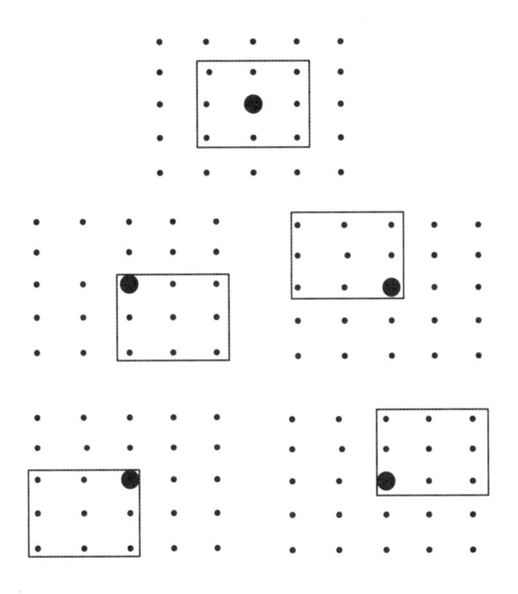

图5.26 五个掩膜的分布

8）有选择保边缘平滑法

有选择保边缘平滑法：在图像中像素(x, y)的5×5邻域范围内，构建1个3×3正方形掩膜、4个五边形掩膜和4个六边形掩膜，如图5.27所示；然后，计算这9个掩膜的均值和方差，按方差的大小进行排序，计算最小方差对应的掩膜区域的灰度平均值，这个平均值是像素(x, y)的输出值。

有选择保边缘平滑法在9个掩膜区域中，寻找方差最小的掩膜区域，即寻找灰度最均匀的区域，用灰度最均匀区域的像素灰度均值代替像素(x, y)的灰度值，既能够消除噪声，又不破坏区域边界的细节。另外，4个五边形和4个六边形在像素(x, y)处都有锐角，便于在复杂形状区域寻找灰度分布均匀的区域，尽量在平滑时不破坏图像的边界形状，导致边界模糊。

9）多幅图像平均法

设一幅有加性噪声的图像$f(x, y)$是由原始无噪声图像$g(x, y)$和加性噪声$n(x, y)$叠加而成的，即：

$$f(x, y) = g(x, y) + n(x, y) \tag{5.85}$$

若图像上的噪声$n(x, y)$是互不相关的、具有零均值的加性噪声，可以在相同条件下，对同一目标进行M次拍摄，将获得的M张图像进行对应位置相加，并取平均值，将平均值作为输出图像，可以实现图像噪声平滑。

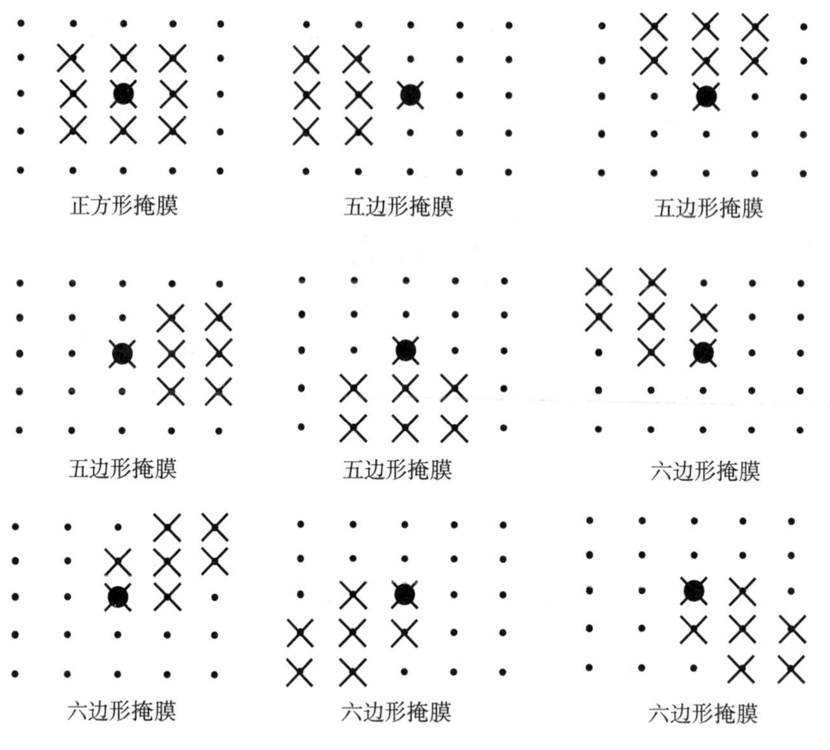

图 5.27　9 个掩膜的分布

10）中值滤波

中值滤波是一种非线性信号处理方法。中值滤波首先被应用在一维信号处理中，后来被二维图像信号处理技术所应用。在实际运算过程中，中值滤波并不需要对图像的特性进行统计，减少了计算量。中值滤波在一定条件下，可以克服线性滤波器(如邻域平滑滤波等)导致的图像细节模糊，而且对滤除脉冲干扰及图像扫描噪声最为有效，但是中值滤波对点、线、尖顶等细节多的图像不适用。

中值滤波是用一个奇数点数目的移动窗口，将窗口中心点对应的像素灰度值，用窗口内各点像素灰度值的中值代替。设一维序列 f_1，f_2，…，f_n，有长度为 m 的移动窗口，m 为奇数，对该一维序列进行中值滤波，移动窗口覆盖序列中 m 个点 f_{i-v}，…，f_{i-1}，f_i，f_{i+1}，…，f_{i+v}(其中 f_i 为窗口中心点值，$v=(m-1)/2$)，再将这 m 个点按其数值大小排序，取排列中序号为中心点的那个数，将其作为中值滤波的输出，用公式表示为：

$$y_i = \mathrm{Med}\{f_{i-v}, \cdots, f_i, f_{i+1}, \cdots, f_{i+v}\} \quad \left(i \in \mathbf{N},\ v = \frac{m-1}{2}\right) \tag{5.86}$$

例如，移动窗口内有 5 个像素点，其灰度值分别为 10、50、220、110、100，对灰度值进行排序，得到序列 10、50、100、110、220，那么窗口内像素灰度值的中值为 100。

二维中值滤波可由下式表示：

$$y_{ij} = \underset{A}{\mathrm{Med}}\{f_{ij}\} \tag{5.87}$$

式中：A 为窗口；$\{f_{ij}\}$ 为二维数据序列。

对不同的图像和不同的应用情况，中值滤波采用的窗口形状和尺寸都存在较大差异，不同的窗口形状和尺寸对滤波效果影响也较大。常用的二维中值滤波窗口有线状、方形、圆形、十字形以及圆形等，如图 5.28 所示。窗口尺寸一般先用 3×3，再取 5×5，逐渐增大，直到滤波效果满意为止。对于有缓变的较长轮廓线物体的图像，采用方形或圆形窗口为宜；对于有尖顶物体的图像，用十字形窗口。

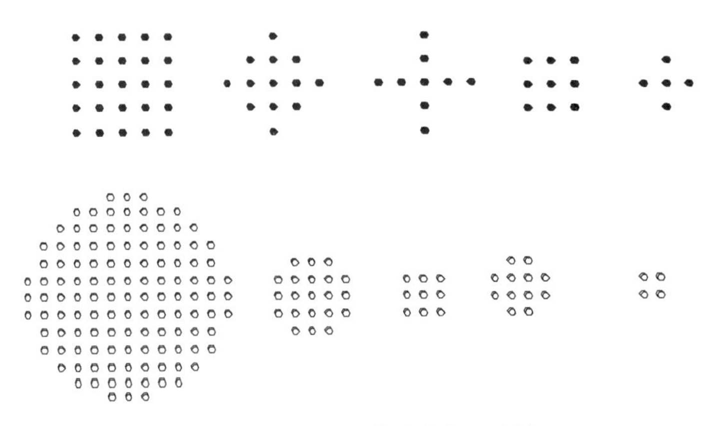

图 5.28　二维中值滤波窗口示例

中值滤波的步骤如下：

(1)选定窗口的形状和尺寸；

(2)将窗口在图中漫游，并将窗口中心与图中某个像素位置重合；

(3)读取窗口下各对应像素的灰度值；

(4)将这些灰度值从小到大排成一列；

(5)找出这些值的中间值；

(6)将这个值赋给对应窗口中心位置的像素。

利用中值滤波对遥感图像的椒盐噪声进行滤波，如图 5.29 所示。对图 5.29(a)加入椒盐噪声，得到图 5.29(b)。分别利用 3×3、5×5 中值滤波对图 5.29(b)进行滤波，从滤波结果可以看出，中值滤波窗口尺寸越大去噪能力越强，同时图像也更加模糊。

利用中值滤波对遥感图像的高斯噪声进行滤波，如图 5.30 所示。对图 5.30(a)加入高斯噪声，得到图 5.30(b)。分别利用 3×3、5×5 中值滤波对图 5.30(b)进行滤波，从滤波结果可以看出，中值滤波窗口尺寸越大去噪能力越强，同时图像也更加模糊。

2. 空间域锐化

图像锐化可以突出图像中的边缘信息，便于图像的解译和识别。图像锐化和图像平滑是相反的过程：图像平滑去除噪声，同时也模糊了图像的边缘信息；图像锐化增强图像边缘信息，同时也增强了噪声。

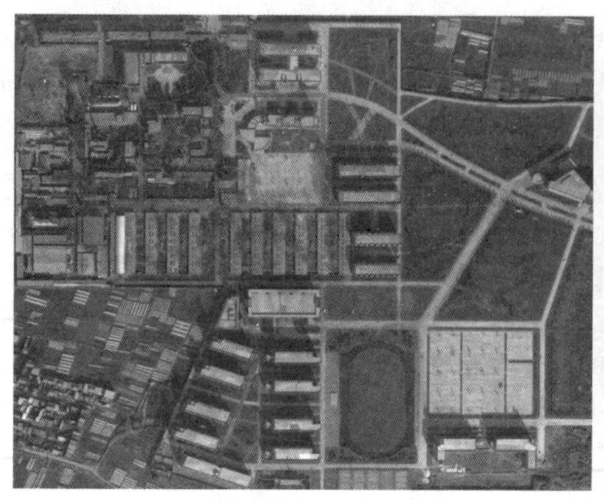

（a）遥感图像

（b）加入椒盐噪声的图像

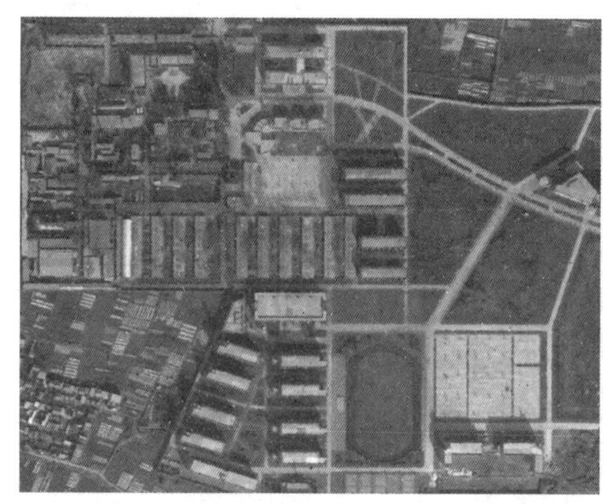

（c）3×3中值滤波

（d）5×5中值滤波

图 5.29　遥感图像椒盐噪声中值滤波

1）梯度法

对于图像 $f(x, y)$，在点 (x, y) 处的梯度公式为：

$$\boldsymbol{G}[f(x,y)] = \begin{bmatrix} f'_x \\ f'_y \end{bmatrix} = \begin{bmatrix} \dfrac{\partial f}{\partial x} \\ \dfrac{\partial f}{\partial y} \end{bmatrix} \tag{5.88}$$

梯度是矢量，具有方向和幅度。

（1）梯度的方向在函数 $f(x, y)$ 最大变化率的方向 θ 上：

$$\theta = \arctan\left(\frac{f'_y}{f'_x}\right) \tag{5.89}$$

（2）梯度的幅度用 $G[f(x, y)]$ 表示，并由下式算出：

$$G[f(x,y)] = [(f'_x)^2 + (f'_y)^2] = \left[\left(\frac{\partial f}{\partial x}\right)^2 + \left(\frac{\partial f}{\partial y}\right)^2\right]^{1/2} \tag{5.90}$$

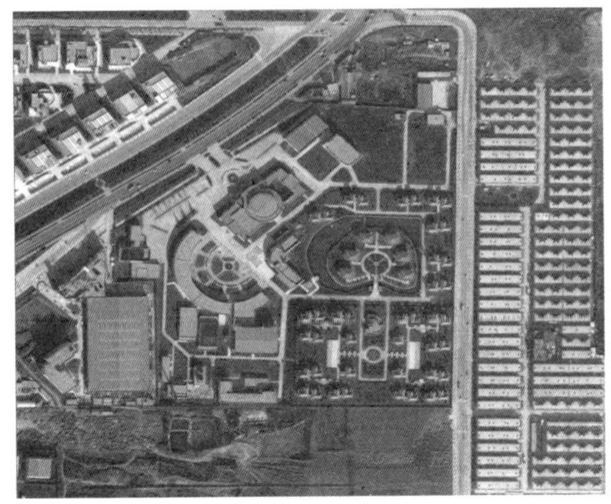

（a）遥感图像

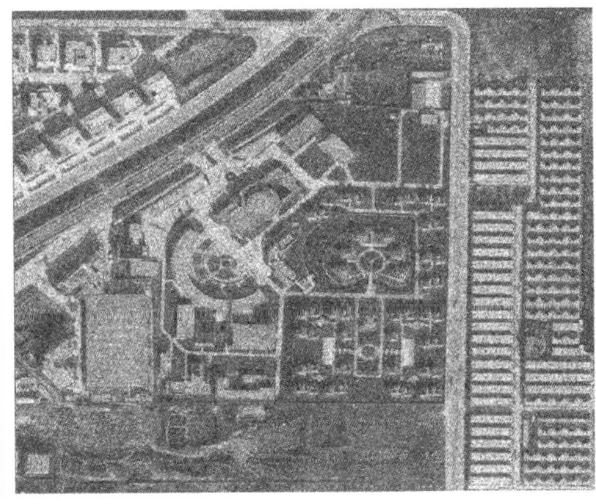

（b）加入高斯噪声的图像

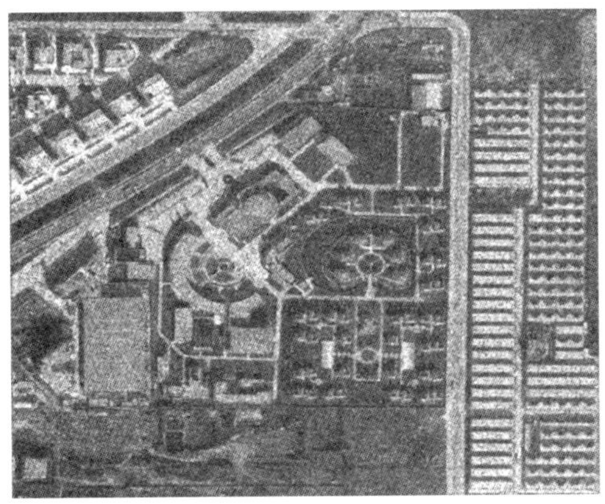

（c）3×3中值滤波

（d）5×5中值滤波

图 5.30 遥感图像高斯噪声中值滤波

对于离散数字图像，常用到梯度的幅度，这里将梯度的幅度直接称为“梯度”。梯度计算中的一阶偏导数f'_x和f'_y可以采用一阶差分近似表示，公式为：

$$\begin{cases} f'_x = f(i, j+1) - f(i, j) \\ f'_y = f(i+1, j) - f(i, j) \end{cases} \tag{5.91}$$

对于离散数字图像而言，梯度公式可以近似为：

$$G[f(x, y)] = [(f(i, j+1) - f(i, j))^2 + (f(i+1, j) - f(i, j))^2]^{1/2} \tag{5.92}$$

或者：

$$G[f(x, y)] = [|f(i, j+1) - f(i, j)| + |f(i+1, j) - f(i, j)|] \tag{5.93}$$

以上梯度法又称为水平垂直差分法。图 5.31(b)是采用水平垂直差分法对图 5.31(a)锐化的结果。

另一种梯度法叫作 Robert 梯度法，它是一种交叉差分计算法。其数学表达式为：

$$G[f(x, y)] = [(f(i, j) - f(i+1, j+1))^2 + (f(i+1, j) - f(i, j+1))^2]^{1/2} \tag{5.94}$$

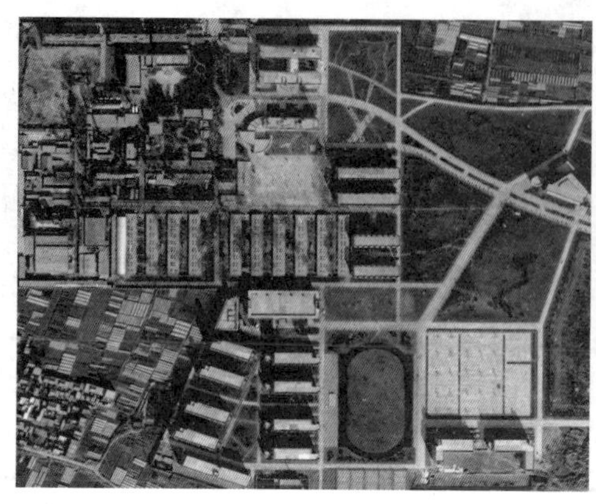

(a) 原始图像

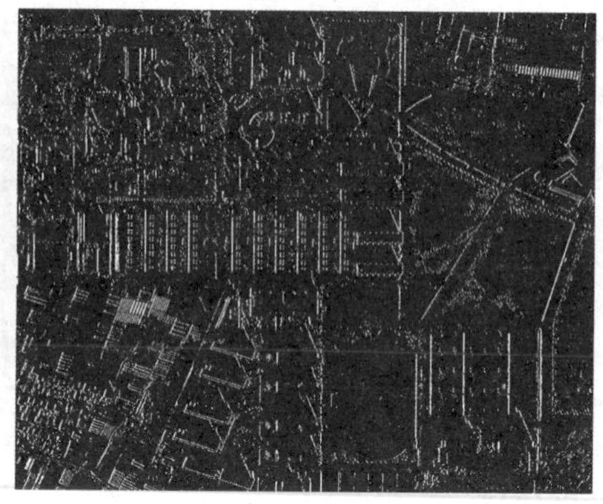

(b) 锐化图像

图 5.31　水平垂直差分法的锐化效果

可近似为：

$$G[f(x, y)] = |f(i, j) - f(i+1, j+1)| + |f(i+1, j) - f(i, j+1)| \tag{5.95}$$

图像最后一行和最后一列各像素的梯度不能利用以上两种梯度近似算法计算，一般用前一行和前一列的梯度值近似代替。

由梯度的计算可知，图像中灰度变化较大的边缘区域其梯度值较大，在灰度变化平缓的区域其梯度值较小，而在灰度均匀区域其梯度值为零。图 5.32(b)是采用 Robert 梯度法对图 5.32(a)锐化的结果。

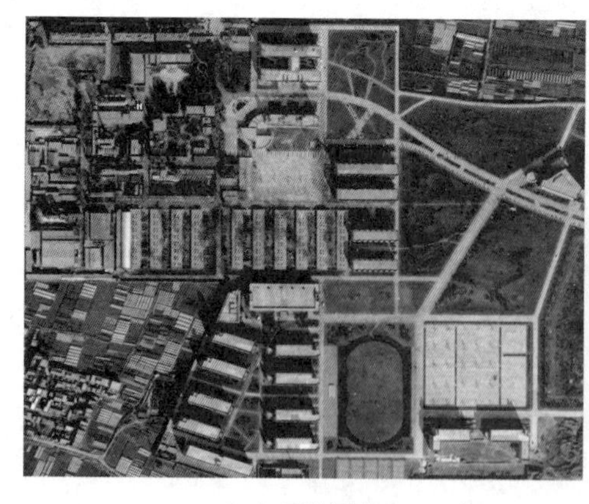

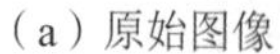

(a) 原始图像

(b) 锐化图像

图 5.32　Robert 梯度法的锐化效果

采用梯度法锐化图像，会使边缘等得到增强。Prewitt 算子和 Sobel 算子可将边缘增强算子由 2×2 模板扩大到 3×3 模板，如图 5.33 所示，计算差分。

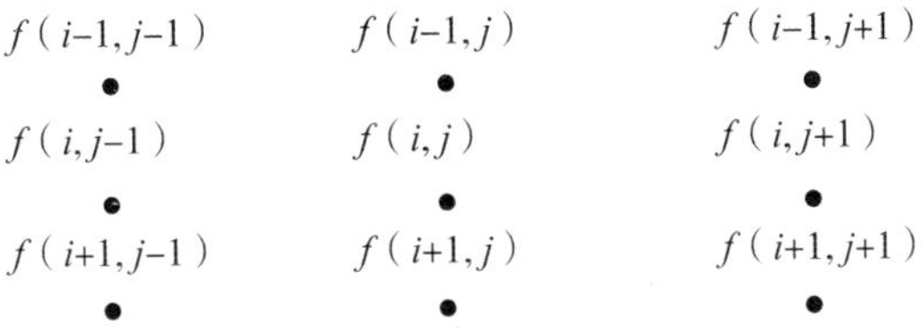

$f(i-1,j-1)$ $f(i-1,j)$ $f(i-1,j+1)$

$f(i,j-1)$ $f(i,j)$ $f(i,j+1)$

$f(i+1,j-1)$ $f(i+1,j)$ $f(i+1,j+1)$

图 5.33 Prewitt 算子和 Sobel 算子的 3×3 模板

Prewitt 算子的一阶偏导数 f'_x 和 f'_y：

$$\begin{cases} f'_x = [f(i+1,\ j-1) + f(i+1,\ j) + f(i+1,\ j+1)] - \\ \qquad [f(i-1,\ j-1) + f(i-1,\ j) + f(i-1,\ j+1)] \\ f'_y = [f(i-1,\ j+1) + f(i,\ j+1) + f(i+1,\ j+1)] - \\ \qquad [f(i-1,\ j-1) + f(i,\ j-1) + f(i+1,\ j-1)] \end{cases} \tag{5.96}$$

Sobel 算子的一阶偏导数 f'_x 和 f'_y：

$$\begin{cases} f'_x = [f(i+1,\ j-1) + 2f(i+1,\ j) + f(i+1,\ j+1)] - \\ \qquad [f(i-1,\ j-1) + 2f(i-1,\ j) + f(i-1,\ j+1)] \\ f'_y = [f(i-1,\ j+1) + 2f(i,\ j+1) + f(i+1,\ j+1)] - \\ \qquad [f(i-1,\ j-1) + 2f(i,\ j-1) + f(i+1,\ j-1)] \end{cases} \tag{5.97}$$

利用 Prewitt 算子、Sobel 算子的图像梯度为：

$$G[f(x,\ y)] = |f'_x| + |f'_y| \tag{5.98}$$

Sobel 算子比 Prewitt 算子的锐化效果略好，因为 Sobel 算子引入了权重，对不同位置的像素赋予不同的权重。Sobel 算子、Prewitt 算子的锐化效果如图 5.34 所示。

常用的梯度算子如表 5.3 所示。

表 5.3 常用的梯度算子

算子名称	H_1	H_2	特点
Robert	$\begin{bmatrix} 0^* & 1 \\ -1 & 0 \end{bmatrix}$	$\begin{bmatrix} 1^* & 0 \\ 0 & -1 \end{bmatrix}$	边缘定位准，但对噪声敏感
Prewitt	$\begin{bmatrix} -1 & 0 & 1 \\ -1 & 0^* & 1 \\ -1 & 0 & 1 \end{bmatrix}$	$\begin{bmatrix} -1 & -1 & -1 \\ 0 & 0^* & 0 \\ 1 & 1 & 1 \end{bmatrix}$	平均、微分对噪声有抑制作用
Sobel	$\begin{bmatrix} -1 & 0 & 1 \\ -2 & 0^* & 2 \\ -1 & 0 & 1 \end{bmatrix}$	$\begin{bmatrix} -1 & -2 & 1 \\ 0 & 0^* & 0 \\ -1 & 2 & 1 \end{bmatrix}$	Sobel 算子引入了权重，对不同位置的像素赋予不同的权重

续表

算子名称	H_1	H_2	特点
Krisch	$\begin{bmatrix} 5 & 5 & 5 \\ -3 & 0^* & 3 \\ -3 & -3 & -3 \end{bmatrix}$	$\begin{bmatrix} -3 & -3 & 5 \\ -3 & 0^* & 5 \\ -3 & -3 & 5 \end{bmatrix}$	对噪声有较好的抑制作用。该算子需求出 $f(i, j)$ 在 8 个方向上的平均差分的最大值，这里只给出了 2 个方向的模板
Isotropic Sobel	$\begin{bmatrix} -1 & 0 & 1 \\ -\sqrt{2} & 0^* & \sqrt{2} \\ -1 & 0 & 1 \end{bmatrix}$	$\begin{bmatrix} -1 & -\sqrt{2} & 1 \\ 0 & 0^* & 0 \\ -1 & \sqrt{2} & 1 \end{bmatrix}$	权值反比于邻点与中心点的距离，检测不同方向边缘时梯度幅度一致

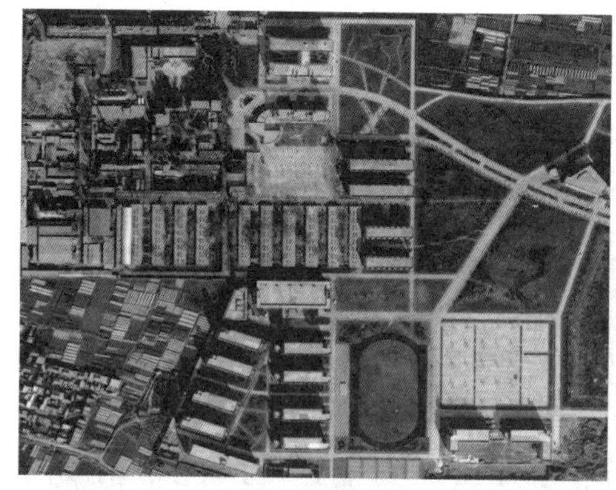

（a）原始图像

（b）Sobel算子锐化图像

（c）Prewitt算子锐化图像

图 5.34　Sobel 算子、Prewitt 算子的锐化效果

利用以上介绍的算子，计算出梯度之后，可以根据实际需要生成不同的梯度增强图像，呈现图像锐化效果。下面是锐化增强图像的五种不同的显示方式，图 5.35 是锐化增强图像的实例，其中图 5.35(a)是原始遥感影像。

第一种是使增强图像各点的灰度 $g(x, y)$ 等于该点的梯度幅度，即：

$$g(x, y) = G[f(x, y)] \tag{5.99}$$

此法得到的增强图像仅显示灰度变化比较陡的边缘轮廓，而灰度变化平缓的区域则呈黑色。图 5.35(b) 是此方法的处理结果。

第二种是使增强图像各点的灰度 $g(x, y)$ 为：

$$g(x, y) = \begin{cases} G[f(x, y)] & G[f(x, y)] \geq T \\ f(x, y) & \text{其他} \end{cases} \tag{5.100}$$

式中：T 是非负的阈值，适当选取 T，既可使明显的边缘轮廓得到突出，又不会破坏原灰度变化比较平缓的背景。图 5.35(c) 是此方法的处理结果。

第三种是使增强图像各点的灰度 $g(x, y)$ 为：

$$g(x, y) = \begin{cases} L_G & G[f(x, y)] \geq T \\ f(x, y) & \text{其他} \end{cases} \tag{5.101}$$

式中：T 是非负的阈值，它将明显边缘用一固定的灰度级 L_G 来表现。图 5.35(d) 是此方法的处理结果。

第四种是使增强图像各点的灰度 $g(x, y)$ 为：

$$g(x, y) = \begin{cases} G[f(x, y)] & G[f(x, y)] \geq T \\ L_G & \text{其他} \end{cases} \tag{5.102}$$

此法将背景用一个固定灰度级 L_G 来表现，便于研究边缘灰度的变化。图 5.35(e) 是此方法的处理结果。

第五种是使增强图像各点的灰度 $g(x, y)$ 为：

$$g(x, y) = \begin{cases} L_G & G[f(x, y)] \geq T \\ L_B & \text{其他} \end{cases} \tag{5.103}$$

此法将背景和边缘用灰度 L_B 和 L_G 表示，即用二值图像表示增强图像，便于研究边缘所在位置。图 5.35(f) 是此方法的处理结果。

2)拉普拉斯运算

拉普拉斯算子是常用的边缘增强算子，拉普拉斯运算同梯度法的算子一样，也是偏导数运算的线性组合，但是拉普拉斯算子是线性二阶微分算子。拉普拉斯算子公式为：

$$\nabla^2 f = \frac{\partial^2 f}{\partial x^2} + \frac{\partial^2 f}{\partial y^2} \tag{5.104}$$

对于离散数字图像来讲，$f(x, y)$ 的二阶偏导数可用二阶差分表示为：

$$\begin{aligned} \frac{\partial^2 f(x, y)}{\partial x^2} &= \nabla_x f(x+1, y) - \nabla_x f(x, y) \\ &= [f(x+1, y) - f(x, y)] - [f(x, y) - f(x-1), y] \\ &= f(x+1, y) + f(x-1, y) - 2f(x, y) \end{aligned} \tag{5.105}$$

$$\frac{\partial^2 f(x, y)}{\partial y^2} = f(x, y+1) + f(x, y-1) - 2f(x, y) \tag{5.106}$$

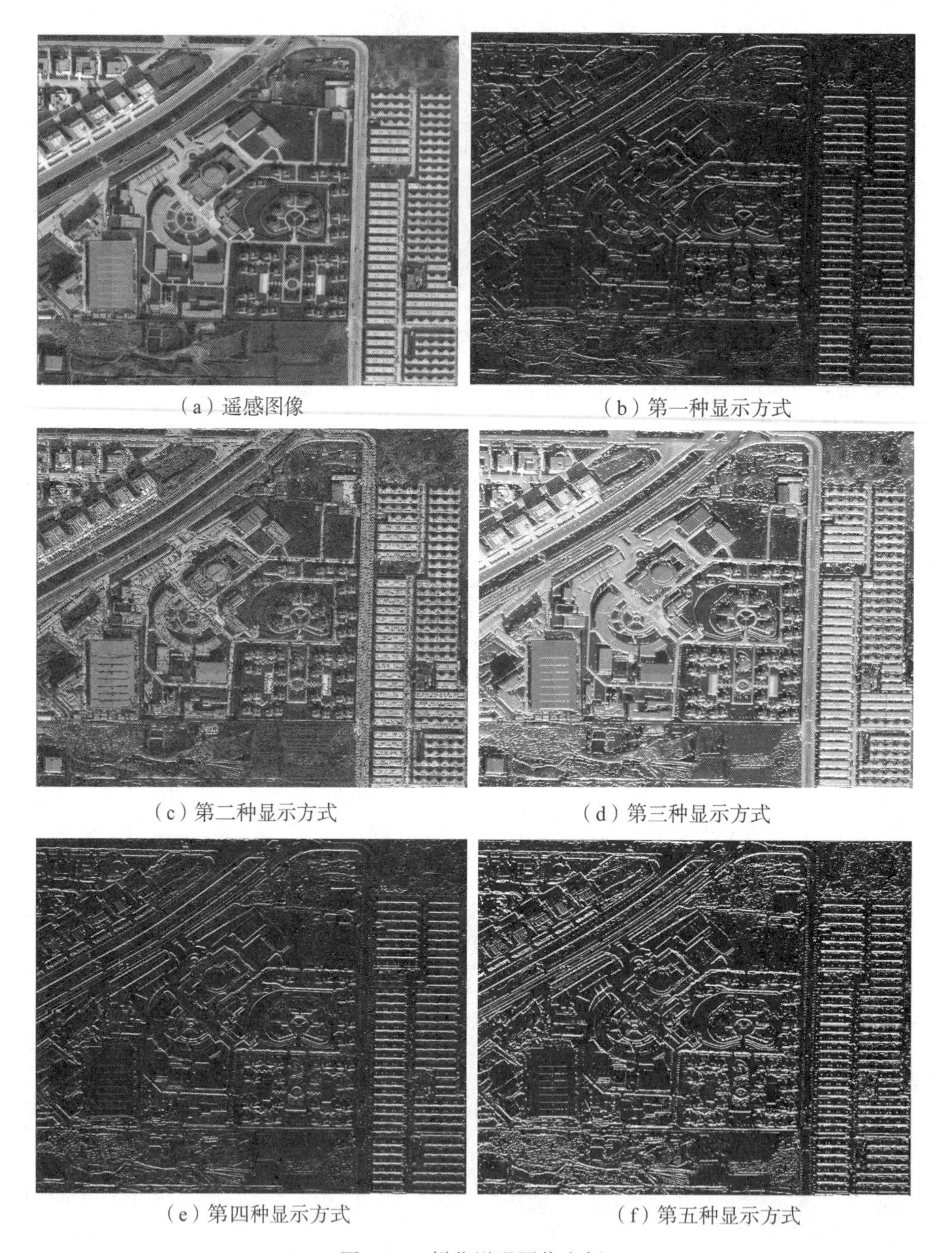

（a）遥感图像　（b）第一种显示方式

（c）第二种显示方式　（d）第三种显示方式

（e）第四种显示方式　（f）第五种显示方式

图5.35　锐化增强图像实例

由此可得拉普拉斯算子表达式为：

$$\begin{aligned}\nabla^2 f &= \frac{\partial^2 f(x,y)}{\partial x^2} + \frac{\partial^2 f(x,y)}{\partial y^2} \\ &= f(x+1,y) + f(x-1,y) + f(x,y+1) + f(x,y-1) - 4f(x,y)\end{aligned} \tag{5.107}$$

拉普拉斯锐化后的图像为：

$$g(x, y) = f(x, y) - \nabla^2 f(x, y)$$
$$= 5f(x, y) - f(x+1, y) - f(x-1, y) - f(x, y+1) - f(x, y-1) \tag{5.108}$$

拉普拉斯算子可以表示成模板的形式：

$$\begin{bmatrix} 0 & -1 & 0 \\ -1 & 4^* & -1 \\ 0 & -1 & 0 \end{bmatrix}$$

同梯度锐化算子进行锐化一样，拉普拉斯算子也增强了图像的噪声，但拉普拉斯算子对噪声的增强作用较弱。拉普拉斯算子的锐化效果如图 5.36 所示。

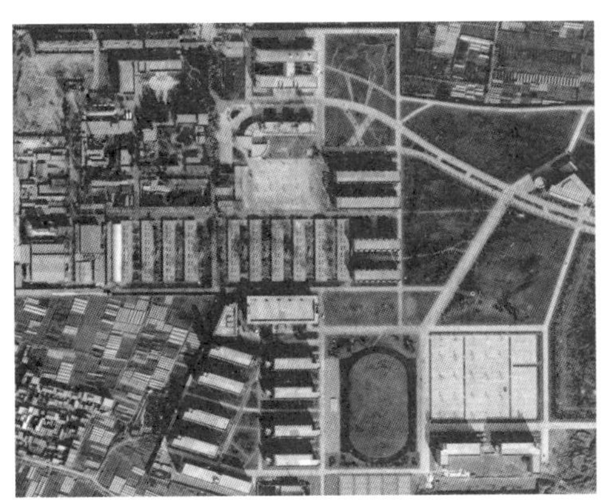

（a）原始图像　　（b）锐化图像

图 5.36　拉普拉斯算子的锐化效果

3)高通滤波法

高通滤波法就是用高通滤波算子和卷积运算对图像进行锐化。常用的算子有：

$$\boldsymbol{H}_1 = \begin{bmatrix} 0 & -1 & 0 \\ -1 & 5 & -1 \\ 0 & -1 & 0 \end{bmatrix} \qquad \boldsymbol{H}_2 = \begin{bmatrix} -1 & -1 & -1 \\ -1 & 9 & -1 \\ -1 & -1 & -1 \end{bmatrix}$$

锐化算子 $\boldsymbol{H}_1$ 的锐化效果如图 5.37 所示。

5.5.4　频率域滤波增强

图像增强除了在空间域中进行外，也可以在频率域中进行。图像经过傅里叶变换等频率域变换处理后，由空间域转换到频率域，图像的边界等细节信息还有噪声主要集中在高频部分，图像的平缓部分主要集中在低频部分。

为了去除噪声，提高图像质量，在频率域采用低通滤波器，抑制高频部分，然后进行逆傅里叶等变换，获得平滑去噪之后的图像。由于抑制的高频部分包括图像边界信息，所以平滑之后的图像，会产生边界模糊的现象。

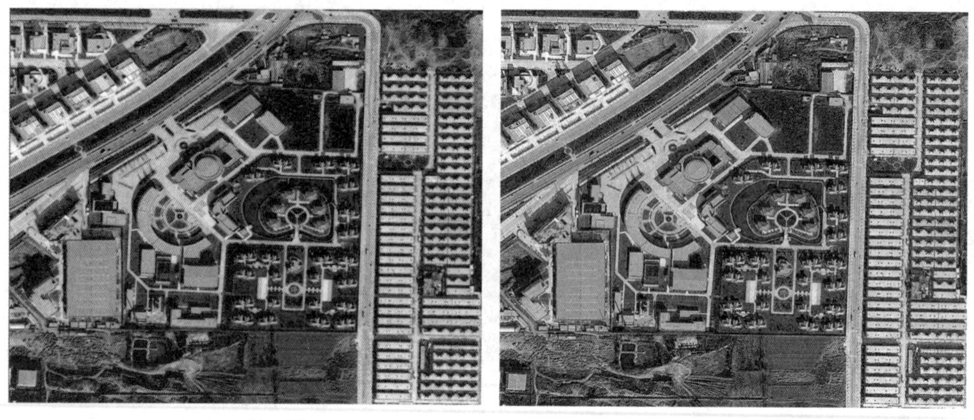

（a）原始图像　　（b）锐化图像

图 5.37　高通滤波法锐化算子 $\boldsymbol{H}_1$ 的锐化效果

为了突出图像的边界信息，在频率域采用高通滤波器，抑制低频部分，然后进行逆傅里叶等变换，获得锐化之后的图像。由于增强的高频部分包括图像噪声信息，所以锐化之后的图像，其图像噪声也会增强。

在空间域，主要基于卷积运算进行滤波，公式如下：

$$g(x, y) = f(x, y) * h(x, y) \tag{5.109}$$

式中，$f(x, y)$ 为原始图像，$h(x, y)$ 为空间域的滤波函数，$g(x, y)$ 为空间域滤波的输出图像。

对公式两边同时进行傅里叶变换等频域变换，公式如下：

$$\begin{aligned} \Im[g(x, y)] &= \Im[f(x, y) * h(x, y)] = F(u, v)H(u, v) \\ F(u, v) &= \Im[g(x, y)] \\ H(u, v) &= \Im[h(x, y)] \end{aligned} \tag{5.110}$$

记 $G(u, v) = \Im[g(x, y)]$，则：

$$G(u, v) = F(u, v)H(u, v) \tag{5.111}$$

根据需求，设计适当的传递函数 $H(u, v)$ 进行低通滤波或高通滤波，实现图像平滑或锐化，然后进行逆变换 $\Im^{-1}$：$g(x, y) = \Im^{-1}[G(u, v)]$，得到平滑或锐化之后的图像。频率域增强过程如图 5.38 所示。

$$f(x, y) \xrightarrow{\text{DFT}} F(u, v) \xrightarrow[\text{滤波}]{H(u, v)} F(u, v)H(u, v) \xrightarrow{\text{IDFT}} g(x, y)$$

图 5.38　频率域增强过程

1. 频率域平滑

常用的频率域低通滤波器 $H(u, v)$ 有四种，包括理想低通滤波器、巴特沃思低通滤波器、指数低通滤波器和梯形低通滤波器。

1）理想低通滤波器

理想低通滤波器的公式为：

$$H(u, v)=\begin{cases}1 & D(u, v) \leqslant D_0 \\ 0 & D(u, v) > D_0\end{cases} \tag{5.112}$$

式中，D_0 为截止频率，$D(u, v)=(u^2+v^2)^{1/2}$ 为频率平面原点到点(u, v)的距离。

理想低通滤波器公式的含义为在半径为 D_0 的圆内，所有频率没有衰减地通过滤波器，而在此半径的圆之外的所有频率完全被过滤掉，如图 5.39 所示。由于高频成分包含大量的边缘信息，因此采用理想低通滤波器在去噪声的同时，也会导致图像的高频成分完全丢失，造成图像边缘模糊，严重降低图像的质量，严重的会导致振铃效应。理想低通滤波实例如图 5.40 所示。

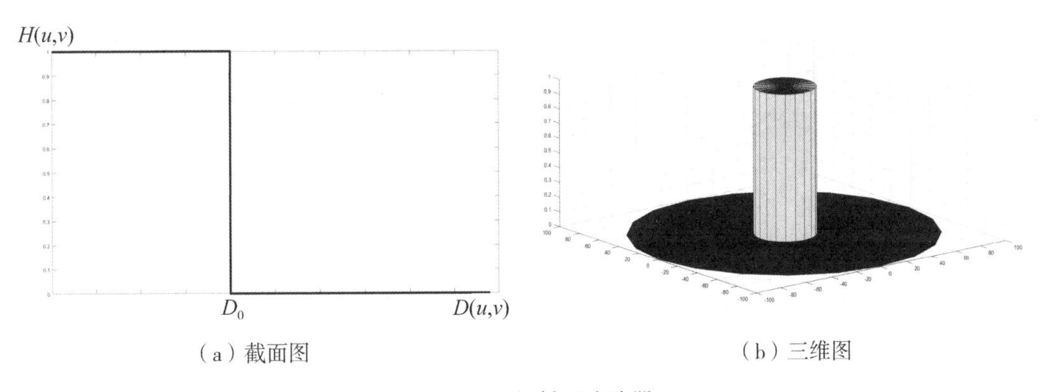

（a）截面图　　（b）三维图

图 5.39　理想低通滤波器

2）巴特沃思低通滤波器

巴特沃思低通滤波器的公式为：

$$H(u, v)=\frac{1}{1+[D(u, v)/D_0]^{2n}} \tag{5.113}$$

式中，D_0 为截止频率，$D(u, v)=(u^2+v^2)^{1/2}$ 为频率平面原点到点(u, v)的距离。巴特沃思低通滤波器如图 5.41 所示。

和理想低通滤波器的陡峭变化相比，巴特沃思低通滤波器具有连续变化的特性，采用该滤波器滤波在抑制图像噪声的同时，图像边缘的模糊也会在很大程度上减弱，没有振铃效应产生。巴特沃思低通滤波器实例如图 5.42 所示。

3）指数低通滤波器

指数低通滤波器的公式为：

$$H(u, v)=\mathrm{e}^{-\left[\frac{D(u, v)}{D_0}\right]^n} \tag{5.114}$$

指数低通滤波器如图 5.43 所示。

和巴特沃思低通滤波器相比，指数低通滤波器也具有连续变化的特性，但变化的陡峭程度比巴特沃思低通滤波器严重，所以，指数低通滤波器的滤波效果介于理想低通滤波器

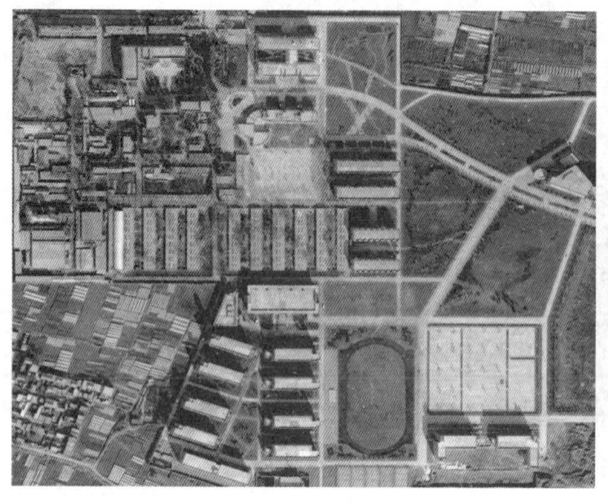
（a）原始图像

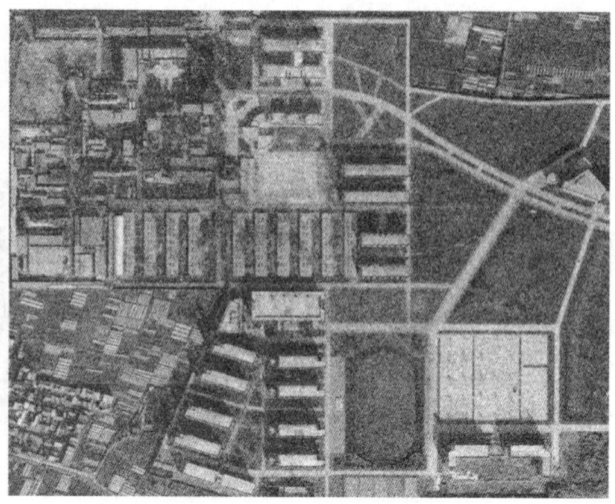
（b）加入高斯噪声图像

（c）加入高斯噪声图像的频谱图

（d）理想低通频谱图

（e）理想低通滤波效果

图 5.40　理想低通滤波实例

和巴特沃思低通滤波器之间，指数低通滤波器的去噪效果比巴特沃思低通滤波器稍强，但弱于理想低通滤波器，指数低通滤波器滤波之后图像的边缘模糊程度比巴特沃思低通滤波器稍强，也同样弱于理想低通滤波器。指数低通滤波器实例如图 5.44 所示。

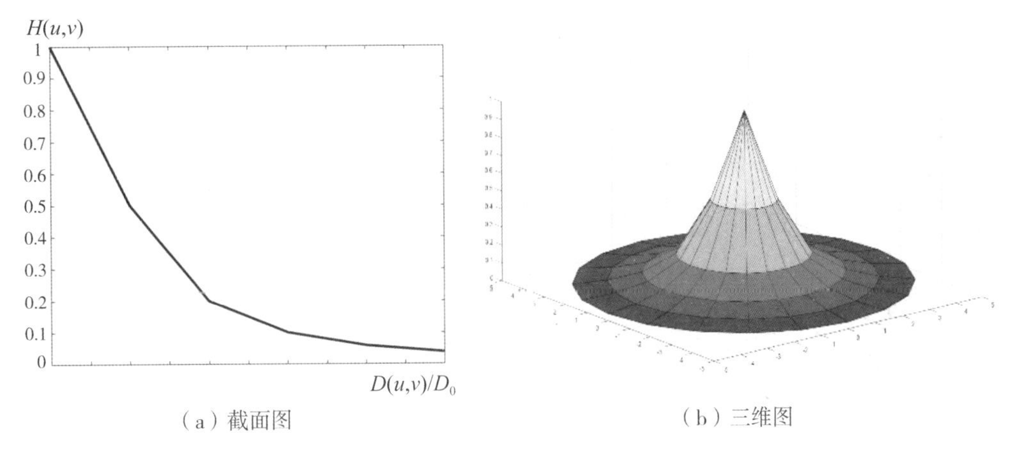

（a）截面图　　（b）三维图

图 5.41　巴特沃思低通滤波器

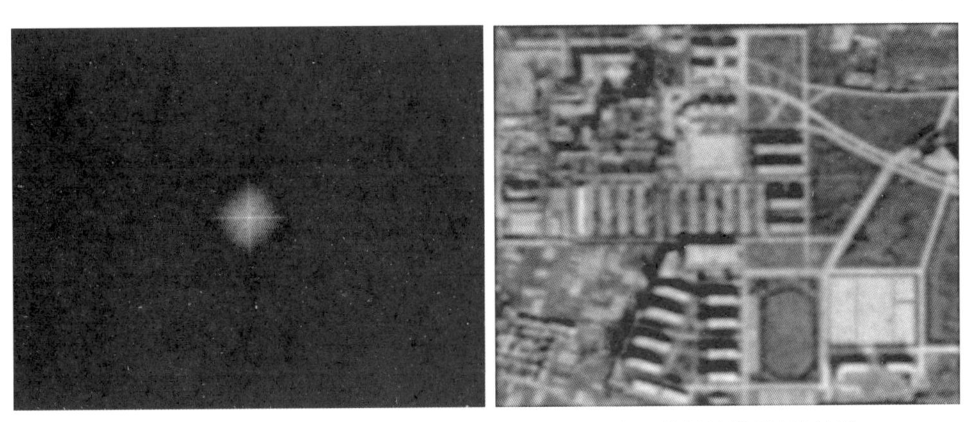

（a）巴特沃思低通滤波器频谱图　　（b）巴特沃思低通滤波效果

图 5.42　巴特沃思低通滤波器实例

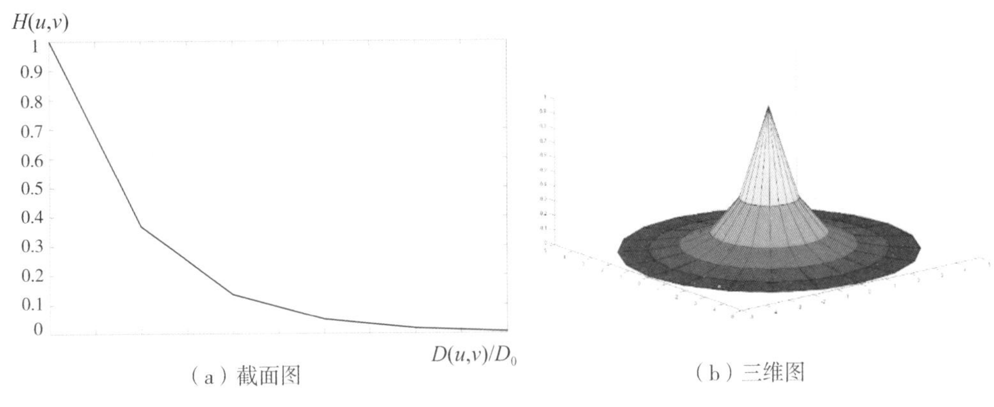

（a）截面图　　（b）三维图

图 5.43　指数低通滤波器

（a）指数低通滤波器频谱图

（b）指数低通滤波效果

图 5.44　指数低通滤波器实例

4）梯形低通滤波器

梯形低通滤波器的公式为：

$$H(u,\ v)=\begin{cases}1 & D(u,\ v)\leqslant D_0\\ \dfrac{D(u,\ v)-D_1}{(D_0-D_1)} & D_0<D(u,\ v)\leqslant D_1\\ 0 & D(u,\ v)>D_1\end{cases}\tag{5.115}$$

式中，$D(u,\ v)=(u^2+v^2)^{1/2}$ 为频率平面原点到点$(u,\ v)$的距离，D_0 和 D_1 为分段线性函数的分段点。梯形低通滤波器如图 5.45 所示。梯形低通滤波器实例如图 5.46 所示。

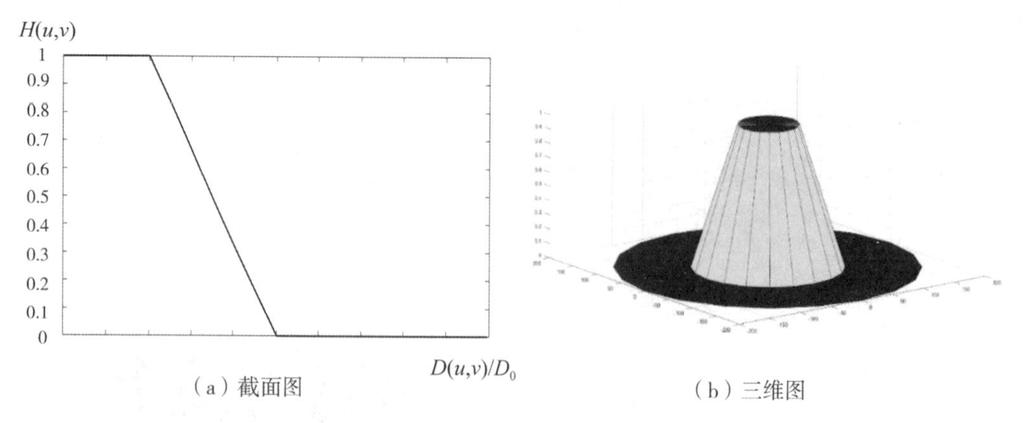

（a）截面图　　（b）三维图

图 5.45　梯形低通滤波器

理想低通滤波器、巴特沃思低通滤波器、指数低通滤波器和梯形低通滤波器的滤波效果如表 5.4 所示。

（a）梯形低通滤波器频谱图

（b）梯形低通滤波效果

图 5.46 梯形低通滤波器实例

表 5.4 各滤波器的滤波效果

类别	振铃程度	图像模糊程度	噪声平滑程度
理想低通滤波器	严重	严重	最好
梯形低通滤波器	较轻	轻	好
指数低通滤波器	无	较轻	一般
巴特沃思低通滤波器	无	很轻	一般

2. 频率域锐化

常用的频率域高通滤波器 $H(u, v)$ 有四种，包括理想高通滤波器、巴特沃思高通滤波器、指数高通滤波器和梯形高通滤波器。这四种高通滤波器与频率域平滑的四种低通滤波器是对应的。

1）理想高通滤波器

理想高通滤波器的公式为：

$$H(u, v)=\begin{cases}0 & D(u, v) \leqslant D_0 \\ 1 & D(u, v) > D_0\end{cases} \tag{5.116}$$

式中，D_0 为截止频率，$D(u, v)=(u^2+v^2)^{1/2}$ 为频率平面原点到点(u, v) 的距离。

理想高通滤波器公式的含义为在截止频率 D_0 内，所有频率都被完全过滤掉，而在截止频率 D_0 外的所有频率没有衰减地通过滤波器，如图 5.47 所示。

2）巴特沃思高通滤波器

n 阶巴特沃思高通滤波器的公式为：

$$H(u, v)=1/[1+(D_0/D(u, v))^{2n}] \tag{5.117}$$

巴特沃思高通滤波器如图 5.48 所示。

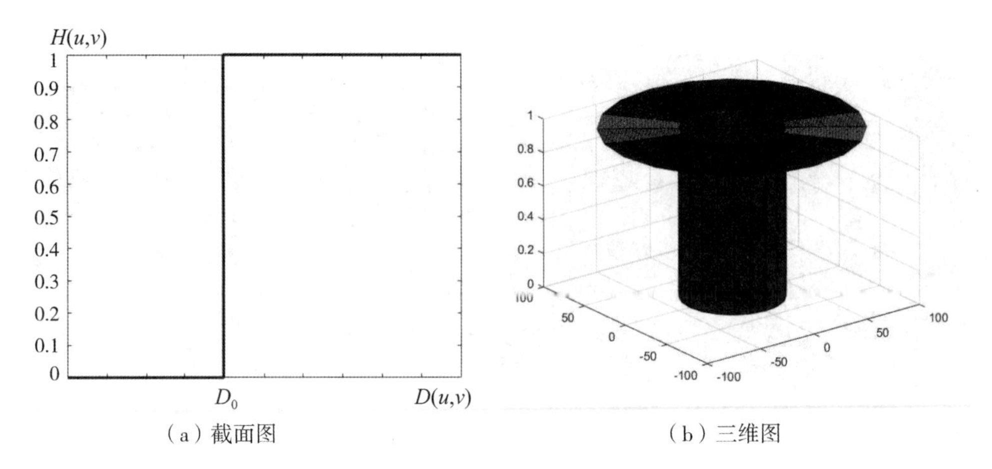

（a）截面图　　（b）三维图

图5.47　理想高通滤波器

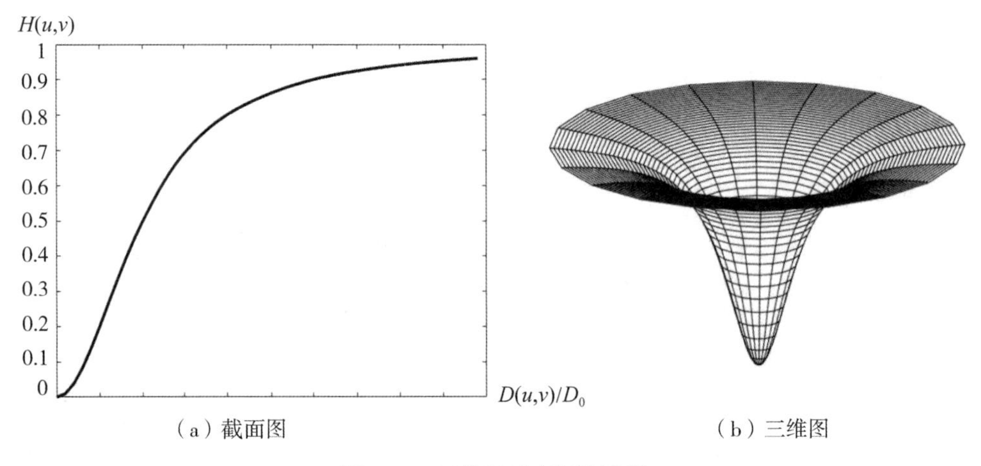

（a）截面图　　（b）三维图

图5.48　巴特沃思高通滤波器

3)指数高通滤波器

指数高通滤波器的公式为：

$$H(u,\ v)=\mathrm{e}^{-\left[\frac{D_0}{D(u,\ v)}\right]^n} \tag{5.118}$$

指数高通滤波器如图5.49所示。

4)梯形高通滤波器

梯形高通滤波器的定义为

$$H(u,\ v)=\begin{cases}0 & D(u,\ v)<D_1\\ \dfrac{D(u,\ v)-D_1}{D_0-D_1} & D_1\leqslant D(u,\ v)\leqslant D_0\\ 1 & D(u,\ v)>D_0\end{cases} \tag{5.119}$$

梯形高通滤波器如图5.50所示。

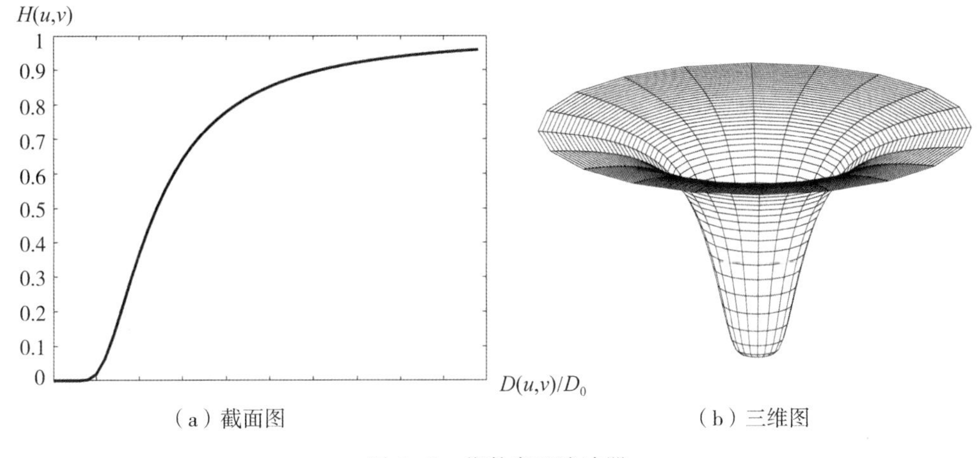

（a）截面图　　（b）三维图

图 5.49　指数高通滤波器

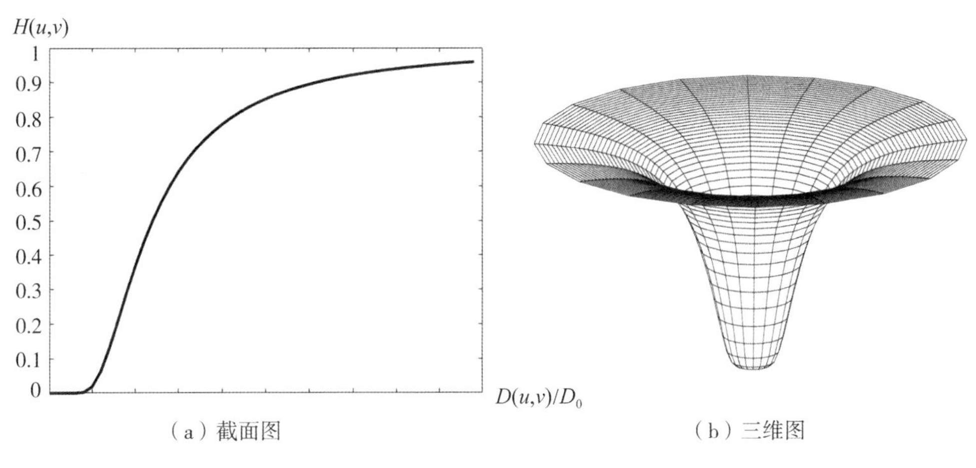

（a）截面图　　（b）三维图

图 5.50　梯形高通滤波器

与四种低通滤波器的效果类似，理想高通滤波器有明显振铃现象，但锐化效果最好；巴特沃思高通滤波器没有振铃现象，但锐化效果稍弱；指数高通滤波器的效果介于理想高通滤波器和巴特沃思高通滤波器之间；梯形高通滤波器会产生较轻的振铃效果，但计算简单，较常用。

3. 同态滤波增强

同态滤波增强是一种基于图像成像模型进行的非线性滤波，在频率域中同时对图像亮度范围进行压缩和对图像对比度进行增强的方法。

通常，人眼看到的图像是由物体反射的光组成的，也就是说，图像由入射光量和物体的反射强度构成：入射光量——照射强度 i；物体反射光量 —— 反射强度 r。

照射强度和反射强度可以分别表示为 $i(x, y)$ 和 $r(x, y)$。函数 i 和 r 以乘法方式组合给出图像函数f：

$$f(x, y)=i(x, y)r(x, y) \tag{5.120}$$

其中，$0<i(x, y)<\infty$和$0<r(x, y)<1$。照射强度$i(x, y)$大于0小于无穷大。物体反射强度$r(x, y)$介于0和1之间：若为0，则表示物体完全吸收了光；若为1，则表示物体完全反射了光。

一般来说，自然光照一般是均匀的，即照射强度i是低频分量，而物体对光的反射是具有突变的，即反射强度$r(x, y)$是高频分量。

同态滤波增强的步骤如下：

(1) 对图像表达式$f(x, y)=i(x, y)r(x, y)$，两边同时取对数：

$$\ln f(x, y)=\ln i(x, y)+\ln r(x, y) \tag{5.121}$$

(2) 对上式两边同时进行傅里叶变换：

$$\begin{aligned} F[\ln f(x, y)] &= F[\ln i(x, y)]+F[\ln r(x, y)] \\ F(u, v) &= I(u, v)+R(u, v) \end{aligned} \tag{5.122}$$

(3) 在频率域修正，确定同态滤波器$H(u, v)$，将图像频谱乘以传递函数$H(u, v)$，削弱$I(u, v)$，压缩$i(x, y)$分量的变化范围，提升$R(u, v)$，增强$r(x, y)$分量的对比度，增强细节，公式为：

$$H(u, v)F(u, v)=H(u, v)I(u, v)+H(u, v)R(u, v) \tag{5.123}$$

(4) 对上式两边同时进行傅里叶反变换：

$$\begin{aligned} i'(x, y) &= F^{-1}[H(u, v)I(u, v)] \\ r'(x, y) &= F^{-1}[H(u, v)R(u, v)] \\ f'(x, y) &= F^{-1}[H(u, v)F(u, v)] \\ f'(x, y) &= r'(x, y)+i'(x, y) \end{aligned} \tag{5.124}$$

(5) 将上式两边同时进行指数运算：

$$\begin{aligned} i_0(x, y) &= \exp[i'(x, y)] \\ r_0(x, y) &= \exp[r'(x, y)] \\ g(x, y) &= \exp[f'(x, y)] \\ g(x, y) &= i_0(x, y)r_0(x, y) \end{aligned} \tag{5.125}$$

同态滤波器$H(u, v)$如图5.51所示。同态滤波增强的步骤如图5.52所示。同态滤波增强实例如图5.53所示。同态滤波增强后的图像对比原始图像，将图像亮度范围进行压缩的同时，将图像对比度进行增强。

5.5.5　彩色增强技术

由于人眼的视觉特性，人类可以辨别几千种颜色、色调和亮度，但只能辨别几十种灰度层次。人类可以根据颜色，有效地识别各种目标。基于人眼的视觉特性，彩色增强技术可以将灰度图像变成彩色图像或改变彩色图像已有彩色的分布，改善图像的可分辨性。彩色增强方法可分为伪彩色增强和假彩色增强两类。

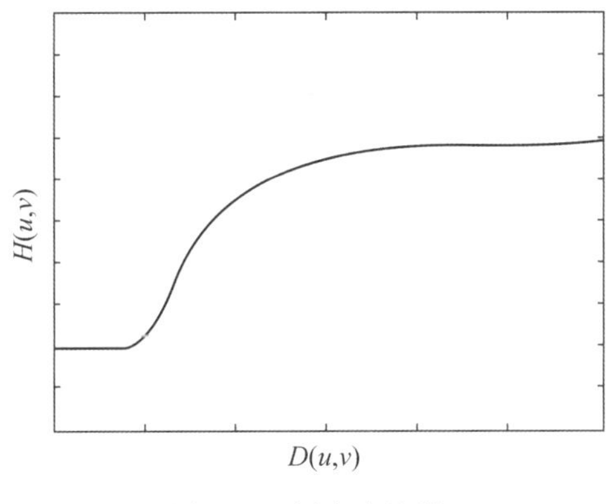

图 5.51 同态滤波器

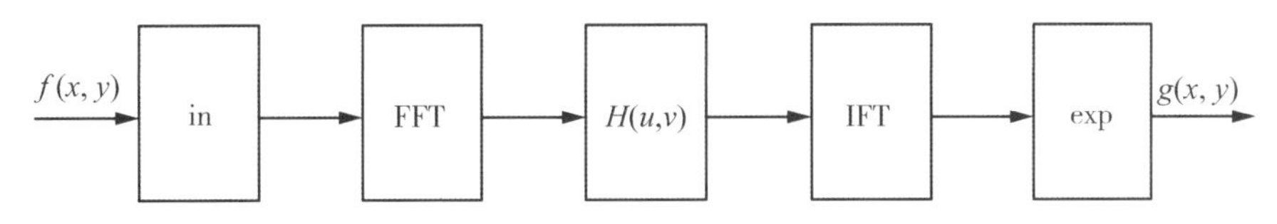

图 5.52 同态滤波增强的步骤

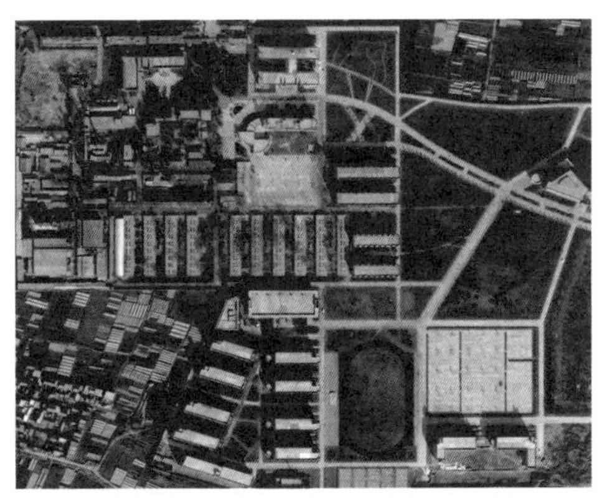

(a) 原始图像

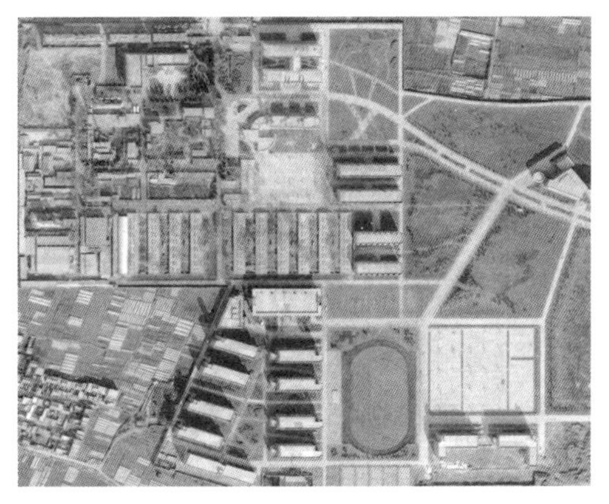

(b) 同态滤波增强后的图像

图 5.53 同态滤波增强实例

1. 伪彩色增强

伪彩色增强是把灰度图像的各个不同灰度级按照线性或非线性映射函数变换成不同的彩色，得到一幅彩色图像的技术。该技术能使原始图像细节更易辨认，目标更容易识别。伪彩色增强的方法主要有密度分割法、灰度级-彩色变换和频率域伪彩色增强三种。

1) 密度分割法

设灰度图像为 $f(x, y)$，把该图像描述为三维函数 $(x, y, f(x, y))$，在某一个灰度

级 L_1 上，放置一个平行于 xy 平面的切割平面，该平面在相交区域切割图像三维函数，如图 5.54 所示。灰度图像被切割成两个部分，对切割平面以下的(灰度级小于 L_1) 像素分配给一种颜色，对切割平面以上的像素分配给另一种颜色，该切割平面将灰度图像变为只有两个颜色的伪彩色图像。

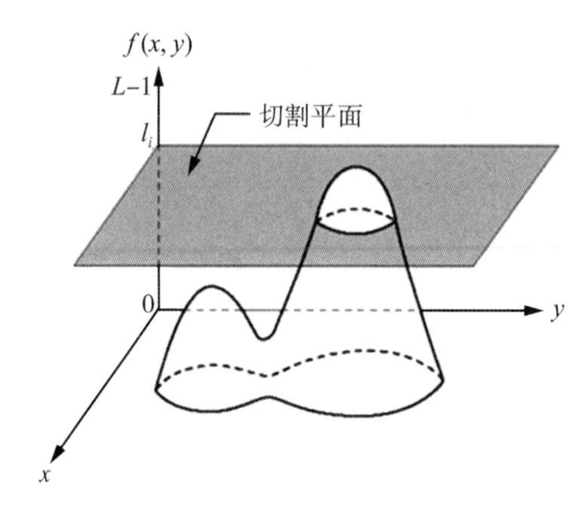

图 5.54　密度分割空间示意图

若用 M 个切割平面去切割灰度图像的三维函数，可以得到 $M+1$ 个不同灰度级的区域 S_1，S_2，…，S_M 和 S_{M+1}。为这 $M+1$ 个区域中的像素人为分配给 $M+1$ 种不同颜色，就可以得到具有 $M+1$ 种颜色的伪彩色图像，如图 5.55 所示。密度分割伪彩色增强的优点是简单易行，便于用软件或硬件实现。

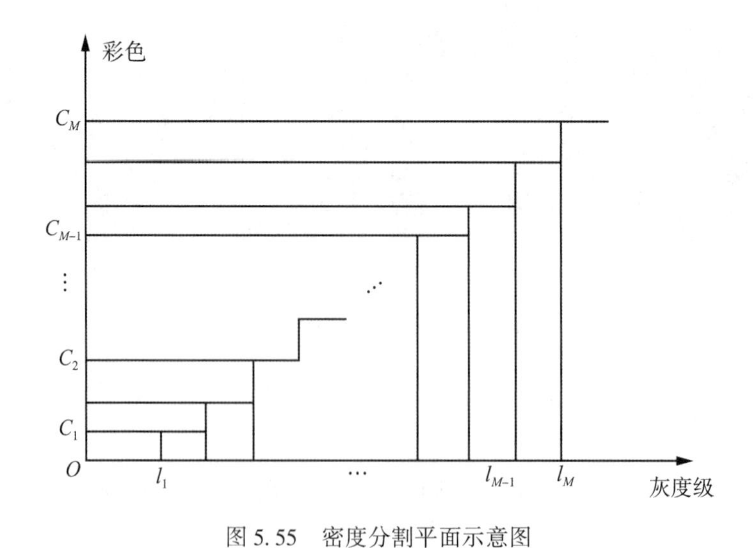

图 5.55　密度分割平面示意图

2) 灰度级-彩色变换

灰度级-彩色变换技术的变换过程为：将灰度图像送入具有不同变换特性的红、绿、蓝3个变换器，再将3个变换器的不同输出 $I_R(x, y)$、$I_G(x, y)$、$I_B(x, y)$，分别送到彩色显像管的红、绿、蓝电子枪，便可以在彩色显示器的屏幕上合成一幅彩色图像，如图5.56所示。同一灰度由3个变换器对其实施不同变换，使3个变换器输出不同，从而在彩色显像管里合成色彩。

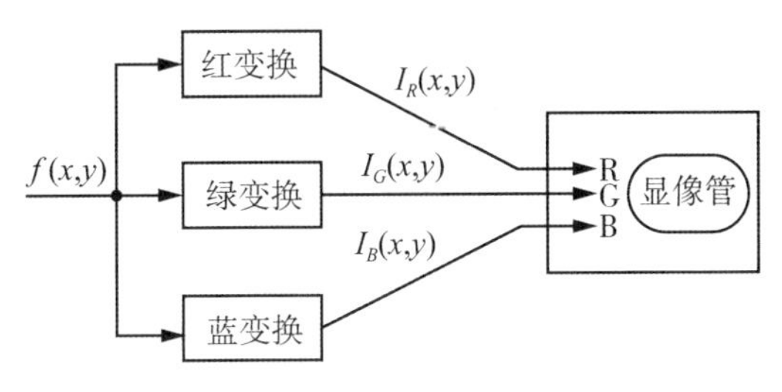

图5.56　灰度级-彩色变换过程

3)频率域伪彩色增强

与以上方法不同，频率域伪彩色增强在频率域进行伪彩色处理，该方法输出图像的伪彩色与图像灰度级无关，而是由图像的频率域成分决定的。如果为了突出图像中高频成分(图像细节)将其变为红色，只要将红色通道滤波器设计成高通特性即可。如果要抑制图像中某种频率成分，可以设计一个带阻滤波器，过滤掉该频率即可。另外，还可以通过其他处理方法，在附加处理中进行直方图修正等操作，增强彩色对比度。频率域伪彩色增强如图5.57所示，3个不同频率的滤波器输出的信号再经过傅里叶反变换，可以对其做进一步的处理，如直方图修正，最后把它们作为三基色分别加到彩色显像管的红、绿、蓝显示通道，实现频率域的伪彩色处理。

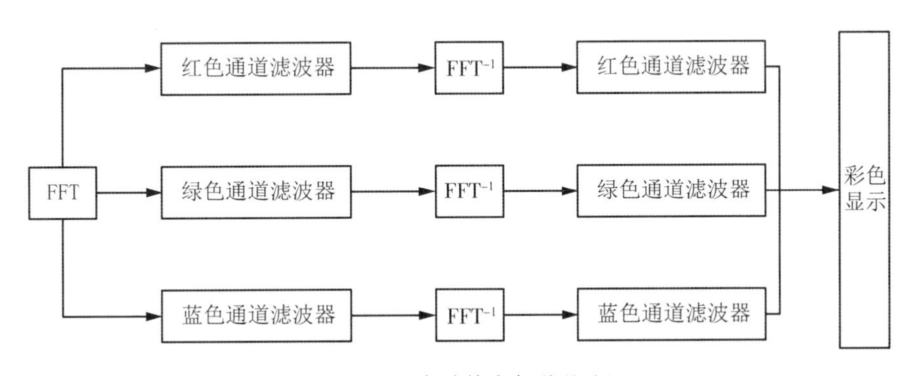

图5.57　频率域伪彩色增强过程

2. 假彩色增强

与伪彩色增强不同，假彩色增强所处理的图像通常是一幅自然彩色图像或同一景多光谱图像。利用假彩色合成的图像称为假彩色图像，它是彩色增强图像的一种。利用假彩色图像可以突出相关专题信息，提高图像视觉效果，从图像中提取更有用的定量化信息。通过假彩色处理的图像，可以获得人眼所分辨不出、无法准确获得的信息，便于地物识别，提取更加有用的专题信息。

1)多光谱图像假彩色增强

多光谱图像假彩色增强可表示为：

$$\begin{aligned} R_F &= f_R\{g_1, g_2, \cdots, g_i, \cdots\} \\ G_F &= f_G\{g_1, g_2, \cdots, g_i, \cdots\} \\ B_F &= f_B\{g_1, g_2, \cdots, g_i, \cdots\} \end{aligned} \tag{5.126}$$

式中：g_i 为第 i 波段图像；f_R、f_G、f_B 为函数运算，R_F、G_F、B_F 为经增强处理后送往颜色显示器的三基色分量。

对于自然景色图像，通用的线性假彩色映射可表示为：

$$\begin{bmatrix} R_F \\ G_F \\ B_F \end{bmatrix} = \begin{bmatrix} a_1 & b_1 & c_1 \\ a_2 & b_2 & c_2 \\ a_3 & b_3 & c_3 \end{bmatrix} \begin{bmatrix} R_f \\ G_f \\ B_f \end{bmatrix} \tag{5.127}$$

它将原始图像的三基色 R_f、G_f、B_f 转换成另一组新的三基色分量 R_F、G_F、B_F。

2) 彩色变换

彩色图像变换模型：

$$g(x, y) = T[f(x, y)] \tag{5.128}$$

式中：$f(x, y)$ 是彩色输入图像；$g(x, y)$ 是变换或处理过的彩色输出图像；T 是彩色空间邻域上的变换函数。

彩色图像变换模型还可以表示为：

$$s_i = T_i(r_1, r_2, \cdots, r_n) \quad (i = 1, 2, \cdots, n) \tag{5.129}$$

式中：r_i 和 s_i 是 $f(x, y)$ 和 $g(x, y)$ 在任何点处彩色分量的变量，$\{T_1, T_2, \cdots, T_n\}$ 是一个对 r_i 操作产生 s_i 的变换或彩色映射函数集。注意 n 个变换 T_i 合成并执行单一变换函数 T。n 值的确定依赖于所使用的彩色空间。

(1)RGB 彩色空间。

RGB 彩色空间又称三原色光模式(RGB color mode)，是一种加色模型，将红、绿、蓝三原色的色光以不同的比例相加，以产生多种多样的色光。

(2)HSI 彩色空间。

HSI 是一个数字图像的模型，它反映了人的视觉系统感知彩色的方式，以色调、饱和度和亮度三种基本特征量来感知颜色。色调 H(hue)：与光波的频率有关，它表示人的感官对不同颜色的感受，如红色、绿色、蓝色等，它也可表示一定范围的颜色，如暖色、冷色等。饱和度 S(saturation)：表示颜色的纯度，纯光谱色是完全饱和的，加入白光会稀释饱和度。饱和度越大，颜色看起来就会越鲜艳，反之亦然。亮度 I(intensity)：对应成像亮度和图像灰度，是颜色的明亮程度。

这两种表示方法可以相互转换，把彩色的 R、G、B 变换成色调 H、饱和度 S、亮度 I 称为 HIS 正变换，由色调 H、饱和度 S、亮度 I 变换成彩色的 R、G、B 称为 HIS 反变换。HIS 正变换如表 5.5 所示。

表 5.5 四种典型的 HIS 变换式

彩色变换	正变换	备注
球体变换	$I=\frac{1}{2}(M+m)$ $S=\frac{M-m}{2-M-m}$ $H=60(2+b-g)$，当 $r=M$ $H=60(4+r-b)$，当 $g=M$ $H=60(6+g-r)$，当 $b=M$	$r=\frac{\max-R}{\max-\min}$ $g=\frac{\max-G}{\max-\min}$ $b-\frac{\max-B}{\max-\min}$ $\max=\max[R, G, B]$ $\min=\min[R, G, B]$ $M=\max[r, g, b]$ $m=\min[r, g, b]$
圆柱体变换	$I=\frac{1}{\sqrt{3}}(R+G+B)$ $H=\arctan\left(\frac{2R-G-B}{\sqrt{3}(G-B)}\right)+C$ $S=\frac{\sqrt{6}}{3}\sqrt{R^2+G^2+B^2-RG-RB-GB}$	$\begin{cases}C=0 & G\geqslant B\\ C=\pi & G<B\end{cases}$
三角形变换	$I=\frac{1}{3}(R+G+B)$ $H=\frac{(G-B)}{3(I-B)}$，$S=1-\frac{B}{I}$，$B=\min$ $H=\frac{(B-R)}{3(I-R)}$，$S=1-\frac{R}{I}$，$R=\min$ $H=\frac{(R-G)}{3(I-G)}$，$S=1-\frac{G}{I}$，$G=\min$	$\min=\min[R, G, B]$
单六角锥变换	$I=\max$，$S=\frac{\max-\min}{\max}$ $H=\left(5+\frac{R-B}{R-G}\right)/6$，$R=\max$，$G=\min$ $H=\left(1-\frac{R-G}{R-B}\right)/6$，$R=\max$，$B=\min$ $H=\left(1+\frac{G-R}{G-B}\right)/6$，$G=\max$，$B=\min$ $H=\left(3-\frac{G-B}{G-R}\right)/6$，$G=\max$，$R=\min$ $H=\left(3+\frac{B-G}{B-R}\right)/6$，$B=\max$，$R=\min$ $H=\left(5-\frac{B-R}{B-G}\right)/6$，$B=\max$，$G=\min$	$\max=\max[R, G, B]$ $\min=\min[R, G, B]$

理论上，任何图像变换操作都可以在 RGB 彩色空间和 HIS 彩色空间中执行，但实际上某些变换操作在特定的模型中执行比较方便。例如：改变图像亮度的公式为：

$$g(x, y) = kf(x, y) \quad (0 < k < 1) \tag{5.130}$$

在 HIS 空间，改变图像亮度比较简单：

$$s_3 = kr_3, \quad s_1 = r_1, \quad s_2 = r_2 \tag{5.131}$$

但在 RGB 空间，3 个分量都必须变换：

$$s_i = kr_i \quad (i = 1, 2, 3) \tag{5.132}$$

另外，灰度直方图修正可以直接作用于彩色图像，独立地进行彩色图像分量的直方图修正，但通常会产生不正确的彩色，一般的方法是均匀地扩展彩色强度，而保留彩色本身(即色调)不变。因此，对于彩色图像的直方图修正，使用 HIS 空间是合适的。

3)彩色图像平滑

令 S_{xy} 表示在 RGB 图像中定义一个中心在(x, y)的邻域的坐标集，在该邻域中 RGB 分量的平均值为：

$$\bar{c}(x, y) = \frac{1}{K}\sum_{(x, y) \in S_{xy}} c(x, y) \tag{5.133}$$

$$\bar{c}(x, y) = \begin{bmatrix} \frac{1}{K}\sum_{(x, y) \in S_{xy}} R(x, y) \\ \frac{1}{K}\sum_{(x, y) \in S_{xy}} G(x, y) \\ \frac{1}{K}\sum_{(x, y) \in S_{xy}} B(x, y) \end{bmatrix} \tag{5.134}$$

用邻域平均值平滑可以在每个彩色平面的基础上进行，其结果与用 RGB 彩色向量执行平均是相同的。

4) 彩色图像锐化

彩色图像锐化可以直接利用灰度图像的锐化算子，分别处理每个分量。比如：在 RGB 彩色系统中，彩色图像 c 的拉普拉斯变换为：

$$\nabla^2[c(x, y)] = \begin{bmatrix} \nabla^2 R(x, y) \\ \nabla^2 G(x, y) \\ \nabla^2 B(x, y) \end{bmatrix} \tag{5.135}$$

因此，可以对 RGB 图像的每个通道分别利用拉普拉斯算子进行锐化，拉普拉斯算子如下：

$$\begin{bmatrix} 0 & -1 & 0 \\ -1 & 5 & -1 \\ 0 & -1 & 0 \end{bmatrix}$$

第 6 章　图 像 分 割

6.1　图像分割概述

在数字图像处理与应用中，人们可能对图像中的某部分目标或对象感兴趣，这部分常常称为目标或前景(其他部分称为背景)，它们一般对应图像中特定的、具有独特性质的区域。图像分析主要是针对图像中感兴趣的特定目标进行检测和测量以获得目标的客观信息，建立对图像的一种描述。

图像分析的步骤：

(1)把图像分割成不同的区域或把不同的对象分开，从图像中找到感兴趣的目标。

(2)找出可以区分开各区域的特征，比如边缘、纹理、形状、颜色等图像特征。

(3)识别图像中要找的对象或对图像进行分类。

(4)对不同区域进行描述或寻找出不同区域的相互联系，进而找出相似结构或将相关区域连成一个有意义的结构。

从图像分析的过程可以看出，图像分割是图像分析的基础，图像分割将图像由单个像素转换为有意义的区域，使更高层的图像分析、图像识别、图像检测和图像理解成为可能。

图像分割是把图像分成互不重叠的区域并提取感兴趣目标的技术。例如：遥感图像分割成居民区、水域、森林等区域。

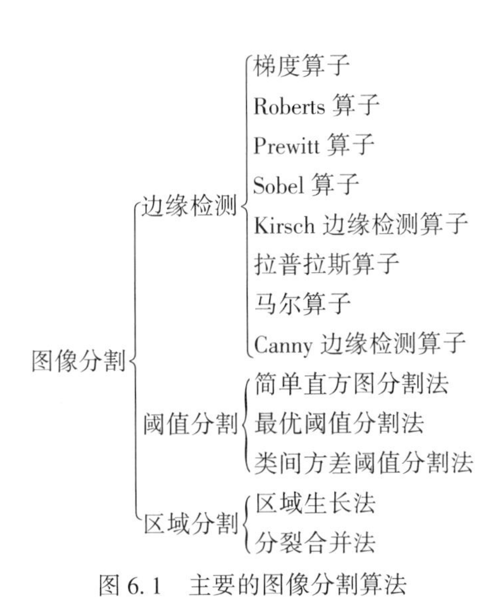

图 6.1　主要的图像分割算法

图像分割满足以下条件：

(1)对一幅图像的分割结果中，全部区域的总和(并集)应能包括图像中所有像素；

(2)分割结果中各个区域是互不重叠的，或者说一个像素不能同时属于两个区域；

(3)属于同一区域的像素应该具有某些共同的性质；

(4)属于不同区域的像素应该具有不同的性质；

(5)要求分割结果中同一个区域的任意两个像素在该区域内互相连通。

本章主要介绍边缘检测、阈值分割和区域分割的方法，如图6.1所示。

6.2 边缘检测

边缘是指图像中两个不同区域的边界线上连续的像素点的集合，是图像局部特征不连续性的反映，体现了灰度、颜色、纹理等图像特性的突变。边缘检测是建立在边缘灰度值会呈现出阶跃型或屋顶型变化这一观测基础上的方法。阶跃型或屋顶型边缘如图6.2所示。

阶跃型边缘两边像素点的灰度值存在着明显的差异，而屋顶型边缘则位于灰度值上升或下降的转折处，即图像中目标边缘处灰度值(或色彩)急剧变化，可以使用微分算子进行边缘检测，即使用一阶导数的极值与二阶导数的过零点来确定边缘，具体实现时可以使用图像与模板进行卷积来完成。

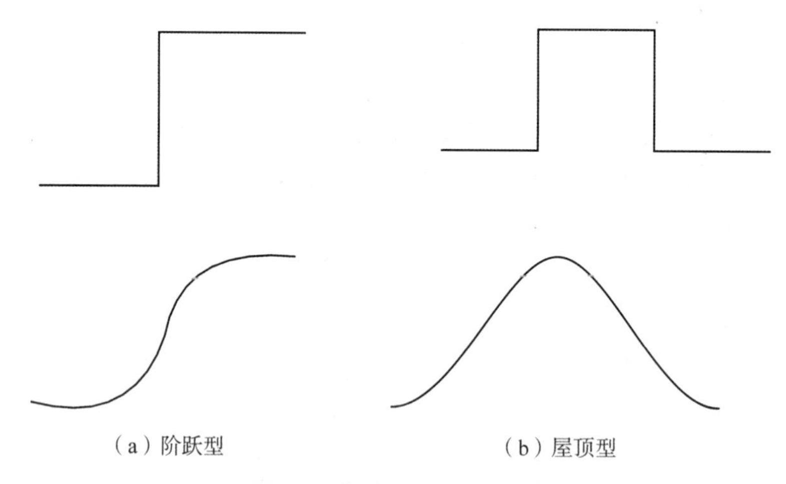

(a) 阶跃型　　(b) 屋顶型

图6.2　阶跃型、屋顶型边缘

根据边缘形成的不同原因，求图像各像素点的一阶微分或二阶微分。边缘检测算子利用图像边缘的突变性质来检测边缘，可分为以下三种情况：

①一阶微分为基础的边缘检测，如Sobel算子、Prewitt算子、Roberts算子、Canny算子；

②二阶微分为基础的边缘检测，如拉普拉斯算子；

③混合一阶和二阶的边缘检测，综合利用一阶与二阶微分。

6.2.1 梯度算子

边界检测的梯度算子计算像素梯度检测边缘点，公式如下：

$$G[f(x, y)] = |f(i, j+1) - f(i, j)| + |f(i+1, j) - f(i, j)| \tag{6.1}$$

梯度算子如图 6.3 所示。

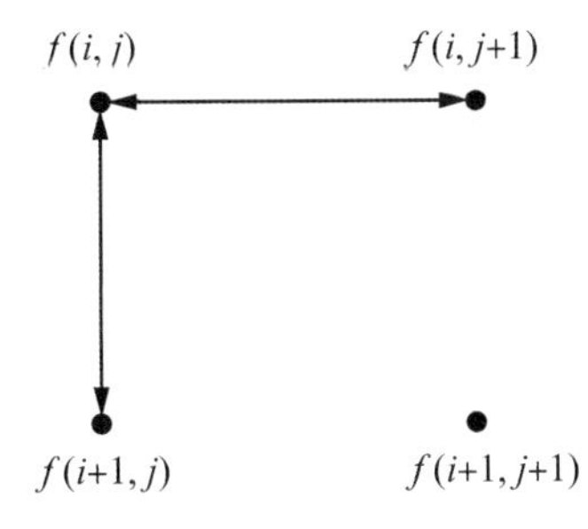

图 6.3 梯度算子

为进行边缘点检测，设定阈值 T，对梯度图像进行二值化：

$$g(x, y) = \begin{cases} L_G & G[f(x, y)] \geqslant T \\ L_B & \text{其他} \end{cases} \tag{6.2}$$

式中，L_G 代表目标的固定灰度值，L_B 代表背景的固定灰度值。

6.2.2 Roberts 算子

Roberts 算子比梯度算子的效果好，Roberts 算子的公式如下：

$$G[f(x, y)] = |f(i, j) - f(i+1, j+1)| + |f(i+1, j) - f(i, j+1)| \tag{6.3}$$

Roberts 算子如图 6.4 所示。

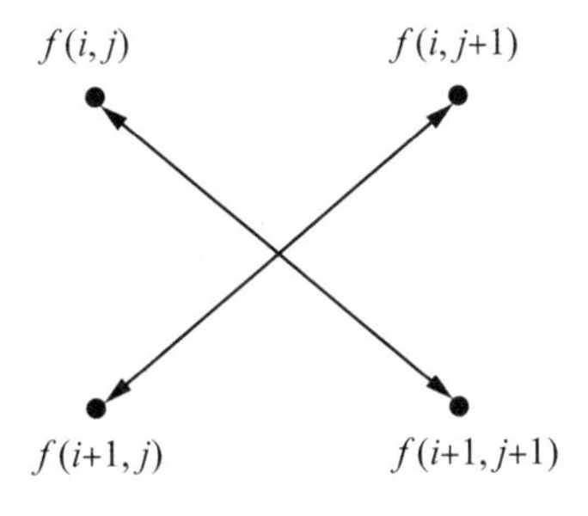

图 6.4 Roberts 算子

为进行边缘点检测，设定阈值 T，对梯度图像进行二值化：

$$g(x, y) = \begin{cases} L_G & G[f(x, y)] \geqslant T \\ L_B & \text{其他} \end{cases} \tag{6.4}$$

Roberts 算子边缘定位准，但是对噪声敏感，适用于边缘明显而且噪声较少的图像分割。在应用中经常用 Roberts 算子来提取道路。

6.2.3 Prewitt 算子

Prewitt 算子是一种边缘样板算子，利用像素点上下、左右邻点灰度差在边缘处达到极值检测边缘，对噪声具有平滑作用。

Prewitt 算子可将梯度算子、Roberts 算子由 2×2 模板扩大到 3×3 模板，计算差分，公式如下：

$$\begin{cases} f'_x = [f(i+1, j-1) + f(i+1, j) + f(i+1, j+1)] - \\ \qquad [f(i-1, j-1) + f(i-1, j) + f(i-1, j+1)] \\ f'_y = [f(i-1, j+1) + f(i, j+1) + f(i+1, j+1)] - \\ \qquad [f(i-1, j-1) + f(i, j-1) + f(i+1, j-1)] \end{cases} \tag{6.5}$$

Prewitt 算子如下：

$$\begin{bmatrix} -1 & -1 & -1 \\ 0 & 0^* & 0 \\ 1 & 1 & 1 \end{bmatrix} \quad \begin{bmatrix} -1 & 0 & 1 \\ -1 & 0^* & 1 \\ -1 & 0 & 1 \end{bmatrix}$$

利用 Prewitt 算子的图像梯度为：

$$G[f(x, y)] = |f'_x| + |f'_y| \tag{6.6}$$

为进行边缘点检测，设定阈值 T，对梯度图像进行二值化：

$$g(x, y) = \begin{cases} L_G & G[f(x, y)] \geqslant T \\ L_B & \text{其他} \end{cases} \tag{6.7}$$

Prewitt 算子和梯度算子、Roberts 算子相比，不仅能检测边缘点，还能抑制噪声的影响。

6.2.4 Sobel 算子

Sobel 算子是计算机视觉领域的一种重要处理方法，主要用于获得数字图像的一阶梯度，从而进行边缘检测。Sobel 算子计算图像中每个像素的上下、左右邻域的灰度值加权差，在边缘处达到极值，从而检测边缘。

Sobel 算子在 Prewitt 算子的基础上，采用带权的方法进行差分，公式如下：

$$\begin{cases} f'_x = [f(i+1, j-1) + 2f(i+1, j) + f(i+1, j+1)] - [f(i-1, j-1) + \\ \qquad 2f(i-1, j) + f(i-1, j+1)] \\ f'_y = [f(i-1, j+1) + 2f(i, j+1) + f(i+1, j+1)] - [f(i-1, j-1) + \\ \qquad 2f(i, j-1) + f(i+1, j-1)] \end{cases} \tag{6.8}$$

Sobel 算子如下：

$$\begin{bmatrix} -1 & 0 & 1 \\ -2 & 0^* & 2 \\ -1 & 0 & 1 \end{bmatrix} \quad \begin{bmatrix} -1 & -2 & 1 \\ 0 & 0^* & 0 \\ -1 & 2 & 1 \end{bmatrix}$$

利用 Sobel 算子的图像梯度为：

$$G[f(x, y)] = |f'_x| + |f'_y| \tag{6.9}$$

为进行边缘点检测，设定阈值 T，对梯度图像进行二值化：

$$g(x, y) = \begin{cases} L_G & G[f(x, y)] \geqslant T \\ L_B & \text{其他} \end{cases} \tag{6.10}$$

Sobel 算子计算简单，检测效率高，与 Prewitt 算子相比，抑制噪声的能力更强，但是得到的边缘较粗，且可能出现伪边缘。

6.2.5 Kirsch 边缘检测算子

Kirsch 边缘检测算子(简称 Kirsch 算子)由 8 个卷积核组成，如下所示。

$$\begin{bmatrix} 5 & 5 & 5 \\ 3 & 0 & -3 \\ -3 & -3 & 3 \end{bmatrix} \quad \begin{bmatrix} 3 & 5 & 5 \\ -3 & 0 & 5 \\ -3 & -3 & -3 \end{bmatrix} \quad \begin{bmatrix} -3 & 3 & 5 \\ -3 & 0 & 5 \\ -3 & -3 & 5 \end{bmatrix}$$

$$\begin{bmatrix} -3 & -3 & -3 \\ -3 & 0 & 5 \\ -3 & 5 & 5 \end{bmatrix} \quad \begin{bmatrix} -3 & -3 & -3 \\ -3 & 0 & 3 \\ 5 & 5 & 5 \end{bmatrix} \quad \begin{bmatrix} -3 & -3 & -3 \\ 5 & 0 & 3 \\ 5 & 5 & 3 \end{bmatrix}$$

$$\begin{bmatrix} 5 & -3 & -3 \\ 5 & 0 & 3 \\ 5 & 5 & 3 \end{bmatrix} \quad \begin{bmatrix} 5 & 5 & 3 \\ 5 & 0 & 3 \\ -3 & -3 & -3 \end{bmatrix}$$

图像中的每个像素点都用这 8 个核进行卷积运算，即须求出 $f(x, y)$ 8 个方向的平均差分，从所有方向中找出一个最大值，作为边缘强度，输出最大值的卷积核的序号就是边缘方向的编码，该算子可以较好地抑制边缘检测的噪声。

6.2.6 拉普拉斯算子

拉普拉斯算子是最简单的各向同性微分算子，具有旋转不变性。一个二维图像函数的拉普拉斯变换是各向同性的二阶导数，定义为：

$$\nabla^2 f = \frac{\partial^2 f}{\partial x^2} + \frac{\partial^2 f}{\partial y^2} \tag{6.11}$$

为了更适合于数字图像处理,将该方程表示为离散形式：

$$\nabla^2 f = [f(x+1,y) + f(x-1,y) + f(x,y+1) + f(x,y-1) - 4f(x,y)] \tag{6.12}$$

拉普拉斯算子对图像进行二阶微分后，在图像边缘处产生一个陡峭的零交叉点，根据零交叉点判断图像的边缘。拉普拉斯算子与坐标轴方向无关，坐标轴旋转后梯度结果不变。拉普拉斯算子的模板如图 6.5 所示。

6.2.7 马尔算子

梯度算子、Sobel 算子、Prewitt 算子、Roberts 算子和拉普拉斯算子均直接在原始图像

0	1	0
1	-4	1
0	1	0

图6.5　拉普拉斯算子模板

上进行边缘检测。但由于图像中噪声的存在，这些方法很可能将噪声点当成边缘点检测出来，影响图像的边缘检测效果。

基于拉普拉斯算子，马尔(Marr)和希尔得勒斯(Hildreth)根据人类视觉特性，提出一种边缘检测方法，将高斯滤波和拉普拉斯算子结合在一起进行边缘检测。因此，马尔算子也称为拉普拉斯高斯算法 LoG(Laplacian of Gaussian)。马尔算子先对图像进行高斯滤波，去除噪声，再利用拉普拉斯算子进行边缘检测，这样既平滑了图像又降低了噪声。

(1)滤波：首先对图像$f(x, y)$进行平滑滤波，平滑函数采用高斯函数，公式如下：

$$G(x, y)=\frac{1}{2\pi\sigma^2}\exp\left[-\frac{1}{2\sigma^2}(x^2+y^2)\right] \tag{6.13}$$

将$G(x, y)$与$f(x, y)$图像进行卷积，可以得到一个平滑的图像，即：

$$g(x, y)=f(x, y)*G(x, y) \tag{6.14}$$

(2) 增强：对平滑图像进行拉普拉斯运算，即：

$$h(x, y)=\nabla^2[f(x, y)*G(x, y)] \tag{6.15}$$

(3) 边缘检测：利用二阶导数过零交叉点的性质，确定图像中阶跃边缘的位置。

由于对平滑图像$g(x, y)$进行拉普拉斯运算可等效为$G(x, y)$的拉普拉斯运算与$f(x, y)$的卷积，故上式可变为：

$$h(x, y)=f(x, y)*\nabla^2G(x, y) \tag{6.16}$$

因此，可以求高斯滤波器的拉普拉斯变换，再求与图像的卷积，然后再进行过零判断。拉普拉斯高斯算法 LoG 的 5×5 常用模板如下：

$$\begin{bmatrix} -2 & -4 & -4 & -4 & -2 \\ -4 & 0 & 8 & 0 & -4 \\ -4 & 8 & 24 & 8 & -4 \\ -4 & 0 & 8 & 0 & -4 \\ -2 & -4 & -4 & -4 & -2 \end{bmatrix} \quad \begin{bmatrix} 0 & 0 & -1 & 0 & 0 \\ 0 & -1 & -2 & -1 & 0 \\ -1 & -2 & 16 & -2 & -1 \\ 0 & -1 & -2 & -1 & 0 \\ 0 & 0 & -1 & 0 & 0 \end{bmatrix}$$

6.2.8　Canny 边缘检测算子

Sobel 算子、Prewitt 算子、Roberts 算子、Kirsch 算子等传统边缘检测算子的实际检测效果并不好，但 Canny 边缘检测算子的性能较好，性能更加完善的改进型的 Canny 算子也层出不穷，例如自适应 Canny 算子等。

Canny 边缘检测算子(简称 Canny 算子)是一种既能滤波去噪声，又能保持边缘特性的边缘检测滤波器。采用二维高斯函数任意方向上的一阶方向导数为噪声滤波器，通过与图像卷积进行滤波；然后对滤波后的图像寻找图像梯度的局部最大值，以此来确定图像边缘。Canny 边缘检测算子的优点：①低误码率，很少把边缘点误认为非边缘点；②高定位精度，即精确地把边缘点定位在灰度变化最大的像素上；③抑制虚假边缘。Canny 边缘检测算法过程如图 6.6 所示。

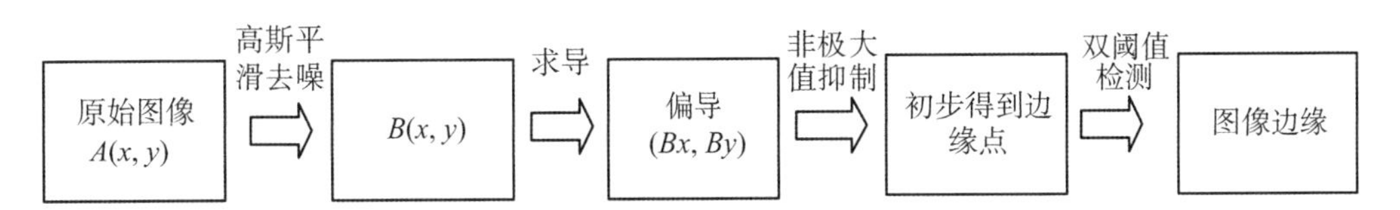

图 6.6　Canny 边缘检测算法过程

Canny 边缘检测算法的具体步骤如下：

步骤 1：用高斯滤波器平滑图像。

高斯函数：

$$G(x,\ y)=\frac{1}{2\pi\sigma^2}\exp\left(-\frac{x^2+y^2}{2\sigma^2}\right) \tag{6.17}$$

平滑后的图像为：

$$f'(x,\ y)=G(x,\ y)*f(x,\ y) \tag{6.18}$$

步骤 2：用高斯算子的一阶差分对图像进行滤波，得到每个像素的位置梯度大小和方向。

$$\phi_1(x,\ y)=f'(x,\ y)*H_1(x,\ y)$$

$$\phi_2(x,\ y)=f'(x,\ y)*H_2(x,\ y)$$

$$H_1=\begin{vmatrix}-1 & -1\\ 1 & 1\end{vmatrix} \tag{6.19}$$

$$H_2=\begin{vmatrix}1 & -1\\ 1 & -1\end{vmatrix}$$

$$\text{梯度值 } \phi(x,\ y)=\sqrt{\phi_1^2(x,\ y)+\phi_2^2(x,\ y)} \tag{6.20}$$

$$\text{梯度方向 } \theta_\phi(x,\ y)=\arctan\frac{\phi_2(x,\ y)}{\phi_1(x,\ y)} \tag{6.21}$$

步骤 3：对梯度幅值进行非极大值抑制，其过程为找出图像梯度中的局部极大值点，把其他非局部极大值置零，以得到细化的边缘。

幅角方向检测模值的极大值点，即边缘点，遍历 8 个方向图像像素，把每个像素偏导值与相邻像素的模值比较，取其 MAX 值为边缘点，置像素灰度值为 0。

步骤4：用双阈值算法检测和连接边缘。

双阈值算法是对非极大值抑制图像采用两个阈值 T_1 和 T_2，且 $T_2 \approx 2T_1$，从而得到两个阈值边缘图像 $N_1[i, j]$ 和 $N_2[i, j]$。较大阈值检测出的图像 N_2 去除了大部分噪声，但是也损失了有用的边缘信息。较小阈值检测得到的图像 N_1 则保留着较多的边缘信息，以此为基础，补充图像2中丢失的信息，连接图像边缘。

连接边缘的具体步骤如下：

对图像 N_2 进行扫描，当遇到一个非零灰度的像素 $p(x, y)$ 时，跟踪以 $p(x, y)$ 为开始点的轮廓线，直到轮廓线的终点 $q(x, y)$。

考察图像 N_1 中与图像 N_2 中 $q(x, y)$ 点位置对应的点 $s(x, y)$ 的8邻近区域。如果在 $s(x, y)$ 点的8邻近区域中有非零像素 $s(x, y)$ 存在，则将其包括到图像 N_2 中，作为 $r(x, y)$ 点。从 $r(x, y)$ 开始，重复第一步，直到在图像 N_1 和图像 N_2 中都无法继续为止。

当完成对包含 $p(x, y)$ 的轮廓线的连接之后，将这条轮廓线标记为已经访问。回到第一步，寻找下一条轮廓线。重复第一步、第二步、第三步，直到图像 N_2 中找不到新轮廓线为止。

至此，完成了Canny算子的边缘检测。

以上这些算子的对比如表6.1所示。

表6.1　边缘检测的效果对比

边缘检测算法	边缘检测效果
Sobel算子	检测方法对灰度渐变和噪声较多的图像处理效果较好，边缘定位精度不够高，图像的边缘不止一个像素
Roberts算子	检测方法对含陡峭的低噪声的图像处理效果较好，但是提取边缘的结果会使边缘比较粗，边缘定位不是很准确
Prewitt算子	检测方法对灰度渐变和噪声较多的图像处理效果较好，但边缘较宽，而且间断点多
拉普拉斯算子	对噪声比较敏感，所以很少用该算子检测边缘，而是用来判断边缘像素是图像的明区还是暗区
LoG算子	高斯滤波和拉普拉斯边缘检测结合的产物，它具有拉普拉斯算子的所有优点，同时也克服了其对噪声敏感的缺点
Kirsch算子	对灰度渐变和噪声较多的图像处理效果较好
Canny算子	不容易受噪声干扰，能够检测到真正的弱边缘。优点在于，使用两种不同的阈值分别检测强边缘和弱边缘，并且当弱边缘和强边缘相连时，才将弱边缘包含在输出图像中

梯度算子、Roberts 算子、Prewitt 算子、Sobel 算子、Kirsch 边缘检测算子、拉普拉斯算子、马尔算子和 Canny 算子的边缘检测实例如图 6.11 所示。

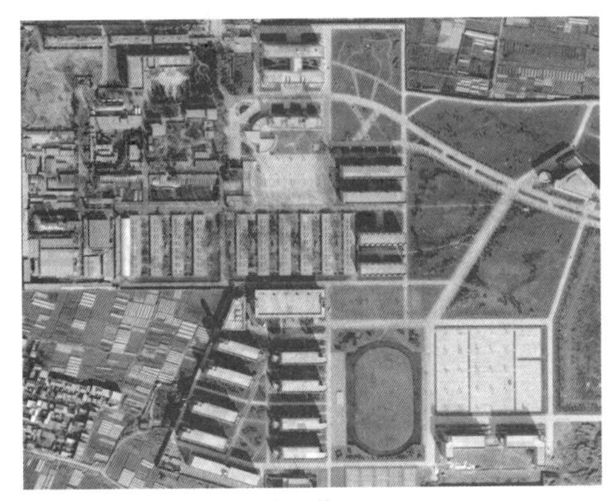

（a）原始图像

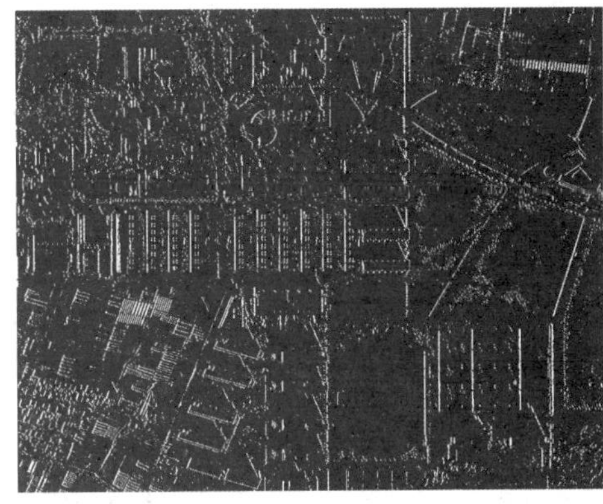

（b）梯度算子锐化效果

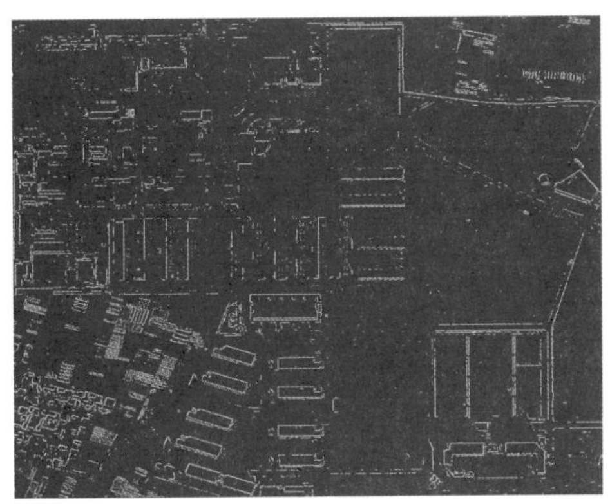

（c）Roberts算子锐化效果

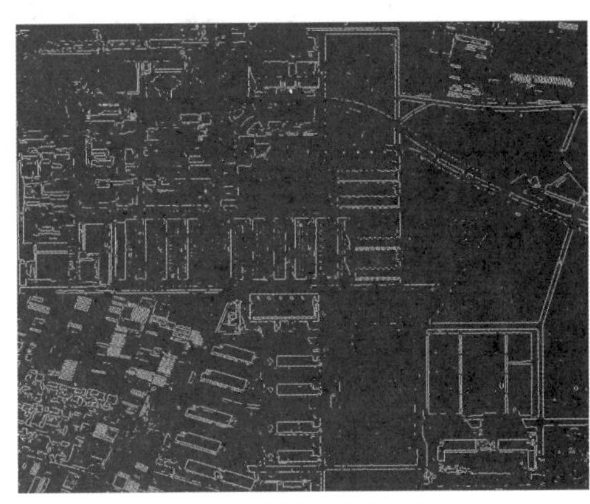

（d）Prewitt算子锐化效果

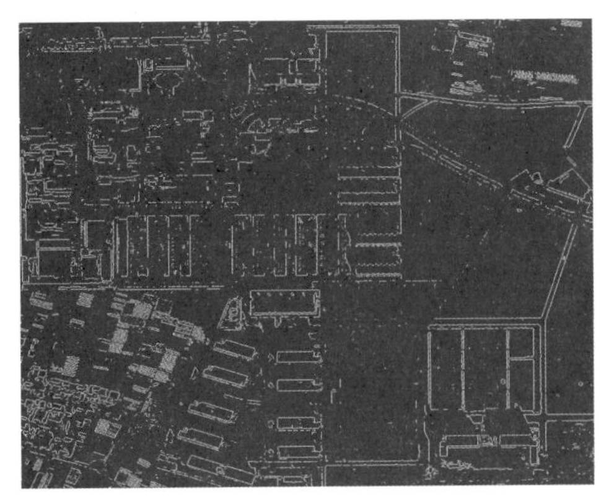

（e）Sobel算子锐化效果

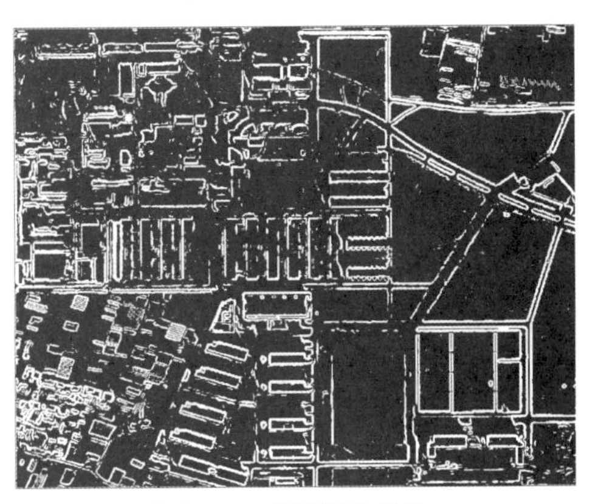

（f）Kirsch算子锐化效果

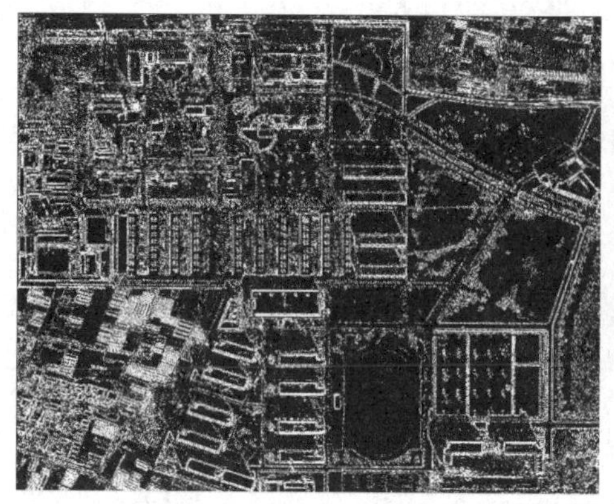

（g）拉普拉斯算子锐化效果

（h）马尔算子锐化效果

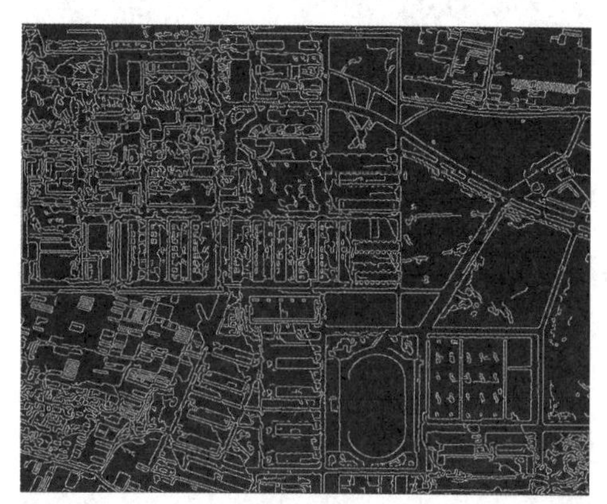

（i）Canny算子锐化效果

图 6.7 边缘检测算子锐化效果

6.3 阈值分割

图像阈值分割是一种传统的、常用的图像分割方法，该方法实现简单、计算量小、性能稳定。阈值分割法利用图像中要提取的目标物与其背景在灰度特性上的差异，把图像视为具有不同灰度级的两类区域（目标和背景）的组合，选取一个合适的阈值，以确定图像中每个像素点应该属于目标还是背景区域。阈值分割法适用于目标和背景占据不同灰度级范围的图像，但难点在于如何选择一个合适的阈值实现较好的分割。

设原始图像 $f(x, y)$ 包括目标、背景和噪声，以一定的准则在原始图像 $f(x, y)$ 中找出一个合适的灰度值，作为阈值 T，将图像分成两部分，即大于 T 的像素群和小于 T 的像素群，则分割后的图像 $f'(x, y)$ 可由下式表示：

$$f'(x, y) = \begin{cases} 1 & f(x, y) \geq T \\ 0 & f(x, y) < T \end{cases} \tag{6.22}$$

由于实际得到的图像目标和背景之间不一定单纯地分布在两个灰度范围内，此时就需要两个或两个以上的阈值来提取目标，将阈值设置为一个灰度范围[T_1，T_2]，凡是灰度在范围内的像素都变为1，否则皆变为0，即：

$$f'(x, y)=\begin{cases}1 & T_1 \leqslant f(x, y) \leqslant T_2 \\ 0 & 其他\end{cases} \tag{6.23}$$

某种特殊情况下，高于阈值 T 的像素保持原灰度级，其他像素都变为0，称为半阈值法，分割后的图像可表示为：

$$f'(x, y)=\begin{cases}f(x, y) & f(x, y) \geqslant T \\ 0 & 其他\end{cases} \tag{6.24}$$

阈值分割图像的基本原理可用下式表示：

$$f'(x, y)=\begin{cases}Z_E & f(x, y) \in \mathbf{Z} \\ Z_B & 其他\end{cases} \tag{6.25}$$

阈值 T 的选取是阈值分割法的关键。如果 T 值选取过大，则很多的目标点会误归为背景；如果 T 值选取过小，则很多的背景点会误归为目标。

阈值分割算法主要有两个步骤：

(1)确定需要的分割阈值；

(2)将分割阈值与像素值比较，划分像素。

利用阈值分割法的图像一般都满足以下模型：

假设图像由具有单峰灰度分布的目标和背景组成，处于目标或背景内部相邻像素间的灰度值是高度相关的，但处于目标和背景交界处两边的像素在灰度值上有很大的差别。

如果一幅图像满足以上条件，它的灰度直方图基本上可看作是由分别对应目标和背景的两个单峰直方图混合构成的。

6.3.1 简单直方图分割法

设一幅图像的灰度级为 L，像素总数为 N，灰度级 k 的像素数为 n_k，则灰度级 k 出现的概率定义为：

$$P(k)=\frac{n_k}{n} \tag{6.26}$$

灰度直方图可以反映图像上灰度分布的统计特性，是直方图阈值分割法的基础。如果灰度直方图呈明显的双峰状，则选取两峰之间谷底所对应的灰度级作为阈值，如图6.8所示。简单直方图分割法的实例如图6.9所示。

该方法不适合直方图中双峰差别很大或双峰间的谷比较宽广而平坦的图像，以及单峰直方图的情况。

6.3.2 最优阈值分割法

如果图像中目标和背景的灰度分布过于分散或者它们的分布有部分交错，这会导致没有明显的双峰-谷底现象，很难找出合适的阈值，或者即使直方图有较为明显的双峰一谷，但因为它是两个单峰直方图的叠加，很有可能使得此时的谷点并不是最准确的阈值

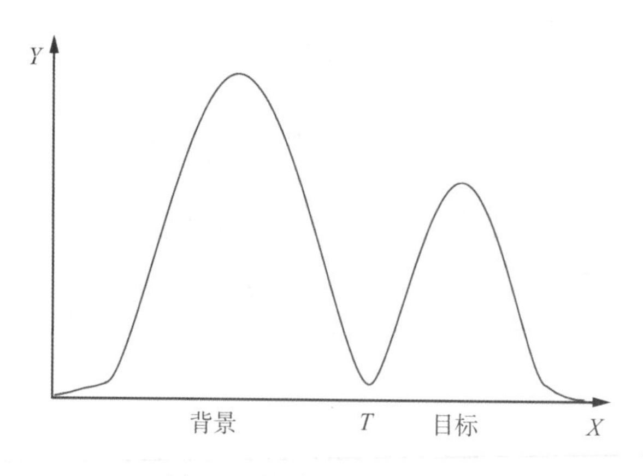

图 6.8 简单直方图分割法

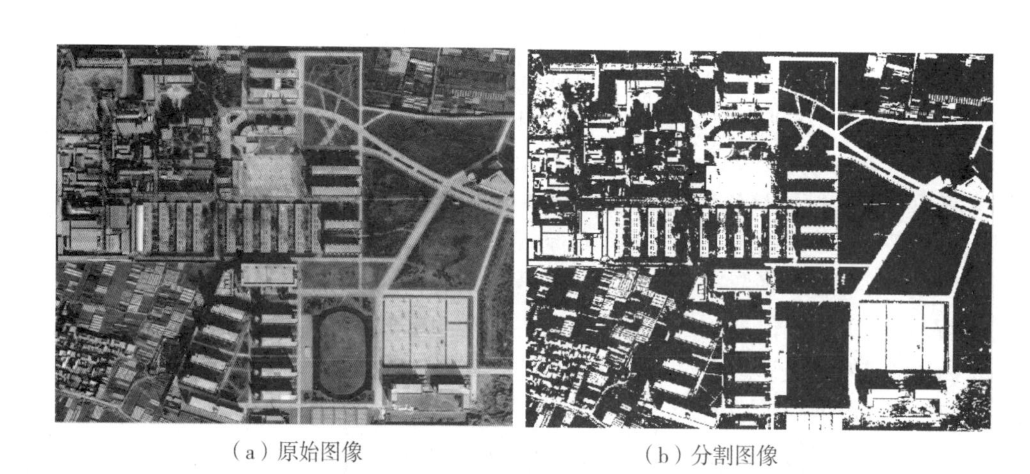

（a）原始图像　　（b）分割图像

图 6.9 简单直方图分割法实例

点。以上这些问题，都是简单直方图分割法无法解决的。

为了解决以上问题，可以利用最优阈值，该方法的分割结果在错分概率准则下达到最优。

最优阈值分割法的步骤如下：

①设定目标物和背景的概率及其灰度分布概率密度函数；

②给定一个阈值 t 下，求每类的分割错误概率；

③ 求此阈值下总分割错误概率 $e(t)$；

④ 由总分割错误概率 $e(t)$ 的极小值求解最优阈值 T。

假设目标和背景的灰度概率分布如图 6.10 所示。

$p_1(x)$ 和 $p_2(x)$ 是背景和目标的灰度直方图，P_b 是背景像素数占全图像素数的比，P_o 是目标像素数占全图像素数的比。

分割错误 1：

$$e_1 = \int_{-\infty}^{t} p_1(x)\mathrm{d}x \tag{6.27}$$

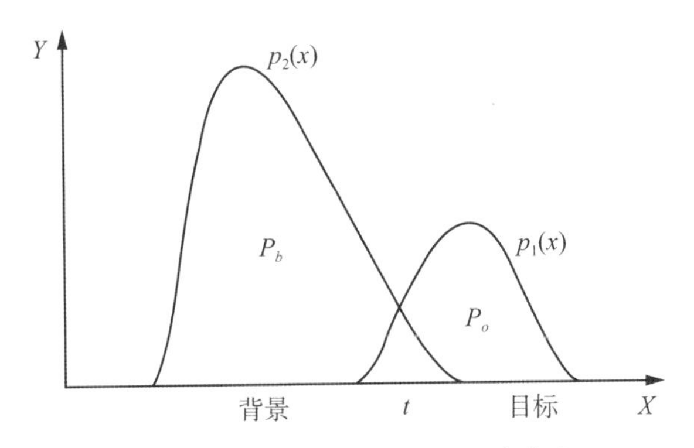

图 6.10 目标和背景的灰度概率分布

分割错误 2：
$$e_2 = \int_t^{\infty} p_2(x)\,\mathrm{d}x \tag{6.28}$$

分割总错误率：
$$e(t) = P_o e_1 + P_b e_2 = P_o \int_{-\infty}^{t} p_1(x)\,\mathrm{d}x + P_b \int_t^{\infty} p_2(x)\,\mathrm{d}x$$
$$\frac{\mathrm{d}e(t)}{\mathrm{d}t} = 0 \tag{6.29}$$

最优阈值满足的条件：
$$P_o p_1(T) = P_b p_2(T) \tag{6.30}$$

最优阈值分割的实例如图 6.11 所示。

（a）原始图像

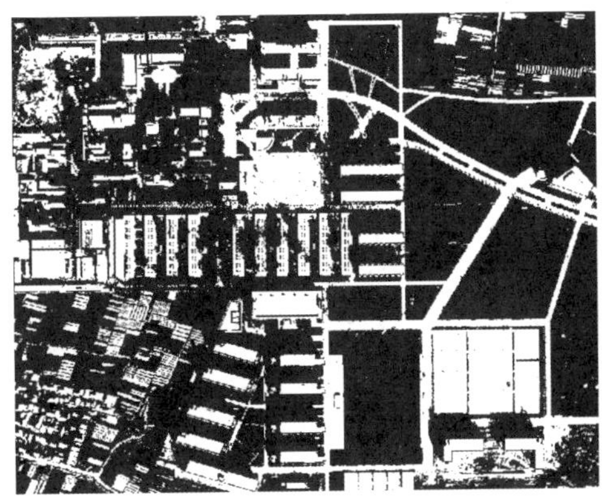

（b）分割图像

图 6.11 最优阈值分割法实例

6.3.3 类间方差阈值分割法

类间方差阈值分割法是分割两类区域的阈值方法。当图像灰度直方图的形状有双峰但无明显低谷或者是双峰与低谷都不明显，采用类间方差阈值分割法可以得到较为满意的结果。同时该方法较为简单，是一种广泛使用的阈值分割方法。

设原始图像灰度级为 L，灰度级为 k 的像素点数为 n_k，图像像素总数为 N，则图像的灰度直方图为 $p_k = n_k/N$，$\sum_{k=0,\cdots,L-1} p_k = 1$。

按灰度级将阈值 t 划分为两类：$C_0 = (0, 1, \cdots, t)$ 和 $C_1 = (t+1, t+2, \cdots, L-1)$，因此，$C_0$ 和 C_1 类的出现概率及均值分别由下列各式给出：

$$w_0 = P_r(C_0) = \sum_{i=0}^{t} p_i = w(t) \tag{6.31}$$

$$w_1 = P_r(C_1) = \sum_{i=t+1}^{L-1} p_i = 1 - w(t) \tag{6.32}$$

$$\mu_0 = \sum_{i=0}^{t} ip_i/w_0 = \mu(t)/w(t) \tag{6.33}$$

$$\mu_1 = \sum_{i=t+1}^{L-1} ip_i/w_1 = \frac{\mu_T(t) - \mu(t)}{1 - w(t)} \tag{6.34}$$

$$\mu(t) = \sum_{i=0}^{t} ip_i \tag{6.35}$$

$$\mu_T = \mu(L-1) = \sum_{i=0}^{L-1} ip_i \tag{6.36}$$

可以看出，对任何 t 值，下式都能成立：

$$\begin{aligned} w_0\mu_0 + w_1\mu_1 &= \mu_T \\ w_0 + w_1 &= 1 \end{aligned} \tag{6.37}$$

C_0 和 C_1 类的方差可由下式求得：

$$\begin{aligned} \sigma_0^2 &= \sum_{i=0}^{t} (i - \mu_0)^2 p_i/w_0 \\ \sigma_1^2 &= \sum_{i=t+1}^{L-1} (i - \mu_1)^2 p_i/w_1 \end{aligned} \tag{6.38}$$

定义类内方差为：

$$\sigma_w^2 = w_0\sigma_0^2 + w_1\sigma_1^2 \tag{6.39}$$

类间方差为：

$$\sigma_B^2 = w_0 (\mu_0 - \mu_T)^2 + w_1 (\mu_1 - \mu_T)^2 = w_0 w_1 (\mu_1 - \mu_0)^2 \tag{6.40}$$

总体方差为：

$$\sigma_T^2 = \sigma_B^2 + \sigma_w^2 \tag{6.41}$$

引入关于 t 的等价判决准则：

$$\lambda(t) = \frac{\sigma_B^2}{\sigma_w^2} \tag{6.42}$$

$$\eta(t) = \frac{\sigma_B^2}{\sigma_T^2} \tag{6.43}$$

$$\kappa(t) = \frac{\sigma_T^2}{\sigma_w^2} \tag{6.44}$$

三个准则是等效的，把使 C_0、C_1 两类得到最佳分离的 t 值作为最佳阈值，因此，将 $\lambda(t)$、$\eta(t)$、$\kappa(t)$ 定义为最大判决准则。

由于 σ_w^2 基于二阶统计特性，而 σ_B^2 基于一阶统计特性，它们都是阈值 t 的函数，而 σ_T^2 与 t 值无关，因此三个准则中 $\eta(t)$ 最为简单，因此选其作为准则，可得到最佳阈值 t^*：

$$t^* = \mathrm{Arg}\max_{0 \leqslant t \leqslant L-1} \eta(t) \tag{6.45}$$

1. 一维最大熵值分割法

图像的熵反映了图像包含的信息量大小，反映了图像信息的丰富程度，信息量越大，熵值 H 越大，熵在图像编码和图像质量评价中有重要意义。假设一幅数字图像的灰度范围为[0，$L-1$]，各灰度像素出现的概率为 P_0，P_1，P_2，…，P_{L-1}，直方图 P_i 如图 6.12 所示。根据信息论，各灰度像素具有的信息量分别为 $-\log_2 P_0$，$-\log_2 P_1$，$-\log_2 P_2$，…，$-\log_2 P_{L-1}$，则该图像的平均信息量(熵)定义为：

$$H = -\sum_{i=0}^{L-1} P_i \log_2 P_i \tag{6.46}$$

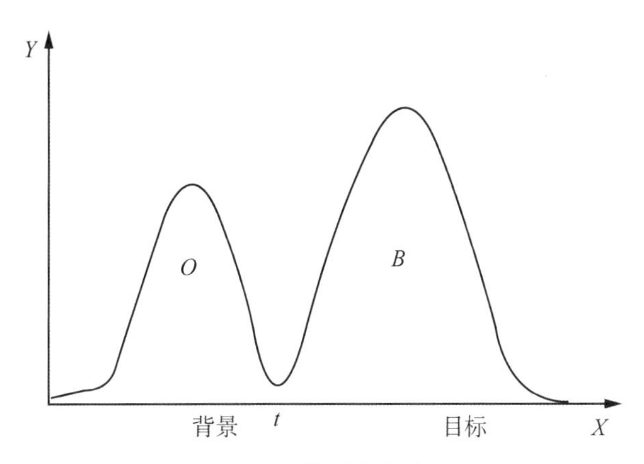

图 6.12　图像的灰度直方图

所谓灰度图像的一维熵最大，就是选择一个阈值，使图像用这个阈值分割出的两部分的一阶灰度统计的信息量最大。

图 6.12 的直方图中 O 区概率分布为 P_i/P_t，$i=0$，2，…，t，直方图中 B 区概率分布为 $P_i/(1-P_t)$，$i=t+1$，$t+2$，…，$L-1$，其中，$P_t = \sum_{i=1}^{t} P_i$。

对于数字图像，目标区域和背景区域的熵分别定义为：

$$H_O(t) = -\sum_i (p_i/p_t)\lg(p_i/p_t) \quad (i=1, 2, \cdots, t) \tag{6.47}$$

$$H_B(t) = -\sum_i [p_i/(1-p_t)]\lg[p_i/(1-p_t)] \quad (i=t+1, t+2, \cdots, L-1) \tag{6.48}$$

熵函数定义为：

$$\phi(t) = H_O + H_B = \lg p_t(1 - p_t) + \frac{H_t}{p_t} + \frac{H_{L-1} - H_t}{1 - p_t} \tag{6.49}$$

$$H_t = -\sum_i p_i \log_2 p_i \quad (i = 1, 2, \cdots, t) \tag{6.50}$$

$$H_{L-1} = -\sum_i p_i \log_2 p_i \quad (i = 1, 2, \cdots, L - 1) \tag{6.51}$$

当熵函数取最大值时对应的灰度值 t^* 就是所求的最佳阈值，即

$$t^* = \text{Arg} \max_{0 \leq t \leq L-1} \{\phi(t)\} \tag{6.52}$$

一维最大熵值分割法通过灰度直方图，仅利用了图像的灰度信息，没有利用空间信息，这导致该方法分割效果差。一维最大熵值分割法分割的实例如图 6.13 所示。

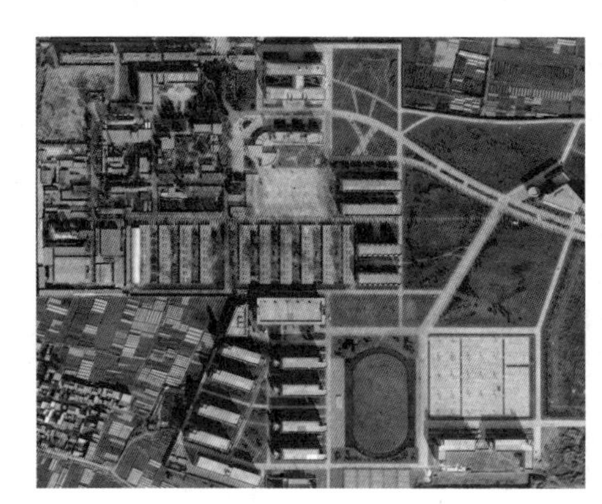

（a）原始图像　　（b）一维最大熵值分割法分割结果

图 6.13　一维最大熵值分割法分割实例

2. 二维最大熵值分割法

在图像特征中，点灰度是最基本的特征，对噪声敏感，但区域灰度特征包含了部分空间信息，且对噪声的敏感程度低于点灰度特征。

二维最大熵值分割法可以综合利用图像点灰度特征和区域灰度特征，达到较好的图像分割效果。

设原始图像灰度级为 L，图像像素总数为 N，以图像中像素及其四邻域构建一个区域，计算区域灰度均值，原始图像中的每个像素都对应一个点灰度 - 区域灰度均值对，这样的数据对存在 $L \times L$ 种可能的取值。设 $n_{i,j}$ 为图像中点灰度为 i 及其区域灰度均值为 j 的像素点数，$p_{i,j}$ 为点灰度 - 区域灰度均值对 (i, j) 发生的概率，则：

$$p_{i,j} = n_{i,j}/(N \times N) \tag{6.53}$$

$\{p_{i,j}\}$ 是该图像关于点灰度 - 区域灰度均值的二维直方图，二维直方图分布在 XOY 平面上，如图 6.14 所示。

点灰度 - 区域灰度均值对的概率高峰主要分布在 XOY 平面的对角线附近，并且在总体上呈现双峰和一谷状态。这是因为在图像中，目标点和背景点所占比例最大，而目标区域

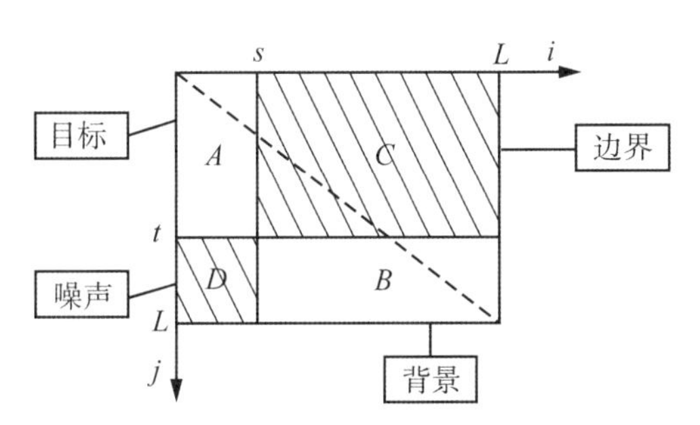

图 6.14 二维直方图的 XOY 平面

和背景区域内部像素灰度级比较均匀，点灰度及其区域灰度均值相差不大，所以都集中在对角线附近，两个峰分别对应于目标和背景，远离 XOY 平面对角线的坐标处，峰的高度急剧下降，这部分所反映的是图像中的噪声点、边缘点和杂散点。

在 A 区和 B 区上用点灰度-区域灰度均值二维最大熵分割法确定最佳阈值，使目标和背景的信息量最大。

设 A 区和 B 区各自具有不同的概率分布，用 A 区和 B 区的后验概率对各区域的概率 $p_{i,j}$ 进行归一化处理，以使分区熵之间具有可加性。如果阈值设在 (s, t)，则：

$$P_A = \sum_i \sum_j P_{i,j} \quad (i = 1, 2, \cdots, s; j = 1, 2, \cdots, t) \tag{6.54}$$

$$P_B = \sum_i \sum_j P_{i,j} \quad (i = s+1, s+2, \cdots, L; j = t+1, t+2, \cdots, L-1) \tag{6.55}$$

离散二维熵为：

$$H = -\sum_i \sum_j P_{i,j} \log P_{i,j} \tag{6.56}$$

则 A 区和 B 区的二维熵分别为：

$$\begin{aligned} H(A) &= -\sum_i \sum_j (p_{i,j}/P_A) \lg(p_{i,j}/P_A) \\ &= -(1/P_A) \sum_i \sum_j (p_{i,j} \lg p_{i,j} - p_{i,j} P_A) \\ &= (1/P_A) \lg P_A \sum_i \sum_j p_{i,j} - (1/P_A) \sum_i \sum_j p_{i,j} \lg p_{i,j} \\ &= \lg P_A + H_A/P_A \end{aligned} \tag{6.57}$$

$$H_A = -\sum_i \sum_j p_{i,j} \lg p_{i,j} \quad (i = 1, 2, \cdots, s; j = 1, 2, \cdots, t)$$

$$\begin{aligned} H(B) &= -\sum_i \sum_j (p_{i,j}/P_B) \lg(p_{i,j}/P_B) \\ &= -(1/P_B) \sum_i \sum_j p_{i,j} \lg(p_{i,j}/P_B) \\ &= (1/P_B) \lg P_B \sum_i \sum_j p_{i,j} - (1/P_B) \sum_i \sum_j p_{i,j} \lg p_{i,j} \\ &= \lg P_B + H_B/P_B \end{aligned} \tag{6.58}$$

$$H_B = -\sum_i \sum_j p_{i,j} \lg p_{i,j} \quad (i = s+1, s+2, \cdots, L; j = t+1, t+2, \cdots, L-1)$$

由于C区和D区包含的是关于噪声和边缘的信息，所以将其忽略不计，即假设C区和D区的$P_{i,j}\approx 0$。C区：$i=s+1, s+2, \cdots, L$；$j=1, 2, \cdots, t$。D区：$i=1, 2, \cdots, s$；$j=t+1, t+2, \cdots, L-1$，可以得到：

$$P_B = 1 - P_A \tag{6.59}$$

$$H_B = H_L - H_A \tag{6.60}$$

$$H = -\sum_i \sum_j P_{i,j}\log P_{i,j} \quad (i=1, 2, \cdots, L; j=1, 2, \cdots, L-1) \tag{6.61}$$

$$H(B) = \log(1-P_A) + (H_L - H_A)/(1-P_A) \tag{6.62}$$

熵的判别函数定义为：

$$\begin{aligned}\varphi(s, t) &= H(A) + H(B)\\ &= H_A/P_A + \lg P_A + (H_L - H_A)/(1-P_A) + \lg(1-P_A)\\ &= \lg[P_A(1-P_A)] + H_A/P_A + (H_L - H_A)/(1-P_A)\end{aligned} \tag{6.63}$$

选取的最佳阈值向量(s^*, t^*)满足：

$$\varphi(s^*, t^*) = \max\{\varphi(s, t)\} \tag{6.64}$$

二维最大熵值分割法分割实例如图6.15所示。

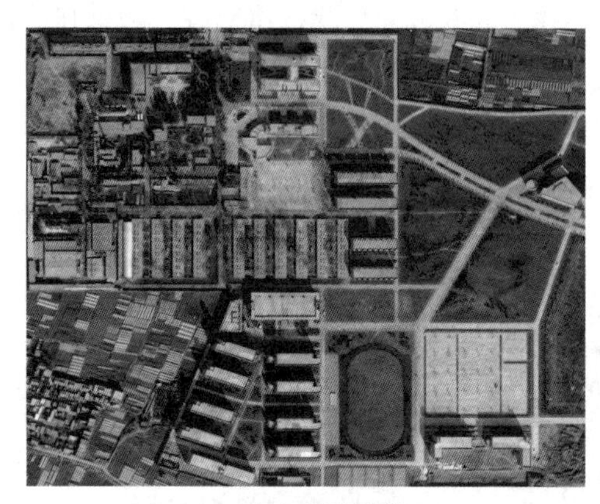

（a）原始图像

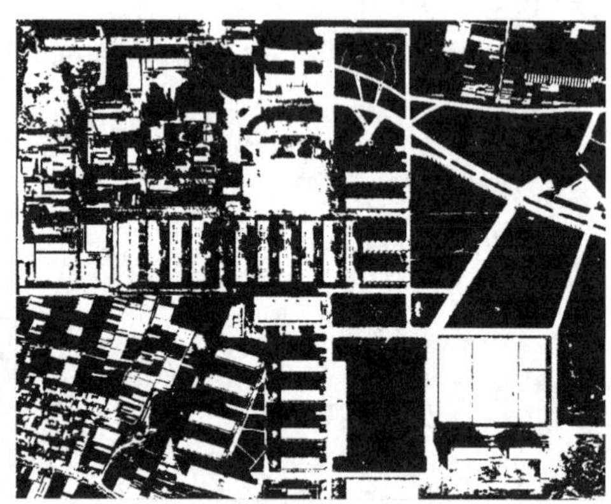

（b）二维最大熵值分割法分割结果

图6.15　二维最大熵值分割法分割实例

6.4　区域分割

图像阈值分割法的缺点是没有或很少考虑空间关系，使多阈值选择受到限制。图像区域分割方法利用图像的空间性质，认为分割出来的属于同一区域的像素应具有相似的性质。区域分割算法的优点是对含有复杂场景或自然景物等先验知识不足的图像，也可以取得较好的分割性能。区域分割算法的缺点是空间和时间开销都比较大。传统的区域分割算法分为区域生长法和区域分裂合并法。

图像中属于某个区域的像素点必须加以标注，当应用区域生长法来分割图像时，最终应该不存在没有被标注的像素点。在同一区域的像素点必须相连，可以从现在所处的像素点出发，按照某种连接方式到达任何一个邻近的像素点。常用的有两种各向同性连通方式：四连通和八连通。

区域之间不能重叠，一个像素只能有一个标注。在区域 R_i 中每一个像素点必须遵从某种规则 $P(R_i)$。例：当区域 R_i 中所有像素具有相似的灰度(相似性在一定的范围内)，$P(R_i)$ 为真。两个不同的区域 R_i 和 R_j 具有的规则不同。

6.4.1 区域生长法

区域生长法的基本思想是在每个需要分割的区域找一个种子像素作为生长的起点，然后将种子像素周围邻域中与种子像素有相同或相似的像素合并到种子像素所在的区域中。影响区域生长法的因素主要是种子像素的选取和生长准则依赖应用。区域生长法的基本步骤：

(1)选择区域的种子像素；

(2)确定将相邻像素包括进来的准则；

(3)制定生长停止的规则(确定相似性准则)；

(4)最简单的区域生长法是将像素聚类。

区域生长法是将区域 R 划分为若干个子区域 R_1，R_2，…，R_n，这些子区域满足 5 个条件：

① 完备性：$\bigcup_{i=1}^{n} R_i = R$。

② 连通性：每个 R_i 都是一个连通区域。

③ 独立性：对于任意 $i \neq j$，$R_i \cap R_j = \varnothing$。

④ 单一性：每个区域内的特征值(灰度级)相等或相近，$P(R_i) = \text{True}$，$i = 1, 2, \cdots, n$。

⑤ 互斥性：任两个区域的特征值(灰度级)不等，$P(R_i \cup R_j) = \text{False}$，$i \neq j$。

区域生长法算法实现：

①根据图像的不同应用选择一个或一组种子像素，它或者是最亮或最暗的点，或者是位于点簇中心的点，作为起始点；

②选择一个描述符(条件)；

③从该种子开始向外扩张，首先把种子像素加入结果集合，然后不断将与集合中各个像素连通且满足描述符的像素加入集合；

④重复进行到不再有满足条件的新节点加入集合为止。

例：选取阈值 $T_1 = 3$，阈值 $T_2 = 2$。相似性生长准则 1：在 8 邻近像素灰度差的绝对值小于 3 生长。相似性生长准则 2：在 8 邻近像素灰度差的绝对值小于 2 生长。结果如图 6.16 所示。

区域生长法的优点是计算简单。区域生长法的缺点是需要人工交互以获得种子像素点，在每个需分割的区域中植入一个种子点；区域生长对噪声敏感，会导致分割出的区域存在空洞或将应该分开的区域连接起来。区域生长法分割实例如图 6.17 所示。

5	5	8	6	6
4	5	9	8	7
3	4	5	7	7
3	2	4	5	6
3	3	3	3	3

(a) 种子点选择

4	4	8	8	8
4	4	8	8	8
4	4	4	8	8
4	4	4	4	8
4	4	4	4	4

(b) 相似性生长准则1结果

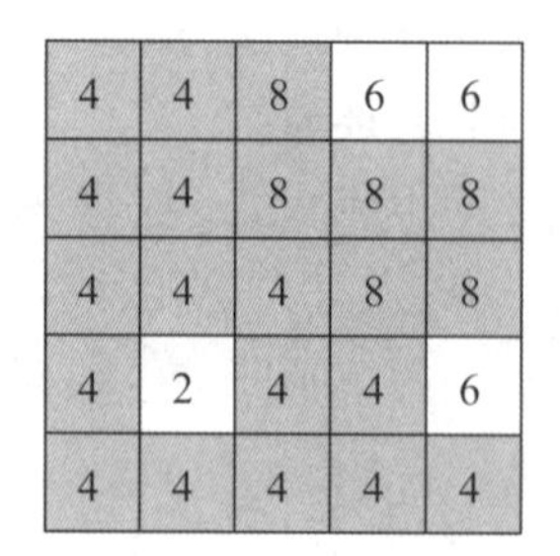

4	4	8	6	6
4	4	8	8	8
4	4	4	8	8
4	2	4	4	6
4	4	4	4	4

(c) 相似性生长准则2结果

图6.16 区域生长法示例

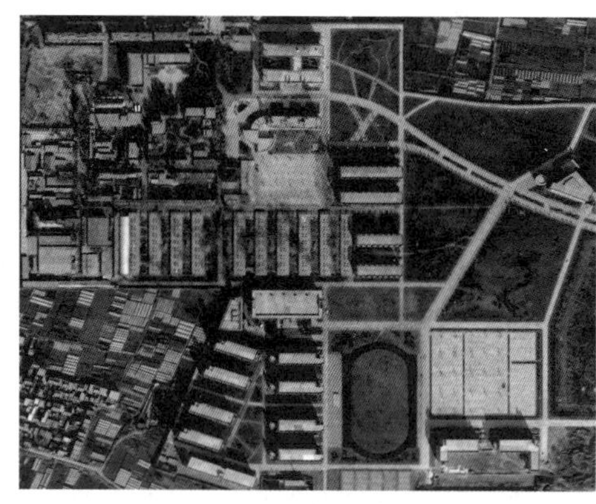

(a) 原始图像

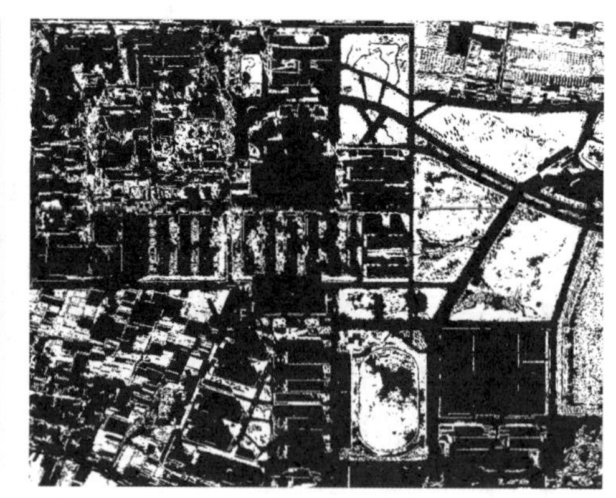

(b) 区域生长法分割效果

图6.17 区域生长法分割实例

6.4.2 区域分裂合并法

区域分裂合并算法的实质是先把图像分成任意大小而且不重叠的区域，然后再合并或分裂这些区域以满足分割的要求。分裂合并算法的优点是不再需要区域生长算法的种子像素，缺点是分割后的区域具有不连续的边界。分裂合并算法的基本数据结构为图像的四叉树结构，如图6.18所示。

分裂合并算法首先将图像中灰度级不同的区域均分为四个子区域；然后，如果相邻的子区域所有像素的灰度级相同，则将其合并；反复进行上两步操作，直至不再有新的分裂与合并为止。

在采用图像四叉树分割时，需用到图像区域内和区域间的均一性。均一性准则是区域是否合并的判断条件。区域是否合并的判断条件为：

(1)区域中灰度最大值与最小值的方差小于某选定值；

(2)两区域灰度平均灰度之差及方差小于某选定值；

(3)两区域纹理特征相同；

(4)两区域参数统计检验结果相同；

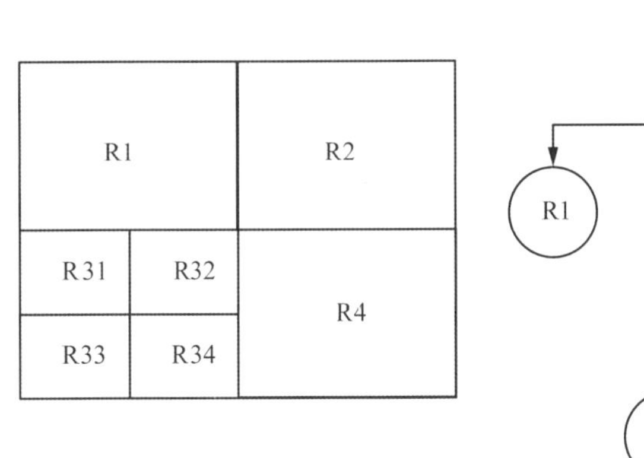

（a）分裂图像

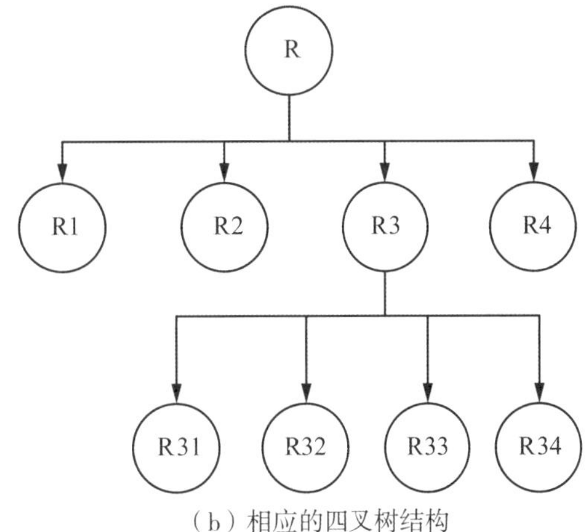

（b）相应的四叉树结构

图 6.18　图像分裂合并数据结构

(5)两区域的灰度分布函数之差小于某选定值。

分裂合并算法的具体实现步骤为：

(1)初始化：生成图像的四叉树数据结构。

(2)合并：根据需要，从四叉树的某一层开始，由下往上检测每一个节点的一致性准则，如果满足相似性或同质性，合并子节点。

(3)分裂：由上往下检测节点的一致性准则，不满足则将子节点分裂。

(4)搜索所有图像块，将邻近未合并的子块合并为一个区域。

(5)按照相似性准则，将一些没有归并的小区域归入邻近的大区域内。

区域分裂合并法分割实例如图 6.19 所示。

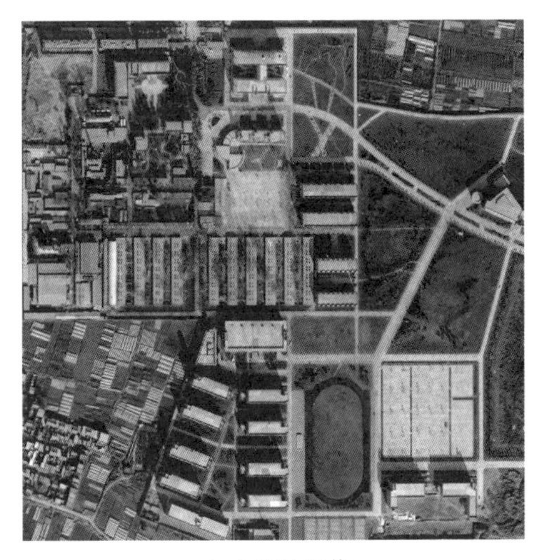

（a）原始图像

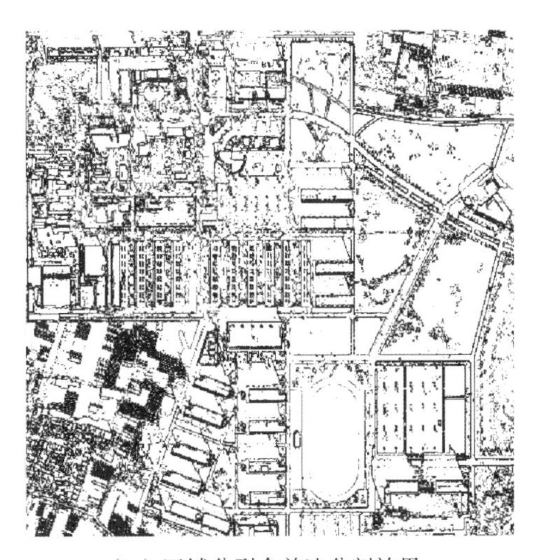

（b）区域分裂合并法分割效果

图 6.19　区域分裂合并法分割实例

第7章　遥感图像分类

遥感图像分类是利用计算机从遥感图像上提取信息，又称为遥感数字图像计算机解译。遥感图像的解译可分为目视解译和计算机解译。目视解译又称为目视判读，是专业人员利用自己所掌握的知识和经验直接在遥感影像上获取地物信息。而遥感图像的计算机解译是以计算机系统为支撑环境，将模式识别技术与人工智能技术相结合，根据遥感影像中目标地物所具有的颜色、形状、纹理与空间位置等各种影像特征，结合专家知识库中目标地物的解译经验和成像规律等知识进行分析和推理，实现对遥感影像的理解，进而完成对遥感影像的解译，比传统的人工目视解译更加便捷、高效、实用。

遥感图像分类首先利用计算机对遥感图像进行定量分析研究，再根据一定的评判规则，把图像中的各个像元或者区域划分到不同的类别之中，以代替人们的目视判读达到地物识别的目的。而遥感图像计算机解译前需要有一定的先验知识，对影像进行判读，确定地物要分多少种类，确定每种地物类别在遥感影像上的区域，运用目视解译的经验和知识指导遥感图像的计算机解译。对计算机解译的结果要进行精度评估，可以通过目视解译获取各个类别的地表真实感兴趣区，或者通过实地调查获取地表真实感兴趣区，或者通过已有的分类图对计算机解译精度进行评价。

遥感图像分类可以高效地获取某地的土地利用现状图、植被覆盖图，还能获得一些使用价值比较高的其他信息，快速制作专题图，更新地理数据库，它广泛应用于自然资源调查、环境监测、自然灾害评估与军事侦察，是地理信息系统中数据采集自动化研究的一个方向，因此具有重要的理论意义和应用前景。

7.1　遥感图像分类概述

7.1.1　遥感图像分类的定义

遥感图像分类的理论依据是：遥感图像中的同类地物在相同的条件(纹理、地形、光照以及植被覆盖等)下应具有相同或相似的光谱信息特征和空间信息特征，从而表现出同类地物的某种内在的相似性，即同类地物的像元特征向量将集群在同一特征空间区域；而不同的地物其光谱信息特征或空间信息特征会不同，将集群在不同的特征空间区域。

遥感图像分类就是利用计算机对遥感图像中各类地物的光谱信息和空间信息进行分析，选择特征，将图像中每个像元按照某种规则或算法划分为不同的类别，然后获得遥感图像中与实际地物的对应信息，从而实现遥感图像的分类。为了提高遥感图像的分类精度，分类时一般采用多波段遥感影像、各种图像变换之后的数据(如植被指数)及其他非遥感数据(如DEM)，寻找能有效描述地物类别特征的模式变量，然后利用这些特征变量对数字图像进行分类。

在多波段图像中，每个波段都可以看成一个变量，称为特征变量。特征变量构成特征空间。遥感图像的光谱特征通常以地物在多光谱图像上的亮度来体现，即不同地物在同一波段图像上表现的亮度一般互不相同。同时，不同地物在多个波段图像上的亮度也呈现不同规律，这就构成了在图像上赖以区分不同地物的物理依据。地面上任意一点通过遥感传感器成像后对应于光谱特征空间上的一点，每个像元具有一组特征值。若 x_i 为地物图像点在第 i 波段图像中的亮度值，n 为图像波段数目，可以组成 n 维特征空间，特征空间上任何一点都可以用具有 n 个分量的特征矢量 $\boldsymbol{X}$ 来表示：$\boldsymbol{X}=[x_1, x_2, \cdots, x_n]^{\mathrm{T}}$。

如果多光谱影像上的每个像素用特征空间中的一点表示，通常情况下，同一类地面目标的光谱特性比较接近，因此在特征空间中点集群在该类的中心附近，多类目标在特征空间中形成多个点簇。

在图7.1中，图像上主要有两类地物，即水体和植被，记作 A，B，则在特征空间中会有 A，B 两个相互分离的点集群。这样将影像中两类地物区分开来等价于在特征空间中找到若干条曲线(对于高光谱影像，需找到若干个曲面)将 A，B 两个点集分割开来。假设分割 A，B 两个点集的曲线为 $f_{AB}(x)$，则方程：

$$f_{AB}(x)=0 \tag{7.1}$$

称为 A，B 两类之间的判别界面。

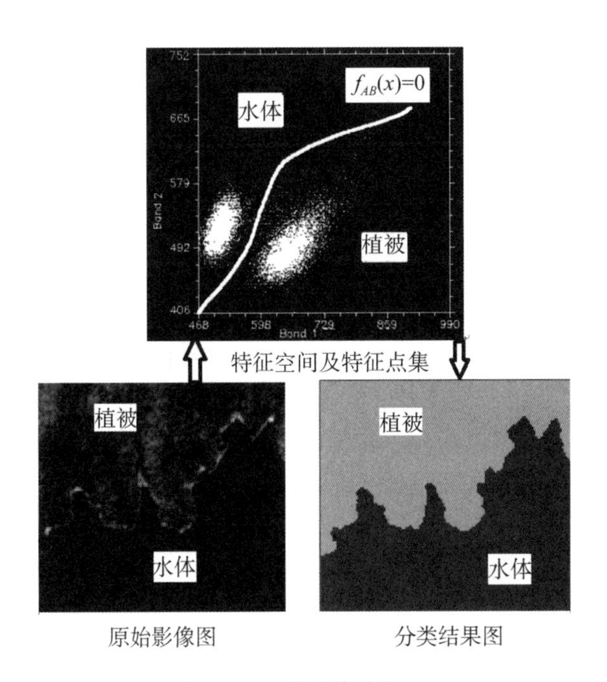

图7.1 遥感图像分类

在 $f_{AB}(x)$ 确定以后，特征空间中的任意一点是属于 A 类还是属于 B 类？根据几何学的知识可知，

$$\left.\begin{aligned}&当 f_{AB}(x)>0 时，x\in A；\\&当 f_{AB}(x)<0 时，x\in B；\end{aligned}\right\}\tag{7.2}$$

式(7.2)称为确定未知类别样本所属类别的判别准则，$f_{AB}(x)$ 称为判别函数。遥感影像分类算法的核心就是确定判别函数 $f_{AB}(x)$ 和相应的判别准则，但在多(高)光谱遥感影像的分类中，情况要复杂得多。

7.1.2　遥感图像分类的方法

最简单的分类是只利用不同波段的光谱亮度值进行单像元自动分类。受传感器空间分辨率和光谱分辨率的影响，遥感图像中普遍存在“同物异谱”和“同谱异物”的现象，仅基于光谱特征进行像元分类，效果有时并不太好，多特征结合的图像分类法效果相对较好。不仅考虑像元的光谱亮度值，还利用像元和其周围像元之间的空间关系，如图像纹理、特征大小、形状、方向性、复杂性和结构，对像元进行分类。因此，它比单纯的单像元光谱分类复杂，且计算量也大。对于多时相图像，由于时间变化引起的光谱及空间特征的变化也是非常有用的信息。例如，在对农作物的分类中，单时相图像无论其具有多少波段，都较难区分不同作物，但是利用多时相信息，由于不同作物生长季节的差别则比较容易区分。另外，在分类中，也经常会利用一些来自地理信息系统或其他来源的辅助信息。例如，在对城市土地利用分类中，往往会参考城市规划图、城市人口密度图等，以便于更精确地区分居住区和商业区。根据参与分类的特征集不同，遥感图像分类可分为基于光谱特征的分类、结合光谱特征和纹理特征的分类、结合光谱特征和形状特征的分类、结合光谱特征和空间辅助信息的分类、多特征结合的分类方法等。

根据处理单元的差异，遥感图像分类可分为基于像素的图像分类和面向对象的图像分类。基于像素的图像分类是指以像元为基本处理单元，将遥感图像中的每个像元按照某种规则划分为不同的类别；面向对象的图像分类是结合地物的光谱特征和空间分布特征，将图像进行分割得到的同质斑块对象作为基本分析单元，根据设定的判别准则对每个斑块对象进行类别归属。高分辨率遥感影像上的不同类型地物易于区分，不同地物之间的斑块界线比较明显，一般采用面向对象的分类方法。

根据是否有已知训练样本的分类数据，图像分类可分为监督分类和非监督分类。监督分类是根据先验知识先对每个类别选择一些训练样本，通过分析训练样本来选择特征变量并构建判别函数，最后把遥感图像中的各个像元划分到给定的类别。非监督分类是事先不考虑类别，即在没有类别先验知识的情况下，仅根据图像特征相似性将所有像元划分为若干个类别，然后再根据先验知识来判定各个类别的属性。

根据像元类别的确定性不同，遥感影像分类可以分为硬分类和软分类。其中硬分类是指分类器拟定两个值 1 和 0，表示对象属于某类的是与否，图像中的任意像元只能被分到一类别中，即每个像元对应一种确定类别。常用的硬分类方法有最小距离法、最大似然法等。软分类是利用隶属度值表示影像对象属于某类别的可能性，隶属度范围在 0 到 1 之间，其中 1 表示对象完全隶属于某一类，0 表示完全不属于某一类，越趋向于 1 就表示它属于某一类的可能性越大。软分类器常用的有模糊分类。

根据分类过程中基于统计特征或判别规则，遥感图像分为统计分类和决策树分类。统计分类是基于分类数据的统计特性(如均值、方差等)的一种分类方法，如最大似然法、最小距离法等。决策树分类是根据目标地物与相关要素的分布规律，构建一套基于相关像素的判断规则。

遥感图像分类的方法如图 7.2 所示，不同划分标准之间有重叠和交叉，先按处理单元的差异分为基于像素的图像分类和面向对象的图像分类。基于像素的图像分类又包括监督分类(监督分类分为统计分类、神经网络分类、支持向量机分类和光谱匹配分类)、非监督分类和决策树分类，面向对象的图像分类又包括监督分类和决策树分类。

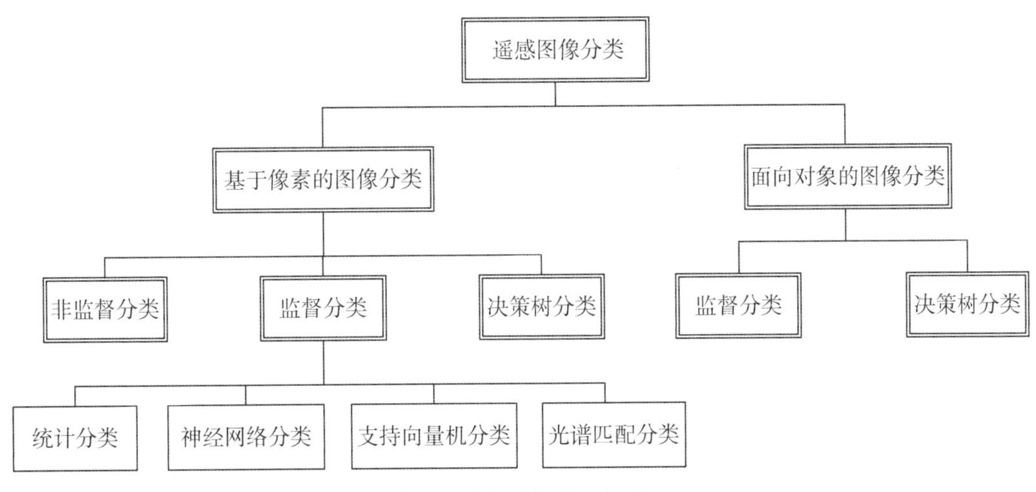

图 7.2 遥感图像分类方法

应用高光谱遥感数据进行地物分类方法主要分为两大类，一类是利用已成熟的多光谱遥感图像分类方法，另一类是对像元光谱曲线的定量化处理与分析。地物波谱特征用波谱曲线表示，分析已知的波谱曲线(端元波谱)和高光谱图像每个像素波谱曲线的匹配程度进行分类，图像分类过程同时进行波谱识别。

运用某一种分类方法进行图像分类比较常见，但随着对分类算法的深入研究，为了提高分类精度，不同分类方法之间优劣互补，在分类时综合运用多种分类方法。实际工作中，常常将监督分类与非监督分类相结合，取长补短，使分类的效率和精度进一步提高。

7.1.3 遥感图像分类的基本过程

遥感数字图像计算机分类基本过程如下：

(1)明确遥感图像分类的目的。了解研究区背景，确定分类使用的分类体系和解译标志，确定分类类别。

(2)数据准备。根据应用目的选取特定区域的遥感数字图像，图像选取时应考虑图像的空间分辨率、光谱分辨率、成像时间、图像质量等。根据研究区域，收集与分析地物参考信息与有关数据。为提高分类精度，可以收集分类辅助数据，如 DEM 数据。

(3)数据预处理。数据获取过程中传感器、大气条件、太阳位置等多种因素的影响会造成数据失真，故需要对数字图像进行辐射校正和几何纠正，以及可能涉及的图像融合、裁剪和图像镶嵌等处理，以获得一幅覆盖研究区域的几何位置准确、对比度清晰的图像，确保图像分类的精度满足需要。

(4)特征提取。从原始图像中计算出能反映类别特性的一组新特征，如植被指数、纹理特征、几何特征等。

(5)分类方法选择。对图像分类方法进行比较研究，掌握各种分类方法的优缺点，然后根据分类要求和图像数据的特征，选择合适的分类方法和算法。

(6)图像分类。对遥感图像中各像素进行分类，包括对每个像素进行分类和对预先分割均匀的区域进行分类。

(7)分类后处理。对于基于像元分类而言，由于受多种因素的影响，在分类结果中可能会产生一些异于周围类别的噪声或者逻辑错误的小图斑，分类处理就是消除这些噪声和错误，一般包括聚类分析、过滤分析和去除分析等。对于面向对象分类而言，主要是修正错分的对象类别。

(8)分类精度检查。在监督分类中把已知的训练数据及分类类别与分类结果进行比较，确认分类的精度及可靠性。

7.2　遥感图像分类数据准备

7.2.1　遥感卫星影像的选取

随着卫星遥感技术的迅速发展，当今的遥感对地观测体系是一个多平台、多传感器、多层次、多角度的立体综合观测系统，能够提供多种空间分辨率、时间分辨率和光谱分辨率的遥感对地观测数据。因此，人们获得影像的覆盖范围、分辨率、影像波段数、影像格式，以及影像质量等都不是相同的，影像获取的成本和难易程度也相差很大。所以，要根据遥感应用的具体要求，选择合适的影像数据，概括起来有如下几种选择。

(1)影像分辨率选择原则。由于解译目标不同，要求不同，采用最佳的影像分辨率不同。如果影像分辨率过低，细小的地物无法解译，满足不了成图精度；如果影像分辨率过高，影像的数据量会比较大，数据处理的时间比较长，工作量也会大大增加。所以，要根据不同尺度选择合适的影像分辨率。当遥感应用没有具体的成图比例尺要求时，若是对全球尺度进行研究，一般选取低分辨率的遥感影像；若研究的是特定小区域，一般选取高分辨率的遥感影像。一般要求和成图比例尺相一致的影像比例尺，比如成图比例尺是1∶10000的，影像分辨率的范围为0.5~2m。

(2)时相选择原则。由于季节不同，环境变化很大，所获得的影像模型是不同的。植被类型的识别一般要用春、秋季影像，因为这时季相变化明显。在选择时间时还要考虑到地理位置的因素，比如黑龙江12月份到3月份地表都有冰雪覆盖，没有办法进行地物分类。针对特定区域不同作物的物候特征，可以根据地物生长的特性，选取多时相的影像对地物进行更准确的识别，例如利用水田和旱地播种和收获的季节不同，选择相应时相的影像进行区分。

(3)影像质量选择原则。尽量选择无云影像，单景影像云量小于10%，且不能覆盖重点地区。原始影像信息要丰富，不存在噪声、斑点和坏线等质量问题。

(4)影像类型选择原则。首先要确定研究区范围，然后根据研究区范围、影像分辨率范围和时相范围查询所能获取的影像，在满足遥感应用要求的条件下，尽量选择成本最低且质量较高的遥感数据。例如成图比例尺是1：250000的，影像分辨率的范围为12.5m到50m之间，可以选择免费下载的Landsat-8和哨兵2号影像。例如成图比例尺是1：10000的，国外的卫星影像都是需要购买的，小范围的研究可以免费申请高分二号卫星影像。

7.2.2　遥感影像数据预处理

受传感器本身的响应特性、大气散射和吸收、太阳光照条件、地物本身的反射或发射特性、地形坡度坡向等因素的影响，传感器接收到的信号与地物的实际光谱之间存在辐射误差，所以要对影像进行大气校正。

由于传感器成像方式、遥感平台运动变化、地球旋转、地形起伏、地球曲率、大气折射等因素的影响，遥感图像不可避免地存在几何误差，为了提取精确的位置和面积信息，需要对遥感影像进行纠正。纠正分为几何纠正和正射纠正，对于中低分辨率的遥感影像，一般采取几何纠正的方式，纠正模型采用多项式模型。对于高分辨率的遥感影像，如果有DEM数据，一般采取正射纠正的方式，纠正模型采用物理模型或有理函数模型。如果要将全色影像和多光谱影像进行融合，融合之前要进行影像配准，影像配准一般以全色影像为参考影像，对多光谱影像进行纠正。有些遥感卫星影像如WorldView2卫星影像，原始全色影像和多光谱影像配准较好，不用进行影像配准，可以直接进行影像融合，融合后再进行正射纠正。

对于多光谱遥感影像数据，一般在分类前不建议使用图像融合和图像镶嵌。因为融合改变了地物的光谱信息，使其统计特性发生改变，从而干扰分类。若为了提高图像的分辨率需要进行影像融合，可以选择Pan sharpening和Gram-Schmidt融合方法，相比于其他融合方法，它们能更好地保持融合前后图像波谱信息的一致性。对于图像镶嵌，同一时相的影像可以进行镶嵌，当时相相差较大时，同一地物在不同影像上表现出不同的光谱特性，不利于影像分类，解决的方法是先对图像进行分类，再对分类结果进行镶嵌。

最后要对影像按研究区范围或按研究区外扩一定范围进行裁剪，去除多余的影像。

7.2.3　特征提取

图像特征是图像分析的重要依据，遥感图像分类中的特征就是能够反映地物光谱信息和空间信息并可用于遥感图像分类处理的变量，用于描述图像的特征主要有光谱特征、纹理特征和空间特征。特征提取是为了获取图像特征信息，目的是区分不同的地物，是图像分类的基本依据。

1. 光谱特征提取

光谱特征是图像中的目标地物的灰度值或者波段间的亮度比等，是地物区别于其他地物的一种本质特征，与像素的位置与空间结构无关。一般情况下，不同的地物具有不同的光谱特性，但是在特殊的情况下会出现异物同谱或者同物异谱的情况。地物的波谱特性在图像上的表现就是像素值，可以用光谱特征曲线图来表示各地物在不同波段的光谱值，在进行遥感图像解译前必须充分了解和掌握图像中各典型地物的光谱特征值，在此基础上提取地物类别信息。光谱特征提取可以从以下三个方面进行。

(1)统计特征提取。常用的基本统计量有灰度的均值、方差、协方差、标准差等。均值是类别样本的一阶统计量，而方差、协方差、标准差是类别样本的二阶统计量，分类时要充分利用一阶统计特征和二阶统计特征进行特征提取，提高分类精度。在进行决策树分类时，可以根据统计量确定地物光谱信息的范围，这有利于对某一特定地物进行分类。

(2)图像变换。图像变换包括主成分变换(又称 K-L 变换)、缨帽变换(又称 K-T 变换)和小波变换等。主成分变换能够把原来多个波段中的有用信息尽量集中到数目尽可能少的特征图像中去，达到数据压缩的目的，新的特征图像波段之间互不相关，所包含的内容不重叠，增加类别的可分性。缨帽变换是对原始数据进行正交变换，主要输出土壤亮度指数和“绿度”植被指数。

(3)波段运算。波段运算是对遥感影像多波段数据进行代数运算，如加、减、乘、除、混合运算等，以增强感兴趣地物的特征信息。例如，对于植被和非植被地物的区分可以用到归一化差值植被指数(NDVI)，即利用植被在红色波段反射率低而近红外波段反射率高的特性。

2. 纹理特征提取

纹理通常被认为是纹理基元按照某种确定性的或者统计性的规律重复排列形成的一种物理现象。纹理特征是一种不依赖于物体表面色调或亮度，反映图像灰度的空间排列分布模式。相对于光谱特征，影像中地物的纹理结构特征更为稳定，可以帮助减少异物同谱和同谱异物现象的发生。例如要区分影像上的针叶林和阔叶林，它们的光谱特性基本相同，但是纹理特征有明显的区别，针叶林的纹理比较细，而阔叶林的纹理比较粗。在遥感图像分类中，采用统计法提取纹理特征参数的方法应用最为广泛。下面仅介绍两种纹理特征提取的方法。

1)纹理能量法

纹理特征主要表现为高频信息在影像上的空间分布情况，因此以影像上的高频信息为基础，可以得到数字形式的纹理特征值。影像上的高频信息可以用高通滤波器检测出来，为了反映纹理图案的方向性，高通滤波器一般选用具有明显方向性的算子。例如，用 0°，45°，90°，135°四个方向的高通滤波算子 $\boldsymbol{M}_1$，$\boldsymbol{M}_2$，$\boldsymbol{M}_3$，$\boldsymbol{M}_4$ 进行边缘检测，可以得到四个方向的微观统计特征影像。若不考虑纹理的方向性，可取四个方向的纹理特征的平均值作为该像素位置的纹理特征值。

$$\boldsymbol{M}_1=\begin{bmatrix}-1&-1&-1\\0&0&0\\1&1&1\end{bmatrix}\quad \boldsymbol{M}_2=\begin{bmatrix}1&1&0\\1&0&-1\\0&-1&-1\end{bmatrix}\quad \boldsymbol{M}_3=\begin{bmatrix}-1&0&1\\-1&0&1\\-1&0&1\end{bmatrix}\quad \boldsymbol{M}_4=\begin{bmatrix}0&-1&-1\\1&0&-1\\1&1&0\end{bmatrix}\tag{7.3}$$

2)基于灰度共生矩阵的纹理特征提取

灰度共生矩阵又称为灰度空间相关矩阵，是一种常用的纹理特征提取方法，它是图像中两个像素灰度级联合分布的统计形式，能较好地反映纹理灰度级相关性的规律。

在进行纹理特征分析时，常常采用3×3的窗口或是大于3的奇数窗口，图像中相距位置为（Δx，Δy）的两个像元组成像元对，像元对中两个像元的灰度值则构成了一组。灰度共生矩阵定义为：图像域范围内，两个距离为d、方向为θ的像元对灰度值组合在图像中出现的概率，通过(d，θ)值可以组合许多的灰度共生矩阵来分析图像灰度级别的空间分布格局。

遥感图像灰度级一般都比较大，在进行纹理分析时，灰度级太多或太少，都可能使原本具有纹理规律的图像变得没有规律，这对于发现纹理规律十分不利。因此在进行纹理分析之前，需要进行影像灰度级合并，即人为设定n(一般为原灰度级的1/4或1/8)个灰度阈值范围。如果图像的灰度级为n，则共生矩阵的大小为$n \times n$，矩阵中位置(i，j)处元素是从灰度为i的像素与该像元距离为d、方向为θ的灰度为j像元这种现象出现的概率$P_{i,j}$。一般情况下，距离选取有1像素距离、2像素距离等。方向为θ的选取通常有0°，45°，90°，135°四个方向。

图像的灰度共生矩阵反映了图像灰度关于方向、相邻间隔、变化幅度的综合信息，是分析图像局部模式结构及排列规则的基础。在实际的应用中，纹理分析的特征量往往不是直接应用计算的灰度共生矩阵，而是在灰度共生矩阵的基础上再提取纹理特征量，称为二次统计量。常用的特征统计量有：

①均值，是灰度共生矩阵中全部元素的平均值，计算公式为：

$$\mu_{i,j} = \frac{1}{n^2}\sum_{i,j=0}^{n-1} P_{i,j} \tag{7.4}$$

②方差，是像元值与均值偏差的程度，计算公式为：

$$\mathrm{STD} = \sqrt{\sum_{i,j=0}^{n-1}(P_{i,j} - \mu_{i,j})} \tag{7.5}$$

③协同性，描述影像局部协调性，计算公式为：

$$\mathrm{HOM} = \sum_{i,j=0}^{n-1}\frac{P_{i,j}}{1+(i+j)^2} \tag{7.6}$$

④对比度，用来衡量邻域内最大值和最小值之间的差异，计算公式为：

$$\mathrm{CON} = \sum_{i,j=0}^{n-1} P_{i,j}(i-j)^2 \tag{7.7}$$

⑤相异性，计算公式为：

$$\mathrm{DIS} = \sum_{i,j=0}^{n-1} P_{i,j}|i-j| \tag{7.8}$$

⑥信息熵，是度量图像纹理特征杂乱程度的指标，计算公式为：

$$\mathrm{ENT} = \sum_{i,j=0}^{n-1} P_{i,j}(-\ln P_{i,j}) \tag{7.9}$$

⑦能量又称为角二阶矩，用于描述图像灰度分布的均质性与一致性，计算公式为：

$$\mathrm{ENE} = \sum_{i,\,j=0}^{n-1} P_{i,\,j}^{2} \tag{7.10}$$

⑧ 相关性，用来衡量相邻像元灰度值的线性依赖程度，反映图像中线性地物的方向性。计算公式为：

$$\mathrm{COR} = \sum_{i,\,j=0}^{n-1} \frac{P_{i,\,j}(i-\mu_i)(j-\mu_j)}{\sqrt{\sigma_i^2 \sigma_j^2}} \tag{7.11}$$

式中：$\mu_i = \sum_{i=0}^{n-1} i \sum_{i=0}^{n-1} P_{i,\,j}$；$\sigma_i = \sum_{i=0}^{n-1} (i-\mu_i)^2 \sum_{i=0}^{n-1} P_{i,\,j}$；$\mu_j$ 和 σ_j 的计算同理。

所有纹理测度中均值作用最强，能量与对比度具有特定的纹理含义，能量随着图像空间频域率的增大而增大，对比度则随着图像对比度的增大而增大，适合区分各种纹理模式。

3. 空间特征提取

地物的空间特征包括形状特征和空间关系特征。地物空间特征的提取一般先提取形状特征，再提取空间关系特征。形状特征主要是分布特征和边界信息，是对所包围区域的描述。分布特征表现为三种，一种是点状地物，一种是线状地物，一种是面状地物。点状地物是由一个或几个像素表示成的地物，可以看作缩小的面状地物。描述面状地物的边界信息是轮廓信息，描述线状地物的信息是长度、宽度和方向。简单区域描述即区域内部空间域分析，是指不经过变换而直接在图像的空间域提取形状特征，主要包括分散度、伸长度、欧拉数、凹凸性、复杂性、距离、区域面积、区域周长和密集度等。空间关系是指图像中分布于不同空间位置的多个目标地物或对象之间的空间位置和相互作用关系，主要包括方位关系、包含关系、相邻关系、相交关系和相贯关系。

目前比较主流的空间特征提取方法可概括为三种。第一种是以像素为基本单元，采用滑动窗口或者方向线扫描的方式进行获取，主要依靠统计中心像素与其周围像素的空间关系特点进行构建。第二种是以影像分割完成后的像素集合即对象为基本单元，依靠对象的面积、形状、拓扑关系等像素群的整体特征进行构建。第三种是利用像素级和对象级分类方法的各自优势进行多尺度条件下的联合分类。

7.2.4　分类辅助数据

在分类的过程中，除了利用多源遥感影像外，还会用到一些别的辅助数据，遥感数据与辅助数据合并可以提高分类性能，如地形、土壤、道路、水系和普查数据。

将地面高程信息作为辅助信息引入遥感影像分类，是提高分类精度的有效措施之一。由于地形起伏的影响，地物的光谱特征发生变化，如位于不同坡面上的同类地物在影像上可能表现为不同的光谱响应特性，位于不同坡面上的不同类型的地物在影像上可能表现为相同的光谱响应特性。另外，不同地物的生长地域，往往受到海拔高度、坡度和坡向等因素的制约。所以，将高程信息作为辅助信息参与分类将有助于提高分类的精度。比如，引入高程信息有助于针叶林和阔叶林的分类，因为针叶林与阔叶林的生长与海拔高度有密切关系，另外土壤类型、岩石类型、地质类型、水系及水系类型等都与地形有密切关系。

DEM数据可以直接与多光谱影像一起对分类器进行训练，也可以将地形分成一些较宽的高程带，将多光谱影像按高程带切片(或分层)，然后分别进行分类。同理，可利用坡度、坡向等其他地形信息。

7.3 非监督分类

7.3.1 非监督分类概述

非监督分类也称为聚类分析或点群分析，即在多光谱图像中搜寻、定义其自然相似光谱集群组的过程。非监督分类不需要人工选择训练样本，仅需极少的人工初始输入，计算机按一定规则自动地根据像元光谱或空间等特征组成集群组，然后分析者将每个组与参考数据比较，将其划分到某一类别中去。

非监督分类主要采用聚类分析的思想和方法，即把像素按照相似性归成若干类别。这种方法首先确定描述各像元之间联系程度的统计量，或称为相似度，在处理中采用距离或相关系数来表征，根据距离相近或相关程度最大的原则来判断、划归同一类像元。若一次归并分类，就要在初始状态给出适当类别；若多次归并，需迭代计算并改正距离，在达到设定的最终类别之前，将重复像元之间相似度评价并归并。它的目标是：属于同一类别的像素之间的差异(距离)尽可能地小，而不同类别中像素间的差异尽可能地大。因为遥感图像的数据量很大，往往是海量数据，所以非监督分类使用的方法都是快速聚类方法。

非监督分类算法的核心问题是初始类别参数的选定以及它的迭代调整问题。因为没有利用地物类别的先验知识，非监督分类只能先假定初始的参数，并通过预分类处理来形成类群，通过迭代使有关参数达到允许的范围为止。迭代方法首先给定某个初始分类，然后采用迭代算法找出使准则函数取极值的最好聚类结果，因此聚类分析的过程是动态的。非监督分类方法很多，其中*K*均值方法和ISODATA方法是效果较好、使用较多的两种方法。很多遥感图像处理软件都含有这两种方法。

非监督分类的一般流程如下：

(1)先确定初始类别参数，即先确定最初类别数和类别中心(点群中心)。

(2)计算每个像素所对应的特征向量与各点群中心的距离。

(3)选取与中心距离最短的类别作为这一向量的所属类别。

(4)计算新的类别均值向量。

(5)比较新的类别均值与初始类别均值，如果发生了改变，则以新的类别均值作为聚类中心，再从第(2)步开始进行迭代。

(6)如果点群中心不再变化，计算停止。

7.3.2 *K*-均值聚类法

K-均值(*K*-means)分类算法是一种较典型的逐点修改迭代的划分聚类算法，也是一种较为广泛使用的方法。*K*-均值分类的聚类准则是使每一分类中，像元点到该类别中心的距离的平方和最小。其基本思想是：先按某些原则选择一些代表点作为聚类的核心，然后把

其余的待分点按某种方法(判据准则)分到各类中去，完成初始分类；初始分类完成以后，重新计算各聚类中心 Z，完成了第一次迭代；然后修改聚类中心，以便进行下一次迭代。这种修改有两种方案，即逐点修改和逐批修改。逐点修改类中心就是一个像元样本按某一原则归属于某一组类后，就要重新计算这个组类的均值，并且以新的均值作为凝聚中心点进行下一次像元聚类。逐批修改类中心就是在全部像元样本按某一组的类中心分类之后，再计算修改各类的均值，作为下一次分类的凝聚中心点。通过迭代，逐次移动各类的中心，直到满足收敛条件为止。收敛条件：对于图像中互不相交的任意一个类，计算该类中的像元值与该类均值差的平方和；将图像中所有类的差的平方和相加，并使相加后的值达到最小。

设图像中总类别数为 m，各类的均值为 C，类内的像元数为 N，像元值为 f，那么，收敛条件是使得下列表达式达到最小：

$$J = \sum_{i=1}^{m} \sum_{j=1}^{N_i} (f_{ij} - C_i)^2 \tag{7.12}$$

K-均值流程图如图7.3所示，具体计算步骤如下：

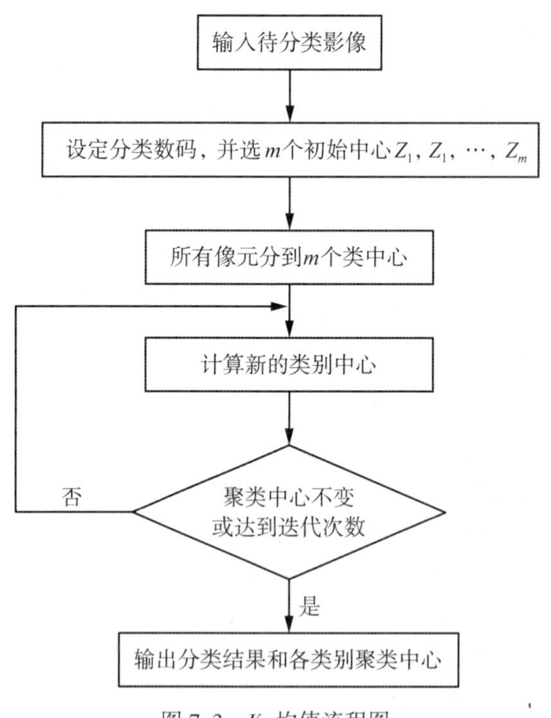

图7.3 K-均值流程图

第一步：适当地选取 m 个类的初始中心 $Z_1(1)$，$Z_2(1)$，…，$Z_m(1)$。初始中心的选择对聚类结果有一定的影响。初始中心的选择一般有如下几种方法：

(1) 根据问题的性质和经验确定类别数 m，从数据中找出从直观上看来比较适合的 m 个类的初始中心。

(2) 将全部数据随机地分为 m 个类别，计算每类的中心，将这些中心作为 m 个类的初始中心。

第二步：在第 k 次迭代中，对任一样本 X 按如下方法把它调整到 m 个类别中的某一类别中去。

对于所有的 $i \neq j(i=1, 2, \cdots, m)$，如果 $\| X - Z_j(k) \| < \| X - Z_i(k) \|$，则 $X \in S_j(k)$，其中 $S_j(k)$ 是以 $Z_j(k)$ 为中心的类。

第三步：由第二步得到 $S_j(k)$ 类的新的中心 $Z_j(k+1)$，$Z_j(k+1) = \frac{1}{N_j} \sum_{x \in S_j(k)} X$，其中 N_j 为 $S_j(k)$ 类的样本数。$Z_j(k+1)$ 是按照使误差平方和 J 最小的原则确定的。

第四步：对于所有的 $i=1, 2, \cdots, m$，如果 $Z_j(k) = Z_j(k+1)$ 或迭代次数达到要求，则迭代结束，否则转到第二步继续进行迭代。

K-Means 方法的优点是实现简单，缺点是过分依赖初值，容易收敛于局部极值。该分类法的结果受到所选聚类中心的数目和其初始位置以及模式分布的几何性质和读入次序等因素的影响，并且在迭代过程中又没有调整类别数的措施，因此可能产生不同的初始分类，得到不同的结果。可以通过其他简单的聚类中心试探方法，如最大最小距离定位或人工分析找出初始中心，提高分类结果。

7.3.3 ISODATA 算法

ISODATA 算法是动态聚类法，也称迭代自组织数据分析算法，在初始状态给出图像粗糙的分类，然后基于一定原则在类别间重新组合样本，直到分类比较合理为止。它与 K-均值算法有几点不同。第一，它不是每调整一个样本的类别就重新计算一次各类样本的均值，而是在每次把所有样本都调整完毕之后才重新计算一次各类样本的均值，前者称为逐个样本修正法，后者称为成批样本修正法。第二，ISODATA 算法不仅可以通过调整样本所属类别完成样本的聚类分析，而且可以自动地进行类别的“合并”和“分裂”，从而得到类数比较合理的聚类结果。第三，ISODATA 分类法是在 K-均值法的基础上改进得到的，允许在 K-均值法的基础上对类数和分类结果进行调整和改变，主要是根据规定的参数(阈值)来检查前一循环中归类的结果，决定进行再分解、合并或者取消某些集群。

1. ISODATA 分类过程

ISODATA 分类过程如下：

(1)按照某个原则选择一些初始聚类中心。在实际操作中，要把初始聚类数设定得大一些，同时引入各种对迭代次数进行控制的参数，如控制迭代的总次数、每一类别最小像元数、类别的标准差、比较相邻两次迭代效果以及可以合并的最大类别对数等，在整个迭代过程中，不仅每个像元的归属类别在调整，而且类别总数也在变化。在用计算机编制分类程序时，初始聚类中心可按如下方式确定，设初始类别数为 n，这样共有 n 个初始聚类中心，求出图像的均值 M 和方差 σ，按下式可求出初始聚类中心：

$$x_k = M + \sigma\left(\frac{2(k-1)}{n-1} - 1\right) \quad (k=1, 2, \cdots, n) \tag{7.13}$$

式中：k 为初始中心编号；n 为初始类别总数。

(2)计算像素与初始类别中心的距离，把该像素分配到最近的类别中。动态聚类法中类别间合并或分割所使用的判别标准是距离，待分像元在特征空间中的距离说明互相之间的相似程度，距离越小，相似性越大，则它们可能会归入同一类。

(3)计算并改正重新组合的类别中心，如果重新组合的像元数目在最小允许值以下，则将该类别取消，并使总类别数减 1。当类别数在一定的范围，类别中心间的距离在阈值以上，类别内的方差的最大值为阈值以下时，可以看作动态聚类的结束。当不满足动态聚类的结束条件时，就要通过类别的合并及分离调整类别的数目和中心间的距离等，返回到上一步重复进行组合。

动态聚类法中有类别的合并或分裂，这说明迭代过程中类别总数是可变的。如果两个类别的中心点距离近，说明相似程度高，两类就可以合并成一类；或者某类像元数太少，该类就要合并到最相近的类中去。类别的分裂也有两种情况：某一类像元数太多，就设法分成两类；如果类别总数太少，就将离散性最大的一类分成两个类别，可以先求出每个类别的均值和标准差，然后通过对每一个波段的标准偏差设定阈值来实现，标准差大于阈值，该类就要分裂。

2. ISODATA 算法过程

ISODATA 算法过程框图如图 7.4 所示，具体算法步骤如下：

第一步：输入参数。N_c 为预选初始聚类中心个数，将 N 个模式样本 $\{X_i,\ i=1,2,\cdots,N\}$ 读入，预选初始聚类中心为 $\{Z_1,\ Z_2,\ \cdots,\ Z_{N_c}\}$，它可以不必等于所要求的聚类中心的数目，其初始位置亦可从样本中任选一些代入；K 为预期的类别数目；TN 为每一聚类域中最少的样本数目，即若少于此数就不作为一个独立的聚类；TE 为一个聚类域中样本距离分布的标准差；TC 为两聚类中心之间的最小距离，如小于此数，两个聚类进行合并；L 为在一次迭代运算中可以合并的聚类中心的最多对数；I 为允许的最多迭代次数。

第二步：将 N 个模式样本按距离最小规则分给最近的聚类 S_j。

第三步：如果 S_j 中的样本数目 $N_j < \mathrm{TN}$，取消该样本子集，这时 N_c 减去 1。

第四步：修正各聚类中心值 Z_j，计算各聚类域 S_j 中诸聚类中心间的平均距离 D_j 及全部模式样本对其相应聚类中心的总平均距离 D_{mean}。

第五步：判别分裂、合并及迭代运算等步骤。

①如迭代运算次数已达 I 次，即最后一次迭代，置 TC=0，跳到第七步。

②如 $N_c \leqslant K/2$，即聚类中心的数目等于或不到规定值的一半，则进入第六步，将已有的聚类分裂。

③ 如迭代运算的次数是偶次，或 $N_c \geqslant 2K$，不进行分裂处理，跳到第七步；如不符合以上两个条件(既不是偶次迭代，也不是 $N_c \geqslant 2K$)，则进入第六步，进行分裂处理。

第六步：分裂操作。计算每聚类中样本距离的标准差向量和向量中的各个分量：

$$\sigma_j = (\sigma_{1j}\quad \sigma_{2j}\quad \cdots\quad \sigma_{nj})^{\mathrm{T}}\quad \sigma_{ij} = \sqrt{\frac{1}{N_j}\sum_{x\in S_j}(x_{ik}-z_{ij})^2} \tag{7.14}$$

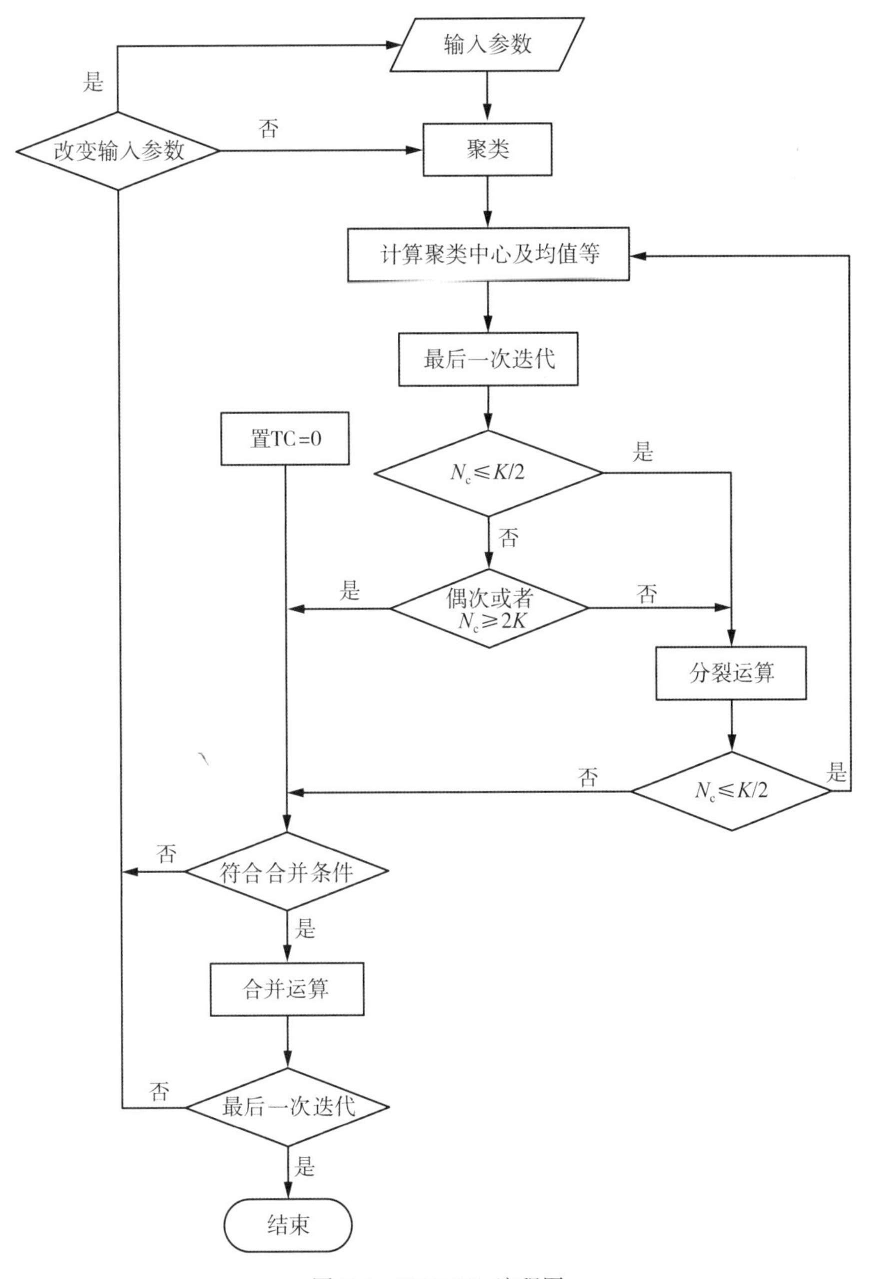

图 7.4 ISODATA 流程图

式中：维数 $i=1, 2, \cdots, n$；聚类数 $j=1, 2, \cdots, N_c$；$k=j=1, 2, \cdots, N_j$。

求每一个标准差向量 σ_j 中的最大分量 $\sigma_{j\max}$，如果有 $\sigma_{j\max} > \mathrm{TE}$，同时又满足以下两个条件中之一：

① $D_j > D_{\mathrm{mean}}$ 和 $N_j > 2(\mathrm{TN}+1)$，即 S_j 中样本总数超过规定值 1 倍。

② $N_c \leq K/2$。

则将 Z_j 分裂为两个新的聚类中心 Z_j+ 和 Z_j-，且 N_c 加 1。Z_j+ 中相当于 $\sigma_{j\max}$ 的分量，可加上 $k\sigma_{j\max}$，其中 $0<k\leqslant 1$；Z_j- 中相当于 $\sigma_{j\max}$ 的分量，可减去 $k\sigma_{j\max}$。如果本步完成了分裂运算，则跳回第二步；否则，继续。

第七步：合并处理。计算全部聚类中心的距离：

$$D_{ij}=\|Z_i-Z_j\| \quad (i=1,2,\cdots,N_c-1;\ j=i+1,\cdots,N_c) \tag{7.15}$$

比较 D_{ij} 与 TC 值，将 $D_{ij}<\mathrm{TC}$ 的值按最小距离次序递增排列，取前 L 个。从最小的 D_{ij} 开始，将相应的两个聚类中心合并，并计算合并后的聚类中心。在一次迭代中，某一类最多只能合并一次。

第八步：如果是最后一次(即第 I 次)迭代运算或过程收敛，算法结束。否则转至第一步 —— 如果需由操作者改变输入参数；或转至第二步 —— 如果输入参数不变。在本步运算里，迭代运算的次数每次应加 1。

7.3.4　分类后处理

分类完成后仅得到原始分类结果，还需要对分类图像进行处理，使分类结果图像效果良好并满足相应要求。

1. 类别合并

对于非监督分类来说，预设的分类类别数一般要多于最终需要的分类类别数，因此在非监督分类结束后，需要根据实际情况将那些具有类似特征的类别或亚类进行合并。其主要步骤是将分类结果与原始图像对照，判断每个类别的类别属性，然后对类别属性相同或相似或是需要合并的类别通过重新编码进行合并，并定义类别名称和颜色。

2. 分类平滑

不论是监督分类或者非监督分类还是决策树分类，分类结果中不可避免地会产生一些由少数几个像元组成的碎小图斑，它们既可能不符合实际情况，也可能不太符合视觉习惯，且一般难以达到最终的应用目的(如制图要求)。针对碎小图斑的处理有主/次要分析、聚类处理和过滤处理。

主/次要分析采用类似于卷积滤波的方法将待处理像元归到相关类别之中。主要分析是将小图斑归并到周边像元占多数的类别中，该方法适用于有大量盐噪声的分类图像。次要分析是将变换核中占次要地位的像元的类别代替中心像元的类别。该方法主要是对单个或几个像元组成的小斑块进行扩大。

聚类处理是运用形态学算子将相邻的类似分类区域聚类合并为同一类型，可以解决分类图像中存在的空间不连续性问题。分类图像图斑内经常存在空属性像元或者其他类型的像元(分类区域中斑点或洞的存在)，从而造成斑块在空间上不连续，如道路或者河流被断开。低通滤波虽然可以用来平滑这些图像，但是类别信息会被邻近类别的编码干扰。聚类处理可以很好地将大面积零散分布的碎小图斑连接成片。

过滤处理是将分类结果中较小的类别斑块定义为未分类别，即剔除碎小图斑，解决分类图像中出现的孤岛问题。其基本原理是分析单个像元周围邻域像元类别的一致性，如果与中心像元类别相同的像元个数小于给定的阈值，则该像元要被删除，并归属为未分类的像元。邻域关系不同，过滤结果也存在差异。经过聚类处理后的分类结果已经把零散分布的碎小图斑连接起来，使得受其他条件影响而被离散化的地物得到合并，有利于地物信息的表达。但是，聚类处理后的结果仍然会存在一些孤立的小斑块，其地物信息的表达有可能是不正确的，这就需要重新定义其属性类别。因此过滤处理一般在聚类处理的图像上进行，以解决聚类处理后仍然存在的小斑块问题。

7.3.5 非监督分类的特点

非监督分类的优点主要表现在：

(1)非监督分类不需要预先对所要分类的区域有广泛的了解和熟悉，但分析人员仍需要一定的知识来解释非监督分类得到的集群组。

(2)人为误差的概率减小。在进行非监督分类时，需要输入的初始参数较少，分析人员只需要设定分类的数量，如集群数量、计算迭代次数、分类误差的阈值等。监督分类中所要求的决策细节在非监督分类中都不需要，因此大大减少了人为误差。即使分析人员对分类区域有不准确的理解或是很强的看法偏差，也不会对分类结果有很大影响。

(3)独特的、覆盖量小的独立地物均能被识别，而不会像监督分类那样由于分析者的失误而丢失数据。

非监督分类的主要缺点和限制有两个方面，一是对“自然”分组的依赖性，二是很难将分类的光谱类别与信息类别进行完全匹配。具体表现在以下几个方面：

(1)非监督分类形成的光谱类别并不一定与信息类别对应。因此，分析人员面临着将分类得到的光谱类别与用户最终所要的信息类别相匹配的问题，而实际上两种类别几乎很少有一对一的对应关系。

(2)分析人员很难对产生的类别进行控制和识别。因此，运用非监督分类产生的分类结果不一定会让分析人员满意。

(3)由于信息类别的光谱特征随着时间而变化，不同图像及不同时段的图像之间的光谱集群组无法保持其连续性，因此信息类别与光谱类别间的关系并不是固定的，而且一幅影像中某种光谱类别与信息类别间的关系不能运用于另一幅影像，因此使得光谱类别的解译识别工作量大而复杂。

7.4 监督分类

7.4.1 监督分类概述

监督分类又称为训练分类法，即用被确认类别的样本像元去识别其他未知类别像元的过程。监督分类的思想是：首先根据已知的样本类别和类别的先验知识，确定判别函数和相应的判别准则，其中利用一定数量的已知类别的样本的观测值求解待定参数的过程称为学习或训练，然后将未知类别的样本的观测值代入判别函数，再依据判别准则对该样本的所属类别做出判定。监督分类一般可分为四个过程：选择训练样本、选择分类算法并执行监督分类、评价分类结果和分类后处理。

目前比较传统的监督分类统计方法有平行六面体法、最小距离法、马氏距离法和最大似然法，近年来出现一些新的监督分类方法，如神经网络法和支持向量机法。

7.4.2　训练样本的选择与调整

在监督分类中，训练样本的作用是获得待分类地物类型的特征光谱数据，建立判别函数，作为计算自动分类的依据，所以样本训练区的选择非常重要，是提高分类精度最为关键的一步。训练区是用来确定图像中已知类别像素特征的。因此在遥感图像上，我们可先勾绘各类典型地物的分布范围，即确定每一种类型的训练区。选取训练区需要根据我们的先验知识，参考各种数据，选出最有代表性和光谱特征比较均一的像素作为训练区。

1. 训练数据选取的一般步骤

(1)收集信息。根据工作要求收集研究区资料，包括地形图、土地利用现状图、土壤图、植被图、行政区划图等，以便确定分类对象和分类体系。

(2)先验知识获取。在选择训练样本区之前，通过分析研究区资料和遥感影像的对应关系，对遥感图像不同地物的特征有一定的认知。还可以获取全球导航卫星系统实地记录的样本定位和属性信息。

(3)找出潜在的训练样本区。依据训练样本区选择的原则，找出潜在训练样本区。训练样本区必须位于影像和地图中容易识别的地物要素上。

(4)定位和绘制训练样本区。在遥感图像上直接选取每一类别代表性的像元区域或由用户指定一个中心像元，计算机自动评价其周边像元，选择与其相似的像元作为训练样本区。确保训练样本区在地块边界内，从而避免训练样本区内包含混合像元。

(5)对训练样本区进行评价，并调整训练区。

2. 训练样本的选择原则

为确保选择的训练样本区的合理性和有效性，选择训练样本区时应该考虑以下几个方面：

(1)训练样本的像元个数。选择训练样本区时，要考虑每一类别选择的像元个数，其数目至少要能满足建立分类的判别函数要求，以克服各种偶然因素的影响。依据光谱特征情况，确定训练样本区的数目，一般情况下，每种信息类别的所有训练样本区的总像元在 100 个以上。

(2)训练样本区的数量。训练样本数据用来计算类别均值和协方差矩阵。根据概率统计，协方差矩阵的导出至少需要 $K+1$ 个(K 是多光谱空间的分量个数)样本，这个数是理论上的最小值。训练样本区的最佳数量取决于监督分类的信息类别的多少、类别的多样性以及可选作为训练样本区的数据量。一般每个信息类别要由多个训练样本区(5~10 个)表示，以确保它们能够代表每种类别的光谱特征。同一个信息类别在影像上的光谱特征存在一定差异，因此每个信息类别必须有多组训练数据。在实际应用中，为了保证参数估计结果比较合理，样本数应当适当增多，这样得到的协方差矩阵更加符合要求。当研究区域地物各类别的内部差异较小时，可以适当减少训练样本的数量。对于高维而言，随着维数的增加，所需训练样本的数量增多，只有足够的训练样本数据或对高维数据进行降维处理，才能达到较高的分类结果。

(3)训练样本区的大小。每个训练样本区必须足够大，保证精确地统计每种信息类别的特性，因此每种信息类别的训练样本区需有足够多的像元统计类别的光谱特征。但是，训练样本区过大会产生光谱不一致问题。因此，依照地物的属性特征，选择合理的足够数量的训练像元，才能保证训练样本区的质量。一般的经验是，选用多个小面积训练样本区比只选用少数几个大面积训练样本区要好。

(4)训练样本区的位置。训练样本区的位置必须具有典型性和代表性，即所含类别应与研究区要分的类别一致。训练样本区的样本应在面积较大的地物中心部分选择，而不应在地物混合区域或者类别的边缘选取，以保证样本特征具有典型性，从而能进行准确的分类，提高分类精度。位置的选择要具有明显的地物标志，并且每个信息类别的训练样本区应尽可能均匀分布，以便能充分代表整幅影像的光谱特征。

(5)训练样本区的均质性。均质性的特征是指训练样本区内的数据在每个波段上都表现为单峰频率分布，它是好的训练样本区的最重要特征。对于监督分类，每个信息类别各个波段的平均值、光谱变化特征及波段间的相互关系要与训练样本区的统计值近似，训练样本区的统计特征值应该代表影像上各类别的光谱特征，从而为训练样本区以外的像元分类提供基础。

在样本采集时，一般采用小区域连续采集、全局均匀分布的采集策略，这样既能满足样本的数量要求，又可以控制整个区域的类别特征。当同一类别在研究区内表现出不同的光谱特征时，需要选择分层采样，即把同一类别按照多个亚类别分别采集；或者根据不同的环境因子把图像分割成不同的子区域，然后在各个子区域分别采集训练样本，也称地理分层抽样。

3. 训练样本的评价

训练样本采集完成后，需要评价样本的质量，主要计算各类别训练样本的基本光谱特征信息，通过每个类别样本的基本统计值(如均值、标准方差、最大值、最小值、方差、协方差矩阵等)检查训练样本的代表性，判断其是否能表现不同类别的光谱特征，即不同类别的光谱特征的分离程度。如果两个类别样本特征向量的分离程度较小，应该重新选择训练样本；混分现象严重时，应该考虑把两个类别合并。训练样本质量评价主要有图表法和统计测量法两类。

1)图表法

图表法是将训练样本的频数、均值、方差等绘制成线状图或散点图，目视评价各类别训练样本的分布、离散度和相似性。常用的图表法包括均值图法、直方图法、特征空间多维图法等。

最简单的方法是均值图法，它是把各类别在不同特征空间的样本点特征值求平均，构建一个折线图来判断不同类别在不同特征空间的分布情况。

直方图法是一种图表法。直方图可以显示不同样本的亮度值分布，通常训练样本的亮度值越集中，其代表性越好。因为多数参数分类器都假设正态分布，所以每类训练样本在每个波段的直方图应该趋于正态分布，只能有一个峰值。其直方图有两个峰值，则说明所选的训练样本中包含两种不同的类别，需要重新选择训练样本或对所选的训练样本重新赋予类别。有时也同时显示不同类别的样本在同一波段上的直方图以检查各样本之间的分离性，如果同一波段的不同类型样本直方图互相重叠，说明这两个训练样本均不具有代表性，需要重新选择、确定类别或合并类别。

特征空间多维图法是一种广泛用于评价训练样本的方法。该方法把训练样本的光谱显示在二维或三维窗口中，以直观地展现所有样本的光谱特征分布状态。在二维特征空间中它们常常表现为椭圆形图，这些椭圆的重叠程度反映了类别之间的相似性。重叠程度越大，说明两个类别越难以区分。

2)统计测量法

统计测量法是利用统计方法来定量评价训练样本之间分离性的方法。目前主要采用转换离散度、J-M 距离法来衡量训练样本的可分离性。

两个类别之间的转换离散度 TD_{ij} 的表达式为：

$$\mathrm{TD}_{ij} = 2(1 - \mathrm{e}^{-D_{ij}/8}) \tag{7.16}$$

式中，D_{ij} 是两个类别之间的离散度，其表达式为：

$$D_{ij} = \frac{1}{2}t_r[(\boldsymbol{V}_i - \boldsymbol{V}_j)(\boldsymbol{V}_i^{-1} - \boldsymbol{V}_j^{-1})] + \frac{1}{2}t_r[(\boldsymbol{V}_i^{-1} + \boldsymbol{V}_j^{-1})(\boldsymbol{M}_i - \boldsymbol{M}_j)(\boldsymbol{M}_i - \boldsymbol{M}_j)^{\mathrm{T}}] \tag{7.17}$$

式中：$\boldsymbol{M}$ 为样本均值向量；$\boldsymbol{V}$ 为协方差矩阵；$t_r[\boldsymbol{A}]$ 为矩形对角线元素之和；i 和 j 分别为两个地物类型。

两个类别之间的 J-M 距离 J_{ij} 的表达式为：

$$J_{ij} = \sqrt{2(1 - \mathrm{e}^{-B})}$$

$$B = \frac{1}{8}(\boldsymbol{M}_i - \boldsymbol{M}_j)^{\mathrm{T}}\left(\frac{\boldsymbol{V}_i + \boldsymbol{V}_j}{2}\right)^{-1}(\boldsymbol{M}_i - \boldsymbol{M}_j) + \frac{1}{2}\log\left[\frac{(\boldsymbol{V}_i + \boldsymbol{V}_j)/2}{\sqrt{|\boldsymbol{V}_i| \cdot |\boldsymbol{V}_j|}}\right] \tag{7.18}$$

式中：$\boldsymbol{M}$ 为样本均值向量；$\boldsymbol{V}$ 为协方差矩阵；i 和 j 分别为两个地物类型。

转换离散度和 J-M 距离的性质相似，这两个参数的取值范围都为 0.0~2.0。一般情况下，当参数大于 1.9 时，两个样本之间分离性好，属于可分类样本；当参数在 1.7~1.9 之间时，样本也能较好地被区分；当参数小于 1.7 大于 1.0 时，样本分离性不是很好，需要重新考虑样本；当参数小于 1.0 时，样本具有很强的相似性，可考虑将两个样本合并为一类。

总体而言，对于不同的数据源，监督分类中训练样本的选择和评价方法可能会不同，应该根据具体情况选择最方便、最有效的评价方法。一般情况下，遥感图像分类软件会提供转换离散度和 J-M 距离的工具，可以定量地评价样本质量，一般适用于正态分布的样本；图表法可以直观地看出样本的可分性，但无法给出定量的参数，常在实验中使用。

4. 训练区的调整

在监督分类中，对训练样本区的调整与优化具有十分重要的作用。选取的样区不同，分类结果就会有差异，甚至差异较大。

每一类别应选取多个分布在图像不同部位的训练区，但切勿选到过渡区或其他类别中。每个样区的样本数(像元数)视该类别分布面积大小而定。每类的样本数不能太少，至少应超过变量数，否则会降低分类的可信度。初选后应进行仔细的检验和反复的调整优化。具体方法如下。

(1)对初选的训练样本区进行统计分析，从统计数据或波谱曲线图中观察各样本区的波谱特征是否符合该地类的一般波谱变化规律，剔除那些离散性过大的样本。

(2)检查各类样本聚类中心分布状况，如果各类别的聚类中心较分散，而同类样本都聚集在该类别中心周围，表明这些样本都比较纯，代表性高。如果情况相反，那些混入别类分布区的样本必然导致错分误判，应该剔除。剔除后如果某些类别样本不够，应该补选。

(3)训练样本区经过初步调整优化后，进行样区分类检验，并分析分类检验报告，对某些分类精度不高的样本应做进一步的调整优化，直至检验报告中错分率明显降低为止，此时优化训练样本区的工作基本完成，可以对研究区的整幅图像进行实际的分类处理。

对于同物异谱导致的错分，应采取先细分后归并的对策，在同一类内分组采样训练和分类，然后再进行归并。例如，同一农田，灌溉与否，土壤湿度差异很大，可以细分为灌溉地和非灌溉地。

对于异物同谱导致的误分，如果这些异物各有一定的地理分布规律，可以采用地理控制法来纠正。例如，高层建筑的阴影与河流，单依靠光谱分类难免错分，可按地理分区(包括高程分带)进行分类，或分类后再按地域进行后处理能显著提高分类的精度。

还可能出现一种情况，即选取的训练样本区未能包括所有的地物类别，以至分类后留下一些无类可归的像元。对此，如果分类目的不是普查性质，有探测重点，那么可以把这些无类可归的像元组成一个新的未知类来对待，这样最简单省事，当然也可以根据最近距离原则把像元归到已知类别中去。现有商业化的遥感图像软件一般都有这种消除漏分拒分像元的功能，至于对分类精度的影响如何，需具体分析。

7.4.3 基于统计的监督分类法

常用的监督分类统计方法有平行六面体法、最小距离分类法和最大似然法。

1. 平行六面体法

平行六面体法是通过给定的训练模式的光谱界限值范围来进行分类的，每一类型的范围由它在每个光谱通道中的最大和最小亮度值确定。在由两个通道组成的二维空间中，该范围为矩形；在由三个通道组成的三维空间或 n 个通道组成的 n 维空间中，该范围为平行六面体。此时，对于一个待定像素的分析，凡在界限范围以内者均属该类，如落在所有范围之外，则属“不知”类。平行六面体法的分类敏感性较高，但也存在一些局限性。平行六面体(二维时是矩形)识别范围间的重叠是经常发生的，如果未知类别的像素落在两个类别的平行六面体的重叠部分，则该像素或者被随便地分入其中的一类，或者干脆被认为是“不确定”的。

如果像元值落在多个类里，ENVI 会将这一像元归到最后一个匹配的类里。没有落在平行六面体的任何一类区域里的像素被称为无类别或未分类的像素。具体判定规则为：将每个待分类的像素 x_j 按以下分类判定规则对每个训练样本区域的类别中心进行比较判别。

$$|x_{ij} - m_{kj}| \leqslant T \quad (1 \leqslant i \leqslant N,\ 1 \leqslant k \leqslant c,\ 1 \leqslant j \leqslant n) \tag{7.19}$$

式中，N 表示影像大小，c 表示类别数量，n 表示波段数。

若对于第 k 类的均值向量 $\boldsymbol{m}_k$ 使式(7.19)成立，则像素 x_j 属于该类；否则不属于该类，转入下一类比较。如果与所有类比较都不满足式(7.19)，则像素归为无类别像素。

平行六面体法的优点是简单，计算速度快，缺点在于波段之间相关或协方差高的类别易导致判定区域的相互重叠。当训练样本的亮度值范围不属于任何类别定义的亮度值范围时，会出现较多像元不属于任何类别的情况，需要继续利用其他算法进行分类，从而增加工作量。

2. 最小距离分类法

最小距离分类法首先利用训练样本数据计算出每一类别的均值向量及标准差(均方差)向量，然后以均值向量作为该类在特征空间中的中心位置，计算输入图像中每个像元到各类中心的距离。到哪一类中心的距离最小，则该像元就归到哪一类，因而，在这种方法中，距离就是一个判别准则。在遥感图像分类处理中，应用最广而且比较简单的距离函数有两个：欧氏距离和马氏距离。

欧氏距离是多维空间上两点之间的直线距离，定义为：

$$d_{ij} = \sqrt{\frac{\sum_{k=1}^{p} (x_{ik} - x_{jk})^2}{p}} \quad (i,\ j = 1,\ 2,\ \cdots,\ M;\ i \neq j) \tag{7.20}$$

式中：p 为波段数；d_{ij} 为第 i 像元与第 j 像元在 p 维空间中的距离；x_{jk} 为第 k 波段上的第 i 个像元的灰度值；M 为像元数。

马氏距离是一种加权的欧氏距离，计算的距离与各点集群的方差有关，方差越大，计算的距离就越短。如果各点集群具有相同的方差，则马氏距离是欧氏距离的平方。像元点 i 的值 x 到类别 k 的马氏距离，与类别 k 的均值 M_k 和协方差 S_k 有关，表达式为

$$d_{ik} = \sum (x - M_k) S_k^{-1} (x - M_k)^{\mathrm{T}} \tag{7.21}$$

最小距离分类法的优点是处理简单、快速，缺点是分类精度不高，需要较多的训练样本以统计各类别的均值向量。

3. 最大似然法

最大似然法是一种常用的、准确程度较高的分类算法。这种算法是通过计算每个像素的各种类别概率来进行分类的。采用此法时，首先需假设各类训练数据构成的概率分布都是高斯分布(即正态分布)。根据这一假设，一个响应模式的分布完全可以用平均值向量和协方差矩阵来描述，即只要给出这些参量，就可以计算一个待定像素属于每一类的统计概率。计算时，先通过训练数据给出各类地物的概率密度函数。对于一个未知类别的像

素，可以用这些概率密度函数来计算它属于各类的概率，然后比较这些概率，把该像素判定给概率值最大(即相似性最高)的那种类型。如果所计算的概率值全部低于事先规定的分类阈值，则该像素被判定为“未知”类。

最大似然法的判别规则为，如果某个待分类像元 x 满足下式：

$$P(w_k)P(x_i/w_k) \geqslant P(w_l)P(w_i/w_l) \quad (1 \leqslant i \leqslant N,\ 1 \leqslant K,\ l \leqslant c) \qquad (7.22)$$

则 $x \in w_i$，其中 N 表示影像大小，c 表示类别大小，n 表示影像波段数。式中，$P(w_k)$ 是每一类(w_k) 在图像中的概率，在事先不知道 $P(w_k)$ 是多少的情况下，可以认为所有的 $P(w_k)$ 都相同，即 $P(w_k) = 1/c$。

在最大似然法的实际计算中，常采用对数变换的形式：

$$g_k(X) = \ln P(w_i) - \frac{1}{2}\ln\left|\sum\nolimits_k\right| - \frac{1}{2}(X - M_k)^{\mathrm{T}} \sum\nolimits_k^{-1}(X - M_k) \qquad (7.23)$$

式中：$\sum_k$ 为第 k 类的协方差矩阵，M_k 为该类的均值向量，这些数据来源于由训练组所产生的分类统计文件。对于任何一个像元值 X，其在哪一类中 $g_k(X)$ 最大，就属于哪一类。

7.4.4 神经网络法

上一小节介绍的监督分类方法都是利用遥感数据的统计值特征或是与训练样本数据之间的统计关系进行地物分类的。这些传统的分类方法与人们对图像的分类方法有很大差异。人们在对图像进行分类的过程中，对图像信息的存储、加工，不但是多级、并行、分布的，具有高度的容错能力，而且具有自行组织和自行发展的适应功能。

由于地物类型分布方式本身的复杂性，人在对图像的分类过程中，不可能利用一种分类规则对图像进行分类，在其分类识别过程中必须考虑到空间位置、色调特征等构成图像类别特征的多种因素。人具有学习的能力，能够从以往的实践中总结经验，在以后的工作中能够自觉地运用这些经验，所以人在对图像的分类解释时，除运用图像本身的特征外，更多的是利用在以往分类过程中所积累的经验，在被分类图像信息的引导下，自行改造其自身的结构及其识别分类方式，进而对图像进行识别分类。

人工神经网络是以模拟人的神经系统的结构和功能为基础而建立的一种信息处理系统，由大量简单的处理单元(神经元)连接而成，模仿人的大脑进行数据接收、处理、存储和传输，是人脑的某种抽象、简单和模拟。人工神经网络由于具有强抗干扰性、高容错性、并行分布式处理、自组织学习和分类精度高等特点而得到广泛应用。

通常所说的 BP 模型即误差后向传播神经网络，是神经网络模型中使用最广泛的一类。从结构上讲，BP 网络是典型的多层网络，分为输入层、隐含层和输出层，层与层之间多采用全互连方式，同一层单元之间不存在相互连接。图 7.5 给出了一个三层 BP 网络结构。BP 网络的每一层连接权值都可通过学习来调节基本处理单元(输入层单元除外)为非线性输入-输出关系，一般选用下列 S 型作用函数处理单元的输入、输出值可连续变化。

BP 模型实现了多层网络学习的设想。当给定网络的一个输入模式时，它由输入层单元传到隐含层单元，经隐含层单元逐层处理后再送到输出层单元，由输出层单元处理后产生一个输出模式，这是一个逐层状态更新过程。BP 网络是一种前向网络，即只有前后相邻两层之间的神经元相互联结，各神经元之间没有反馈，每个神经元从前一层接收多个输入，并只有一个输出送给下一层的各个神经元。BP 模型的学习规则是误差传播学习规则，如果输出响应与期望输出模式有误差，不满足要求，那么就转入误差后向传播，将误差值沿连接通路逐层传送并修正各层连接权值，对于给定的一组训练模式，不断用一个个训练模式训练网络，重复前向传播和误差后向传播过程，直到各个训练模式都满足要求时，BP 网络就学习好了。

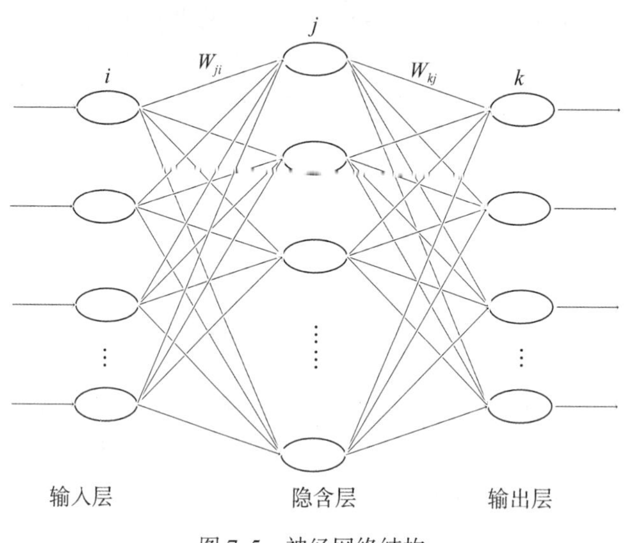

图 7.5　神经网络结构

BP 算法的主要思想是把学习过程分为两个阶段：第一阶段(正向传播过程)，给出输入信息，通过输入层经隐含层逐层处理并计算每个单元的输出值；第二阶段(误差反向传播过程)，若在输出层未能得到期望的输出值，则逐层递归地计算当前输出与期望输出的差值(即误差)，据此差值调整权值，具体地说，就是可对每个权重计算出接收单元的误差值与发送单元的激活值的积。

BP 算法用于遥感影像分类的具体实现过程如下。

(1)选定权系数初始值，赋予网络相邻两层节点之间的连接权值和隐含层、输出层节点的阈值、其值为(-1，1)之间的随机小量。

(2)从网络的输入层节点输入样本数据，计算样本信息在正向传播过程中传到隐含层节点和输出层节点的输出：

$$h_j = f\left(\sum_{i=1}^{M} W_{ji} X_i - \theta_j\right) \tag{7.24}$$

$$y_k = f\left(\sum_{i=1}^{N} W_{kj} h_j - \theta_k\right) \tag{7.25}$$

式中：θ_j 和 θ_k 分别为隐含层节点和输出层节点的阈值；W_{ji} 为输入层 i 节点与隐含层 j 节点之间的连接权值；W_{kj} 为隐含层 j 节点与输出层 k 节点之间的连接权值；X_i 为输入层 i 节点的样本信息。

(3) 根据 δ 规则计算样本经网络输出 $Y_k(l)$、输出 $T_k(l)$ 与其期望输出的误差，对于输出层有：

$$\delta_k(l) = [T_k(l) - Y_k(l)] \cdot Y_k(l)[1 - Y_k(l)] \tag{7.26}$$

对于隐含层有：

$$\delta_j = h_j(1 - h_j) \cdot \sum_k [\delta_k(l) \cdot W_{kj}] \tag{7.27}$$

(4) 修正权值。对误差 δ_k 和 δ_j 按照减小方向调整连接权值，其调整增量为：

$$\Delta W_k = \eta \cdot \delta_k \cdot h_j \tag{7.28}$$

(5) 输入 P 个样本，经上述步骤反复训练，每训练一次，计算其均方差：

$$E = \frac{1}{2P}\sum_{i=1}^{P} [Y_k(l) - T_k(l)]^2 \tag{7.29}$$

当 E 小于指定精度时，停止训练，并输出此时调整后的权值和阈值，否则，更新学习次数，返回对样本集进行再训练，直到满足 $E < \lambda$ 为止。

(6) 输入图像数据，对像元进行类别判断，其差别函数为：

$$y_i = f(\sum_i W_{lji} \cdot f(\sum_i W_{2kj} \cdot X_k - \theta_{2j}) - \theta_{lj}) \tag{7.30}$$

其中，X_k 为输入特征向量的各向量，W_{lji}，θ_{lj} 与 W_{2kj}，θ_{2j} 分别为输入层与输出层内神经元的连接权值和阈值。将图像中每一像素灰度值规格化后输入网络，然后将网络输出结果与每一期望输出值进行比较，将像素判决分类到误差最小的一类。

人工神经网络分类方法的优点：

(1)神经网络是模拟大脑神经系统储存和处理信息过程而抽象出来的一种数学模型，具有良好的容错性和鲁棒性，可通过学习获得网络的各种参数，无须像统计模式识别那样对原始类别做概率分布假设，这对于复杂的、背景知识不够清楚的地区图像的分类比较有效。

(2)在输入层和输出层之间增加了隐含层，节点之间通过权重来连接，且具有自我调节能力，能方便地利用各种类型的多源数据(遥感的或非遥感的)进行综合研究，有利于提高分类精度。

(3)判别函数是非线性的，能在特征空间形成复杂的非线性决策边界，从而进行分类。

人工神经网络分类方法的不足：

(1)对训练数据集的选择较为敏感。

(2)需要花费大量时间进行学习、建立训练模型；相关的参数多且需不断调整才能得到较好的分类结果；如果训练数据集大、特征多，特征选择和模型建立需要很多时间。

(3)学习容易陷入低谷而不能跳出，有时网络不能收敛。

(4)神经网络模型被认为是黑箱的，很难给出神经元之间权值的物理意义，无法给出明确的决策规则和决策边界。

由于这些原因，在处理现实世界中的一些关键问题时，神经网络通常被认为是不可信赖的。在使用神经网络时，分析人员可能发现很难理解手头上的问题，因为神经网络缺乏洞察数据集特性的解释能力。由于同样的原因，分析人员也很难整合专业化知识来简化、加速或改进图像分类。但是，在样本充分逼近总体、特征有效的情况下，神经网络建立的分类模型具有实际应用价值，可能会解决其他方法无法解决的分类问题。

7.4.5 支持向量机法

支持向量机(SVM)是一种建立在统计学习理论VC维理论和结构风险最小化原理的基础之上的学习机器，根据有限的训练样本信息在模型复杂性和学习能力之间寻找最佳折中，以期获得最好的推广能力。它通过解出结构风险的最小值来近似替代期望风险的最小值，是将低维空间线性不可分的问题转化为高维空间上线性可分的问题。SVM考虑的是寻找一个能满足分类要求的超平面，并且能让训练集中的点距离的分类面尽可能远，也就是找到一个分类面使它的两侧空白区域更大。

1. 支持向量机原理

VC维是用于描述函数集或机器学习能力的一个重要指标。其定义为：给定一个指示函数集，如果存在 h 个样本能够被函数集中的函数按所有可能的 $2h$ 种形式分开，则称函数集能够把 h 个样本打散。函数集的VC维是它能打散的最大样本数目 h。显然，如果对任意数目的样本都有函数能将它们打散，则函数集的VC维就是无穷大。VC维越大，学习越复杂，VC维是机器学习复杂度的衡量。

泛化误差界的公式为：

$$R(w) \leqslant \mathrm{Remp}(w) + \phi(h/n) \tag{7.31}$$

式中：$R(w)$ 是真实风险；$\mathrm{Remp}(w)$ 是经验风险；$\phi(h/n)$ 是置信风险。结构风险=经验风险+置信风险。统计学习的目的就是从经验风险最小化变为寻求经验风险与置信风险的和最小，即结构风险最小。

经验风险最小化使用经验风险泛函最小的函数来逼近期望风险泛函最小的函数，成为经验风险最小化归纳原则。对于小样本问题，经验风险效果并不理想。

支持向量机是利用结构风险最小化来提高分类器的泛化能力。其目的是寻找一个超平面来对样本进行分割，分割的原则是分类间隔最大化。支持向量机的分类最终转化为式(7.32)所示的凸二次规划问题求解。

$$\begin{aligned} &\min_{w,\,b,\,\xi} \frac{1}{2}\|w\|^2 + \sum_{i=1}^{l} C_i \xi_i \\ &\text{s.t.}\quad y_i(w\phi(x_i) + b) \geqslant 1 - \xi_i \\ &\xi_i \geqslant 0 \quad (i = 1,\ 2,\ \cdots,\ l) \end{aligned} \tag{7.32}$$

式(7.32)中的第二项称为惩罚项，C 是常量，称为误差惩罚参数或惩罚项因子，ξ_i 是松弛变量或松弛因子。通常 C 的值越大，表示对错误分类的惩罚就越大。

2. 核函数

支持向量机方法在处理非线性分类问题时，首先将输入空间转化为高维特征空间，然后在高维特征空间中再构造分类超平面，对测试样本集进行分类处理。针对这种情况，Vapnik提出了核函数的方法，即利用一个核函数将样本集映射到某一高维特征空间，使样本集的像集在这个高维特征空间中是线性可分的，这就是支持向量机中的核函数方法。

定理 5-1：对于任意给定的样本集 K，要求分成 k_1，k_2 两类，则必存在一个映射 F：$S_n \to M$，$F(K)$ 在 M 中是线性可分的。

该定理是核函数的存在性定理，为在任意样本集上应用核函数方法提供了理论依据。该定理可以理解为：对于任意给定的样本集 K，均存在一个映射 F，在此映射下，$F(K)$（在高维特征空间中）是线性可分的。

有了核函数的存在性定理，在实际问题中更关心的问题是，核函数有什么性质，满足什么条件的普通函数可以作为核函数。下面的 Mercer 定理给出了结论。

定理 5-2(Mercer 定理)：对于任意的对称函数 $K(x, z)$，它是某个特征空间中内积运算的充分必要条件是，对于任意的不恒等于零的 $\varphi(x)$，并且 $\varphi(x)$ 满足条件 $\int \varphi^2(x)\mathrm{d}x < \infty$，恒有：

$$\iint K(x, z)\varphi(z)\mathrm{d}x\mathrm{d}z > 0 \tag{7.33}$$

该定理提供了一个输入样本点的表示方式，它通过核函数定理的内积特征空间的映像来实现。核函数将线性不可分的样本从原空间映射到高维特征空间，在高维特征空间中建立分类超平面，然后利用这个分类超平面对待测样本数据进行预测、分类。二维空间中的线性不可分样本，经核函数映射到三维空间就可以通过最优超平面进行线性分类。

在支持向量机中常用的核函数主要有以下几种。

线性核函数：$K(x, z) = \langle x, z \rangle$

多项式核函数：$K(x, z) = [s \langle x, z \rangle + c]^q$

高斯径向基核函数：$K(x, z) = \exp(-\lambda \|x - z\|^2)$

张量积核函数：$K(x, z) = \prod_i K_i(x, z)$

Sigmod 核函数：$K(x, z) = \tanh(s \langle x, Z \rangle + c)$

核函数决定了支持向量机的学习性能，但是，在实际问题中如何选择一个核函数使支持向量机的学习性能最优，目前还没有科学的理论依据，只能通过反复试验来确定。

支持向量机引入核函数后，就得到了 SVM 的模型如下：

$$f(x, w, b) = \mathrm{sign}\left[\sum_{i=1}^{n} a_i y_i K(x_i, x) + b\right] \tag{7.34}$$

式中，x_i 称为支持向量，$a_i(a_i \neq 0)$ 是与其对应的 Lagrange 乘子，称为核函数。

从式(7.34)可以看出，在使用支持向量机对未知样本进行判断时，其复杂性取决于支持向量数目的大小，对同一个测试样本集，支持向量的数目越大则预测判断时间也就越长；支持向量机的复杂性与测试样本的维数无关，而与测试样本的总数有关系；支持向量机的泛化性能与测试样本中称为支持向量的那部分测试样本有关。

需要说明的是，支持向量的个数在多数情况下都远小于原始输入向量的个数，支持向量机的学习性能只与原始输入向量中的支持向量有关，支持向量最终决定了决策函数。

3. 支持向量机解决多分类问题

支持向量机实质上是一个两类分类器，最初是用来解决两类分类问题的。当训练样本

集来自 $m(m > 2)$ 个类别时，这就是一个多类分类问题。支持向量机两类分类器并不能直接解决多类分类问题。为了将支持向量机推广到多类分类问题中，国内外研究者提出了很多种多类支持向量机分类算法，这些算法大致可以分为两类。

第一类将基本的两类 SVM 扩展为多类分类 SVM，最终得到的 SVM 称为解决多类分类问题的分类器。

第二类将多类分类问题逐步转化为两类分类问题，也就是使用多个两类 SVM 组成一个多类分类器。

第一种方法看似步骤简单，但在实际问题的最优化过程中，待求解的参数要远远多于第二种方法，计算量很大，分类精度也不是很高，因此，目前很多的多类分类算法都是基于第二类方法的。比如 1-v-1(one-versus-one)SVM 分类算法就是将多类分类问题转化为两类分类问题，为任意两类构建分类超平面，把 m 个类别两两分开，使用该算法对 m 个类别进行分类，共需要构建 $m(m-1)/2$ 个两类 SVM 分类器。当使用该算法对 m 个类别中任意一个未知样本进行分类时，构建的每一个分类器都对其他类别进行判断，并为相应的类别“投票”，最后得票最多的类别就是该未知样本的类别。

还有一种 1-v-R(one-versus-rest) SVM 算法，它是最早的多类分类 SVM 算法。对 m 个训练样本的多类分类问题，该算法为每一类构建一个 SVM 分类器，属于该类的样本为正样本，而不属于该类的其他所有样本都是负样本，即该分类器能将该类样本和其他样本分开。

4. 支持向量机的特点

(1)支持向量机方法遵循统计学习理论的结构风险最小化基本准则，是针对小样本情况下的机群学习方法，目的是使实际风险的上界最小。支持向量机在最小化经验风险和最大化分类间隔之间寻找折中点，获得现有样本信息下的最优解，而不仅仅是样本数据趋于无穷大时的最优解。

(2)支持向量机求解过程是一个二次凸优化问题，其目标函数不存在局部最小值，得到的最优解是全局最优解，避免了传统学习方法有可能出现的局部最优解问题。支持向量机推理思想是从特殊到特殊，而不是归纳推理所采用的从特殊到一般的思想，这就最大可能地避免了传统学习方法出现的不确定问题。

(3)支持向量机方法在解决非线性问题时，通过核函数把低维线性不可分数据映射到高维空间中实现线性可分。核函数的巧妙引入，避免了“维数灾难”问题。因为它避免了向量在高维空间中直接计算的复杂性，其计算的复杂性取决于支持向量的数目。增加和删除非支持向量样本对计算复杂性没有影响。

(4)支持向量机方法最后得到的决策函数是由训练样本中的支持向量决定的，而支持向量仅占训练样本的一小部分。支持向量机有效地避免了过学习问题，确保了分类器具有较好的泛化性能。就泛化性而言，较少的支持向量在统计意义上对应着好的泛化能力。从计算角度来看，较少的支持向量减少了核函数的计算量。

(5)支持向量机在进行机器学习时仅有的自由度是核函数的选择，而不像神经网络等传统学习方法对使用者“技巧”的过分依赖。而且，只要在支持向量机中选取不同的核函数，就可以实现径向基函数 RBF 方法、多项式逼近、多层感知机网络等许多已有的学习算法。

7.4.6　监督分类法的特点

1. 监督分类法的优点

与非监督分类方法相比，监督分类方法具有以下优点：

(1)可以控制适用于研究需要及其地理特征的信息类别，即可以有选择性地决定分类类别，避免出现不必要的类别。

(2)可以控制训练样本区和训练样本的选择。

(3)光谱类别与信息类别的匹配。

(4)通过检验训练样本数据可以确定分类的准确性，估算分类误差。

(5)避免了非监督分类对光谱集群类别的重新归类。

2. 监督分类法的缺点

虽然监督分类有其优点，但也存在一定的缺点，主要表现在以下几个方面：

(1)分类体系和训练样本区的选择受主观因素的影响。有时定义的类别也许并不是图像中存在的自然类别，在多维数据空间中这些类别的区分度并不大。

(2)训练样本区的代表性有时不够典型。训练数据的选择通常是先参照信息类别，再参照光谱类别，因而其代表性有时不够典型。例如，选择的纯森林训练样本区对于森林信息类别来说似乎非常精确，但由于区域内森林的密度、年龄、阴影等有许多差异，从而训练样本区的代表性不高。

(3)只能识别训练样本所定义的类别，对于某些未被定义的类别则不能被识别，容易造成类别的遗漏。

7.5　决策树分类

7.5.1　决策树分类的基本原理

决策树(decision tree)又被称为判定树，主要由三个核心成分构成：树根、树枝和树叶。树根指的就是决策树的根节点，而且仅仅只有一个；树枝就是内部节点到其他分支节点的统称；树叶指的就是叶节点，也可以称为终极节点，叶节点可以有若干个。图 7.6 是一个简单的决策树。决策树最上端为树的根，最下端为树的叶，以这种倒置的树形结构简单直观、形象生动地展现整个数据分类过程，因此深受数据分析人员的喜爱。根据使用情况不同，决策树有时也被称为分类树或回归树。

决策树是通过对训练样本进行归纳学习生成决策树，或是从这些无次序无规则的训练样本数据中推理出以决策树形式表示的分类规则，然后使用决策树或决策规则对新数据进行分类的一种数学方法。决策树分类是一种多级分类方法，决策树的生成是一个从上至

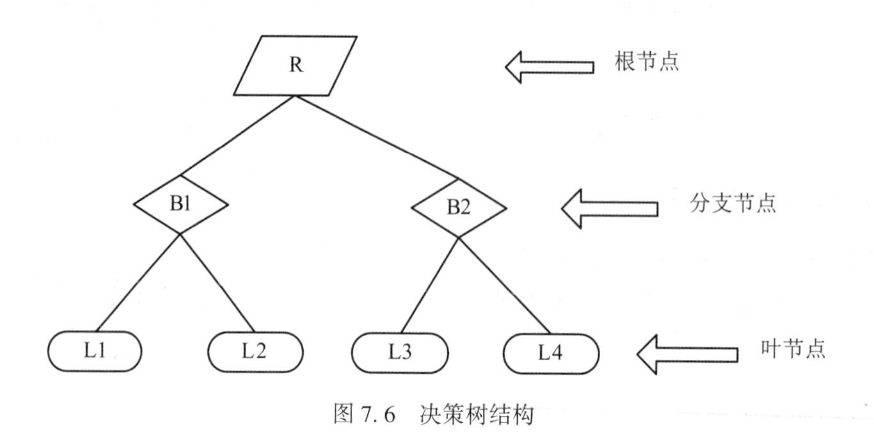

图 7.6　决策树结构

下、分而治之的过程。决策树的根节点是整个数据集合空间，每个分支节点对应一个分裂问题，它是对某个单一变量的测试，该测试将数据集合空间分割成两个或多个数据块，树上的每个非叶节点代表对一个属性取值的测试，其分支就代表测试的每个结果，树的每个叶节点代表一个分类的类别。从根节点开始，在分类时常以两类别的判别分析为基础，分层次逐步比较，层层过滤，直到最后达到分类的目的。如图 7.6 所示，一次比较总能分割成两个组，每一组新的分类图像又在新的决策下可再分，如此不断地往下细分，直到所要求的“终级”(叶节点)类别分出为止，于是在“根级”与“叶级”之间就形成了一个分类树结构，在树结构的每一分支点处可以选择不同的特征，用于进一步有效细分类。这就是决策树分类器特征选择的基本思想。

事实上，决策树分类器的特征选择过程不是由“根级”到“叶级”的顺序过程，而是由“叶级”到“根级”的逆过程，即在预先已知“叶级”类别样本数据的情况下，根据各类别的相似程度逐级往上聚类，每一级聚类形成一个树节点，在该节点处选择对其往下细分的有效特征，由此往上发展到“根级”，完成对各级各类组的特征选择。在此基础上，再根据已选出的特征，从“根级”到“叶级”对整个图像进行全面的逐级往下分类。对于每一级处的特征选择，为了使一个可分离性准则既能用于特征选择，又适用于聚类，可使用 Bhattacharyya 距离准则(简称 B 距离准则)来表征两个类别 C_i 和 C_j 之间的可分性，其表达式为：

$$D_{ij} = \frac{1}{8}(\boldsymbol{M}_i - \boldsymbol{M}_j)^{\mathrm{T}}\left[\frac{\sum_i + \sum_j}{2}\right]^{-1}(\boldsymbol{M}_i - \boldsymbol{M}_j) + \frac{1}{2}\ln\frac{\left|\frac{1}{2}(\boldsymbol{M}_i + \boldsymbol{M}_j)\right|}{|\boldsymbol{M}_i|^{\frac{1}{2}} + |\boldsymbol{M}_j|^{\frac{1}{2}}} \tag{7.35}$$

式中：$\boldsymbol{M}_i$ 和 $\boldsymbol{M}_j$ 分别为 C_i 和 C_j 类集群的均值向量；$\sum_i$ 和 $\sum_j$ 分别为 C_i 和 C_j 的协方差矩阵；D_{ij} 为 C_i 和 C_j 之间的 B 距离。

依据上述分类思想，以样本数据为对象逐级找到分类树的节点，并且在每个节点上记录所选出的特征图像编号及相应判别函数的参数，从而有可能反过来顺着从“根级”到“叶级”过程，按若 $D_{ij} > 0$，则 X 属于 C_i，否则 X 属于 C_j 的判别规则，逐级地在每个节点上对样本数据以外的待分类数据进行分类，这便是决策树分类法的原理，从中可以看到判别函数的确定经常是与特征选择密切相关的。一旦分类结束，不仅各类之间得到区分，同时还确定了各类类别属性。

7.5.2 决策树的构建

决策树学习的算法通常是自顶向下进行递归的，选择一个最优划分属性，根据该属性对训练数据进行分割，使得对各个子数据集有一个最好的分类过程。决策树学习基于树结构进行决策，一般先选择划分属性生成决策树，然后对决策树进行修剪。

1. 决策树的生成

树的生成采用自上而下的递归分治法。如果当前训练样本集合中的所有实例是同类的，构造一个叶节点，节点内容即是该类别。否则，根据某种策略选择一个属性，按照该属性的不同取值，把当前实例集合划分为若干子集合。对每个子集合重复此过程，直到当前集中的实例是同类的为止。

从输入属性集中选择最优划分属性是决策树学习的关键，选择一个最优划分属性，随着划分过程不断进行，希望决策树的分支节点所包含的样本尽可能属于同一类别，即节点的“纯度”(purity)越来越高。ID3 决策树算法引入信息论中的信息熵(information entropy)作为最优划分属性的选择标准；C4.5 算法采用基于信息增益率(information gain ratio)的方法选择最优划分属性；CART 算法则是基于基尼指数(Gini index)。

2. 剪枝处理

决策树生成的本质是具备了决策树分类条件的前提下利用以各像元的特征值作为设定规则的基准值对现有训练样本集反复地分组才最终生成二叉决策树或者多叉决策树的过程。影像数据中难免存在噪声信息或者错误的信息，那么包含着这些数据的分析都会反映出异常的数据现象，使数据变得更加复杂，从而会影响决策树分类预测的速度以及其分类的精度等。所以，为了克服以上所说的不利于决策树分类精度和分类预测速度的弊端，需要剪枝。剪枝是对上一阶段所生成的决策树进行检验、校正和修正的过程。剪枝就是剪去那些不会增大树的错误预测率的分支，主要是采用新的测试数据集中的数据检验决策树生成过程中产生的初步规则，将那些影响预测准确率的分支剪除。剪枝的目的是获得结构紧凑、分类准确率高、稳定的决策树。剪枝不仅能有效地减弱噪声，还能使树变得简单，容易理解。

剪枝方法主要有预剪枝和后剪枝。

预剪枝技术是在完全正确分类训练集之前，按照某种标准较早地停止树的生长而对树进行剪枝。预剪枝有一个缺点，即视野效果问题，在相同的标准下，也许当前的扩展不能满足要求，但是下面进一步的扩展能够满足要求，这将使得算法过早地停止决策树的构造。其优点是：不必生成整棵决策树，算法简单，效率高。

后剪枝则是先从训练集生成一棵完整的决策树，然后按照某种标准剪掉某些枝干。后剪枝方法最早由 Breiman 等人提出，主要是不断地修改子树为叶节点。由于后剪枝方法基于决策树的全局信息，因此通常优于预剪枝方法，在实际中更为常用。根据数据集的使用，后剪枝方法又分为两类：一类是把训练数据集分成树的生长集和剪枝集；另一类则是使用同一数据集进行决策树的生长和剪枝。

7.5.3　ID3 算法

ID3 算法的核心是：在决策树各级节点上选择属性时，用最大信息增益(information gain)选择测试属性，用属性值对训练样本集进行划分，从而逐步形成完整的决策树。其具体方法是：检测所有的属性，选择信息增益最大的属性产生决策树节点，由该属性的不同取值建立分支，再对各分支的子集递归调用该方法建立决策树节点的分支，直到所有子集仅包含同一类别的数据为止。最后得到一棵决策树，它可以用来对新的样本进行分类。

某属性的信息增益按下列方法计算。通过计算每个属性的信息增益，并比较它们的大小，就不难获得具有最大信息增益的属性。

设 S 是 s 个数据样本的集合。假定类标号属性具有 m 个不同值，定义 m 个不同类 $C_i(i=1, 2, \cdots, m)$。设 s_i 是类 C_i 中的样本数。对一个给定的样本分类所需的期望信息由下式给出：

$$I(s_1, s_2, \cdots, s_m) = -\sum_{i=1}^{m} p_i \log_2(p_i) \tag{7.36}$$

其中 $p_i = s_i/s$ 是任意样本属于 C_i 的概率。注意，对数函数以 2 为底，其原因是信息用二进制编码。

设属性 A 具有 v 个不同值 $\{a_1, a_2, \cdots, a_v\}$。可以用属性 A 将 S 划分为 v 个子集 $\{S_1, S_2, \cdots, S_v\}$，其中 S_j 中的样本在属性 A 上具有相同的值 $a_j(j=1, 2, \cdots, v)$。

设 S_{ij} 是子集 S_j 中类 C_i 的样本数。由 A 划分成子集的熵或信息期望由下式给出：

$$E(A) = \sum_{j=1}^{v} \frac{s_{1j} + s_{2j} + \cdots + s_{mj}}{s} I(s_{1j}, s_{2j}, \cdots, s_{mj}) \tag{7.37}$$

熵值越小，子集划分的纯度越高。对于给定的子集 S_j，有：

$$I(s_{1j}, s_{2j}, \cdots, s_{mj}) = -\sum_{i=1}^{m} p_{ij} \log_2(p_{ij}) \tag{7.38}$$

其中 $p_{ij} = s_{ij}/s_j$ 是 S_j 中样本属于 C_i 的概率。在属性 A 上分支将获得的信息增益是：

$$\mathrm{Gain}(A) = I(s_{1j}, s_{2j}, \cdots, s_{mj}) - E \tag{7.39}$$

ID3 算法的优点是：算法的理论清晰，方法简单，学习能力较强。其缺点是：只对比较小的数据集有效，且对噪声比较敏感，当训练数据集加大时，决策树可能会随之改变。

7.5.4　C4.5/C5.0 算法

决策树学习算法的关键在于如何选择节点的最佳测试属性，也就是说，采用什么样的逻辑判断或属性分割标准确定节点的最佳测试属性。研究表明，并不存在一个普遍适用且效果最优的最佳测试属性选择标准，但是与信息增益、Gini 指数等属性选择方法相比，利用信息增益比(information gain ratio)进行属性分割得到的决策树的精度较高。C4.5/C5.0 算法是以 ID3 为基础进行改进的，它就采用了信息增益比，将其作为选取最佳测试属性的标准。

信息增益比可以这样计算：

$$\text{Gain - ratio}(A) = \frac{\text{Gain}(A)}{\text{IV}}$$
$$\text{IV} = -\sum_{j=1}^{v} \frac{s_{1j} + s_{2j} + \cdots + s_{mj}}{s} \log_2 \frac{s_{1j} + s_{2j} + \cdots + s_{mj}}{s} \tag{7.40}$$

C4.5 决策树算法中决策树的构建流程和 ID3 一样，只是每次从当前特征集中选择最优特征属性的判断标准是信息增益比，每次迭代的过程都是从当前特征集中选择信息增益比最大的特征作为属性进行节点创建，直到到达决策树停止生长的条件，完成整棵决策树的构建。

C4.5 算法的基本原理是从树的根节点处的所有训练样本开始，选取一个属性来区分这些样本。对属性的每一个值产生一个分支，分支属性值的相应样本子集被移到新生成的子节点上，这个算法递归地应用于每个子节点上，直到节点的所有样本都分区到某个类中，到达决策树的叶节点的每条路径表示一个分类规则。该算法采用了信息增益比来选择属性，克服了用信息增益选择属性时偏向选择取值多的属性不足，并且在树构造过程中或者构造完成之后进行剪枝，能够对连续属性进行离散化处理。

C4.5 算法继承了 ID3 算法的优点，并在以下几个方面对 ID3 算法进行了改进：

(1)用信息增益比来选择属性，克服了用信息增益选择属性时偏向选择取值多的属性的不足；

(2)在树构造过程中进行剪枝；

(3)能够完成对连续属性的离散化处理；

(4)能够对不完整数据进行处理。

C4.5 算法产生的分类规则易于理解，准确率较高。其缺点是：在构造树的过程中，需要对数据集进行多次的顺序扫描和排序，因而导致算法的低效。此外，C4.5 只适合于能够驻留于内存的数据集，当训练集大得无法在内存容纳时程序无法运行。

C5.0 算法是对 C4.5 算法的改进，主要是针对大数据集的分类。此外，C5.0 算法还引入了 Boosting 算法来提高分类精度。对决策树算法的各种改进主要着眼于三个方面，一是提高分类精度，二是尽量减小树的大小，三是降低计算复杂性，其中最为重要的是对分类精度的提高。Boosting 技术是一种独立于分类算法的、通过产生和合并多分类器以提高分类精度的技术。

Boosting 技术中最流行的一种是 Adaptive Boosting（自适应增强）方法。它的主要思想是：首先生成多个分类器(对决策树方法来说，可以是多决策树或多组规则集)，然后在确定一个样本的类别时，每个分类器都参加投票，通过分析所有分类器的投票结果最终确定样本的类别。那么，如何从一个训练样本集中生成多种决策树呢？在 Adaptive Boosting 方法中每一个训练样本都被赋予一个权重，在初始状态下令每个样本的权重都相等，在生成初始的决策树后，训练样本的权重会根据其是否被此决策树正确分类而改变。如果分类正确，此样本的权重会降低，这样在重新构造决策树时，被考虑的概率就会降低；相反，如果分类错误，此样本的权重会升高，在重新构造决策树时，被考虑的概率就会增加。这个过程不断重复，直至达到预定的迭代次数或决策树的精度不再发生变化。

7.5.5 CART算法

CART分类方法也叫分类回归树，是一种产生二叉决策树方法，即每个树节点都只产生两个分支。CART算法只产生两个分支，同时根据最佳的划分节点完成子树的划分。在每一步操作中都要查找并决定最好的划分。CART算法采用二分递归划分，在分支节点上进行布尔测试，判断条件为真的划分为左分支，否则划分为右分支，最终形成一棵二叉树(张宇，2009)。当生成的决策树中某一分支节点上的子数据集的类分布大致一致时，采用多数投票方式，将绝大多数所代表的类作为该节点的类标识，停止该节点的生长，使该节点变成叶节点，重复上述过程，直至生成满足要求的决策树为止(Prodromidis，Stolfo，2001)。

CART算法选择最优特征属性的标准是基尼指数，公式如下：

$$\text{Gini} = 1 - \sum_{i=1}^{m} p_i^2 \tag{7.41}$$

从上面的公式可以看出，Gini指数的取值一定是大于零的。Gini = 0表示分割之后数据集中的样本属于同一种类别，此时可以得到最大的信息量，数据集的熵最小；Gini指数越小，表示数据集划分之后数据的纯度越高，熵越小，信息增益越大；反之Gini指数越大，表示数据集按照当前特征属性进行划分之后数据的纯度越低，熵越大，信息增益越小。

数据集合按照特征属性 A 进行划分，得到 v 个子数据集，分类之后得到的基尼指数为：

$$\text{Gini} = \sum_{j=1}^{v} \frac{s_{1j} + s_{2j} + \cdots + s_{mj}}{s} \text{Gini}(j) \tag{7.42}$$

在CART决策树算法构建模型的过程中，每次迭代寻找最优特征的过程都会通过计算每个特征划分数据集获得的基尼指数，找到使数据集分类之后Gini最小的特征作为节点的特征属性创建新的节点，直到到达决策树停止生长的条件完成整棵决策树的构建。

CART算法采用后剪枝方法，它先生成一棵完整的树，然后产生所有可能的剪枝过的CART树，再使用交叉验证来检验剪枝后的预测能力，选择泛化预测能力最好的剪枝后的树作为最终的CART树。CART算法采用交叉验证法进行修剪，克服了生成决策树后出现的“过度拟合”现象，最终生成一棵兼有复杂度和错误率的最优二叉树。

交叉验证法是一种很有效的精度评估方法，在决策树学习过程中用于评价决策树精度。在决策树生成后，需要对其性能和精度进行评价，以便确定生成的决策树是否能够满足应用需要。对评价方法的一个基本要求是测试集中不应该包含用于训练决策树的训练样本集，否则会导致“用训练集进行测试”的方法论上的错误。*K*-重交叉验证(*K*-fold cross validation)是一种利用多个独立产生的测试集进行评价，而且独立于各种分类算法的一种客观、简单、量化的评价方法。

K-重交叉验证方法中，将训练样本集 T 分为互不相交、大小相等，且具有相同的类别分布的 k 个子集 T_1，T_2，…，T_k。对于任意子集 T_i，用其余所有子集训练决策树，之后用 T_i 对生成的决策树进行测试。这样，训练样本集中的每一个样本都可以作为测试样本参加

一次测试，整个算法的错误率 e 为利用 k 个子集进行 k 次测试得到的错误率 $e_i(i=1, 2, \cdots, k)$ 的平均值，如式(7.43)所示：

$$e=\frac{1}{k}\sum_{i=1}^{k}e_i \tag{7.43}$$

该方法解决了在小样本集上建立决策树由于没有独立测试样本集而造成的过度拟合问题。但是 CART 分类方法用数据集计算基尼指数时，每次递归计算所处理的数据集分类的计算量受到计算机内存空间大小的限制，所以 CART 分类方法对于大规模数据集的分类问题就显得有些力不从心。

7.5.6 基于专家知识的决策树分类

基于专家知识的决策树分类是基于遥感图像数据及其他空间数据，以专家知识和经验为基础的光谱信息和其他辅助信息综合的影像理解技术，通过专家经验总结、简单的数学统计和归纳方法等，获得分类规则并进行遥感分类。基于专家知识的决策树分类具有分类判别规则十分灵活、分类决策树看起来很直观、分类条件清晰、分类效果好、运算效率非常高等特点。

基于专家知识的决策树分类首先是对遥感与非遥感数据的低级处理，提取出这些数据所反映的地学特征，然后由人或者机器通过学习和认知获取这些特征信息所蕴含的分类知识。遥感图像分类中所运用到的地学知识的一种计算模型，其中每一条规则(rule)称为一个产生式，如产生规则 IF<条件>THEN<假设><CF>(其中 CF 为置信度)。待处理的对象，按某种形式将其所有属性组合在一起，作为一个事实，然后由一条条事实形成事实库。每一个事实与每一知识按一定的推理方式进行匹配，当一个事物的属性满足知识中的条件项或大部分满足时，则按知识中的 THEN 以置信度确定归属。

采用专家知识的决策树分类，其中，最重要的部分为获取知识与创建规则，想要建立更为合理的判别规则，就要对若干种地物类别的光谱信息、空间信息、类别间的相互关系等知识进行仔细分析，有了合理的推理判断才能有更高质量的结果分类。

知识的来源是多方面的，主要包括：

(1)地物波谱知识。不同地物具有不同的光谱特征，在图像上反映为各类地物亮度值的差异，因此可以根据这种亮度值的差异来识别不同的物体。对每类地物选取一定数量的样本，生成地物光谱特征曲线，同时按各波段最大值、最小值和平均值加以统计，可以根据这些信息区分不同的地物。把遥感信息理论和实际遥感图像有效结合起来进行地物光谱特征分析，针对不同波段进行波段运算或做图像变换生成突出分类信息的特征信息。

(2)地物纹理知识：反映地物分布的有规律的空间结构特征。

(3)空间关系知识：反映地物内部或地物与地物之间的空间存在关系。

(4)空间分布知识：反映地物在空间上的分布规律，如可以通过 DEM 数据来区分耕地与山地森林。

(5) 时相知识：反映地物时相分布特征及时间序列发展规律的特征。

(6)地学辅助数据：地理信息在广义上也是一种知识，属于一种结构化、量化的地学知识，以比较直观的形式反映了空间地理现象和分布特征；从地理数据上能反演和挖掘潜在的反映地学特征的隐含知识。

(7)专家解译知识：地学专家利用专题图件如地形图、土地利用图等，对遥感影像目视解译过程中用到的经验和常识的提取，属于一种非结构、定性的知识，也是一种模糊性的知识。

在利用专家知识的决策树分类时，经常运用植被指数来区分植被和非植被，运用水体指数来区分水体和非水体，下面对这两种指数进行介绍。

1. 植被指数

归一化差值植被指数 NDVI，可以消除大部分与仪器定标、太阳角、地形、云阴影和大气条件等有关的辐照度的变化。该指数能反映植被冠层的背景影响，且与植被覆盖度有关，可以用来监测植被生长活动的季节与年际变化。

$$\text{NDVI} = \frac{\rho_{\text{nir}} - \rho_{\text{red}}}{\rho_{\text{nir}} + \rho_{\text{red}}} \tag{7.44}$$

式中：ρ_{nir} 和 ρ_{red} 分别是近红外波段和红光波段的反射率。

NDVI 是目前已有的 40 多种植被指数中应用最广的一种。取值范围为[-1, 1]。负值表示地物在可见光波段具有高反射特性，往往与云、水、雪等相关联；0 值往往代表了岩石或裸土；正值表示的是不同程度的植被覆盖，值越大则植被覆盖度越高。NDVI 对冠层背景的变化很敏感，在较暗的冠层背景下 NDVI 值特别大。

2. 水体指数

归一化差异水体指数(NDWI)，可以更好地提取出水体信息，并且可以抑制植被信息。该模型为：

$$\text{NDWI} = \frac{\text{Green} - \text{NIR}}{\text{Green} + \text{NIR}} \tag{7.45}$$

式中：Green 为绿波段，NIR 为近红外波段。

该指数不能够完全排除土壤或者建筑物对水体信息提取的影响，所以不是很适合对城市进行水体提取。在进行归一化水体提取的研究发展进程中，研究学者徐涵秋在对城市区域水体提取时，发现采用归一化水体指数方法，在提取结果的水体信息中存在除水体信息以外的其他信息，这些信息混淆在水体信息中。而为了解决这一问题，他在之前方法的基础之上，分别将该指数在所包含不同水体类型的一些遥感影像中进行实验并提取分析，最后重新构建了改进后的归一化水体指数(MNDWI)，其公式为：

$$\text{MNDWI} = \frac{\text{Green} - \text{MIR}}{\text{Green} + \text{MIR}} \tag{7.46}$$

式中：Green 代表 Landsat TM 影像中的第 2 波段；MIR 代表 Landsat TM 影像中的第 5 波段。

徐涵秋提出了一种适用于城市地区取水的修正归一化差值水体指数(MNDWI)。对于建筑物和阴影，该模型适用于城市地区的取水。但是并不能提取出面积较小的河流，可以消除一些阴影或者水生植物混合的区域对于提取水体会造成的影响。MNDWI 的实验不仅仅保留了原有的对植被覆盖率高地区的水体提取，同时还增加了沼泽、河流、湖泊以及海洋的水体提取，在很大程度上加强了水体信息的提取值以及减弱了背景噪声。实验中还发现了对于获取水体微细的水质特征，MNDWI 相对于 NDWI 更具优势。在 NDWI 的水体提取中因为受到山体影响的局限性，很难解决阴影消除的难题，而 MNDWI 的实验显示出来的效果，恰恰证明 MNDWI 解决了这个问题。

7.5.7 随机森林法

“随机森林”中有两个关键词，一个是“随机”，一个是“森林”。前面讲的决策树都是指一棵决策树，而随机森林是用训练数据随机计算出许多决策树，如图 7.7 所示，形成一个由多棵决策树构成的“森林”。此随机森林中的每棵决策树之间都是无关联的。随机森林算法是一种组合分类器算法，在随机森林模型内部包含多个 CART 决策树，每一棵决策树都是通过两个随机过程进行构建的，即随机从训练样本数据集中抽取训练样本，并从特征集中随机抽样获得特征集，利用随机抽取获得的训练样本集和特征集进行决策树模型的构建，构建得到多棵决策树组成整个随机森林模型。随机森林模型在进行数据预测的时候是利用所有决策树进行预测并通过投票的方式，每棵决策树都是一个分类器，那么对于一个输入样本，N 棵树会有 N 个分类结果。而随机森林集成了所有的分类投票结果，选取投票最多的分类作为分类结果。

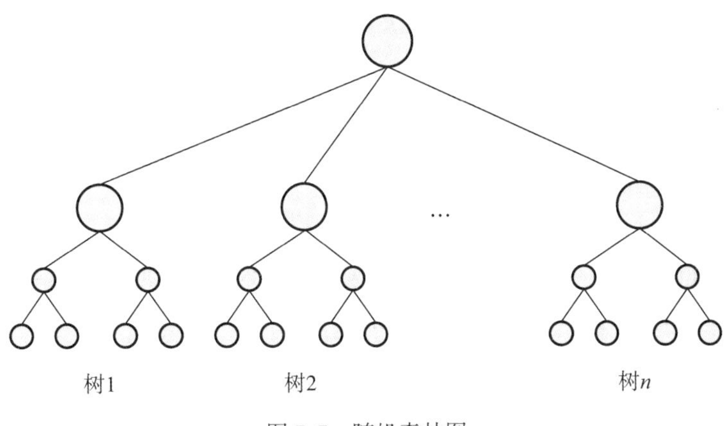

图 7.7 随机森林图

1. 随机森林算法的流程

1) 样本集的选择

从原始的数据集中采取有放回的抽样，构造子数据集，子数据集的数据量是和原始数据集相同的。不同子数据集的元素可以重复，同一个子数据集中的元素也可以重复。例如，每轮从原始样本集中抽取 N 个样本，得到一个大小为 N 的训练集。假设进行 k 轮的抽取，那么每轮抽取的训练集分别为 T_1，T_2，…，T_k。在原始样本集的抽取过程中，可能有被重复抽取的样本，也可能有一次都没有被抽到的样本。随机抽样的目的是得到不同的训练集，从而训练出不同的决策树。

样本抽取通常采用 Bagging 算法，通过重采样技术获得训练数据集，将训练样本进行随机抽样获得很多个子样本集，这样就可以在一定程度上增加数据集的差异性，从而提高分类器整体的泛化能力。给定一个训练样本数据集和一种元学习算法，Bagging 算法通过自主抽样法，每次从全部训练样本中随机有放回地抽样，得到一个子训练样本数据集，子训练样本的数据量小于总样本量，对使用随机抽样得到的训练样本进行元学习算法模型训练，得到一个元分类器，这样循环进行多轮训练样本抽取并训练可获得多个元分类器，将这些元分类器组合在一起得到组合分类器。每个训练子集的大小约为原始训练集的三分之二，每次抽样均为随机且放回抽样，这样使得训练子集中的样本存在一定的重复，这样做的目的是使森林中的决策树不至于产生局部最优解。

2）决策树的生成

利用子数据集来构建子决策树，将这个数据放到每个子决策树中，每个子决策树输出一个结果。假如特征空间共有 n 个特征，则在每轮生成决策树的过程中，从 n 个特征中随机选择其中的 m 个特征（$m < n$），组成一个新的特征集，通过使用新的特征集来生成一棵新决策树。经过 k 轮，共生成了 k 棵决策树。由于在生成这 k 棵决策树的过程中，无论是训练集的选择还是特征的选择，它们都是随机的。因此这 k 棵决策树之间是相互独立的。样本抽取和特征选择过程中的随机性，使得随机森林不容易过拟合，且具有较强的抗噪能力，提升系统的多样性，从而提升分类性能。

随机森林使用 CART 决策树作为元分类器，但与单纯的 CART 决策树构建有所不同，经过训练样本数据集的随机选取和特征集的随机选取的过程之后，便获得了一个 CART 决策树构建的训练样本集和特征集合，随机森林构建的 CART 决策树一般不进行剪枝操作，让决策树自由生长。

3）模型的组合

由于生成的 k 棵决策树之间是相互独立的，每棵决策树的重要性相等，将它们组合时，无须考虑它们的权值。对于分类问题，最终的分类结果由所有的决策树投票来确定，得票数最多的那棵决策树作为预测结果；而对于回归问题，使用所有决策树输出的均值来作为最终的输出结果。

4）模型的验证

从原始样本中选择训练集时，存在部分样本一次都没有被选中过的情况，在进行特征选择时，也可能存在部分特征未被使用的情况，只需将这些未被使用的数据拿来验证最终的模型即可。

一般情况下，会抽取总训练样本集合中大约 67%的样本进行决策树的构建，被抽中的数据称为袋内数据，而未被抽中的数据称为袋外数据。袋外数据最重要的作用有两个，一个是可以利用袋外数据计算单棵决策树的泛化误差，另一个是利用袋外数据可以计算得到单个特征的重要性。利用袋外数据进行泛化误差评估可以在每棵决策树构建的时候同时进行计算，只需要对少量的数据进行运算便可以得到结果。单个特征的重要性的度量是利用启发式思维，人为地在袋外数据中引入噪声，分别计算噪声引入前后随机森林模型预测的准确率，并将这两个准确率的差作为对应特征属性重要性的度量，这个数值越大说明该特征的重要性越高，相反，这个度量值越小说明该特征对模型整体准确率的影响比较小。对数据集中单个特征重要性的评估可以作为特征对随机森林模型的预测能力的贡献度的判断标准，进一步可以尝试去除掉一些贡献度小乃至贡献度为负的特征，以此降低模型的泛化误差，提高模型的预测能力。

2. 随机森林的两个重要参数

树节点预选的变量个数和随机森林中树的个数是在构建随机森林模型过程中的两个重要参数，这也是决定随机森林预测能力的两个重要参数。其中，第一个参数决定了单棵决策树的情况，而第二个参数决定了整片随机森林的总体规模。换言之，上述两个参数分别从随机森林的微观和宏观层面决定了整片随机森林的构造。

3. 随机森林的特点

(1)泛化能力强，不易出现过拟合。随机森林采用了随机有放回的抽样训练样本数据集和随机的抽取特征集进行元分类器的训练，这样增加了数据集之间的差异性，降低了数据之间的相关性，增强了模型整体的泛化能力，不易出现单决策树模型发生的过拟合现象。

(2)在高维度的数据集上的效果较好。随机森林在处理高维度数据的时候表现的效果很好，不需要额外地进行特征评估和特征选取。

(3)随机森林适合做并行处理。随机森林中包含多棵互不相关的决策树，每棵决策树的构建以及数据预测是互不影响的，这样就可以对整个随机森林模型的构建以及结果预测进行任务拆分，从而大大地缩短了模型运算的时间，这是其他学习算法无法比拟的。

(4)实现简单，算法效率高，准确度高。随机森林是一种组合分类器，基础分类器为决策树，这使得随机森林模型相比于其他算法模型易于构建、易于理解。大量的实验证明，随机森林模型相比其他的预测模型有较高的预测准确率。

(5)在大数据集上处理的效果较好。当数据集中出现数据缺失的时候，模型仍然可以保证比较高、比较稳定的预测效果，对数据集中噪声的敏感程度比较低。

(6)随机森林模型可以给出单个特征的重要性，这为评估每个参与预测的特征属性的贡献度提供了依据，便于对随机森林模型进行算法优化。

7.6 面向对象的图像分类

7.6.1 面向对象的图像分类概述

传统面向像元分类方法是从中低分辨率遥感影像的基础上发展起来的，基于像元的分类方法多是基于光谱信息、纹理信息进行监督分类或非监督分类，这些都是基于灰度统计的分类方法，分类的结果往往会产生椒盐噪声。另外，这种以单个像素为单位的技术过于着眼于局部而忽略了整个区域的几何结构，从而严重制约了信息提取的精度。而高分辨率影像空间信息则更加丰富，地物目标细节信息表达得更加清楚，仅仅依靠像素的光谱信息进行分类，只着眼于局部像素而忽略邻近整片图斑的纹理、结构等信息，必然会造成分类精度的降低。因此，基于面向对象的影像分类方法应运而生。

影像信息的面向对象处理，与基于像元的分析相比，更接近于人类的认知过程。认知科学从许多方面阐述了人类大脑中信息的加工处理是如何以有含义的、抽象的、面向对象的方式来进行的。许多不同的方面表明：面向对象的信息预处理可导出更为有意义的处理结果，而且面向对象的影像分析方法使用户能更为直观有效地接近自动化的影像分析问题，使人们对影像的理解和感知更多。

面向对象的影像分类的基本处理单元是影像对象，不是单个的像元，而是多个相邻像元组成的影像对象，也称为图斑对象。在分类时更多的是利用对象的几何信息及影像对象之间的语义信息、纹理信息和拓扑关系，而不仅仅是单个对象的光谱信息。影像对象所包含的信息量相当丰富，是面向对象影像分析最突出的特征，除了色调，还有形状、纹理、环境信息以及不同对象层的信息。根据这些信息，类别之间的语义差异就更明显了，分类的精度当然也提高很多。从概念的角度来看，对象的属性信息可分为三类：固有的属性信息，指对象的物理性，由真实的地表物体与成像状态(传感器与太阳辐射)决定，如对象的颜色、纹理与形状；拓扑的属性信息，指描述对象之间或整个观察窗口内的几何关系，如左侧、右侧、到一个指定对象的中心距离，或在影像中所处区域位置；环境的属性信息，指描述对象语义关系的信息，如公园肯定被城区所包围。

面向对象的分类方法首先对影像进行分割获得同质对象，影像对象包含了许多可用于分类的特征，如光谱、形状、大小、结构、纹理、空间关系等信息；然后，根据遥感影像分类或者地物目标提取的具体要求，选择和提取影像对象的特征，并利用这些特征或特征组合进行遥感影像分类。

利用面向对象分类法可以灵活地运用地物本身的几何信息和结构信息，更主要的是可以加载人的思维，构成知识库，从而提高分类精度，为各种不同地物的分类提供了更多的依据。面向对象的遥感图像分类方法不仅能够充分利用高分辨率遥感影像丰富的空间信息，并能够自动提取出现实世界中的真正地理目标，而且还能输出带有属性表的多边形。分类后还可以通过建立对象间的拓扑关系来反映地理实体之间的关系，利用 GIS 的空间分析方法对遥感数据进行更深层次的挖掘。

面向对象分类技术集合临近像元为对象用来识别感兴趣的光谱要素，充分利用高分辨率的全色和多光谱数据的空间、纹理和光谱信息来分割和分类的特点，以高精度的分类结果或者矢量输出。面向对象的影像分类过程一般包括影像分割、特征提取和面向对象分类。

7.6.2　影像多尺度分割和尺度选择

面向对象分类正是基于影像分割的原理，通过对影像的分割得到同质像元组成的大小不同的影像对象(即同质的像元集合)。这些分割后的对象包含丰富的信息，如光谱特征、形状特征、纹理特征、拓扑特征等。分割后的影像对象只是按照同质原则聚合到一起的像元集合，并没有实际意义，需要通过分类将各个影像对象分配到某一类别中。

遥感影像上的对象构建常采用影像分割的方法来实现。影像分割算法很多，如基于多尺度的影像分割、基于灰度均匀性的影像分割、基于纹理均匀性的影像分割、基于聚类算法的影像分割、基于知识的影像分割等。一般地，第一次分割形成的图斑，有些比较小，有些比较零碎，而太小、太碎的图斑有可能是分割效果不好造成的。此时，可采用图斑合并和图斑精化等措施对初始分割结果进行进一步整理，以获得尺寸不小于某一域值且比较规则的图斑(对象)。

1. 多尺度分割

在遥感影像分析中，尺度即为人类识别目标时的抽象程度。在多尺度分割的过程中可采用不同的分割尺度值，这个分割尺度值决定了所生成的对象大小。分割尺度值越大，所生成的对象层内多边形面积越大而数目越小，反之亦然。影像分割的尺度，是多边形对象异质性最小的阈值，不同分割尺度层的影像体现为明显的空间结构特征差异。

多尺度分割是在影像分析的不同主题有其特定的不同空间尺度的原则下，采用不同的分割尺度，将影像分割成不同尺度的影像对象层，层与层之间、上下层之间有特定的关系，实现了原始像元在不同空间尺度之间的传递，以满足某种特定需要。用不同的分割尺度生成不同尺度的影像对象层，所有地物类别并不是在同一尺度的影像中进行提取的，而是在其最适宜的尺度层中提取的。多尺度分割使得影像分类的结果更合理，也更适合于高分辨率遥感影像的分类。

多尺度分割建立层次分明、结构清晰、独特的层次网络分类体系，如图 7.8 所示。使用影像分割技术来构建影像对象之间的层次等级网络，该网络以不同空间尺度表示了对象多边形所包含的影像信息。位于不同等级层的影像对象组成了完整的网络，每一个影像对象“知道”它的左右(邻域)以及上层下层对象。每层以它直接的子对象为基础来构建，即上一层次较大的影像对象是由下一层的子对象合并成的。

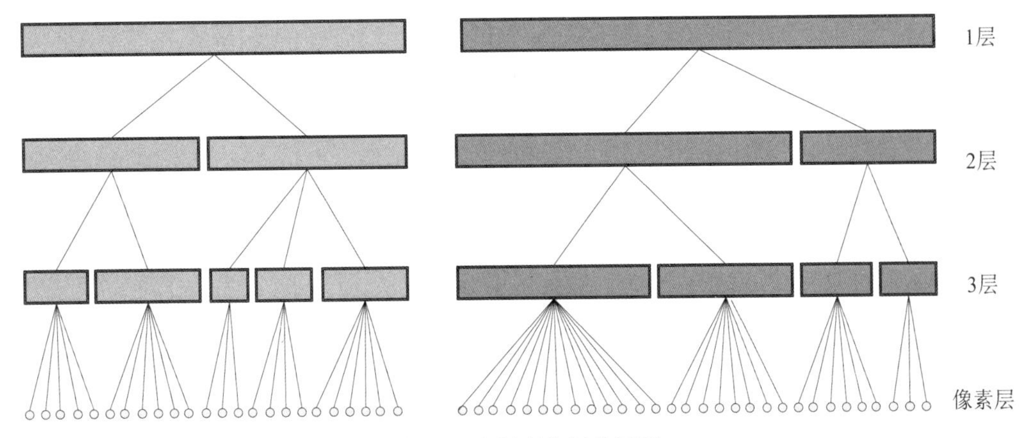

图 7.8 多尺度分割分层图

多尺度分割算法是一种自底向上的基于区域生长法的像素或对象之间两两合并的算法。多尺度分割中，主要参数有权重参数、分割尺度、光谱因子和形状因子(由光滑度和紧密度组成)。其参数的选择对影像分割的质量有着重要影响。这种方法综合了遥感图像的光谱特征和形状特征，计算图像中每个波段的光谱异质性与形状异质性的综合特征值。然后根据各个波段所占的权重，计算图像所有波段的加权值，当分割出对象或基元的光谱和形状综合加权值小于某个指定的阈值时，进行重复迭代运算，直到所有分割对象的综合加权值大于指定阈值即完成图像的多尺度分割操作。

权重参数表示影像在分割时各个异质性所占有的权重比例，在一般情况下，当影像对象的光谱颜色差有较大的明显差异时，光谱异质性所占有的权重比较大，但是对于目标地物形状比较规则的情况下，为了对影像分割后保持对象形状的完整性，形状比重也会提高。在对形状异质性表示时，紧致度与平滑度的权重值根据具体的目标地物的形状来设置。如果地物形状饱满(比如矿区中的沉淀池)，则紧致度权重可设置较大；若地物的边界光滑(比如道路)，则光滑度参数较大。

影像分割后的分割质量不仅与分割的尺度选择、均质性因子有关，而且与影像各波段在影像分割时所占的比重有关。不同的目标地物在不同的影像图层中所表现的信息含量是不同的，如针对边界比较明显的地物，其图层的识别度较其他图层更明显，那么在分割时，则针对这种地物分割，该波段比重就可以设置得更高些，其分割后的结果会更好；而对于某地的信息提取贡献较少的图层赋予权重更低或为零。

2. 最优分割尺度的选择

对于一个特定的地学目标，要正确地反映其空间分布结构特性就必须选择一个最优尺度来进行遥感信息的分析研究。在进行多尺度分割时，尺度参数决定了影像对象的抽象程度，它直接决定影像对象的大小以及信息提取的精度。当研究对象为一种或者多种地物信息的时候，分割后的地物形状与目标地物最接近，多边形地物边界完整，边界信息清晰，内部对象的光谱异质性最小即为最佳尺度。最优分割尺度值是分割后的对象既不能太破碎，也不能边界模糊。当研究对象为整幅图时，分割后的多边形内部异质性最小，对象间异质性最大，且光谱、形状、纹理等信息表达完整，即为最佳分割尺度。

在实际应用中，分割尺度过大容易造成过分割现象，分割尺度过小，多边形对象数目太多，则分割的图斑过于细碎，时间消耗长。影像分割尺度越小并不意味着地物类别提取精度就越高，当分割尺度很小时，不同类别的影像像元被合并成一个对象的可能性就越小，小尺度的分割会导致同一类别对象之间的光谱变异小，类别可分性降低，反而降低分类精度。因此，确定最佳的分割尺度是多尺度分割的关键。遥感影像的空间尺度属性不可能从数值上连续变化，只能是离散的，因此影像分析中最优尺度并不是一个绝对值，只能是一个数值范围。

最优尺度选择方法大致可分为以下三类：经验选择法、模型计算法和鉴别指标法。

1)经验选择法

通过不断地连续调整分割尺度，得到多种不同的分割结果，最后根据人的经验知识来确定最优分割尺度。这种方法简单、直观、可操作性强，且接近人的思维，因此得到广泛应用。但是，经验选择法受人的主观影响大，不易获得最优分割尺度。

2)模型计算法

利用对象内部的标准差来表示对象内部的同质性，利用空间相关性来表示对象之间的异质性，使得内部同质性和对象之间的异质性达到最好的综合效果。模型计算法本质上是一种全局最优的判断方法，是通过判断分割结果的好坏转而评价分割尺度是否合适的方法。这种方法需要首先评价影像分割的质量，并反复验证，以选择最佳分割尺度。

最优分割尺度模型计算的方法避免了目视的主观性，属于分割后选择，需要反复试验，计算复杂，而且一个影像区域内的最优分割尺度不能推广到别的影像区域，即可推广能力差。另一方面，分割质量的评价是针对影像内的所有对象，不针对任何具体地物类型，由此得出的最优分割尺度是对所有对象的最优的折中，没有具体的针对性。

3)鉴别指标法

通常利用某种或某几种对象的属性特性(如面积、颜色、方差、轮廓等)来构建鉴别指标，进而鉴别分割尺度的好坏。下面介绍三种方法：

(1)均值方差法。影像进行分割操作后，影像对象被分为纯对象、混合对象和伪对象。纯对象越多，与相邻对象之间的光谱差异增大，分割精度越高；如果增加混合像元，与相邻对象之间的光谱差异降低，对象的均值方差就变小。当均值方差达到最大时所对应的分割尺度为最优分割尺度。面向对象的均值方差曲线随分割尺度变化呈现出多个峰值，每个峰值对应的分割尺度就是不同地物类别的最优分割尺度。因此，不同的地物类别信息提取的最优分割尺度可以通过影像对象的均值方差的曲线图来选择。

(2)最大面积法。最佳尺度通常是与地物的实际面积最符合的尺度。分割尺度越小，分割后的多边形实体越小；反之，分割越大，多边形实体也越大。最佳尺度就是地物实际边界与分割后多边形对象最适合的尺度。影像对象大小并非一味增大，有些对象的面积在一定的尺度范围内会保持不变，最优尺度值是一个范围。

(3)矢量距离法。最优分割尺度下获得的对象边界应该与实际地物的边界具有高度的吻合性的特征，吻合程度越高则说明分割越理想。因此，可以根据参考图和实际分割影像中目标特征值的差来评价分割的好坏。矢量距离是指分割所得对象的矢量边界线与待分类目标对象的轮廓线在纵、横两个方向上的距离。当矢量距离指数接近或等于零时，可获得最优分割尺度。矢量距离法在应用过程中需要人工选择典型地类样本用于指数计算，选取的地类典型样本较大，会引起矢量距离法选择的最优分割尺度较大；反之，地类典型样本较小，会导致选择的最优分割尺度较小。它不能实现分割后影像区域对象矢量边界线与欲分类目标对象真实矢量边界自动匹配计算。

7.6.3 影像对象特征提取

在获得对象以后，就可以计算对象的分类特征了。在基于像素的分类中，通常仅有像素的灰度、光谱信息可以利用。但对分割得到的图斑而言，我们可以计算它的光谱、纹理、空间、面积、形状等更多特征，这就为对象的准确分类提供了可能。分类可使用各种图像特征，不同软件计算的图像特征都包括光谱特征、空间特征、纹理特征和自定义特征，内容稍微有些不一样。

eCognition 软件在使用图像特征中，光谱特征包括均值、方差、灰度比值；形状特征包括面积、长度、宽度、边界长度、长宽比、形状因子、密度、主方向、对称性、位置，对于线状地物包括线长、线宽、线长宽比、曲率、曲率与长度之比等，对于面状地物包括面积、周长、紧凑度、多边形边数、各长度的方差、各边的平均长度、最长边的长度；纹理特征包括对象方差、面积、密度、对称性、主方向的均值和方差等。通过定义多种特征并指定不同权重，建立分类标准，然后对图像分类。

ENVI 软件在使用图像特征中，光谱特征包括最小灰度值、最大灰度值、平均灰度值、灰度值的标准差；空间特征包括多边形的面积、多边形外框周长、紧密度、凸出的状态、坚固性、描述多边形的圆特征、形状要素、延伸性、矩形形状的度量、主方向等；纹理特征包括卷积核范围内的平均灰度值范围、平均灰度值、平均变化值和平均灰度信息熵；高级选项包括波段比值、色调、饱和度和亮度。

7.6.4　面向对象分类方法

影像分割完成之后获得影像对象，通过计算对象的特征就可以进行面向对象的分类了。面向对象的分类，目前常用的方法是监督分类和决策树分类，随着分类技术的发展，出现了面向对象与深度学习相结合的分类方法。这里的“监督分类”和我们常说的监督分类是有区别的，它分类时样本的对比参数更多，不仅仅是光谱信息，还包括空间、纹理等信息。“决策树分类”与常说的决策树分类是有区别的，它采用模糊分类的方法。

1. 监督分类

面向对象的监督分类方法常用的有最邻近法、K-邻近法、主成分分析法和支持向量机法。主成分分析是比较在主成分空间的每个分割对象和样本，将得分最高的归为这一类。支持向量机在前面已经介绍过了，下面介绍最邻近法和 K-邻近法。

1）最邻近法

最邻近分类方法利用给定类别的样本在特征空间中对影像对象进行分类。每一类都定义样本和特征空间，特征空间可以组合任意的特征。初始的时候，选用较少的样本进行分类，如果出现错分的情况，就增加错分类别的样本，再次进行分类，不断优化分类结果，直至分类结束。最邻近法的运算法则为：对于每一个影像对象，在特征空间中寻找最近的样本对象，比如一个影像对象最近的样本对象是属于 A 类的，那么这个影像对象将会被划分为 A 类。其算法公式为：

$$d = \sqrt{\sum_f \left(\frac{v_f(s) - v_f(o)}{\sigma_f}\right)^2} \tag{7.47}$$

式中：d 是指样本对象 s 与影像对象 o 之间的距离；$v_f(s)$ 为样本对象的特征 f 的值；$v_f(o)$ 为影像对象 o 的特征 f 的值；σ_f 为特征 f 值的标准差。

2）K-邻近法

K- 邻近分类方法依据待分类数据与训练样本元素在 n 维空间的欧几里得距离来对图像进行分类，n 由分类时目标物属性数目来确定。相对传统的最邻近方法，K- 邻近法产生更小的敏感异常和噪声数据集，从而得到更准确的分类结果，它会自己确定像素最可能属于哪一类。在 K 参数里键入一个整数，默认值是 1。K 参数是分类时要考虑的临近元素的数目，是一个经验值，不同的值生成的分类结果差别会很大。3- 最邻近分类的规则就是将实验样本归类到其 3 个最近的训练样本中大多数属于的类别中去。如果 $K=1$，那么该对象就只会被分配到其最近的样本类别中去。K 参数的设置依赖于数据组以及选择的样本。值大一点能够降低分类噪声，但是可能会产生不正确的分类结果。

2. 决策树分类

面向对象的决策树分类，又命名为规则分类和决策支持的模糊分类。如果对影像先进行多尺度分割，决策支持的模糊分类运用继承机制、模糊逻辑概念和方法以及语义模型，建立用于分类的决策知识库。首先建立不同尺度的分类层次，在每一层次上分别定义对象的光谱特征、形状特征、纹理特征和相邻关系特征，通过定义多种特征并指定不同权重，给出每个对象隶属于某一类的概率，建立分类标准，并按照最大概率原则，先在大尺度上分出"父类"，再根据实际需要对感兴趣的地物在小尺度上定义特征，分出"子类"，最终产生确定分类结果。

面向对象影像分析中的分类体系实际上就是一棵决策树，不同尺度的分割影像对应决策树的不同层次。分类体系是针对某一分类任务建立的信息库，它包含分类任务中的所有类型，并将这些类型组织在一个层次结构中。分类体系中的每一种类型都有各自的特征描述，特征描述由若干个特征的隶属函数根据一定的逻辑关系组成。依据这样的分类体系组织类别的专家知识，然后根据决策树进行分类。

类别特征的描述是通过隶属函数来实现的。隶属函数是一个模糊表达式，实现将任意特征值转换为统一的范围[0，1]，形式上表现为一条曲线，横坐标为类别特征值(光谱、形状等)，纵坐标为属于某一类别的隶属度。隶属函数库由多个代表性的类别样本对象属性值组成。每一个多边形的各个属性值与样本函数曲线比较，若该属性值位于曲线范围之内，则获得一个隶属度，多个隶属度加权和大于其中一种类别的预设值，则该多边形确定为该类类别。每一个对象对应于一个特定类别的隶属度，隶属度越高，属于该地类的概率越大。

在 ENVI 软件中，整幅影像分割尺度是一样的，没有进行多尺度分割，通过在一个分割尺度上建立规则，设置模糊分类阈值、归类函数和属性值范围进行规则分类。设置模糊分类阈值时，值越大，其他分割块归属这一类的可能性就越大，范围为 0~20。隶属函数有 Linear 和 S-type 两种，在相同的模糊分类阈值时，S-type 要比 Linear 有更小的模糊度。属性值以直方图显示，最小值和最大值随不同属性值改变，在区域内或两头选择属性值范围。

3. 面向对象与深度学习相结合的分类

深度学习的算法框架结构大多数为深层神经网络或多层神经网络。它在本质上是构建含有多层隐藏层的机器学习架构模型，通过大规模数据训练，得到有代表性的特征信息，从而产生能够对给定样本进行分类和预测的能力，随着训练的深入，可以逐步提高分类和预测的精度。虽然面向对象方法提取了对象的基本光谱、形状、纹理等特征，但对于形状、纹理特征描述得不够全面、准确，信息量还不足以支撑地物分类和识别，因而可以通过"深度学习"来掌握不同对象的纹理、环境等高级语义特性，形成深度学习模型来进行对象分类。

结合面向对象与深度学习的技术特点，我们提出了一种新的典型地物信息提取方法。首先，采用面向对象方法提取典型地物对象特征；然后，选用卷积神经网络框架对分割后的不同尺度对象进行深度学习，获取不同对象的形状和纹理特征，用以指导对象分类；最后，有效解决典型地物信息提取不准确的问题。

7.6.5　面向对象分类特点

面向对象遥感图像分类的优点如下：

(1)改善图像分析和处理的结果。与直接基于像元的处理方式相比，基于对象的遥感图像分析和处理更符合人的逻辑思维习惯。运用合适的特征表达方法，可提取基于分割单元的各种特征，如形状特征、邻接特征、方位特征或距离特征等。通过这些特征，特定领域的知识和专家经验能以规则的形式融合到各类图像分析任务(如分类、目标识别等)中，通过不同程度的“推理”，改善图像分类结果。

(2)提升空间分析功能。引入各种空间特征，如距离、拓扑邻接、方向特征等，使得地理的核心概念得以引入。分割获得的图斑使空间分析变得容易，从而提升图像的应用价值。

(3)促成多源数据的融合，引导 GIS 和 RS 的整合。对于具有地理参考的数据而言，图像区域间的拓扑特征能够使这些不同的数据间建立具体的局部联系，从而使多源数据的融合成为可能，并在很大程度上引导 RS 和 GIS 的高度整合。

与传统的分析和处理相比，面向对象的遥感图像分类增加了图像分割这一环节，并需要计算分割产生的图斑的几何特征。因此，面向对象的分类需要选择更多的特征和计算资源。

7.7　高光谱遥感影像分类

7.7.1　高光谱遥感影像分类概述

高光谱遥感影像分类方法可以采用非监督分类，也可以采用监督分类中的最大似然法、神经网络法、支持向量机法，还可以用决策树分类中的随机森林法。由于高光谱遥感影像具有波段多的特点，所以这些方法的计算量比较大。高光谱遥感影像的光谱通道多达数十甚至数百个，而且各光谱通道间往往是连续的，具有图谱合一的特点。高光谱分辨率遥感信息的分析处理集中于光谱维上进行图像信息的展开和定量分析。在成像光谱图像处理中，光谱匹配技术是成像光谱地物识别的关键技术之一。所谓光谱匹配是通过研究两个光谱曲线的相似度来判断地物的归属类别。光谱匹配分类法是利用参考光谱来识别某未知地物光谱的方法。它根据参考光谱和未知光谱之间的相似程度，来判别未知光谱的地物类型，进而达到地物识别的目的。光谱匹配分类法主要依据高光谱数据特有的海量波谱特征，能够避免监督分类方法中训练样本与特征维数的关系问题，主要适用于高光谱数据分类。

不同的地物具有不同的波谱特征，这已成为人们利用高光谱遥感数据认识和识别地物、提取地表信息的主要思想和手段。收集和积累各种典型地物的光谱数据信息历来是遥感基础研究和应用研究中不可缺少的一个重要环节。长期的高光谱实验也收集了大量的实验室标准数据，建立了许多地物标准光谱数据库；在高光谱应用研究中，人们已经解决了图像数据的光谱重建的难题。在这些研究工作的基础上，人们已经具备了从图像直接识别对象的条件。

光谱匹配的主要过程有：

(1)参考光谱收集过程。参考光谱可以是定标后的实地或实验室光谱辐射计数据，或者采用端元分析法从影像上得到的端元光谱。

(2)查找匹配过程。将参考光谱与光谱数据库中的标准光谱响应曲线进行比较搜索，并将像元归于与其最相似的标准光谱响应所对应的类别，并赋予该类标记。

(3)聚类过程。根据像元之间的光谱响应曲线本身的相似度，将最相似的像元归并为一类。

7.7.2 光谱数据库

光谱数据库是由高光谱成像光谱仪在一定条件下测得的各类地物反射光谱数据的集合，它对准确地解译遥感图像信息、快速地实现未知地物的匹配、提高遥感分类识别水平起着至关重要的作用。由于高光谱成像光谱仪产生了庞大的数据量，因此建立地物光谱数据库，运用先进的计算机技术来保存、管理和分析这些信息，是提高遥感信息的分析处理水平并使其得到高效、合理之应用的唯一途径，并给人们认识、识别及匹配地物提供了基础。

1. 光谱数据的组成

光谱测量数据一般包括植被、土壤、水体、冰雪、岩矿和人工目标 6 个典型地物大类。遥感地面试验数据由遥感地面试验获取，是典型地物光谱测量与环境变量测量最终能获得规范、配套、完备、有效的数据集。环境参数在此特指被测目标的空间结构参数、生理生化参数、小气候参数以及其他与光谱数据相配套的参数。完整的地面试验数据体系应由以下 6 个方面组成：

(1)观测数据；

(2)仪器观测数据；

(3)测点状况数据；

(4)观测方法和数据处理方法的说明；

(5)观测人员信息；

(6)观测数据之元数据，包括观测数据项的定义、数据格式和数据库现存数据的状况。

2. 光谱数据的获取

充分利用现有数据，按照规范的要求，采集国内外已有典型地物光谱数据。

(1)现有光谱数据库收集。根据数据的测量和观测环境参数的配套程度等指定光谱数据的分级标准，按照新的地物光谱测试技术与规范的要求对光谱数据做适当处理，并增补应用这些光谱数据所必需的相关信息(数据观测环境的描述)，使之符合新规范的形式。

(2)实验测量的地物光谱是光谱知识库的核心，涉及典型地物的分类与特性描述、数据获取规范的建立、数据采集、数据处理、数据质量控制等5个方面。

(3)地理空间数据收集。对现有的地理空间数据，如地形、土地利用和土壤等，光谱数据库采用数据，原来的体系不做改动。对需要自行准备的数据，如农作物区划、品种和物候等，光谱数据库制定数据分类体系、编码规则、设计建造空间数据库并进行质量检查。编码遵循通用性、唯一性、易操作性、可扩充性和节省空间的原则。

7.7.3 端元波谱提取技术

端元波谱作为高光谱分类、地物识别和混合像元分解等过程中的参考波谱，与监督分类中的分类样本具有类似的作用，直接影响波谱识别与混合像元分解结果的精度。

最简单的端元波谱获取途径是选择已知的波谱，这些已知的波谱可以来自标准波谱数据库中的波谱，或者波谱仪器量测等；也可以从图像自身的像元波谱中获得，这些像元一般选择只包含一种地物的纯净像元；还常常采用前面两种方法相结合，即使用已知波谱校正和调整图像上获取的端元波谱。

1. 最小噪声分离

最小噪声分离(minimum noise fraction，MNF)将一幅多波段图像的主要信息集中在前面几个波段中，主要作用是判断图像数据维数、分离数据中的噪声，减少后处理中的计算量。

最小噪声分离类似于主分量分析(PCA)的变换方法，本质上是含有两次叠置的主成分分析：第一次变换是利用主成分中的噪声协方差矩阵，分离和重新调节数据中的噪声(噪声白化，noise whitening)，使变换后的噪声数据只有最小的方差且没有波段间的相关；第二次变换是对噪声白化数据进行主成分变换。为了进一步进行波谱处理，检查最终特征值和相关图像来判定数据的内在维数。数据空间被分为两部分：一部分与较大特征值和相对应的特征图像相关；其余部分与近似相同的特征值以及噪声占主导地位的图像相关。仅仅用相关部分，就可以将噪声从数据中分离，这将提高波谱处理的效率。

使用MNF变换从数据中消除噪声的过程为：首先进行正向MNF变换，判定哪些波段包含相关图像，用波谱子集选择“好”波段或平滑噪声波段；然后进行一个反向MNF变换。

基于特征值选取MNF变换输出的波段子集，这样在使用高光谱数据时，可以从上百个波段中选择十几个主要的波段，达到降维目的，减少运算量。MNF变换还应用在端元波谱提取的过程中。

2. 基于几何顶点的端元提取

将相关性很小的图像波段，如PCA、IC、MNF等变换结果的前两个波段，作为X、Y轴构成二维散点图。在理想情况下，散点图是三角形。根据线性混合模型的数学描述，纯净端元几何位置分布在三角形的三个顶点，而三角形内部的点则是这三个顶点的线性组合，也就是混合像元，如图 7.9 所示。根据这个原理，我们可以在二维散点图上选择端元波谱。在实际的端元选择过程中，往往选择散点图周围凸出区域，再获取这个区域相应原图上的平均波谱，将其作为端元波谱。

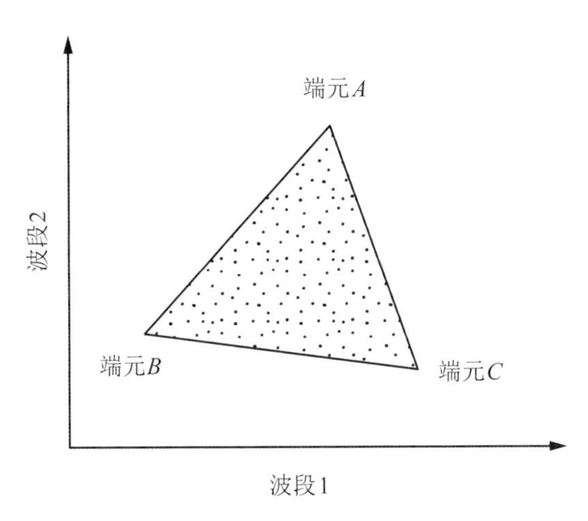

图 7.9 两个波段三个端元散点图

1) 基于纯净像元指数(PPI)的端元提取

纯净像元指数是通过 n 维散点图迭代映射为一个随机单位向量，每次映射的极值像元(混合像元投影到中部的原则，记录下图像中每个像元被投影到端点为纯净像元)被记录下来，并且每个像元被标记为极值的总次数也被记录下来，从而生成一幅“像元纯度图像”。在这幅图像上，每个像元的 DN 值表示像元被标记为极值的次数，因此像元值越大，表示像元的纯度越高，因此 DN 值也称“纯度”。计算多光谱和高光谱图像的纯净像元指数，进而在图像中寻找波谱最“纯”的像元。

PPI 先通过最小化噪声的方法 MNF 对数据进行降维，接着生成大量穿过数据集合内部的随机测试向量。波谱可以被认为是 n 维散点图中的点，其中 n 为波段数。n 维空间中点的坐标由 n 个值组成，它们是每个波段对应的像元值。可以根据这些点在 n 维空间中的分布，估计端元波谱数目以及它们相应的波谱。n 维可视化工具可显示 n 维散点图，是一个 n 维数据到二维平面的映射，可以与最小噪声分离变换(MNF)和纯净像元指数(PPI)的结果相结合，用于定位、识别、聚集数据集中最纯的像元，从而获取纯净的端元波谱。当把感兴趣区作为训练样本进行监督分类时，也可使用该工具来检测类别的可分性。

2) 基于 SMACC 的端元提取

连续最大角凸锥(sequential maximum angle convex cone，SMACC)方法可从图像中提取端元波谱以及丰度图像(abundance image)。它提供了更快、更自动化的方法来获取端元波谱，但是它的结果近似程度较高，精度较低。

SMACC 方法：基于凸锥模型(也称“残余最小化”)借助约束条件识别图像端元波谱；采用极点来确定凸锥，并以此定义第一个端元波谱；然后，在现有锥体中应用一个具有约束条件的斜投影生成下一个端元波谱；继续增加锥体，生成新的端元波谱；重复这个过程，直至生成的凸锥包括了已有的终端单元(满足一定的容差)，或者直至满足了指定的端元波谱类别个数。

用 SMACC 方法首先找到图像中最亮的像元，然后找到和最亮的像元差别最大的像元，继续找到与前两种像素差别最大的像素，重复该过程直至 SMACC 找到一个在前面查找像素过程中已经找到的像素，或者端元波谱数量已经满足。SMACC 方法找到的像素波谱转成波谱数据库文件格式的端元波谱。

7.7.4　基于高光谱影像的光谱匹配

光谱匹配的主要方法包括二值编码匹配、光谱角度匹配、交叉相关光谱匹配、光谱信息散度匹配和光谱吸收特征匹配。

1. 二值编码匹配

对光谱数据库的查找和匹配过程必须是有效的，而且对成像光谱数据这种海量数据会产生很大程度上的冗余度，会降低计算机的处理效率。为实施匹配，要建立一些数据缩减和模式匹配技术，Goetz 提出了一系列对光谱进行二进制编码的建议(Goetz，1990)，使得光谱可用简单的 0，1 来表述。利用光谱库中的参考光谱来识别未知地物光谱时，最简单的编码方法是：

$$\begin{cases} h(n) = 0 & x(n) \leqslant T \\ h(n) = 1 & x(n) > T \end{cases} \tag{7.48}$$

其中 $x(n)$ 是像元第 n 通道的亮度值，$h(n)$ 是其编码，T 是选定的门限值，一般选为光谱的平均亮度，这样每个像元灰度值变为 1bit，像元光谱变为一个与波段数长度相同的编码序列。然而，有时这种编码不能提供合理的光谱可分性，也不能保证测量光谱与光谱数据库参考光谱相匹配，所以需要更复杂的编码方式。

(1)分段编码。对编码方式的一种简单变形是将光谱通道分成几段进行二值编码，这种方法要求每段的边界在所有像元矢量上都相同。为使编码更有效，段的选择可以根据光谱特征进行。例如在找到所有的吸收区域以后，边界可以根据吸收区域来选择。

(2)多门限编码。采用多个门限进行编码可以加强编码光谱的描述性能。将每个灰度值变为 2bit，或者将光谱范围划分为几个小的子区域，每个子区域单独编码。例如采用两个门限 T_a，T_b，可以将灰度划分为 3 个区域：

$$\begin{cases} 00 & x(n) \leqslant T_a \\ 01 & T_a < x(n) \leqslant T_b \\ 11 & x(n) > T_b \end{cases} \tag{7.49}$$

这样像元每个通道值编码为 2 位二进制数，像元的编码长度为通道数的 2 倍。事实上，两位码可以表达 4 个灰度范围，所以采用 3 个门限进行编码更加有效。

(3)仅在一定波段进行编码。这个方法仅在最能区分不同地物覆盖类型的光谱区编码。如果不同波段的光谱行为是由不同的物理特征所决定，我们可以选择这些波段进行编码，这样既能达到良好的分类目的，又能提高编码和匹配识别效率。

使用这种二值编码方法，对成像光谱图像中的每个像元的光谱曲线均可产生一个二值编码矢量，并保持波形形态的重要特征(如吸收特征、波长位置和吸收峰宽度)。成像光谱图像数据编码匹配时，只需要将二值编码光谱数据库内感兴趣的二值编码向量(已知)同未知的高光谱二值编码图(像元)匹配并计算匹配系数。人们根据匹配系数的大小来确定和提取位置图像上感兴趣的地物信息。这种编码匹配技术有助于提高成像光谱数据分析处理的效率。由于这种技术在处理编码过程中会丢失许多细部光谱信息，因此这种二值编码匹配技术适合较粗略地识别地物光谱。

2. 光谱角度匹配

光谱角度匹配(spectral angle match，SAM)通过计算一个测量光谱(像元光谱)与一个参考光谱之间的“角度”来确定它们两者之间的相似性。这种方法假设图像数据已被缩减到“视反射率”，即所有暗辐射和路径辐射偏差已经去除。它被用于处理一个光谱维数等于波段数的光谱空间中的一个向量。

光谱角度匹配分类的工作步骤与其他监督分类方法一样，首先选择训练样本，然后比较训练样本与每一像元之间的相似系数，其值越高表明越接近训练样本的类型。因此，分类时还要选取阈值，大于阈值的像元与训练样本属同一地物类型，反之则不属于。

光谱角度匹配分类方法的原理是：把光谱作为向量投影到 n 维空间，其维数为选取的所有波段数。n 维空间中，像元值被看作有方向和长度的向量，不同像元值之间形成的夹角称为光谱角。光谱角度匹配分类就是将像元分配到相应的区间，角度值越小，相似性越高。该方法考虑的是光谱向量的方向，而非光谱向量的长度，使用余弦距离作为地物类的相似性测度，对各类别的识别能力较强，产生的破碎分类单元较少。图 7.10 为地物的光谱曲线和二维特征空间地物向量的光谱角。

它们的位置可认为是二维空间中的两个光谱点。各个光谱点连到原点可以代替所有不同照度的物质。照度低的像元比起具有相同光谱特征但照度高的像元往往集中在原点附近

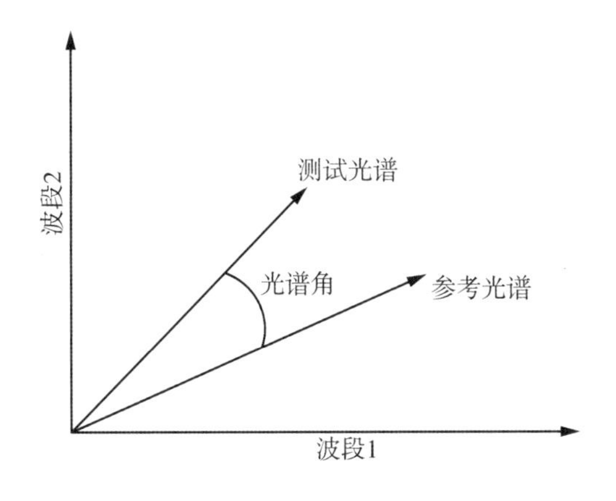

图 7.10 参考波谱和测试波谱在二维空间里的光谱角关系

(暗点)。SAM 通过下式确定测试光谱 t_i 与一个参考光谱 r_i 的相似性：

$$\alpha = \arccos\left[\frac{\sum_{i=1}^{n_b} t_i r_i}{\left(\sum_{i=1}^{n_b} t_i^{\ 2}\right)^{\frac{1}{2}}\left(\sum_{i=1}^{n_b} r_i^{\ 2}\right)^{\frac{1}{2}}}\right] \tag{7.50}$$

式中：n_b 等于波段数。

这种两个光谱之间相似性度量并不受增益因素影响，因为两个向量之间的角度不受向量本身长度的影响。这一点在光谱分类上可以减弱地形对照度的影响(它的影响反映在同一方向直线的不同位置上)。结果，实验室光谱可直接用来与遥感图像反射率光谱比较而达到光谱识别的目的。

SAM 的流程分为以下四步：

(1)从光谱数据库中选择感兴趣的“最终成分光谱”。

(2)对“最终成分光谱”做重采样，因为图像光谱分辨率通常要低于地面测量的光谱分辨率，使两者光谱分辨率一致。

(3)计算最终成分光谱与图像像元光谱两个光谱向量之间的角度 α(广义夹角余弦) 以评价此两光谱向量相似性。α 值域为 $0 \sim \pi/2$。当 $\alpha = 0$ 时，表示两个光谱完全相似；当 $\alpha = \pi/2$ 时，则表示两个光谱完全不同。

(4) 计算成像光谱图上每个像元光谱与每个最终成分光谱的 α，从而实现对图像光谱的匹配和分类。具体匹配分类时，对于一个像元光谱 x，计算它与第 i 个最终成分光谱的广义夹角 $\alpha_i(i = 1, 2, \cdots, c)$ 为光谱库中的地物类别数。假如

$$\alpha_i = \{\alpha_j\}_{\min} \quad (j = 1, 2, \cdots, c;\ j \neq i)$$

则 x 被判为第 i 最终成分光谱。如果只是为了突出感兴趣的一类最终成分光谱，那么 SAM 的输出是一幅灰度图，其上低值代表相似性高，即和目标光谱有较高的吻合性。

3. 交叉相关光谱匹配

通过计算一个测试光谱(像元光谱)和一个参考光谱(实验室或像元光谱)在不同匹配位置的相关系数，来判断两光谱之间的相似程度。测试光谱和参考光谱在每个匹配位置 m 的交叉相关系数等于两光谱之间的协方差除以它们各自方差的积：

$$r = \frac{\sum (R_r - \overline{R_r})(R_t - \overline{R_t})}{\sqrt{[\sum (R_r - \overline{R_r})^2][\sum (R_t - \overline{R_t})^2]}} \sum_{i=1}^{N} p_i \log\left(\frac{p_i}{q_i}\right) \tag{7.51}$$

式中：R_r、R_t 分别为参考光谱和像元光谱。

4. 光谱信息散度匹配

光谱信息散度(spectral information divergence，SID)匹配通过计算目标光谱和样本光谱之间的光谱信息散度来确定二者之间的相似性。它是从信息论的角度提出的一种光谱相似

性度量指标，它将每一个像元看作一个随机变量，使用光谱直方图定义其概率分布。光谱信息散度的计算公式为

$$\mathrm{SID}(t,\ r) = D(t \parallel r) + D(r \parallel t) \tag{7.52}$$

其中：$D(t \parallel r) = \sum_{i=1}^{N} p_i \log\left(\frac{p_i}{q_i}\right)$ 和 $D(r \parallel t) = \sum_{i=1}^{N} q_i \log\left(\frac{q_i}{p_i}\right)$ 分别表示 r 关于 t 的信息熵和 t 关于 r 的信息熵；$p_i = \frac{t_i}{\sum_{i=1}^{N} t_i}$ 和 $q_i = \frac{r_i}{\sum_{i=1}^{N} r_i}$ 分别表示目标光谱和样本光谱归一化后的概率分布。

5. 光谱吸收特征匹配

光谱吸收特征匹配是指采用光谱吸收特征参数或者光谱吸收指数来实现高光谱图像处理和地物识别。光谱吸收特征参数包括吸收波段波长位置（P）、波段深度(H)、波段宽度(W)、斜率(K)、吸收峰对称度(S)、吸收峰面积(A) 和光谱绝对反射值等指标。光谱吸收指数包含四个指标：吸收位置(absorption position，AP)、吸收深度(absorption depth，AD)、吸收宽度(absorption width，AW)、对称性(absorption asymmetry，AA)。它们分别表示在光谱吸收谷中反射率最低处的波长、在某一波段吸收范围内反射率最低点到归一化包络线的距离以及最大吸收深度一半处的光谱带宽。

光谱吸收特征匹配可以利用高光谱数据识别匹配地物并成图，采用包络线消除法先对原始光谱曲线做归一化处理，再使用光谱分析方法提取出不同典型地物类型的特征波段。包络线去除法(continuum removal)是将反射波谱归一化的一种方法，能有效突出曲线的吸收和反射特征，使得可以在同一基准线上对比吸收特征。经过包络线去除后的图像，有效地抑制了噪声，突出了地物波谱的特征信息，便于图像分类和识别。进行包络线去除后的反射率归一化到0~1，光谱的吸收和反射特征也归一化到一个一致的光谱背景上，并且得到了极大的增强，因此可以更加有效地和其他光谱曲线进行光谱特征数值的比较，从而进行光谱的匹配分析。

光谱曲线的包络线从直观上看，相当于光谱曲线的“外壳”，如图 7.11 所示。因为实际的光谱曲线由离散的样点组成，所以用连续的折线段来近似光谱曲线的包络线。包络线是连接波谱顶部的凸起(局部波谱最大值)的直线段拟合。第一个和最后一个波谱数据值在外壳上，因此输出的包络线去除的数据文件中首、末波段都等于 1.0。包络线去除采用以下公式

$$S_{cr} = (S/C) \tag{7.53}$$

式中：S_{cr} 为包络线去除结果；S 为初始波谱；C 为包络曲线。

光谱吸收指数的计算公式为：

$$\mathrm{SAI} = \frac{\rho}{\rho_m} = \frac{d\rho_1 + (1-d)\rho_2}{\rho_m},\ \ d = \frac{\lambda_m - \lambda_2}{\lambda_1 - \lambda_2} \tag{7.54}$$

式中：λ_m 为吸收位置(反射率最低点) 的波长值；λ_1 和λ_2 为吸收位置左右相邻的两个波峰

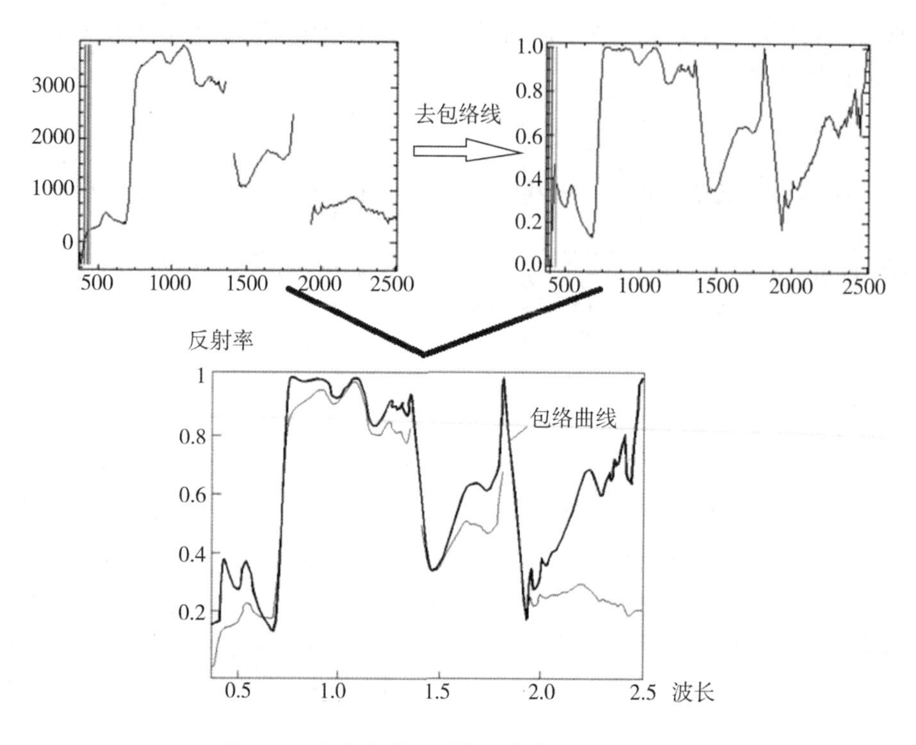

图 7.11　包络曲线和原始光谱曲线叠加显示图

对应的波长值；ρ_m 为吸收位置的光谱反射率；ρ_1 和ρ_2 为吸收位置左右相邻的两个波峰对应的光谱反射率；d 为吸收波谷对称度。

7.8　分类后精度评价

7.8.1　分类精度评价概述

遥感数据分类的精度直接影响由遥感数据生成的地图和报告的正确性，以及将这些数据应用于自然资源调查的价值和应用于科学研究的有效性。因此，研究不同分类方法的精度评价对于遥感数据的使用非常重要。

精度是指“正确性”，即一幅不知道质量的图像和一幅假设准确的图像(参考图像)之间的吻合度。如果一幅分类图像的类别和位置都和参考图接近，称这幅分类图像是“精确的”，精度较高。分类精度的评价是通过某种方法，将分类图像与标准图像(或参考图像)进行对比，分析它们之间的吻合度，然后用正确分类的百分比来表示分类精度的方法。现实中不可能存在准确的标准图像用于逐像元对比分析，因此目前常用的方式是从分类图像中选取一部分检验样本进行精度评价。检验样本的类别属性主要通过野外实地调查或基于高分辨率遥感图像解译得到。目前，普遍采用的对遥感图像模式识别结果进行精度评定的方法是混淆矩阵(confusion matrix)法。

7.8.2 检验样本选取

检验样本的目的是给分类精度评价提供样本数据，这些样本将直接代表总体。所以检验样本必须具有代表性，以便有效估计总体参数。更重要的是，检验样本要便于野外实地调查或基于高分辨率遥感图像获取其属性类别。目前，在实际应用中常用的采样方法有简单随机采样、系统随机采样、分层随机采样、分层系统分散采样及集群采样等。各种方法各具优缺点，经实践与研究证实，简单随机采样、分层随机采样和集群采样的结果较可靠。

1）简单随机采样

简单随机采样是在分类图上随机地选择一定数量的像元，然后比较这些像元的类别和标准类别之间的一致性。因为这种采样方法中，所有样本空间中的像元被选中的概率是相同的，所计算出的有关总体的参数估计也是无偏的。这种方法简单，适合于各种类别分布均匀且面积差异不大的情况。但是，这种方法采样出的像元类别和标准类别对应的时候花费的时间相对比较多，且容易忽略或遗漏稀少类型，使精度评价可靠性降低。

2）分层随机采样

分层随机采样，首先确定图像分类的一个分层集合，然后，在每个层面上进行随机采样。分层随机采样是分别对每个类别进行随机采样，确保小类别得到充分表达。这种采样方法能够保证在采样空间或者类型选取上的均匀性及代表性。如何分层依据精度评价的目标而异，常用的分层有地理区、自然生态区、行政区或者分类后的类别等。每层内采样的方式可以是简单随机多样系统采样。一般情况下，简单随机采样就可以取得很好的样本。另外，在利用分层采样时应该注意类别在空间分布上的自相关性。采样时应该抽取空间上相互独立的样本，避免空间分布上的相关关系。

分层随机采样的优势在于：所有层不管占整个区域的比例多小，都将为其分配样本进行误差评价。如果没有分层，那么对于区域中所占比例较小的类别，就很难找到足够的样本。而其不足在于：它必须在专题图完成后才能将样本分配到不同的层中，而且很少能获得与遥感数据采集同一天的地面参考验证信息。

3）集群采样

集群采样是先在研究区内选定几个样本区域，然后在这些样本区域内抽取若干样本点。这种方法能够在有限的空间范围内取得更多的样本，便于野外调查和样本数据的采集。该方法适用于范围较大的研究区域。

精度评价时，检验样本数量的选择非常重要。一般情况下，样本数量太少，无法满足总体估计的要求；样本数量越多，总体估计的可信度越高，但过多的样本又会增加野外调查的工作量。所以，每个类别的样本数量应该有一定的限制。每个类别的检验样本至少为50个；当区域较大或者分类类别较多时，每类检验样本应该有75~100个；样本数量也可根据每个类别的面积比例进行调整。

7.8.3 精度评价方法

精度评价法目前普遍采用混淆矩阵的方法。对检核分类精度的样本区内所有像元，统计分类图中的类别与实际类别之间的混淆程度。混淆矩阵又称误差矩阵，是表示误差的标准形式，反映分类结果对实际地面类别的表达情况。它不仅能表示每种类别的总误差，还能表示类别的误分(混淆的类别)，混淆矩阵一般由 $n \times n$ 矩阵阵列组成，用来表示分类结果的精度，其中 n 代表类别数。

混淆矩阵(见表 7.1)的列方向依次为实际类别(检验数据)的第 1 类，第 2 类，…，第 n 类；矩阵的行方向依次为分类结果(被评价对象)各类别的第 1 类，第 2 类，…，第 n 类。矩阵主对角线(从左上到右下的对角线)上的数字就是分类正确的像元数或百分比，值越大或百分比越高，分类精度越高。主对角线以外的数字就是错分的像元数或百分比，数值或百分比越小，错分率就越小，精度就越高。

表 7.1　混淆矩阵精度分析表

		分类结果						
		林地	耕地	草地	裸地	沙地	其他	总计
实际类别	林地	328	1	56	0	0	1	386
	耕地	0	425	0	0	0	0	425
	草地	0	2	170	71	0	0	243
	裸地	0	1	128	415	3	0	547
	沙地	0	1	1	3	318	0	323
	其他	18	0	0	0	0	301	319
		346	430	355	489	321	302	2243

混淆矩阵有四种描述性精度指标：总体分类精度、Kappa 系数、用户精度和制图精度。同时，混淆矩阵也能反映各类别的错分误差和漏分误差。

1) 总体分类精度

总体精度(OA)：混淆矩阵中正确的样本总数与所有样本总数的比值。它表明了每一个随机样本的分类结果与真实类型相一致的概率。被正确分类的像元数目沿着混淆矩阵的对角线分布，总像元数等于所有实际类别的像元总数，如本例中总体分类精度 OA＝(328+425+170+415+318+301)/2243＝87.2492%。

2) Kappa 系数

Kappa 系数是一个测定两幅图之间吻合度或精度的指标。

$$K = \frac{N\sum_{i=1}^{m} x_{ii} - \sum_{i=1}^{m}(x_{i+} \cdot x_{+i})}{N^2 - \sum_{i=1}^{m}(x_{i+} \cdot x_{+i})} \tag{7.55}$$

式中：m 为混淆矩阵的总列数(即总的类别数)；x_{ii} 为混淆矩阵中第 i 行第 i 列上的像元数量(即正确分类的数目)；x_{i+} 和 x_{+i} 分别为第 i 行和第 i 列的总像元数量；N 为用于精度评价

的总像元数量。

混淆矩阵的总精度只用到了位于对角线上的像元数量，而 Kappa 系数既考虑到了对角线上正确分类的像元，同时也考虑到了不在对角线上各种漏分和错分的误差。研究认为，Kappa 系数大于 0.75 说明已经取得相当满意的一致程度，认为分类精度比较好。

3)用户精度

用户精度(CA)表示某类别的正确像元总数占实际被分到该类像元的总数比例。例如，耕地有 328 个正确像元，实际被分到林地像元总数为 346，则耕地的用户精度是 328/346 = 94.80%。

$$CA = 100\% - 错分误差$$

4)制图精度

制图精度(PA)又称生产者精度，表示某类别的正确像元占该类总参考像元的比例。例如，耕地有 328 个正确像元，总参考像元为 386，则耕地的用户精度为 328/386 = 84.97%。

$$PA = 100\% - 漏分误差$$

5)错分误差

错分误差(EC)是图像的某一类地物被错分到其他类别的百分比。例如，耕地有 57 个错分的，错分误差 = 58/386 = 15.03%。

6)漏分误差

漏分误差(EO)是实际的某一类地物被错误地分到其他类别的百分比。例如，耕地有 18 个被错误地分到其他类别的，漏分误差 = 18/346 = 5.2%。

第8章　ENVI数字图像处理应用

8.1　ENVI软件简介

ENVI(the Environment for Visualizing Images)是一个完整的遥感图像处理平台，它是美国Exelis Visual Information Solutions公司的旗舰产品。它是由遥感领域的科学家采用交互式数据语言IDL(Interactive Data Language)开发的一套功能强大的遥感图像处理软件。它是快速、便捷、准确地从影像中提取信息的首屈一指的软件解决方案。今天，众多的影像分析师和科学家选择ENVI来从遥感影像中提取信息。ENVI已经广泛应用于科研、环境保护、气象、石油矿产勘探、农业、林业、医学、国防&安全、地球科学、公用设施管理、遥感工程、水利、海洋、测绘勘察和城市与区域规划等领域。

8.1.1　ENVI特点

ENVI具有以下几个特点：

(1)先进、可靠的图像分析工具——全套图像信息智能化提取工具，全面提升图像的价值。

(2)专业的光谱分析-高光谱分析一直处于世界领先地位。

(3)随心所欲扩展新功能——底层的IDL语言可以帮助用户轻松地添加、扩展ENVI的功能，甚至开发自己定制的专业遥感平台。

(4)流程化图像处理工具——ENVI将众多主流的图像处理过程集成到流程化(workflow)图像处理工具中，进一步提高了图像处理的效率。

(5)与ArcGIS的整合——从2007年开始，与Esri公司的全面合作，为遥感和GIS的一体化集成提供了一个典型的解决方案。

(6)创新的企业级和云遥感技术——可以组织、创建及发布先进的ENVI/IDL图像分析功能。

8.1.2　ENVI功能概述

ENVI是一个完整的遥感图像处理平台，其软件处理技术覆盖了图像数据的输入/输出、定标、几何校正、正射校正、图像融合、镶嵌、裁剪、图像增强、图像解译、图像分类、基于专业知识的决策树分类、面向对象图像分类、动态监测、矢量处理、DEM提取及地形分析、雷达数据处理、制图、三维场景构建、与GIS的整合，提供了专业可靠的波谱分析工具和高光谱分析工具，还可以利用IDL为ENVI编写扩展功能。

支持大多数图像格式的输入与输出、ENVI-ArcMap 链接、交互式图像显示与分析、基本图像处理、地图投影转换、图像计算和统计、专业图像定标工具、空间滤波、空间变换、图像自动配准/几何校正/正射校正、图像融合、镶嵌、裁剪、图像信息提取(人工解译、图像分割、监督与非监督分类、专家知识决策分类、变化检测等)、分类后处理工具、高光谱数据处理和波谱分析工具、目标检测与地物识别、地物波谱库支持与建立、植被指数计算与植被分析工具、地形分析、3D 浏览、雷达数据基本处理、极化雷达处理工具、GIS 矢量功能、地图制图、流程化图像处理工具、二次开发等。

ENVI 可扩充模块如下：

(1)大气校正模块(Atmospheric Correction)——校正了由大气气溶胶等引起的散射和由于漫反射引起的邻域效应，消除大气和光照等因素对地物反射的影响，获得地物反射率和辐射率、地表温度等真实物理模型参数，同时可以进行卷云和不透明云层的分类。

(2)面向对象空间特征提取模块(Feature Extraction，FX)——根据图像空间和光谱特征，既面向对象方法，从高分辨率全色或者多光谱数据中提取特征信息，还包含了一个人性化的操作平台、常用图像处理工具、流程化图像分析工具等。

(3)立体像对高程提取模块(DEM Extraction)——可以从卫星图像或航空图像的立体像对中快速获得 DEM 数据，同时还可以交互量测特征地物的高度或者收集 3D 特征并导出为 3D Shapefile 格式文件。

(4)正射校正扩展模块(Orthorectification)——提供基于传感器物理模型的图像正射校正功能，一次可以完成大区域、若干景图像和多传感器的正射校正，并能以镶嵌结果的方式输出，提供接边线、颜色平衡等工具，采用流程化向导式操作方式。

(5) LiDAR 数据处理和分析模块(ENVI LiDAR)——提供高级的 LiDAR 数据浏览、处理和分析工具，能读取原始的 LAS 数据、NITF LAS 数据和 ASCII 文件，浏览现实场景；能自动对 LiDAR 数据进行分类，提取包括地形(DSM、DEM)、等高线、树木、建筑物、电力线、电线杆、正射图等二维和三维信息，提取的信息可直接通过菜单传递到 ArcGIS 中被进一步使用和分析。

(6)NITF 图像处理扩展模块(Certified NITF)——读写、转化、显示标准 NITF 格式文件；另外，有架构在 ENVI 之上的 SARScape 和企业级服务器软件 ENVI Services Engine。

(7)高级雷达图像处理软件(SARScape)——提供完整的雷达处理功能，包括基本 SAR 数据的数据导入、多视、几何校正、辐射校正、去噪、特征提取等一系列基本处理功能；聚焦模块扩展了基础模块的聚焦功能，采用经过优化的聚焦算法，能够充分利用处理器的性能实现数据快速处理；提供基于 Gamma/Gaussian 分布式模型的滤波核，能够最大程度地去除斑点噪声，同时保留雷达图像的纹理属性和空间分辨率信息；InSAR 工具的主要功能包括基线估算、干涉图生成、干涉图去平、干涉图自适应滤波、相干性计算、相位解缠、轨道重定义、高程/形变转换，以及大气校正等实用工具，可生成干涉图像、相干图像、地面断层图、DEM、形变图；支持 SAR 立体量测生成 DEM 数据；支持多孔径干涉测量和振幅偏移量量测，获取方位向形变信息；提供相干 RGB 假彩色合成工具和相干变化检测工具；支持对极化 SAR 和极化干涉 SAR 数据的处理；干涉叠加模块能确定特征地物在地面上产生的毫米级的位移。

(8) ENVI 企业级服务器平台软件(ENVI Services Engine)——ENVI 企业级服务器产品，通过 ENVI Services Engine 可以组织、创建及发布先进的 ENVI/IDL 图像分析功能，能够将这些功能部署在任何现有的集群环境、企业级服务器或云平台中，支持弹性计算、负载均衡和并行运算，充分利用服务器端硬件资源快速处理和分析影像。在 Web 浏览器或移动设备中在线、按需、自助式使用这些资源创建应用，并可以整合 GIS 资源。它可以帮助实现跨企业或跨互联网以 Web 服务形式共享图像处理和分析工具，并提供专为 ArcGIS 平台设计的 ENVI 企业级服务器遥感软件 ENVI for ArcGIS Services Edition，可以将 ENVI 图像分析功能或者 IDL 自定义功能直接部署到 ArcGIS For Server 环境中。

8.2　ENVI 数字图像处理

遥感数字图像处理方法会随着数据源的不同而有一定的区别，数据源确定后，它们的处理流程基本相似，一般分为：数字图像输入与浏览、数字图像预处理、数字图像信息提取分析、成果报告和应用。其中数字图像预处理、数字图像信息提取分析、成果报告和应用又包含相应的数字图像处理方法，处理流程如图 8.1 所示。

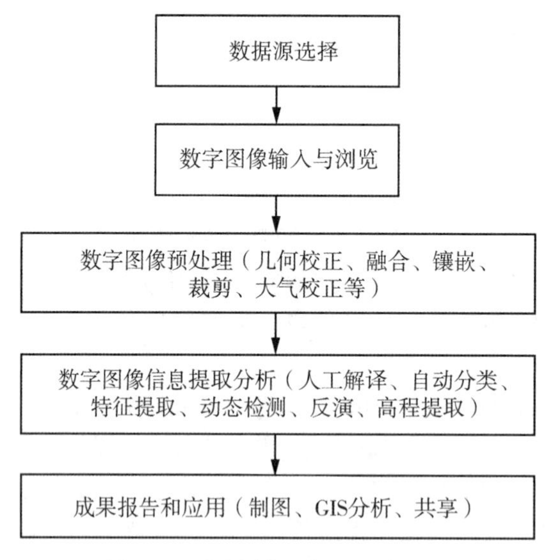

图 8.1　遥感图像一般处理流程图

接下来对处理流程中包含的内容进行简单介绍。

1. 数据源选择

数据源的选择需要考虑的因素非常多，包括价格、空间分辨率、成像时间、波谱分辨率等因素，如图 8.2 所示。

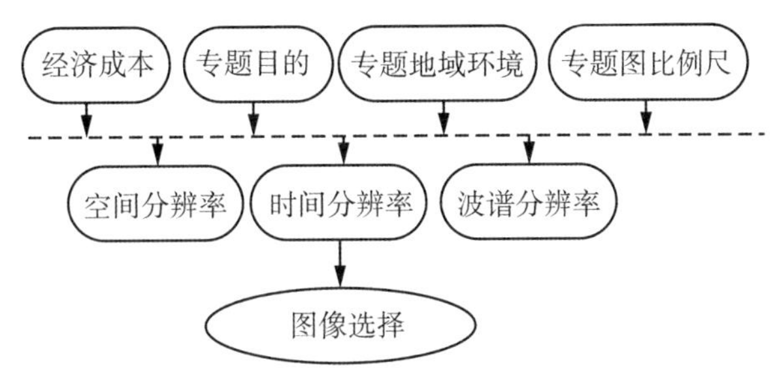

图 8.2 数据源选择因素

2. 数字图像输入与浏览

数字图像输入过程主要是确定 ENVI 软件能否成功读取图像，并且能顺利浏览图像，分析图像的质量，如图像的数据源是什么，卫星传感器的图像还是机载的图像。图像质量如何，如图像噪声大小、云量的大小等。确保后续图像处理工作能够顺利完成。目前遥感图像的格式可分为以下三大类：

(1)传感器文件格式：不同的卫星传感器研发或运行机构一般会给所分发的卫星数据设计一种分发格式，如 Landsat 系列卫星的 FAST 格式、EOS 系列卫星的 HDF 格式等。目前，大部分卫星数据采用通用的图像文件格式 TIFF 分发，除了 TIFF 图像文件外，一般还包括图像元数据说明文件。

(2)商业软件文件格式：商业化的图像处理软件都会开发出软件本身的图像格式，如 ENVI 的 HDR & DAT 格式，ERDAS 的 IMG 格式，PCI 的 PIX 格式等。

(3)通用图像文件格式：很多图像文件格式成为国际通用的，被大多数软件所支持。如 TIFF、JPEG、BMP、PNG 等。遥感软件除了能读取图像格式外，很多时候还需要读取图像文件的附带信息，如 RPC 文件、元数据文件等。

3. 数字图像预处理

数字图像预处理工作主要是根据数据情况和应用需求确定并实施图像预处理工作，图像预处理主要包括图像几何校正、图像配准、正射校正、图像辐射校正、大气校正、图像融合、图像镶嵌、裁剪及图像信息提取。

8.2.1 几何校正

几何校正是图像处理的重要步骤之一，利用地面控制点和校正模型的几何校正方法，并以三个实例：扫描地形图几何校正(Image to Map)、卫星图像几何校正(Image to Image，利用已校正的高分辨率对低分辨率卫星的几何校正)、自带几何信息卫星影像校正进行实例演示。

1. 控制点选择方式

ENVI 提供以下选择方式：

(1)从栅格图像上选择。如果拥有需要校正图像区域的经过校正的影像、地形图等栅格数据，可以从中选择控制点，对应的控制点选择模式为 Image to Image。

(2)从矢量数据中选择。

(3)如果拥有需要校正图像区域的经过校正的矢量数据，可以从中选择控制点，对应的模式为 Image to Map。

(4)从文本文件导入。事先已经通过 GPS 测量、摄影测量或者其他途径获得了控制点坐标数据，保存为[Map(x, y), Image(x, y)]格式的文本文件，可以将其直接导入作为控制点，对应的控制点选择模式为 Image to Image 和 Image to Map。

(5)键盘输入。如果只有控制点坐标信息或者只能从地图上获取坐标文件(如地形图等)，只能通过键盘敲入坐标数据并在影像上找到对应点。

2. 几何校正模型

ENVI 提供三个几何校正模型：仿射变换、多项式和局部三角网。

3. 控制点的预测与误差计算

控制点的预测是通过控制点回归计算求出多项式系数，然后通过多项式计算预测下一个控制点位置，RMS 值也用同样的方法。默认多项式次数为 1，因此选择第四个点后控制点预测功能可以使用，随着控制点数量的增加，预测精度随之增加。最少控制点数量与多项式次数的关系为$(n+1)^2$。几何校正流程如图 8.3 所示。

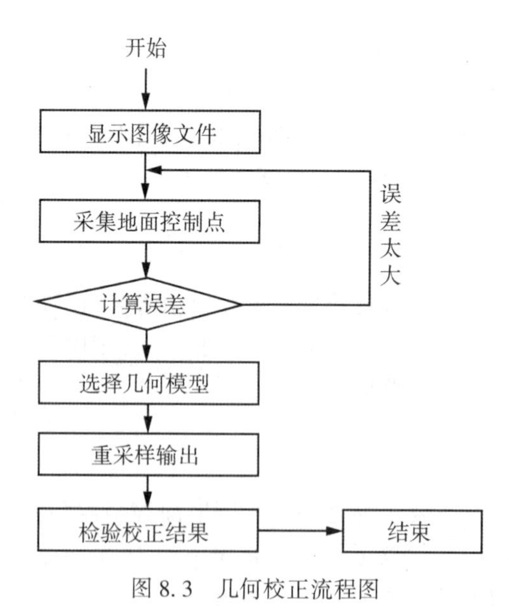

图 8.3　几何校正流程图

1)第一个实例

第一个实例是扫描地形图的几何校正，这里使用的图像为 1∶50000 比例尺待校正的地形图，地形图中会有经纬度坐标，也有方里网坐标，因此可以通过读取地形图上的坐标信息选择控制点来校正地形图，使用的工具为 ENVI 中的 Registration：Image to Map。接下来详细介绍通过 Image to Map 方式对地形图进行几何校正的方法。

第一步：打开并显示图像文件，因为需要大量的人机交互操作，选择使用 ENVI Classic 版本。启动 ENVI Classic 后，在主菜单工具栏选择 File→Open Image File，将待纠正 1：50000 地形图文件打开，并显示在 Display 窗口中，如图 8.4 所示。

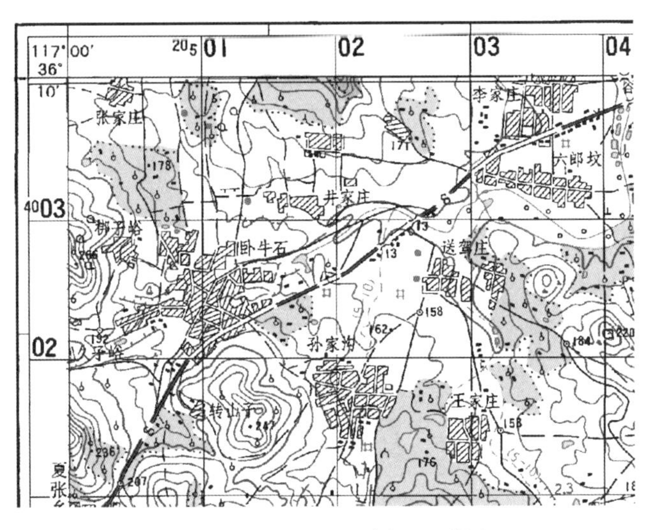

图 8.4　1：50000 比例尺地形图

第二步：启动几何校正模块。

(1)在主菜单中选择 Map→Registration→Select GCPs：Image to Map 工具，打开几何校正模块。

(2)在 Image to Map Registration 工具面板中，选择相应的坐标系统和输出分辨率，本例坐标系统为 Beijing_1954_GK_Zone_20N，输出分辨率 X/Y Pixel Size 分别输入 5，点击 OK，如图 8.5 所示，打开 Ground Control Points Selection 工具面板。

(3)在 Display 视图中，利用十字丝定位任意一个公里网交互处，然后从图上读取十字丝定位的坐标 * ，X：20502000，Y：4003000，将其填入 Ground Control Points Selection 面板中的 E 和 N，点击 Add Point 按钮，增加第一个控制点，如图 8.6 所示。

(4)按同样的方法在 Display 视图中选择其他控制点，如向下平移 10 公里(图上公里网间距为 10 公里)，即到 Y：4002000 处，在 Ground Control Points Selection 面板中输入 E：20502000 和 N：4002000。点击 Add Point 按钮，再次增加一个控制点。按此规律可以在 E 和 N 中直接输入坐标。当选择控制点数大于或等于 3 个点时，该面板中的 Predict 按钮将被激活，点击 Predict 按钮可自动在图上大致定位，或者选择 Options→Auto Predict，可以自动根据坐标值在图上定位，这样可以节省处理时间。用以上方法在图上选择一定数量的控制点，并且必须均匀分布在整幅地形图上，如图 8.7 所示。

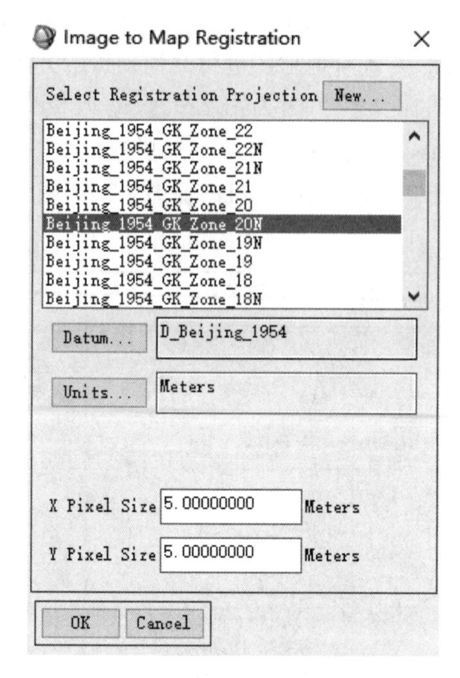

图 8.5 选定坐标系及输出分辨率

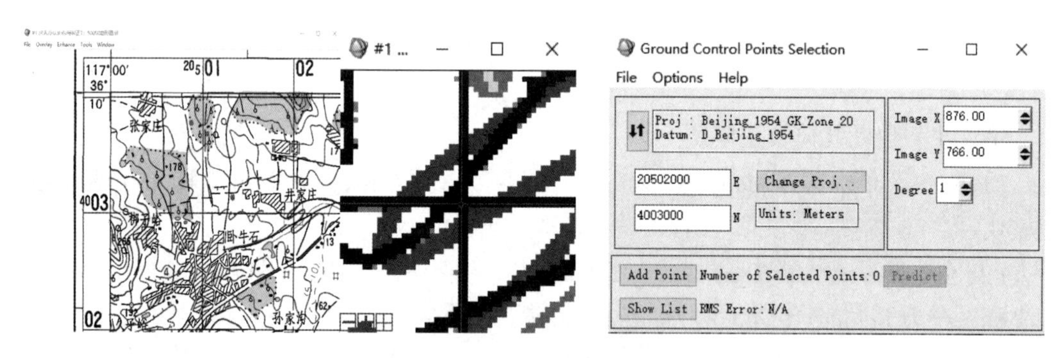

图 8.6 控制点读取及输入

(5)在 Ground Control Points Selection 面板中，选择 Options→Warp File，选择校正文件，即待校正 1 : 50000 地形图，点击 OK 按钮。在校正参数面板中，校正方法选择二次多项式。重采样选择精度最高的 Cubic Convolution，背景值(Background)为 0。选择输出路径和文件名，点击 OK 按钮。

(6)打开校正后数据，可以看到每一个像素值都有了坐标值，如图 8.8 所示。

2)第二个实例

第二个实例是利用已经过几何校正的高分辨率卫星图像对低分辨率卫星图像进行几何校正(Image to Image)。下面讲解以已经做过几何校正的 SPOT-4 全色 10m 分辨率图像为基准影像，对待校正的 Landsat5 TM 30m 分辨率图像的几何精校正过程，文件都以 ENVI 标

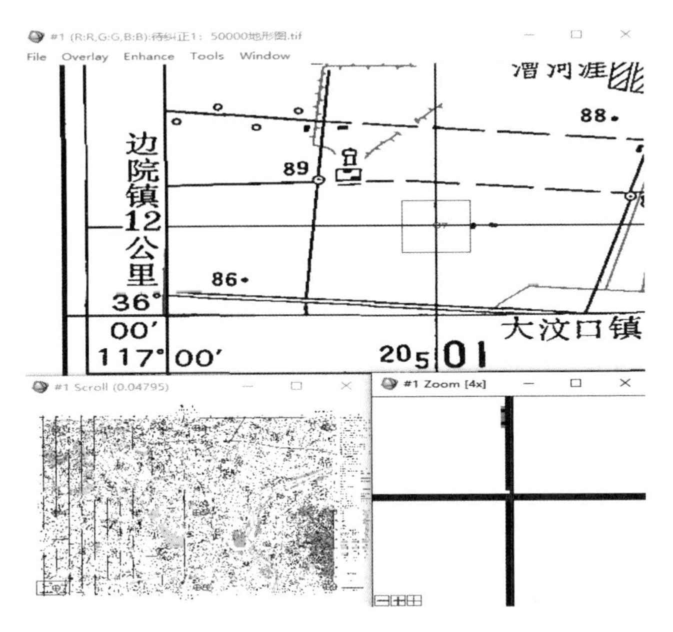

图 8.7 控制点均匀分布

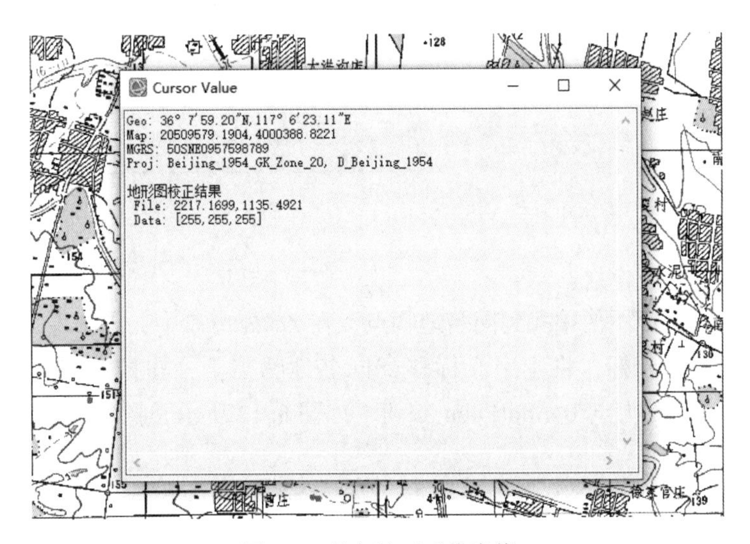

图 8.8 几何校正后像素值

准栅格格式储存。

第一步：打开并显示图像文件。

启动 ENVI 5.1 软件，进入 ENVI Classic 经典操作界面，在 ENVI Classic 主菜单中找到 File→Open Image File 按钮，如图 8.9 所示，将 SPOT-4 图像(SPOT-4.img)和 TM 图像(Landsat5.img)文件打开，并分别在 Display 中显示两个影像。

第二步：启动几何校正模块。

ENVI Classic

File　Basic Tools　Classification　Transform　Filter　Spectral　Map　Vector　Topographic　Radar　Window　Help

图 8.9　ENVI Classic 主菜单

(1)在主菜单工具栏选择 Map→Registration→Select GCPs：Image to Image 工具，启动几何校正模块。

(2) 选择显示 SPOT-4. img 文件的 Display 2 为基准影像(Base Image)，显示 Landsat5. img 文件的 Display 1 为待校正影像(Warp Image)，点击 OK 按钮进入采集地面控制点，如图 8. 10 和图 8. 11 所示。

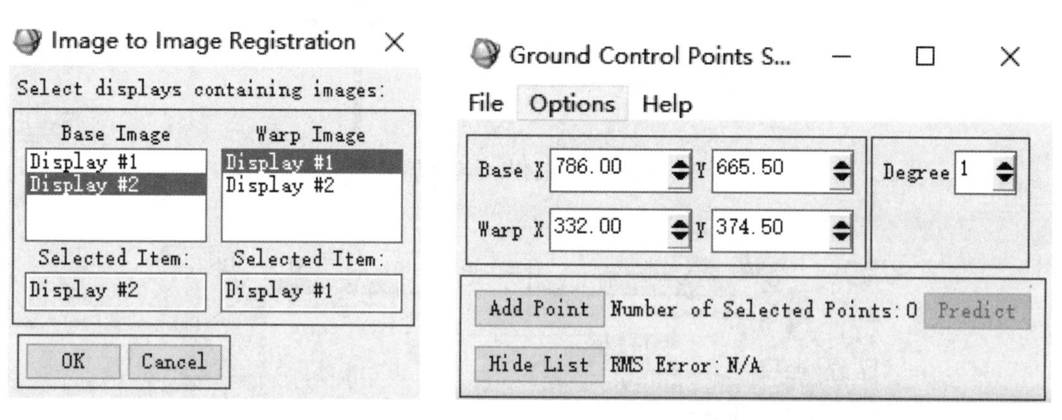

图 8. 10　选择基准影像与待校正影像

图 8. 11　控制点选择面板

第三步：采集地面控制点。

(1)在两个 Display 图像中找到同名地物点，在 Zoom 窗口中，点击左下角第三个按钮，打开定位十字光标，将十字光标移到同名地物点上，在控制点选择面板 Ground Control Points Selection 上点击 Add Point 按钮，如图 8. 12 所示，将当前找到的点加入控制点列表。

(2)用相同的方法继续寻找其他控制点，当选择控制点的数量达到 3 个时，会自动计算出 RMS。同时，Ground Control Points Selection 面板上的 Predict 按钮可以用来预测控制点位置，选择 Options→Auto Predict，打开自动预测功能。这时在 Base Image(SPOT-4 影像)上面定位点，Warp Image(Landsat-5 影像)上会自动预测区域。

(3)在选择 3 个或以上的控制点之后，就可以使用自动寻找控制点功能。在 Ground Control Points Selection 面板上，选择 Options→Automatically Generate Points，选择一个匹配波段(选择信息量大的波段)，这里选择 Band5，点击 OK，弹出自动找点参数设置面板，设置 Tie 点的数量为 45，Search Window Size 为 120，其他选择默认参数，如图 8. 13 和图 8. 14 所示，点击 OK 按钮执行。这些参数在实际应用中应该根据图像的不同而设定。

#1 (R:Band3,G:Band2,B:Band1):Landsa...
File Overlay Enhance Tools Window
#2 Georeferenced SPOT):SPOT-4.img
File Overlay Enhance Tools Window
#1 Sc...
#1 ...
#2 ...
#2 ...

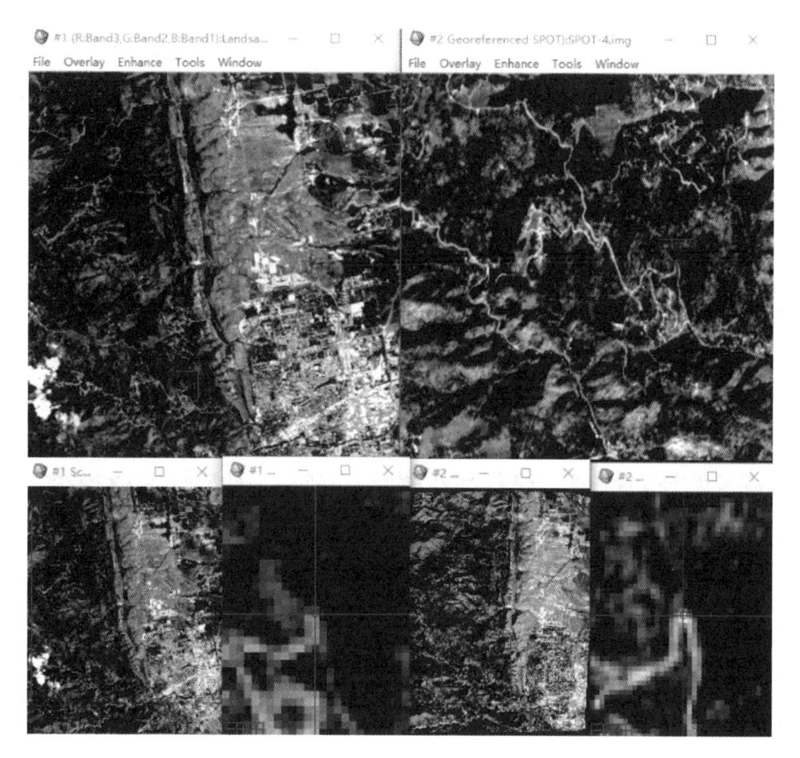

图 8.12 选择控制点

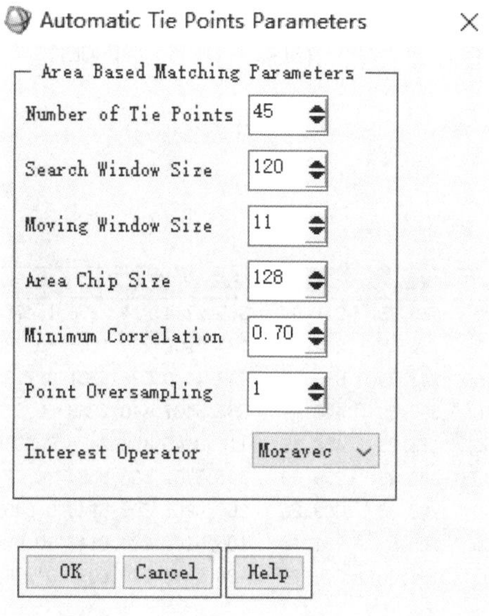

Automatic Tie Points Parameters
Area Based Matching Parameters
Number of Tie Points
45
Search Window Size
120
Moving Window Size
11
Area Chip Size
128
Minimum Correlation
0.70
Point Oversampling
1
Interest Operator
Moravec
OK
Cancel
Help

图 8.13 自动找点参数设置面板

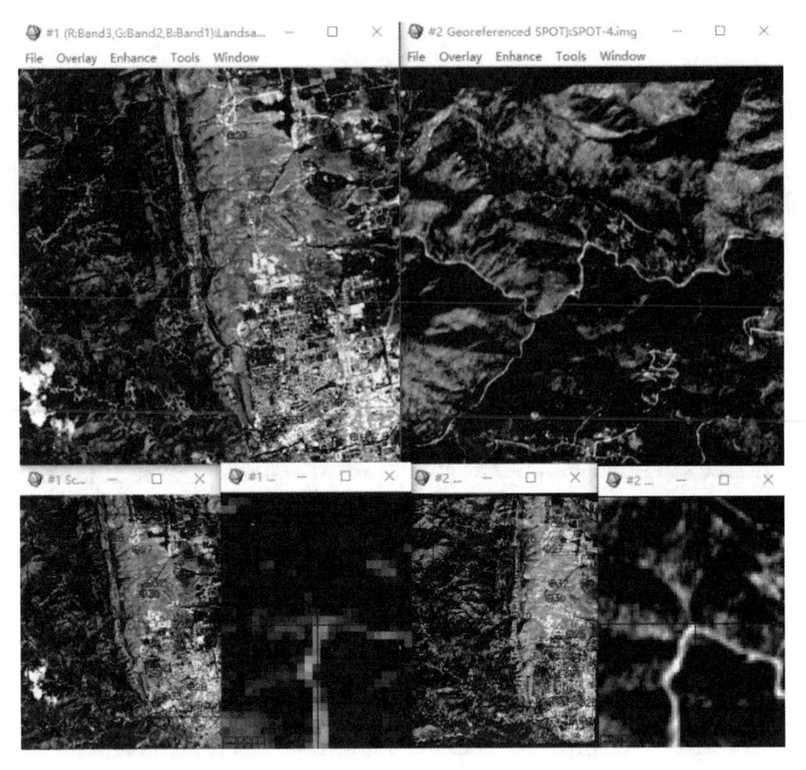

图8.14　Automatically Generate Points结果

(4)点击Ground Control Points Selection面板上的Show List按钮，可以看到自选及自动匹配的控制点列表，如图8.15所示。选择Image to Image GCP List上的Options→Order Points by Error按钮，该表会自动按照RMS值由高到低排序，方便对误差较大的点进行修改。

Image to Image GCP List

File　Options

	Base X	Base Y	Warp X	Warp Y	Predict X	Predict Y	Error X	Error Y	RMS
#1+	955.50	223.00	363.75	211.00	365.2284	211.2238	1.4784	0.2238	1.4952
#2+	284.50	255.75	132.75	264.25	131.9602	263.1898	-0.7898	-1.0602	1.3221
#3+	434.00	1217.50	243.75	588.00	244.4680	586.6901	0.7180	-1.3099	1.4938
#4+	758.25	848.50	333.82	440.09	333.5427	440.2259	-0.2773	0.1359	0.3088
#5+	139.75	790.50	115.25	458.41	115.8845	456.2426	0.6345	-2.1674	2.2584
#6+	992.00	487.00	393.45	299.89	393.3731	300.8554	-0.0775	0.9676	0.9707
#7+	607.00	446.00	255.98	309.26	256.6261	309.5948	0.6459	0.3375	0.7288
#8+	228.00	152.00	105.53	231.16	105.5050	230.8146	-0.0241	-0.3455	0.3463
#9+	430.00	320.00	186.00	276.79	186.9745	276.6055	0.9751	-0.1850	0.9925

Goto　On/Off　Delete　Update　Hide List

图8.15　控制点列表

(5)对于 RMS 值太大的点，可以选择删除，也可以在两个影像窗口中按照手动采集地面控制点的方法，手动将十字光标重新定位到正确的位置，点击 Image to Image GCP List 上的 Update 按钮进行微调，此步骤视实际情况而定。

(6)总的 RMS 值小于 1 个像素时，完成控制点的选择。点击 Ground Control Points Selection 面板上的 File→Save GCPs to ASCII，将控制点保存，如图 8.16 所示。

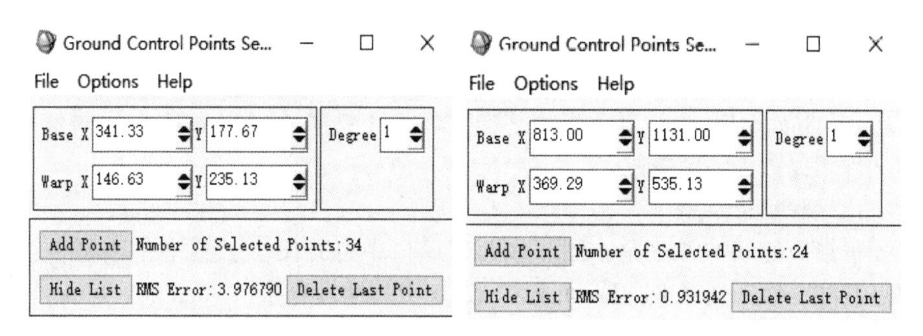

图 8.16 控制点修改前(左)和控制点修改后(右)

第四步：选择校正参数输出。

有两种校正输出方式：Warp File 和 Warp File(as Image to Map)。通过 Warp File 这种校正方式不能修改尺度大小、投影参数和像元大小，输出结果会自动重采样，并且会与基准图像保持一致。但是一般我们待纠正影像纠正后都是希望保留自己本身的参数，因此为保留原始数据推荐使用 Warp File(as Image to Map)工具进行校正，如图 8.17 所示。

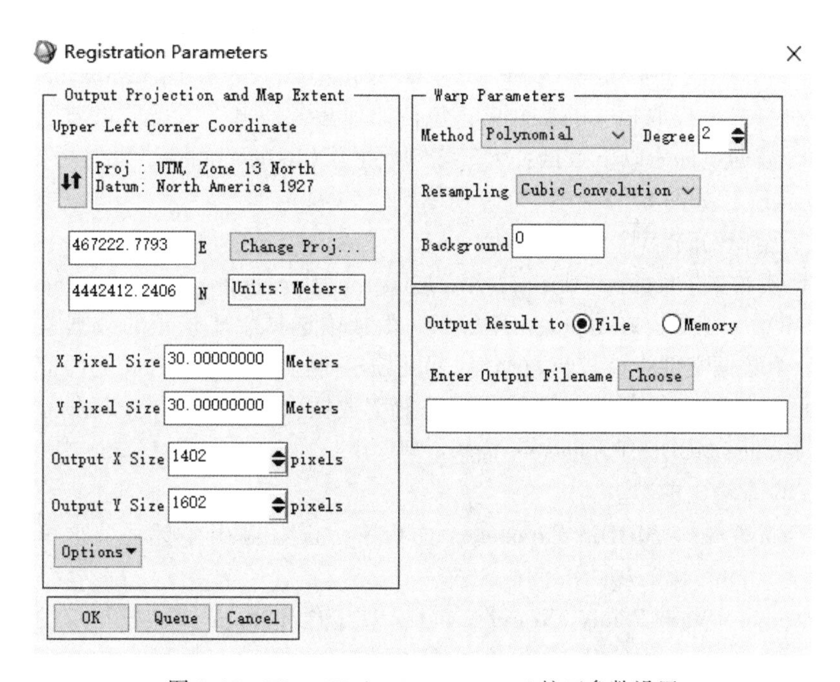

图 8.17 Warp File(as Image to Map)校正参数设置

(1)在 Ground Control Points Selection 面板上，选择 Options→Warp File(as Image to Map) 工具，选择校正文件(Landsat-5 影像文件)。

(2)在校正参数面板中，默认投影参数和像元大小与基准影像一致，若需要修改像元大小，就在 X Pixel Size 和 Y Pixel Size 中输入 Landsat-5 的分辨率 30m，投影信息默认不变。

(3) 校正方法选择二次多项式。

(4) 重采样选择精度最高的 Cubic Convolution，背景值(Background)为 0。背景值的设定应该视需求而定。

(5) Output Image Extent：默认根据基准图像大小计算，可以做适当的调整，选择输出路径和文件名，点击 OK 按钮。

第五步：检验校正结果。

检验校正结果的基本方法是：同时在两个窗口中打开图像，其中一幅是校正后的图像，一幅是基准图像，选择 Display 面板中 Tools 中的地理链接(Geographic Link)检查同名点的叠加情况。在显示校正后结果的 Image 窗口中，右键选择 Geographic Link 命令，选择需要链接的两个窗口，打开十字光标进行查看。

前面我们学习了 Landsat 系列卫星利用具有地理参考的高分辨率 SPOT 影像进行几何纠正，实际上不同的数据需要使用不同的几何校正方法，对于重返周期短、空间分辨率较低的卫星数据，如 AVHRR、MODIS、SeaWiFS 等，地面控制点的选择有相当的难度。这时，可以利用卫星传感器自带的地理定位文件进行几何校正，校正精度主要受地理定位文件的影响。下面我们以 MODIS 影像为例利用自带的地理定位文件进行几何纠正，本例使用 ENVI 5.1 界面进行处理。

第一步，打开 MODIS 影像数据。

在 ENVI 主菜单中找到 File→Open AS→EOS→MODIS，将待纠正的 MODIS 影像数据打开。ENVI 软件会自动提取相关的数据集，包括地理参考信息、数据质量波段等信息，并自动将 MODIS 数据定标为以下数据：大气表观反射率(Reflectance)、发射率(Emissive)和辐射率(Radiance)，如图 8.18 和图 8.19 所示。

第二步，选择校正模型。

在 ENVI 软件的 Toolbox 中，打开 Geometric Correction /Georeference by Sensor/Georeference MODIS 工具，在 Input MODIS File 面板中选择想要校正的数据集。若文件较多不知道哪一个数据文件为待校正数据集，可根据右侧 File Information 文件信息列表进行选择，如图 8.20 所示。这里选择大气表观反射率数据(Reflectance)，点击 OK 按钮进入下一步 Georeference MODIS Parameters 面板。

第三步，设置输出参数。

(1) 在 Georeference MODIS Parameters 面板中，设置输出坐标系。这里设置 UTM/WGS-84 坐标系，如图 8.21 所示。

(2) 在 Number Warp Points：X and Y fields 中，输入 X、Y 方向校正点的数量。在 X 方向的校正点数量应该小于等于 51 个，在 Y 方向的校正点数量应该小于等于行数。Georeference 工具的主要思想是利用数据中提供的经纬度数据自动生成一系列的控制点，

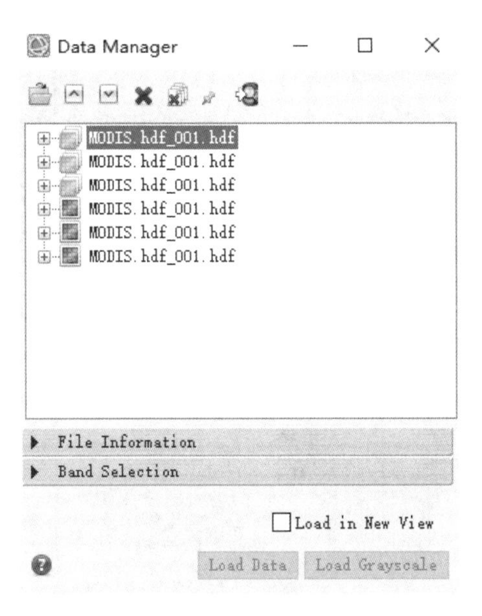

图 8.18 打开数据后 Data Manager 面板

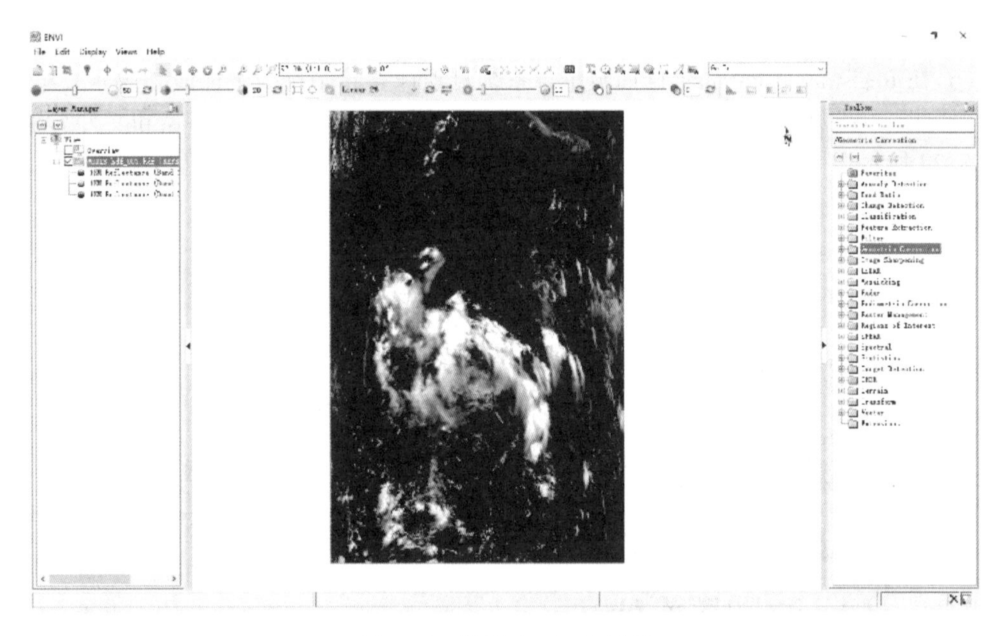

图 8.19 待校正 MODIS 影像

如这里的 50×50 个控制点。

(3)可以将校正点输出成控制点文件(.pts)。

(4)Perform Bow Tie Correction 选项是用来消除 MODIS 的“蝴蝶效应”的，默认选择 Yes。

(5)点击 OK 按钮进入校正参数设置面板 Registration Parameters，如图 8.22 所示。

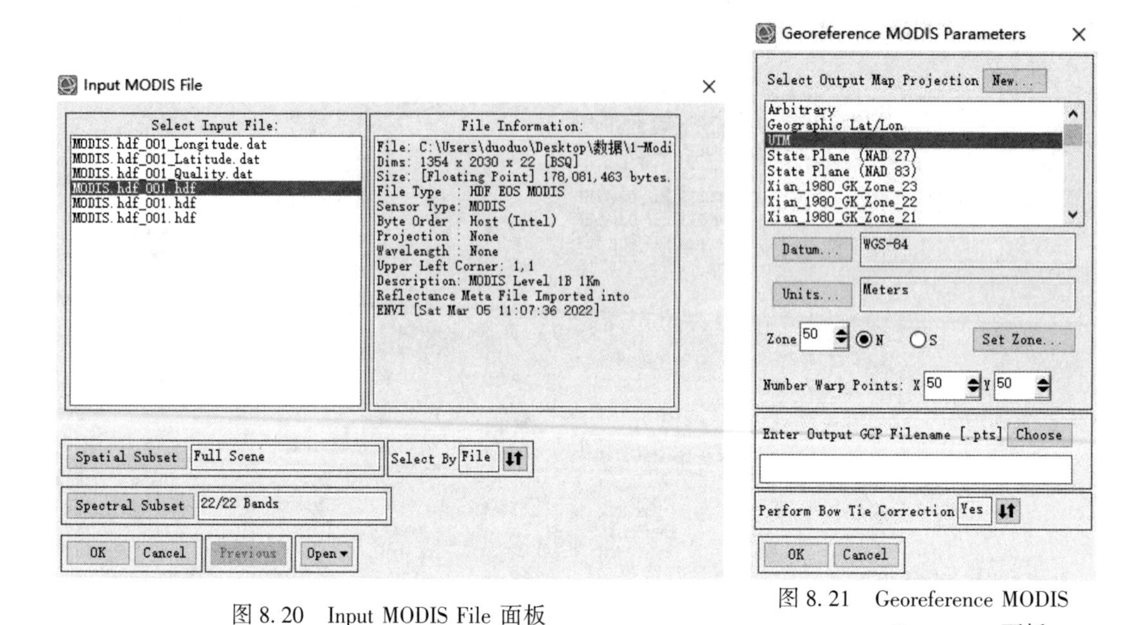

图 8.20　Input MODIS File 面板

图 8.21　Georeference MODIS Parameters 面板

(6)在 Registration Parameters 面板中，系统自动计算起始点的坐标值、像元大小、图像行列数据，可以根据要求更改。将 Background 的值设置为 0，选择路径和文件名输出，如图 8.22 所示。

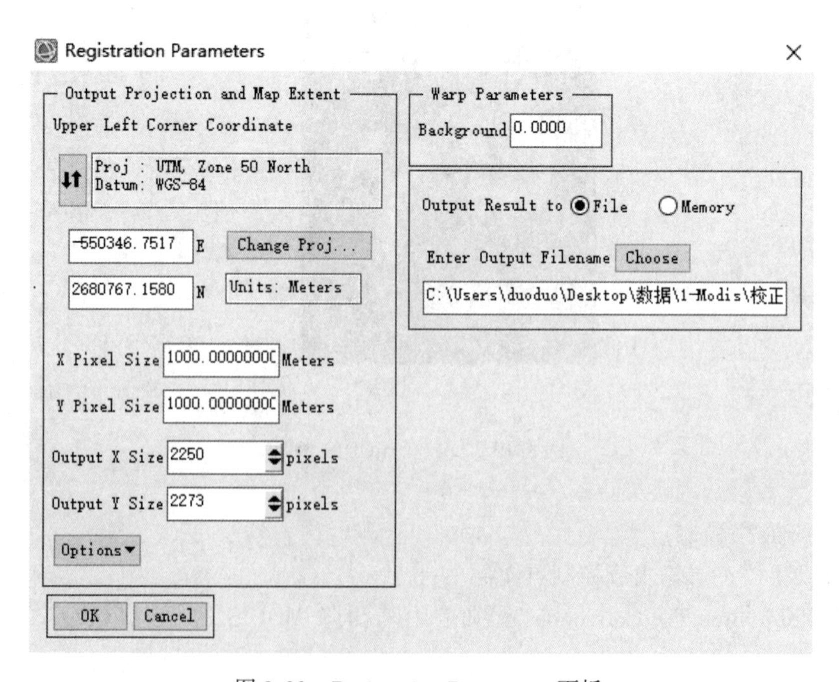

图 8.22　Registration Parameters 面板

(7) 点击 OK 按钮开始校正 MODIS 数据。校正结果如图 8.23 所示。由于选择的是 UTM 坐标系，两边有一定范围的裁剪，如果要得到完整的图像，可以在 Registration Parameters 面板中手动将输出列大小 Output X Size 数字设置大一些。

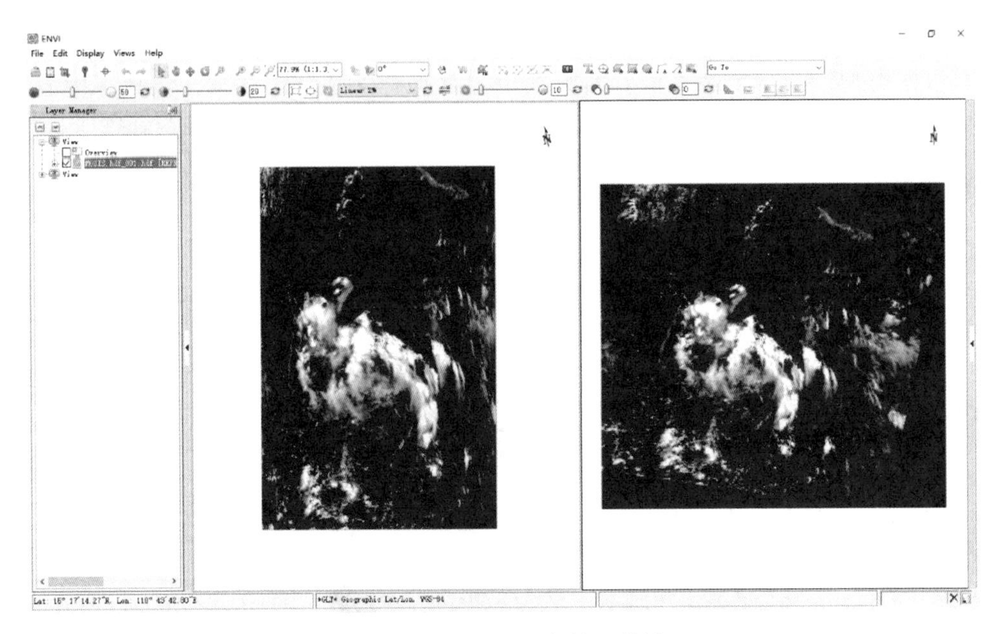

图 8.23 MODIS 几何校正结果

8.2.2 辐射定标与大气校正

本小节大气校正使用的是 ENVI 中的 FLAASH 大气校正模块，FLAASH 大气校正模块是基于 MODTRAN5 辐射传输模型开发的。MODTRAN 辐射传输模型是由进行大气校正算法研究领先的 Spectral Sciences, Inc 和美国空军实验室共同研发，Exelis VIS 公司负责集成和 GUI 设计。

在对影像大气校正前须对其进行辐射定标。辐射定标就是将图像的数字量化值(DN)转化为辐射亮度值、大气表观反射率或者表面温度等物理量的处理过程。辐射定标参数一般存放在元数据文件中，ENVI 中的通用辐射定标工具(Radiometric Calibration)能自动从元数据文件中读取参数，从而完成辐射定标。再利用 ENVI 中大气校正扩展模块(FLAASH)对定标后图像进行大气校正。FLAASH 对大气校正的输入图像做了要求，具体要求如下：

波段范围：卫星图像为 400~2500nm，航空图像为 860~1135nm。如果要执行水汽反演，光谱分辨率≤15nm，且至少包含以下波段范围中的一个：1050~1210nm、770~870nm、870~1020nm。像元值类型：经过定标后的辐射亮度(辐射率)数据，单位是 μW/(cm^2 · nm · sr)。数据类型：浮点型(Floating Point)、32 位无符号整型(Long Integer)、16 位无符号和有符号整型(Integer, Unsigned Int)。文件类型：ENVI 标准栅格格式文件，

BIP 或者 BIL 储存结构。中心波长：数据头文件(或者单独的一个文本文件)包含中心波长值，如果是高光谱还必须有波段宽度，这两个参数都可以通过编辑头文件信息输入。波谱滤波函数(波谱响应函数)文件：对于未知的多光谱传感器(Unknown-MSI)，需要提供波谱滤波函数文件。

本小节将采用 Landsat5 L1G 级的数据，演示多光谱影像辐射定标和大气校正处理过程。其数据类型、储存顺序、辐射率数据单位都符合 FLAASH 要求，包括了中心波长信息。

1. 辐射定标

(1)启动 ENVI 软件，在菜单栏中选择 File→Open As→Landsat→GeoTIFF with Metadata，选择打开 L5123032_03220090922_MTL. txt 文件，打开后会自动将 6 个波段融合为一幅图像，如图 8. 24 所示。

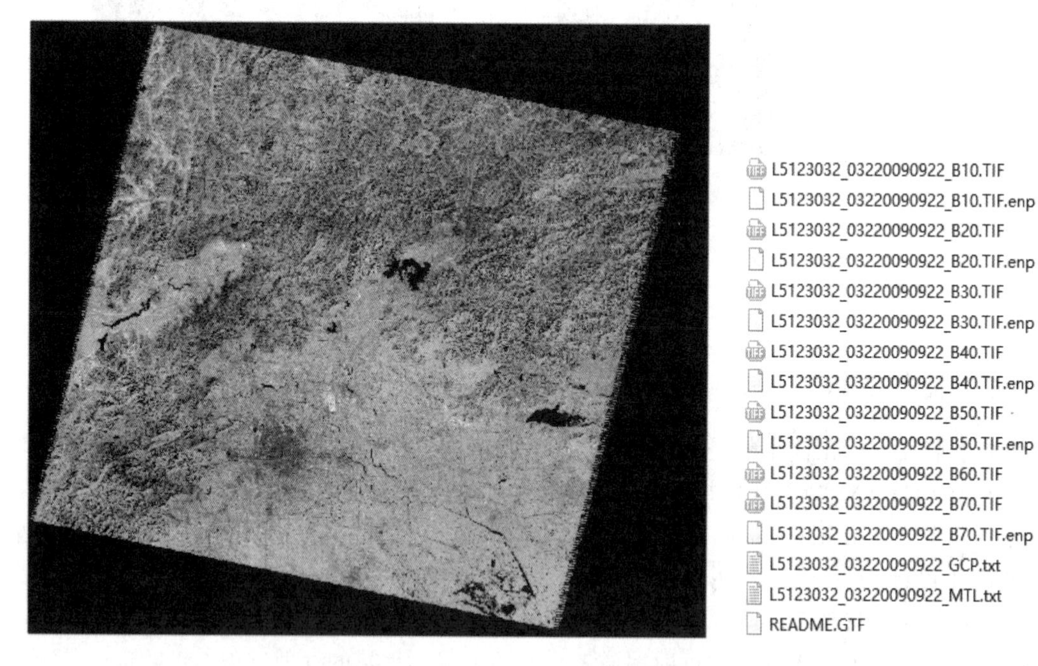

图 8. 24　Landsat5 影像数据

(2)在 ENVI 软件的 Toolbox 中，找到辐射校正中的辐射定标工具 Radiometric Correction→Radiometric Calibration，在文件对话框中选择需要辐射定标的影像文件。进入 Radiometric Calibration 面板进行参数设置，如图 8. 25 所示。辐射定标参数一般存放在元数据文件中，ENVI 中的通用辐射定标工具(Radiometric Calibration)能自动从元数据文件中读取参数，从而完成辐射定标。

(3)在 Radiometric Calibration 面板中，设置以下参数：

定标类型(Calibration Type)：选择辐射率数据 Radiance。

点击 Apply FLAASH Settings 按钮，自动设置 FLAASH 大气校正工具需要的数据类型，

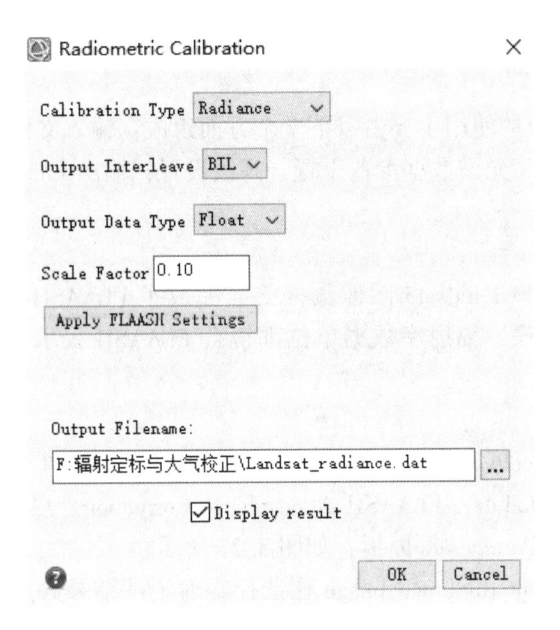

图 8.25 Radiometric Calibration 面板

包括储存顺序(Interleave，为 BIL 或者 BIP)、数据类型(Data Type，为 Float)、辐射率数据单位调整系数(Scale Factor，为 0.1)。

(4)设置输出路径和单位名，点击 OK 按钮执行辐射定标。

(5)显示辐射定标结果图像，选择 Display→Profiles→Spectral 查看波谱曲线，并与辐射定标前的图像光谱信息对比，如图 8.26 所示，辐射定标后的数值主要集中在 0~10 范围内，单位是 μW/(cm^2·nm·sr)。

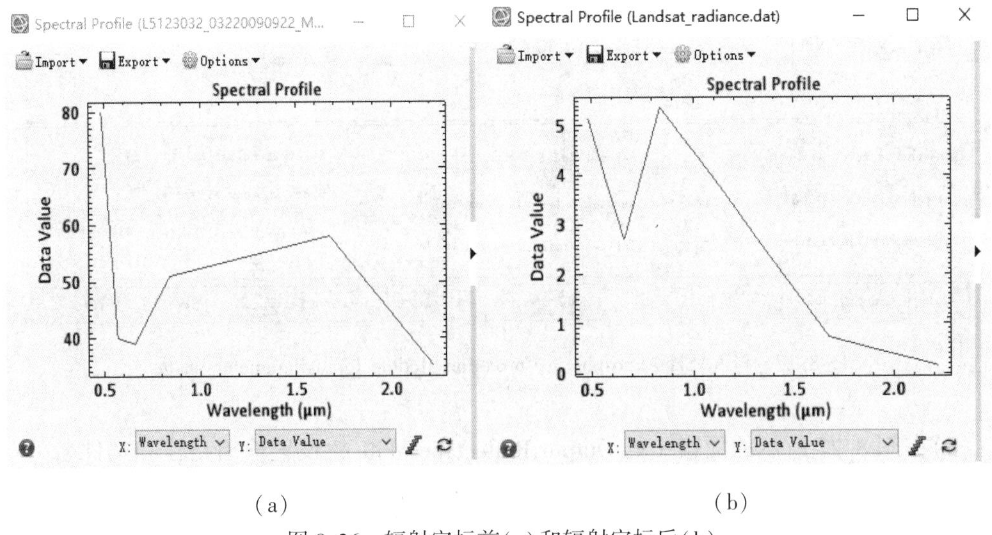

(a) (b)

图 8.26 辐射定标前(a)和辐射定标后(b)

2. FLAASH 大气校正

ENVI 大气校正模块的使用主要由以下 7 个方面组成：输入文件准备，基本参数设置，多光谱数据参数设置，高光谱数据参数设置，高级设置，输出文件，处理结果。具体操作步骤如下：

1) 输入文件准备

经过辐射定标后，该 Landsat5 图像数据已经完成了 FLAASH 大气校正的数据准备，并且数据类型、储存顺序、辐射率数据单位都符合 FLAASH 要求，Landsat5 的 L1G 级数据包括了中心波长信息。

2) 基本参数设置

(1) 在 ENVI 软件 Toolbox 中打开 FLAASH 大气校正工作工具 Radiometric Correction→Atmospheric Correction Module→FLAASH Atmospheric Correction。启动 FLAASH Atmospheric Correction Module Input Parameters 面板，如图 8.27 所示。

(2) 在面板中的 Input Radiance Image 栏选择辐射定标结果数据 Landsat_radiance. dat，在弹出的 Radiance Scale Factors 面板中选择 Use single scale factor for all bands，设置 Single scale factor 为 1，如图 8.28 所示。

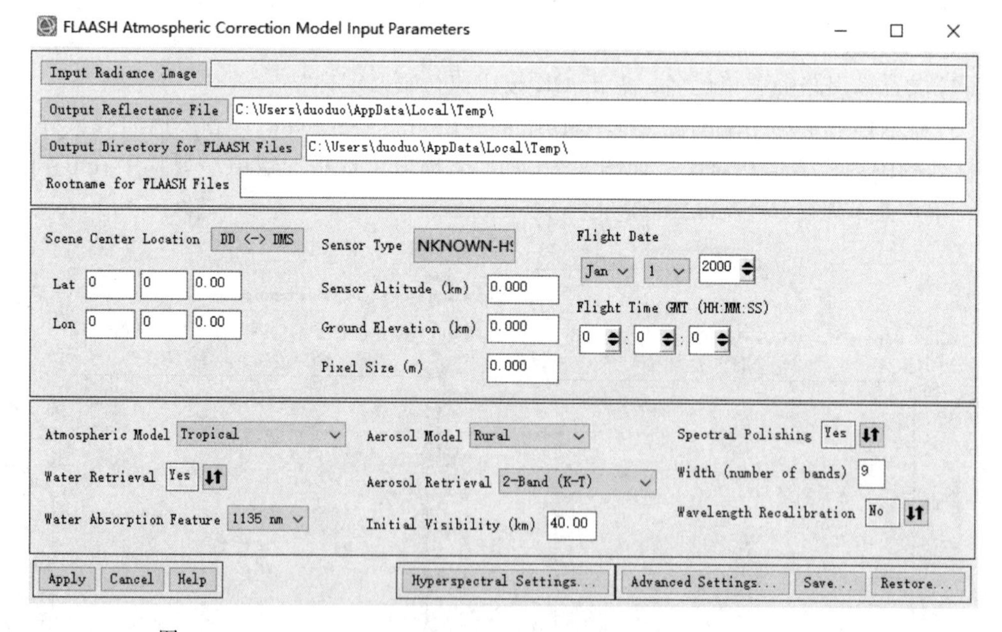

图 8.27　FLAASH Atmospheric Correction Module Input Parameters 面板

(3) 在图 8.27 所示的面板中的 Output Reflectance File 栏设置输出路径和文件名。

(4) 在图 8.27 所示的面板中的 Output Directory for FLAASH Files 栏设置其他文件输出目录。

在图 8.27 所示的面板中输入传感器基本参数，包括：

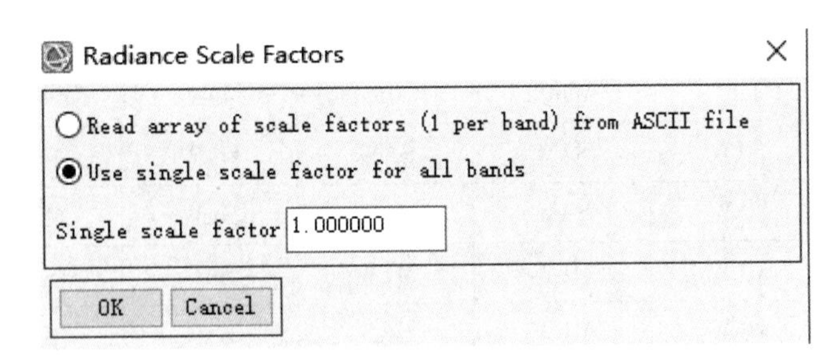

图 8.28 Radiance Scale Factors 面板

①中心点经纬度(Scene Center Location)：如果图像有地理坐标，则自动获取，没有可手动填写。

②选择传感器类型(Sensor Type)：选择 Landsat TM5，其对应的传感器高度以及影像数据的分辨率自动读取。

③设置影像区域的平均地面高程(Ground Elevation)：0.05km(根据拍摄区域实际情况设置)。

④影像成像时间(格林威治时间)：在 Layer Manager 中的数据图层中右键选择 ViewMetadata，浏览 Time 字段获取成像时间：2009 年 9 月 22 日 02:43:22。也可以从元数据文件"＊_MTL.txt"中找到,具体名称为 DATE_ACQUIRED 和 SCENE_CENTER_TIME，如图 8.29 所示。

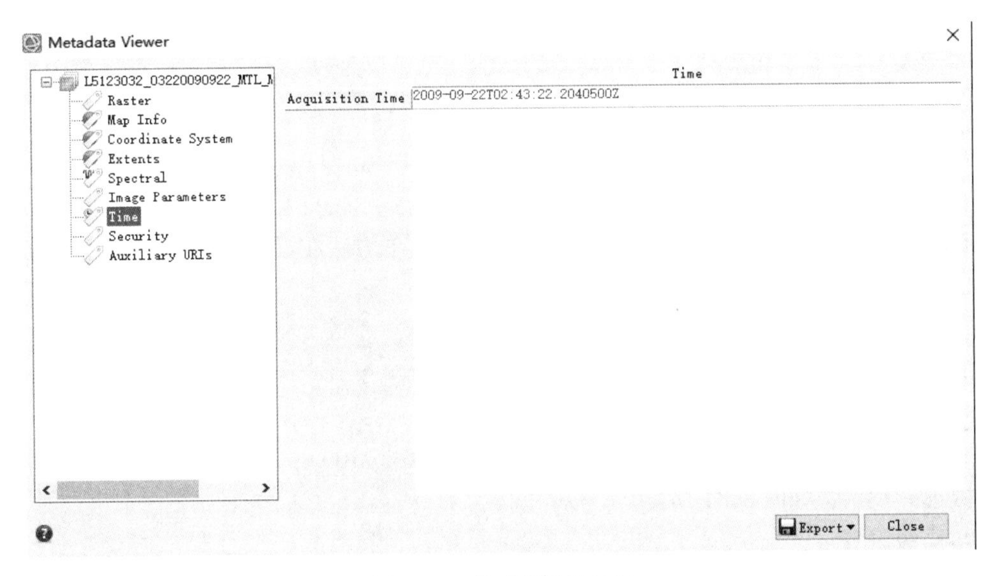

图 8.29 传感器拍摄时间

⑤大气模型参数选择 Atmospheric Model：选择 Mid-Latitude Summer，大气模型参数的选择依据成像时间和影像的经纬度信息，如表 8.1 所示。

表 8.1　数据经纬度与获取时间对应的大气模型

Latitude(°N)	Jan.	March	May	July	Sept.	Nov.
80	SAW	SAW	SAW	MLW	MLW	SAW
70	SAW	SAW	MLW	MLW	MLW	SAW
60	MLW	MLW	MLW	SAS	SAS	MLW
50	MLW	MLW	SAS	SAS	SAS	SAS
40	SAS	SAS	SAS	MLS	MLS	SAS
30	MLS	MLS	MLS	T	T	MLS
20	T	T	T	T	T	T
10	T	T	T	T	T	T
0	T	T	T	T	T	T
-10	T	T	T	T	T	T
-20	T	T	T	MLS	MLS	T
-30	MLS	MLS	MLS	MLS	MLS	MLS
-40	SAS	SAS	SAS	SAS	SAS	SAS
-50	SAS	SAS	SAS	MLW	MLW	SAS
-60	MLW	MLW	MLW	MLW	MLW	MLW
-70	MLW	MLW	MLW	MLW	MLW	MLW
-80	MLW	MLW	MLW	SAW	MLW	MLW

(5)气溶胶模型参数(Aerosol Model)：选择城市 Urban。

(6)气溶胶反演方法(Aerosol Retrieval)：选择 2-Band(K-T)。注意：初始能见度 Initial Visibility 只有在气溶胶反演方法为 None 以及 K-T 方法在没有找到黑暗像元的情况下出现。

(7)其他参数按照默认设置即可，如图 8.30 所示。

3)多光谱数据参数设置

点击多光谱设置按钮“Multispectral Settings”，打开多光谱设置面板；K-T 反演选择默认模式，即 Defaults→Over-Land Retrieval standard(600：2100)，自动选择对应的波段；其他参数选择默认，如图 8.31 所示。

4)高级设置

在 FLAASH Atmospheric Correction Module Input Parameters 面板中找到 Advanced Settings，打开高级设置面板。这里一般选择默认设置，它能符合绝大部分数据情况，在右边面板中设置参数，如图 8.32 所示。

(1)分块处理(Use Tiled Processing)：这里选择 Yes 能获得较快的处理速度，Tile Size 一般设为 4~200MB，根据内存大小设置，这里设置为 50MB。

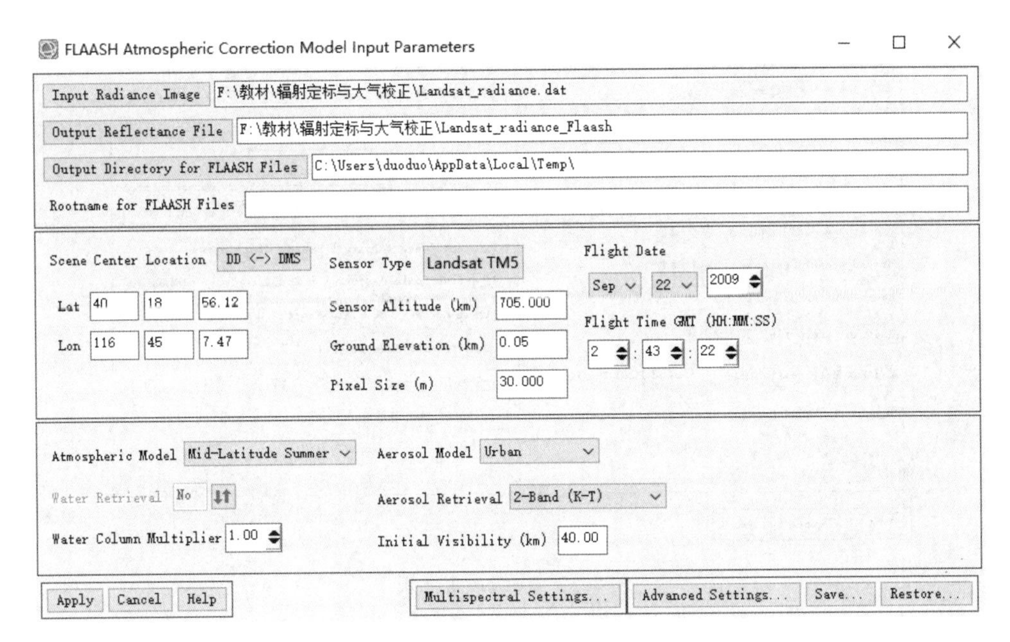

图 8.30 FLAASH 基本参数设置

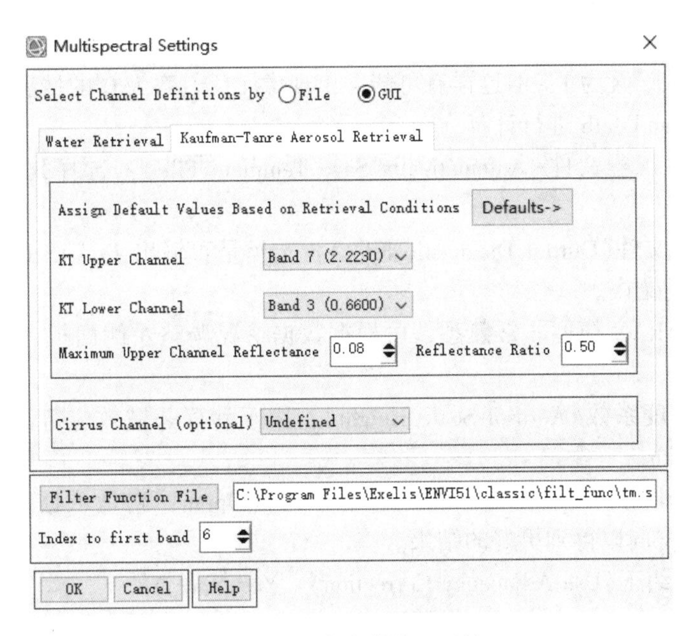

图 8.31 多光谱设置面板

(2)空间子集(Spatial Subset)：可以设置输出的空间子集，这里选择默认输出全景。

(3)重定义缩放比例系数(Re-define Scale Factors For Radiance Image)：重新选择辐射亮度值单位转换系数，这里不设置。

(4)输出反射率缩放系数(Output Reflectance Scale Factor)：为了降低结果储存空间，

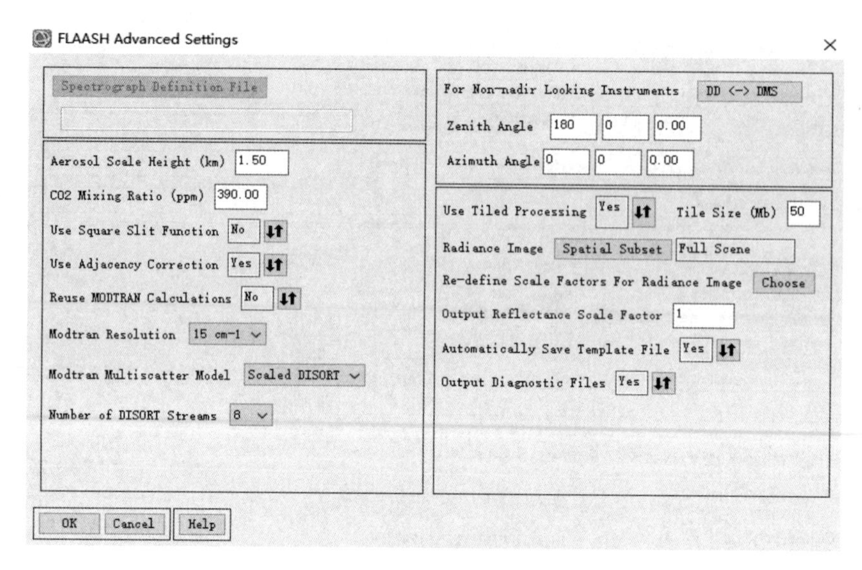

图 8.32　高级设置面板

这里设置为 10000。主要原因是 ENVI FLAASH 考虑到数据储存和后续处理，将大气校正得到的反射率结果乘以 10000 变成 16bit 整型。如果想让反射率结果在 0~1 范围内在大气校正结束后使用 BandMath 工具进行波段运算，使各波段同时除以 10000。当然，也可以将反射率缩放系数设置为 1，但这样有可能会出现像元反射率为 0 的情况，因此建议扩大 10000 倍后再用 BandMath 进行计算。

(5)自动储存工程文件(Automatically Save Template File)：选择是否自动保存工程文件。

(6)输出诊断文件(Output Diagnostic Files)：选择是否输出 FLAASH 中间文件，便于诊断运行过程中的错误。

如果对 MODTRAN 模型非常熟悉，可根据数据情况调整左侧面板。其余部分的参数说明如下。

(1)气溶胶厚度系数(Aerosol Scale Height)：用于计算邻域效应范围。一般值为 1~2km，默认为 1.5km。

(2)CO_2混合比率(CO_2 Mixing Ratio)：默认为 390ppm，它是依据 2001 年测量值为 370ppm，增加 20ppm 以得到更好的结果。

(3)使用邻域纠正(Use Adjacency Correction)：Yes 或者 No。

(4)使用以前的 MODTRAN 模型计算结果(Reuse MODTRAN Calculations)：

No：重新计算 MODTRAN 辐射传输模型。

Yes：执行上一次 FLAASH 运行获得的 MODTRAN 辐射传输模型，每次运行 FLAASH 后，都会在根目录和临时文件夹下生成一个 acc_modroot. fla。

(5)MODTRAN 模型的光谱分辨率(Modtran Resolution)：低分辨率具有较快速度但具有相对较低的精度，主要影响区域在 2000nm 附近。高光谱数据默认为 5cm^{-1}，多光谱数据默认为 15cm^{-1}。

(6) MODTRAN 多散射模型(Modtran Multiscatter Model)：校正大气散射对成像的影响，提供三种模型供选择 ISAACS、DISORT 和 Scaled DISORT。默认是 Scaled DISORT，其 Number of DISORT Streams 为 8。ISAACS 模型计算速度快，精度一般。DISORT 模型对于短波(小于 1000nm)具有较高的精度，但是速度比较慢，由于散射对短波(如可见光)影响较大，长波(近红外以上)影响较小，因此当薄雾较大和为短波图像时可以选择此方法。Scaled DISORT 提供在大气窗口内与 DISORT 类似的精度，速度与 ISAACS 类似，该模型是推荐使用的模型。当选择 DISORT 或者 Scaled DISORT 时，需要选择 Streams 为 2、4、8、16，这个值用来估算散射的方向，可见 Streams 值越大速度越慢。

(7) 观测参数天顶角(Zenith Angle)：是传感器直线视线方向和天顶的夹角，范围是 90°~180°，其中 180°为传感器垂直观测。方位角(Azimuth Angle)：范围是-180°~180°。

5) 查看处理结果

设置好参数后，点击 Apply 执行大气校正，数据处理完成后会弹出反演出的能见度和水汽柱含量，并显示大气校正结果图像。查看像元值，选择 Display→Profiles→Spectral 查看典型地物波谱曲线，如植被、水体等，可以发现像元值都在 0~10000 之间，如图 8.33 所示。得到真实地物的反射率图像，结果符合植被、水体等地物的典型波谱特征。

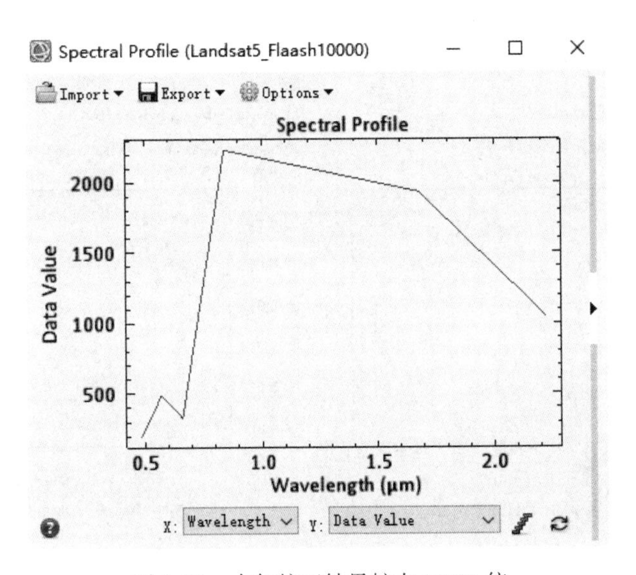

图 8.33 大气校正结果扩大 10000 倍

在 Toolbox 中找到 BandMath 工具对像元值扩大了 10000 倍的大气校正结果进行波段运算，使像元值在 0~1 之间。首先在 BandMath 中输入公式 B10/10000.0，点击 Add to List 按钮将公式添加到 Previous BandMath Expressions 中，点击 OK 按钮。在弹出的 Variables to Bands Pairings 面板中点击 Map Variable to Input File，选择 Landsat5 中的 6 个波段，因此需要定义 B_{10}为这 6 个波段，如图 8.34 所示。

经过波段运算后，再次查看结果就可以看到真实地物的反射率图像，并且结果符合植被、水体等地物的典型波谱特征，如图 8.35 所示。

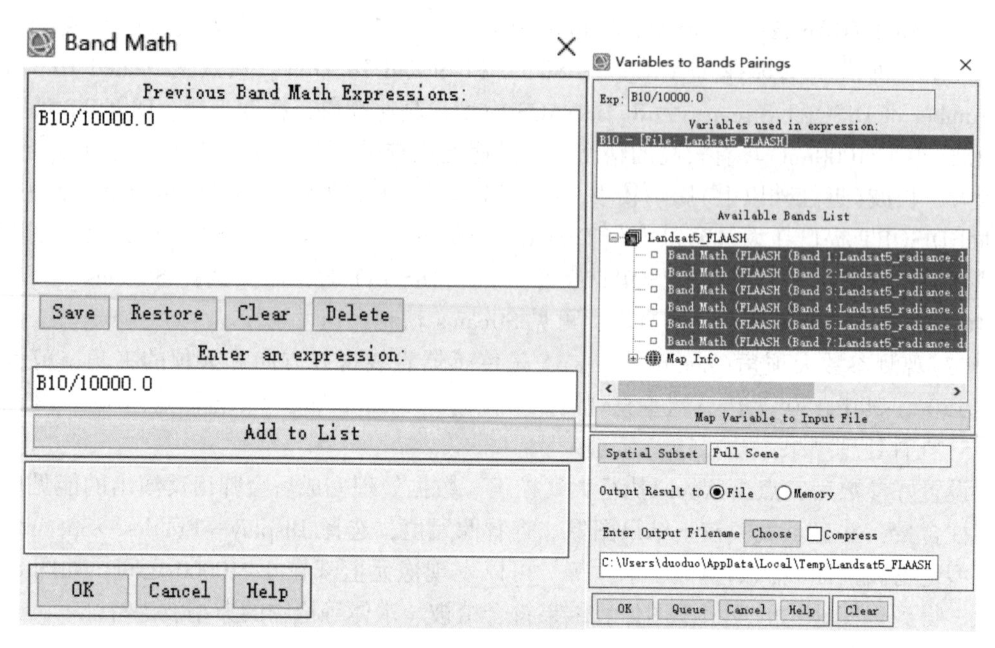

图 8.34　波段运算像元值缩小 10000 倍

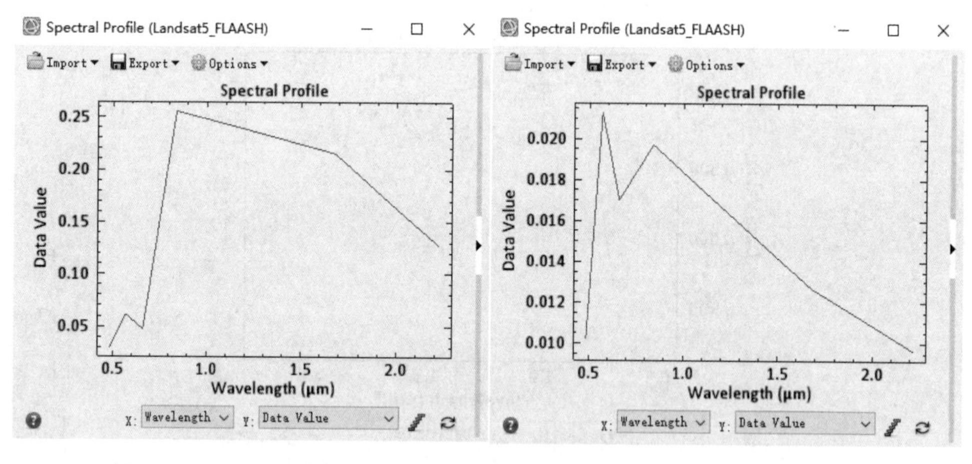

图 8.35　FLAASH 大气校正结果中获取的波谱曲线(左：植被，右：水体)

8.2.3　正射校正

ENVI 软件目前支持的正射校正包括两种模型，即严格轨道模型(Pushbroom Sensor)和 RPC 有理多项式系数(Rational Polynomial Coefficient)，如表 8.2 所示，包括 ALOS/PRISM、ASTER、IKONOS、OrbView-3、QuickBird、SPOT1-5、CARTOSAT-1 (P5)、FORMOSAT-2、WorldView-1、GeoEye-1、KOMPSAT-2 等校正模型。

表 8.2 传感器模型

传感器	模型	文件
ALOS/PRISM	RPC	RPC 文件
ASTER	RPC	RPC 文件
CARTOSAT-1(P5)	RPC	RPC 文件
FORMOSAT-2	Pushbroom Sensor	星历参数文件(METADATA. DIM)
IKONOS	RPC	RPC 文件(_rpc. txt)
OrbView-3	RPC	RPC 文件(_metadata. pvl)
QuickBird	RPC	RPC 文件(. rpb)
WorldView-1、2	RPC	RPC 文件(. rpb)
GeoEye-1	RPC	\
KOMPSAT-2	RPC	\
SPOT5 Level 1A and 1B	Pushbroom Sensor	星历参数文件(METADATA. DIM)
SPOT6	Pushbroom Sensor	星历参数文件(METADATA. DIM)
Pleiades-1/2	Pushbroom Sensor	星历参数文件(METADATA. DIM)
资源一号 02C	RPC	RPC 文件(. rpb)
资源三号	RPC	RPC 文件(_rpc. txt)

ENVI 还可以根据地面控制点(GCP)或者外方位元素(X_S，Y_S，Z_S，Omega，Phi，Kappa)建立 RPC 文件，校正一般的推扫式卫星传感器、框幅式航空相片和数码航空相片。获得的卫星数据提供的轨道参数，诸如 ALOS/PRISM and AVINIR、ASTER、CARTOSAT-1、IKONOS、IRS-C、MOMS、QuickBird、WorldView-1 等，也可以利用这个功能来生成 RPC 文件做正射校正。

当我们在对遥感影像做正射校正时，如果没有控制点或控制点需要手动输入，可以采用 ENVI 5.0 以上版本进行操作。当我们的 GCPs 是从标准图像或矢量中获取时，建议使用 ENVI Classic 进行正射校正。下面就两种情况下如何做正射校正进行实例演示。

1. 基于自带 RPC 信息正射校正

这一实例是对有 RPC 信息的卫星影像做正射校正，所采用的演示数据为 L1B 级 QuickBird 多光谱影像、同区域 GCS_WGS_1984 坐标系的 DEM 数据、ENVI 格式的控制点文件，参考数据为同区域 UTM 坐标系的 2.5m 分辨率的 DOM 图像。

本实例使用的是 ENVI 5.3 中的 Geometric Correction/Orthorectification/RPC Orthorectification Workflow 流程化工具。

第一步：打开数据

(1)启动 ENVI 5.3 软件，在菜单栏中找到 File→Open As→QuickBird，在弹出的对话

框中选择准备好的 QuickBird 多光谱影像。打开 Data Manager，如图 8.36 所示，可以看到 ENVI 自动识别 QuickBird 数据的 RPC 信息。

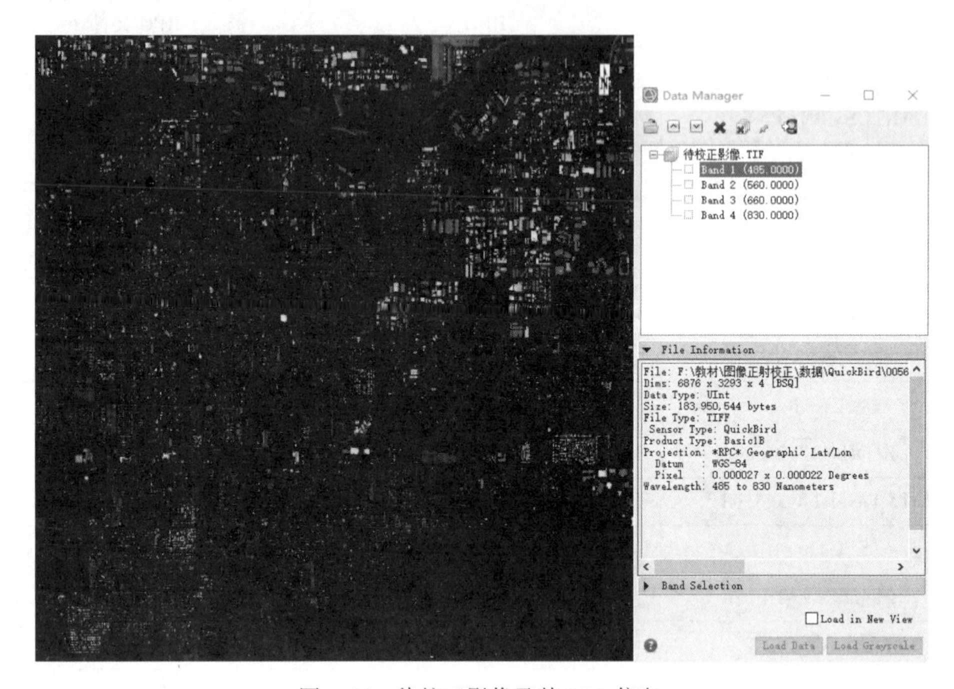

图 8.36　待校正影像及其 RPC 信息

(2)在 ENVI 中打开同区域数字高程模型(DEM)数据，如图 8.37 所示。

图 8.37　同区域 DEM 数据

(3)在 ENVI 软件的 Toolbox 工具箱中，打开 Geometric Correction→Orthorectification→RPC Orthorectification Workflow 工具。

(4)在弹出的 File Selection 对话框中，在 Input File 中选择输入待正射校正的 QuickBird 多光谱影像，DEM File 选择同区域 DEM 数据，如图 8.38 所示，点击 Next 按钮进入下一步。

图 8.38 RPC 正射校正之选择输入文件和 DEM 文件

第二步：选择控制点/设置参数

(1)本次操作没有进行地面控制点(GCPs)的输入，可以直接选择 Advanced 选项卡，设置输出像元大小、重采样方法等参数，如图 8.39 所示。建议启用 Geoid Correction 设置项，因为这样可以在很大程度上提高 RPC 模型的水平和垂直精度。RPC 正射校正流程化工具使用 Earth Gravitational Model(EGM) 1996 来进行大地水准面校正，自动确定偏移量。

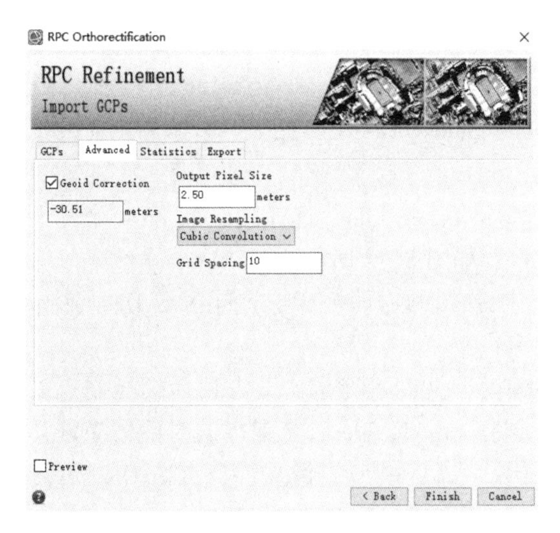

图 8.39 控制点输入与参数设置页面

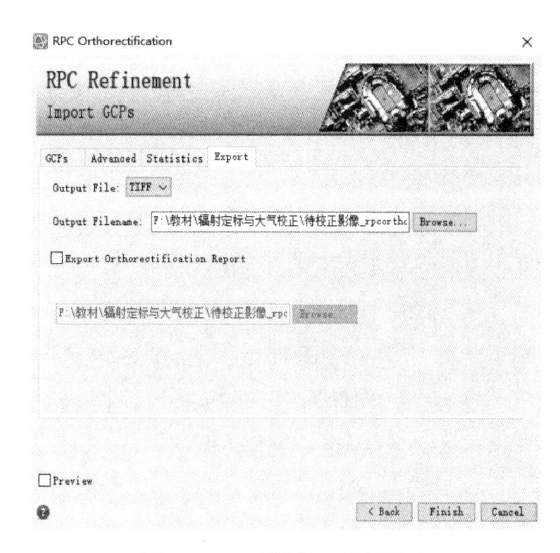

图 8.40 正射校正结果输出

(2)参数和控制点设置完成后，可以点击流程化工具中的 Export 选项卡，将正射校正后的影像输出到指定位置，如图 8.40 所示。

(3)在 Layer Manager 的待校正影像 . tif 上点击右键，选择 Display in Portal，查看正射校正前后变化情况，如图 8.41 所示。

图 8.41　正射校正结果

2. 基于标准图像正射校正

当 GCPs 是从标准图像或矢量中获取时，建议使用 ENVI Classic 进行正射校正。下面我们以相同的样例数据介绍 ENVI Classic 正射校正的详细步骤。

第一步：打开数据

(1)启动 ENVI 5.3 软件，进入 ENVI Classic 经典操作界面。

(2)在菜单栏中点击 File→Open External File→QuickBird→GeoTIFF，选择待正射校正的影像数据。

(3)打开参考数据，在菜单栏中点击 File→Open Image File，选择同区域 UTM 坐标系的 2.5m 分辨率的 DOM 图像文件(基准影像 . dat)，如图 8.42 所示。

(4)打开 DEM 数据，点击菜单 File→Open，在弹出的对话框中选择同区域 DEM 影像文件；打开后的波段列表，如图 8.43 所示。

(5)将基准 DOM 影像数据与同区域数字高程模型文件进行绑定，方便后续控制点高程的导入。在基准 DOM 影像文件上点击右键，选择 Edit Header，在弹出的对话框中选择 Edit Attributes→Associate DEM File，选择同区域数字高程模型影像文件，点击 OK 按钮。绑定后将 DEM 显示在三视窗内，双击鼠标取值，可以同时看到 DN 值和 DEM 值，如图 8.44 所示。

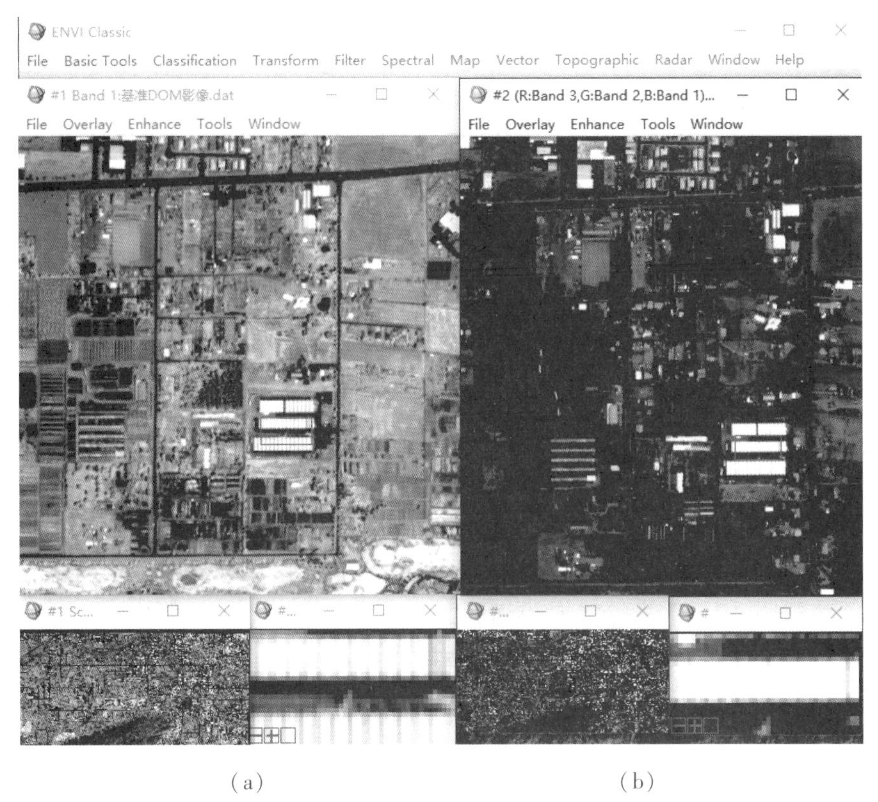

(a) (b)

图 8.42 基准图像(a)和待校正图像(b)

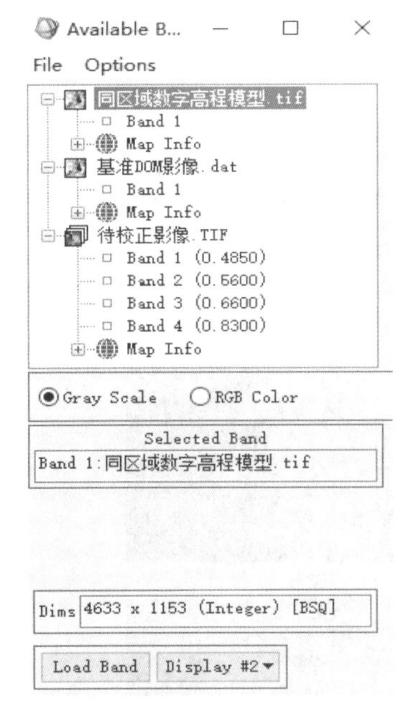

图 8.43 波段列表

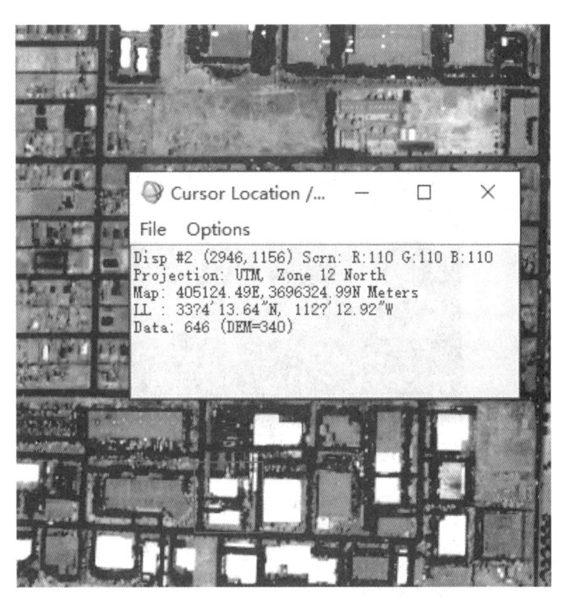

图 8.44 绑定后效果

第二步：选择控制点

（1）将待校正和参考数据均显示在三视窗内，本例中基准 DOM 影像显示的窗口为 Display #1，待校正影像数据显示的窗口为 Display #2。然后在菜单栏中选择 Map→Orthorectification→QuickBird→Orthorectify Quickbird with Ground Control，在弹出的对话框中选择待校正文件对应的窗口编号（本例为 Display #2），自动弹出控制点选择面板 Ground Control Points Selection。

（2）在 Ground Control Points Selection 面板中，点击 Change Proj... 按钮，修改地面控制点坐标系与基准 DOM 影像数据的坐标系一致，如图 8.45 所示。

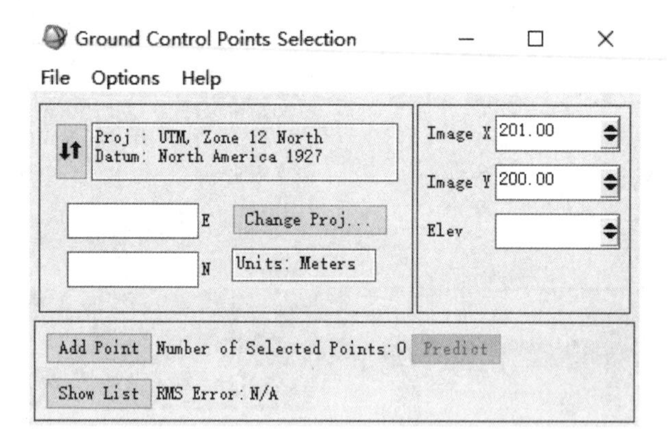

图 8.45　修改地面控制点坐标信息

（3）在待校正影像数据和基准 DOM 影像数据的窗口内选择同名地物点，如图 8.46 所

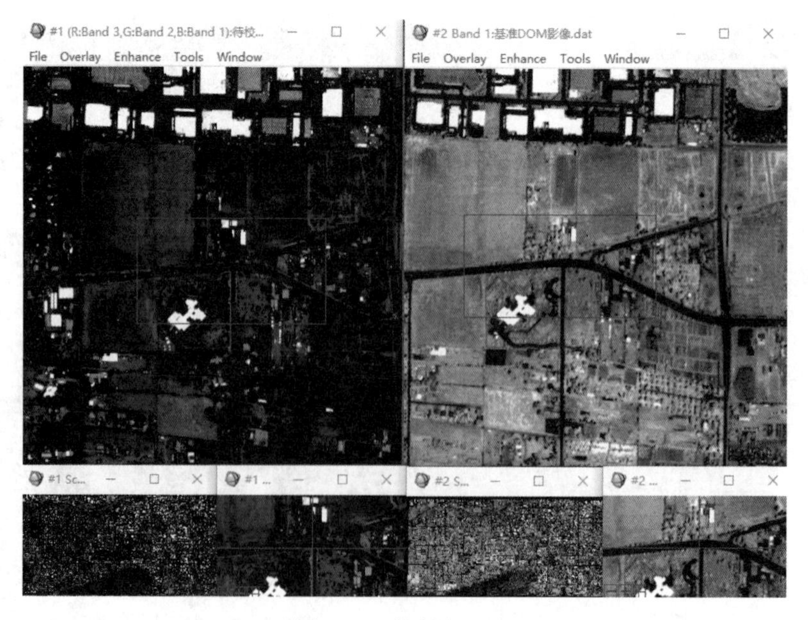

图 8.46　控制点选取

示，然后在基准 DOM 影像数据窗口点击右键，选择 Pixel Locator 菜单，点击 Export 按钮，如图 8.47 所示，将参考数据上的控制点信息自动输出到 Ground Control Points Selection 面板，点击 Add Point 按钮添加控制点。由于待校正图像已经读取了 RPC 文件，有了粗略的地理位置，可以使用地理链接 Geographic Link 工具辅助寻找同名点。在显示参考数据的 Display 中点击右键，选择 Geographic Link，在 Geographic Link 面板上将显示参考数据和待校正数据的 Display 设置为 On。大致定位后，设成 Off 取消地理链接，再精确定位。

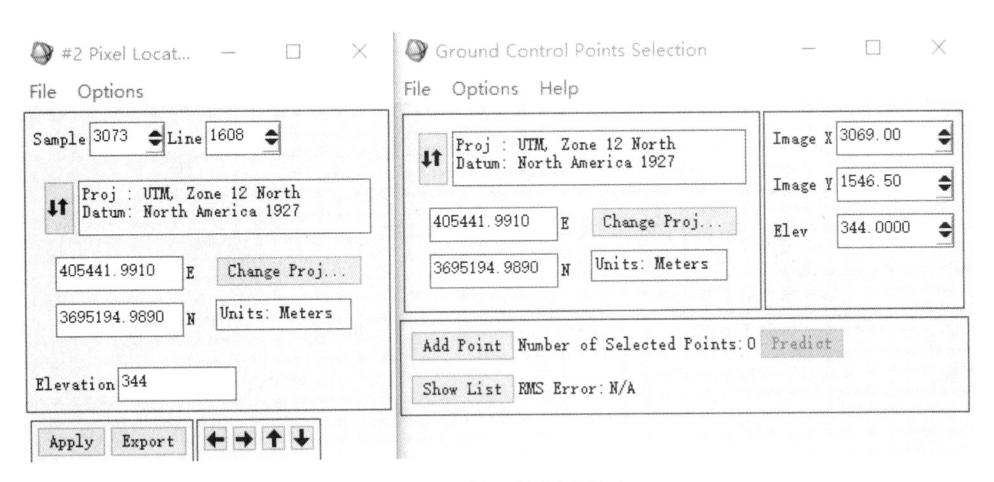

图 8.47 导入控制点信息

(4)重复步骤(3)，选择一系列同名控制点，控制点的分布尽量均匀。RMS Error 控制在 1~3 个像元大小，该误差与待校正影像分辨率高低相关，分辨率越高，RMS Error 可适当增大，如图 8.48 所示。

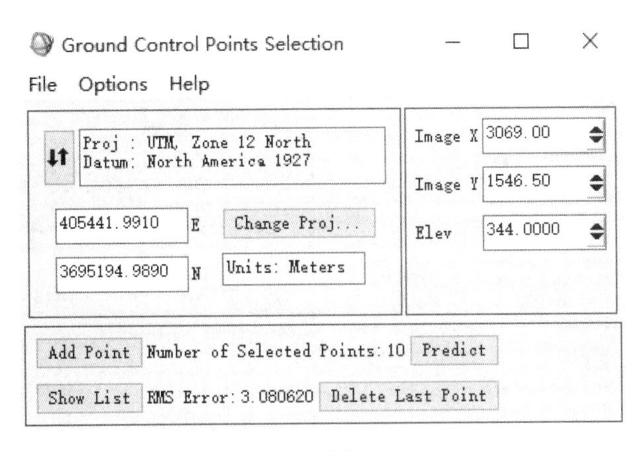

图 8.48 控制点的 RMS Error

第三步：执行正射校正

(1)在 Ground Control Points Selection 面板中选择 Options→Orthorectify File，在弹出的

对话框中选择待校正影像文件，点击 OK 按钮，如图 8.49 所示。

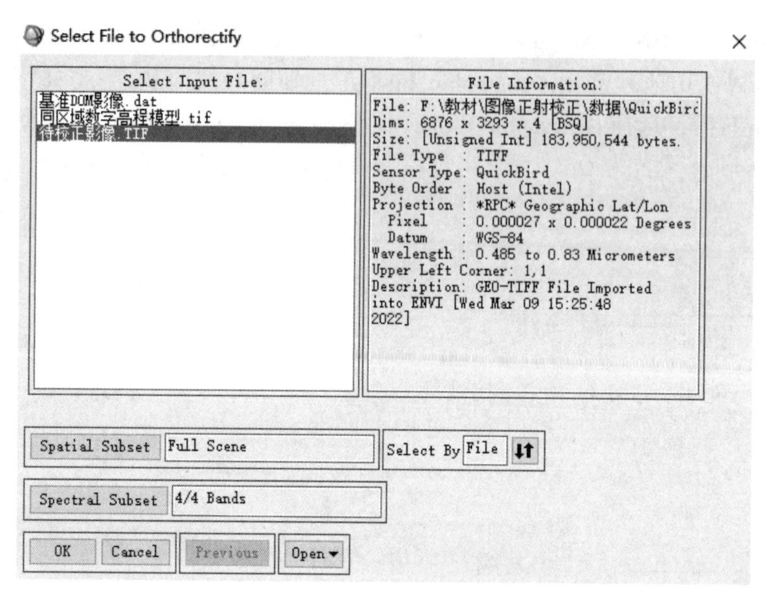

图 8.49　选择待校正文件

（2）在弹出的 Orthorectification Parameters 面板中设置正射校正参数，如图 8.50 所示。左侧设置输入文件和 DEM 重采样方法、背景值等参数，在左侧下边设置输出路径；右侧设置输出投影坐标系和像元大小等参数。输出的投影坐标系可以与参考数据(或者控制点坐标系)不一致。

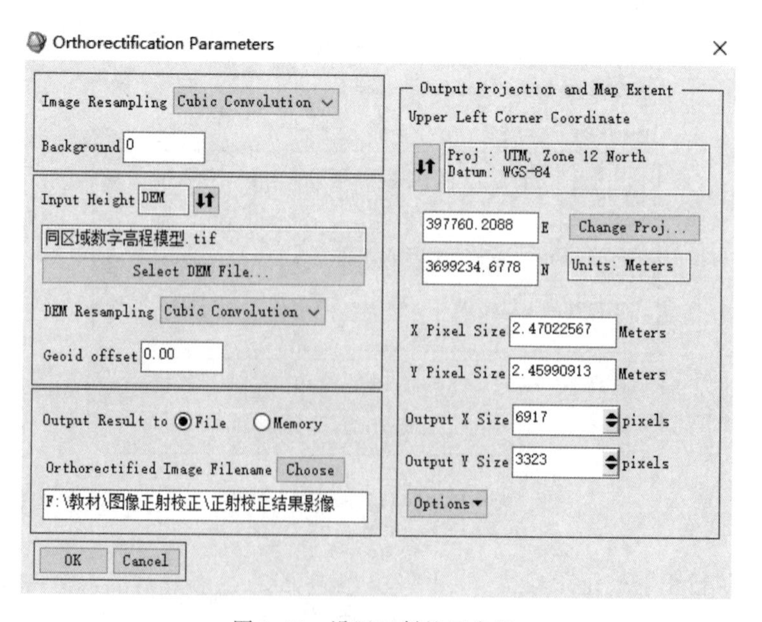

图 8.50　设置正射校正参数

(3)设置完成后，点击 OK 按钮执行正射校正。

在 ENVI 5.1 新界面中打开校正后的结果与参考数据进行对比，在山区校正了地形产生的几何畸变，如图 8.51 所示。

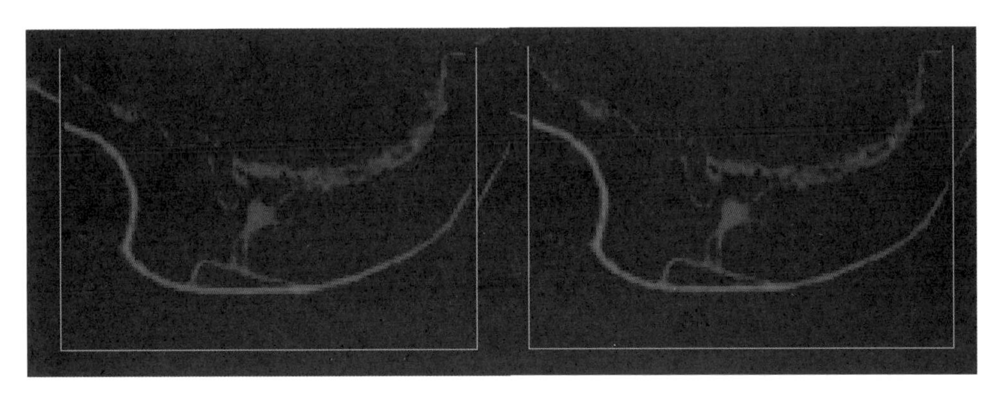

图 8.51　校正结果的对比(窗口中间为参考数据)(左：校正前，右：校正后)

3. 自定义 RPC 信息的正射校正

当原始影像有 RPC 参数时可以采用上面的方法进行影像的正射校正，但我们也需要考虑当原始影像没有 RPC 参数或者 RPC 参数丢失时，例如航空影像(框幅式和数码)和丢失 RPC 参数的卫星影像数据，这种情况下怎么才能对影像做正射校正呢？此时需要利用相机参数、传感器参数、外方位元素和地面控制点去构建 RPC 文件，从而实现影像的正射校正。下面将就自定义 RPC 信息的正射校正实例进行演示。

ENVI 的自定义 RPC 工具支持的数据包括框幅中心投影的航空数码相片(如 Vexcel UltraCamD)、扫描的框幅式航空相片、中心投影的航空数码相片(如 ADS40)以及推扫式卫星(如 ALOS PRISM/AVINIR、ASTER、CARTOSAT-1、FORMOSAT-2、GeoEye-1、IKONOS、IRS-C、KOMPSAT-2、MOMS、QuickBird、WorldView-1、SPOT)。

自定义 RPC 文件的正射校正可以分为以下几步：

(1)内定向(Interior Orientation)——针对航空相片，内定向将建立相机参数和航空像片之间的关系。它将使用航片间的条状控制点、相机框标点和相机的焦距来进行内定向。

(2)外定向(Exterior Orientation)——外定向是把航空影像或者卫星影像上的地物点同实际已知的地面位置(地理坐标)和高程联系起来。通过选取地面控制点，输入相应的地理坐标，来进行外定向。

(3)使用数字高程模型(DEM)进行正射校正，这一步将对航空影像或者卫星影像进行真正的正射校正。校正过程中将使用定向文件、卫星位置参数以及共线方程。共线方程是由以上两步和数字高程模型(DEM)共同建立生成的。

下面以一幅丢失 DIM 文件的 SPOT4 全色影像为例，学习自定义 RPC 文件正射校正的流程方法。需要 SPOT4 全色影像(SPOT4 全色.tif)、DEM 数据(Dem.img)、2m 分辨率的航空影像(参考 DOM 影像.tif)。处理工具为 ENVI 中的 Build RPCs 工具。

第一步：打开数据

在 ENVI 中将待正射校正的 SPOT4 影像打开，点击菜单 File→Open，选择 SPOT4 全色影像文件 SPOT4 全色 . tif；在目录栏 SPOT4 影像文件上点击右键，选择 View MetaData，可以看到 SPOT 全色影像中不包含 RPC 信息；再打开 DEM 数据，点击菜单 File→Open，选择影像文件 DEM 数据(Dem. img)。

第二步：设置相机参数(内定向)

本步主要设置相机或传感器参数。

(1)在 Toolbox 工具箱中找到 Orthorectification/Build RPCs 工具。

(2)在弹出的对话框中选择输入文件，即 SPOT4 全色 . tif，点击 OK 按钮。

(3)在 Build RPCs 面板上根据需要设置相机参数，在本例中，选择 Type 为 Pushbroom Sensor，其他参数设置如图 8. 52 所示。

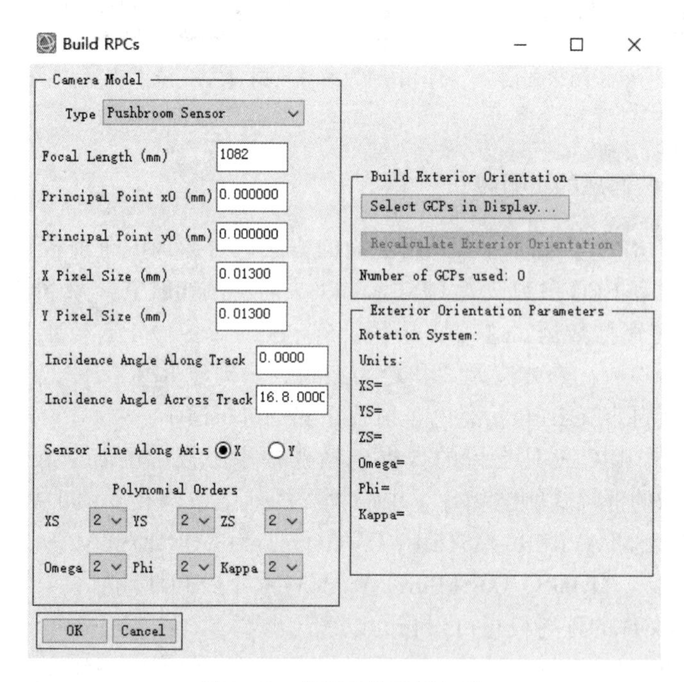

图 8. 52　相机参数设置结果

一般卫星影像可以参照卫星介绍中的相机参数设置，航空影像可以根据相机检校报告中的参数进行设置。

Build RPCs 面板中的参数含义：

Type 为相机类型，ENVI 支持四种相机类型。

Focal Length(mm)为相机或传感器焦距，常见传感器焦距参数如表 8. 3 所示。

Principal Point x0(mm)为投影中心点 x 坐标，通常情况下设置为[0. 0，0. 0]，即投影中心点位于图像中心。

Principal Point y0(mm)为投影中心点 y 坐标。

X Pixel Size(mm)为 CCD 的 X 像素大小，常见传感器的像素大小如表 8.3 所示。

Y Pixel Size(mm)为 CCD 的 Y 像素大小。

Incidence Angle Along Track 为沿轨道方向入射角，只对 Pushbroom Sensor 设置。可在 ENVI 帮助中获取常见传感器的参数，如 ASTER、QuickBird、SPOT、WorldView 等。

Incidence Angle Across Track 为垂直轨道方向入射角。

Sensor Line Along Axis 为传感器前进方向轴，可选为 X 轴或 Y 轴方向。

Polynomial Orders 多项式系数根据需要选择。0 表示整幅图像参数固定；1 表示这些参数与 y 坐标有线性关系；2 表示使用二次多项式进行建模。

表 8.3 常见传感器的焦距与像素大小

传感器	Focal Length/mm	Image Pixel Size/mm
ADS40	62.77	(0.0065, 0.0065)
ALOS AVNIR-2	800.0	(0.0115, 0.0115)
ALOS PRISM	1939.0	(0.007 cross-track, 0.0055 along-track)
ASTER	329.0(Bands 1, 2, 3N) 376.3(Band 3B)	(0.007, 0.007) Bands 1,2,3N,3B
EROS-A1	3500	(0.013, 0.013)
FORMOSAT-2	2896	(0.0065, 0.0065)Pan
IKONOS-2	10000	(0.012, 0.012)Pan
IRS-1C	982	(0.007, 0.007)Pan
IRS-1D	974.8	(0.007, 0.007)Pan
KOMPSAT-2	900Pan 2250 Multispectral	(0.013, 0.013)
Kodak DCS420	28	(0.009, 0.009)
MOMS-02	660	(0.01, 0.01)
QuickBird	8836.2	(0.013745, 0.013745)
SPOT-1~4	1082	(0.013, 0.013)Pan
SPOT-5 HRS	580	(0.0065, 0.0065)Pan
STARLABO TLS	60	(0.007, 0.007)
Vexcel UltraCamD	101.4	(0.009, 0.009)Pan
Z/I Imaging DMC	120	(0.012, 0.012)

第三步：外定向

(1)在 Build RPCs 面板中，点击 Select GCPs in Display 按钮，在 Select GCPs in Display 面板中选择 Select Projection for GCPs，设置控制点 GCP 点的投影信息。设置结果如图 8.53 所示，然后点击 OK 按钮。

（2）在弹出的 Exterior Orientation GCPs 面板中进行控制点的输入。此步骤与图像正射校正中控制点的选择方式一样，这里不再赘述。

（3）选择好控制点后保存为 GCP. pts 文件，在 Exterior Orientation GCPs 面板上打开菜单 File→Restore GCPs from ASCII，选择已有的控制点文件 GCP. pts，点击 OK 按钮将控制点导入此面板，结果如图 8.54 所示。

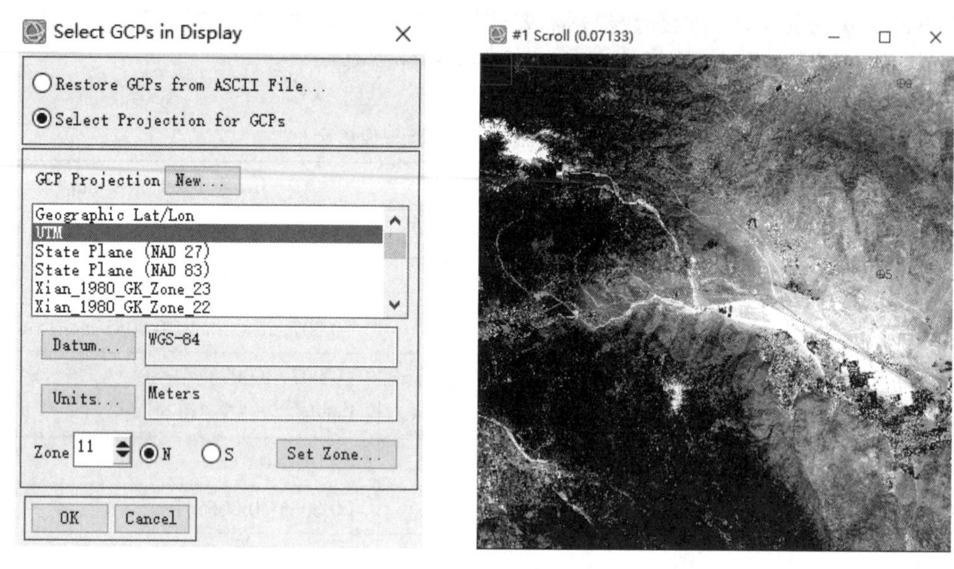

图 8.53　设置 GCPS 投影坐标系　　　　图 8.54　导入的 GCPs 信息

（4）在 Exterior Orientation GCPs 面板中选择 Options→Export GCPs to Build RPCs。计算得到外方位元素，如图 8.55 所示。

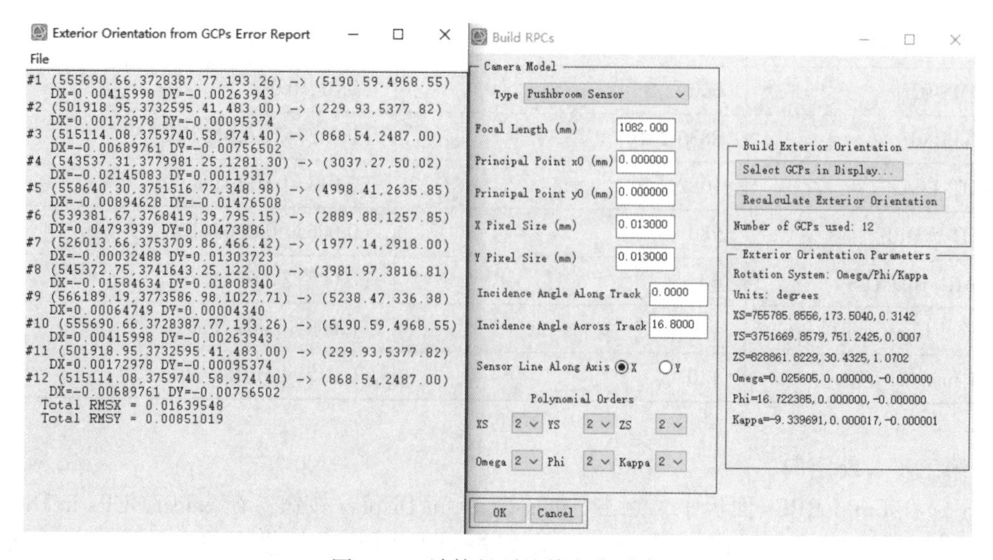

图 8.55　计算得到的外方位元素

(5)在 Build RPCs 面板中，点击 OK 按钮，按照默认生成 Minimum Elevation 和 Maximum Elevation 即可。生成的 RPC 信息会自动保存在图像的头文件中，在 ENVI 中可以通过 Metadata Viewer 查看 RPC Info，如图 8.56 所示。

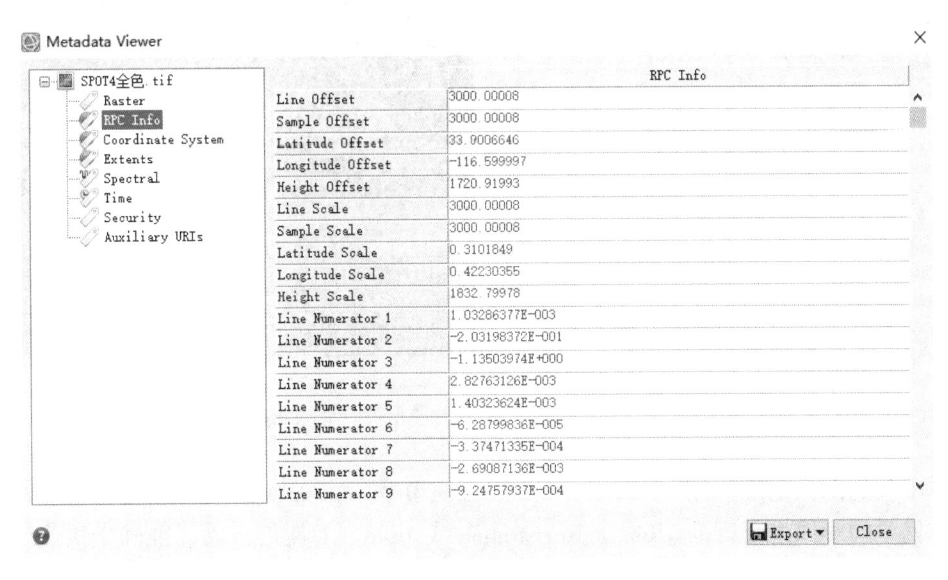

图 8.56　构建的 RPC 信息

第四步：正射校正

(1)打开正射校正流程化工具：Toolbox→GeometricCorrection→Orthorectification→RPC Orthorectification Workflow。

(2)在工具面板上选择输入文件，Input File 为待校正文件 SPOT4 全色.tif，DEM File 为正射校正用到的 DEM 数据，这里选择 Dem.img，然后点击 Next 按钮进入下一步。

(3)在 PRC Refinement 页面进行参数的设置和控制点的输入。本次操作不使用控制点，直接切换到 Advanced 选项卡，如图 8.57 所示，设置输出像元大小 Output Pixel Size 为 10.0m，其他参数默认；然后切换到 Export 选项卡，设置输出路径，点击 Finish 按钮即可进行正射校正。

(4)查看最终结果如图 8.58 所示。

8.2.4　图像配准

图像配准就是将不同时间、不同传感器(成像设备)或不同条件(如天候、照度、摄像位置和角度等)下获取的两幅或多幅图像进行匹配、叠加的过程。

在科学研究或者实际数据产品生产过程中经常会遇到，同一个区域的影像或者相邻区域且有相互重叠的影像，由于在几何校正时会产生一些误差，造成重叠区域的相同地物不能重叠。如果出现此类情况，会对后续的操作如影像的融合、镶嵌、动态监测、定量遥感等应用带来不可忽视的影响。这时可以使用 ENVI 中的配准工具，利用重叠区域的同名点和相应的计算模型进行精确配准。

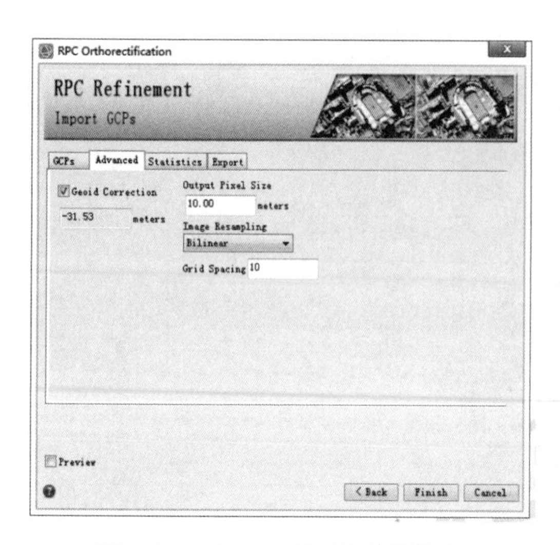

图 8.57　Advanced 选项卡参数设定

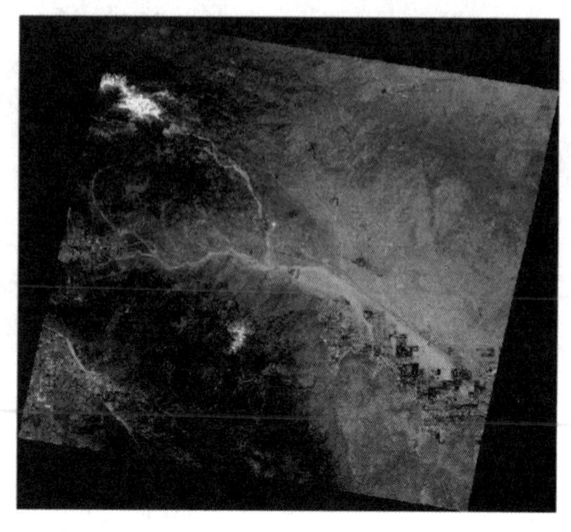

图 8.58　正射校正结果

本小节的图像配准使用 ENVI 5.3 中的 Image Registration Workflow 工具，对两幅几何位置有偏差的影像进行配准。Image Registration Workflow 工具是自动、准确、快速的影像配准工作流，将繁杂的参数设置步骤集成到统一的面板中，在少量或者无须人工干预的情况下能快速而准确地实现影像间的自动配准。

Image Registration Workflow 工具配准时需要准备一幅基准影像作为参考，还有一幅影像为待配准的影像，并且该工具支持多种数据格式，如 ENVI 标准格式、TIFF、NITF、JPEG 2000、PEG、Esri ® raster layer、Geodatabase raster、Web Services 等。但对基准图像坐标参考系有一定要求，不能是像素坐标，不能是坐标没有投影信息(arbitrary 坐标信息)和伪坐标(pseudo)，必须包括标准地理坐标系、投影坐标系或者 RPC 信息；待配准影像没有特殊要求，但如果没有坐标信息，需要手动选择 3 个或 3 个以上同名点。基准影像选取原则：哪个可输入的影像数据具有更高的定位精度或是正射影像，那么最好用这个影像作为基准影像。Image Registration Workflow 工具进行图像自动配准过程主要分为以下几步：

(1)选择图像配准的文件；

(2)生成 Tie 点；

(3)检查 Tie 点和待配准图像；

(4)输出图像配准的结果。

整个图像配准过程是在 ENVI 中的 Image Registration Workflow 流程化工具中完成的，图像配准一般分为相同分辨率、不同成像时间的影像间的相互配准，不同分辨率、相同成像时间的影像间的相互配准。本小节分别介绍这两种情况下的配准流程，将分别采用相同分辨率、不同成像时间的影像数据和不同分辨率的全色和多光谱的相同成像时间的影像数据进行图像配准处理流程介绍。

1. 相同分辨率影像间的图像配准

(1)打开基准影像.img 和待配准影像.img，在工具栏中选择 Portal 工具，查看两幅影像的叠加情况，观察后会发现两幅影像重叠部分的地物之间的空间位置存在错位，如图 8.59 所示。

在 ENVI Toolbox 中，选择 Geometric Correction → Registration → Image Registration Workflow，启动自动配准的流程化工具，Base Imagc File 选择基准影像，Warp Image File 选择待配准影像，点击 Next 按钮，如图 8.60 所示。

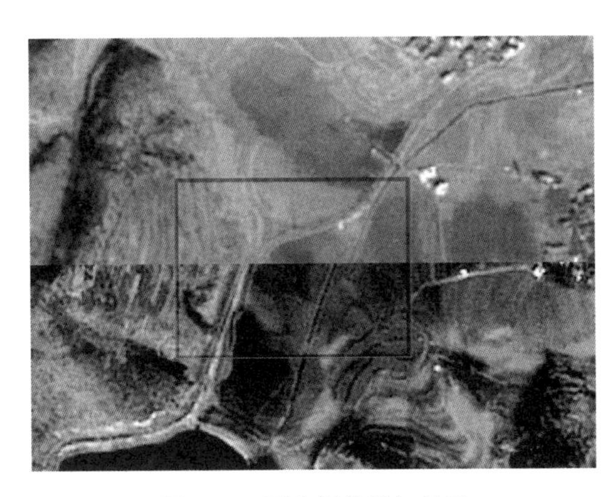

图 8.59　两个图像叠加显示

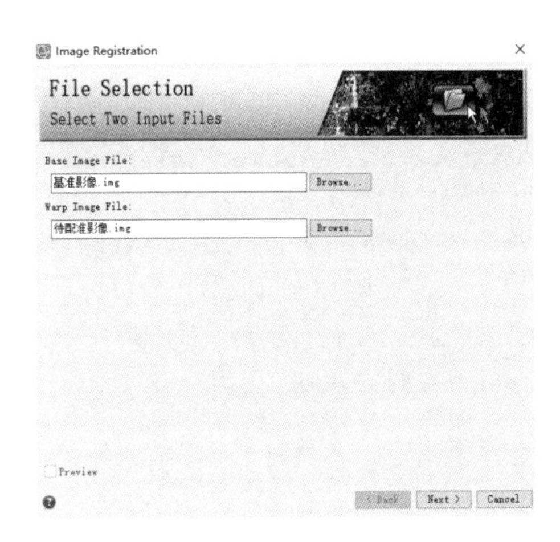

图 8.60　选择输入文件

(2)自动生成 Tie 点，默认参数设置能满足大部分的图像配准需求，因此选择默认参数设置，在 Tie Points Generation 面板中，选择 Main 选项卡，如图 8.61 所示。各参数说明如下：

匹配算法(Matching Method)：提供两种算法，即 Cross Correlation(一般用于相同形态的图像，如都是光学图像)和 Mutual Information(一般用于不同形态的图像，如光学-雷达图像、热红外-可见光等)。

最小 Tie 点匹配度阈值(Minimum Matching Score)：自动找点功能会给找到的点计算一个分值，分值越高精度越高。当找到的 Tie 点低于这个阈值时，则会自动删除，不参与校正。阈值范围 0~1。

几何模型(Geometric Model)：提供三种过滤 Tie 点的几何模型，不同模型适用于不同类型的图像，且需要设置不同的参数。

- Fitting Global Transform：适合绝大部分的图像。还需要设置以下两个参数：变换模型(Transform，包括一次多项式 First-Order Polynomial 和放射变化 RST)和每个连接点最大允许误差(Maximum Allowable Error Per Tie Point，这个值越大，保留的 Tie 越多，精度越差)。

- Frame Central Projection：适合于框幅式中心投影的航空影像数据。
- Pushbroom Sensor：适合带有 RPC 文件的图像。

Seed Tie Points 选项卡参数设置：

在这个面板中，可以实现对种子点(同名点)的读入、添加或者删除。以下两种情况需要手动选择 Seed Tie：

如果待配准影像没有坐标信息，需要手动选择至少 3 个同名点，即这里的种子点。当基准影像或者待校正影像质量非常差时，如地物变化很明显等情况，可以手动选择几个 Seed Tie 点，这样可以提高自动匹配的精度，如图 8.62 所示。

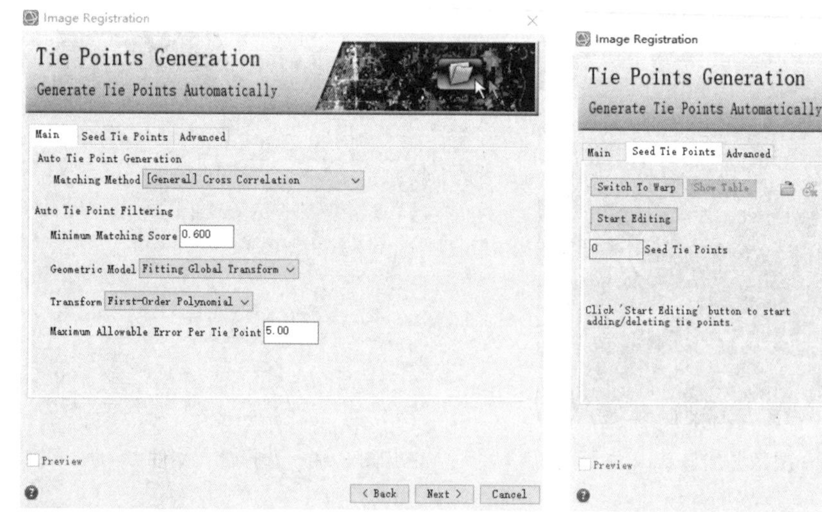

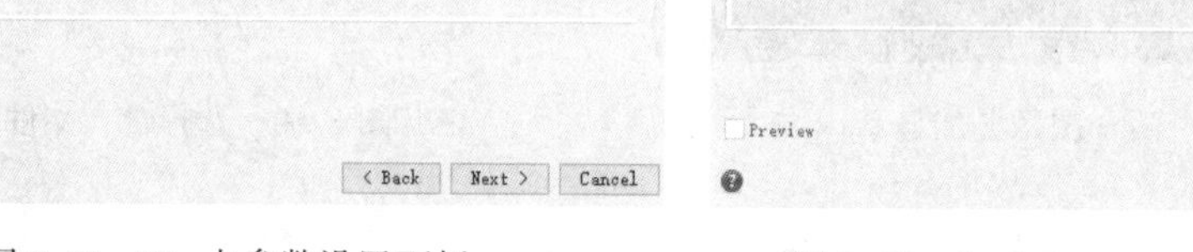

图 8.61　Tie 点参数设置面板　　图 8.62　Seed Tie Points 设置种子点面板

各个选项的说明如下：

Switch To Warp/Switch to Base：基准影像与待配准影像视图切换按钮。

Show Table：种子点列表。

Start Editing：添加和编辑种子点。

Seed Tie Points：种子点个数。

点击 Import Seed Tie Points 按钮，可以选择已有的 Tie 点文件。种子点(即同名点)具有编号，在基准影像中用紫色标记，在待配准影像中用绿色标记；编号与 Tie Points Attribute Table(点击 Show Table 打开)中的 POINT_ID 相一致。

Advanced 选项：

在这个面板中，可以设置匹配波段、拟生成的 Tie 点数量、匹配和搜索窗口大小、匹配方法等，如图 8.63 所示。

各个参数如下：

Matching Band in Base Image：选择基准影像配准波段。

Matching Band in Warp Image：选择待配准影像配准波段。

Requested Number of Tie Points：Tie 点个数，不能小于 9。

Search Window Size：搜索窗口大小，需要大于匹配窗口大小。搜索窗口越大，找到的点越精确，但是需要的时间越长。简单预测搜索窗口大小的方法：让待配准影像 50%透明显示，之后量测两个同名点之间的像素距离 D，搜索窗口最小为 $2(D+5)$。

Matching Window Size：匹配窗口大小，会根据输入图像的分辨率自动调整一个默认值。

Interest Operator：角点算子。

(3)检查 Tie 点和待配准图像。对于自动生成的 Tie 点，可以在 Review and Warp 面板中进行编辑，Tie Points 选项卡如图 8.64 所示。

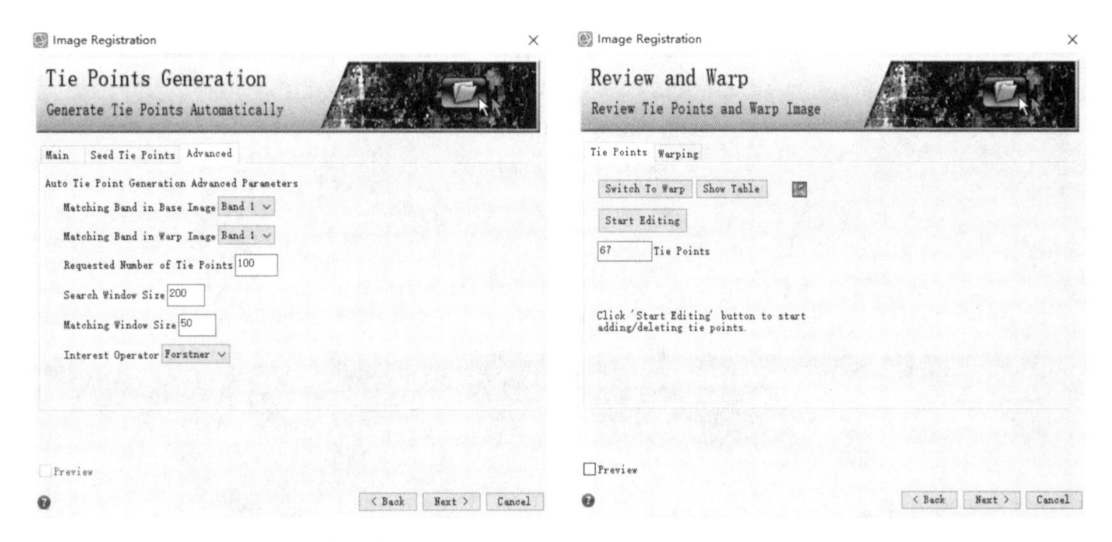

图 8.63　Tie 点生成高级参数设置

图 8.64　Tie 点编辑

点击 Show Table，打开 Tie 点列表，如图 8.65 所示，可以对连接点进行编辑。最右列为误差值，点击右键选择 Sort by selected column reverse，按照误差排序，可以删除匹配误差较大的点。打开 Warping 选项，如图 8.66 所示。

各个参数的含义如下：

纠正模型(Warping Method)：放射变化(RST)、多项式(Polynomial)、局部三角网(Triangulation)。默认为多项式。

重采样方法(Resampling)：默认 Cubic Convolution。

背景值(Background Value)：默认 0。

输出像元大小(Output Pixel Size from)：默认 Warp Image。

设置完成后勾选 Preview，预览图像配准效果，如图 8.67 所示。

Tie Points Attribute Table

POINT_ID	IMAGE1X	IMAGE1Y	IMAGE2X	IMAGE2Y	SCORE	ERROR
1	3757.12	2286.00	3746.98	2288.96	0.9212	2.8102
2	3814.89	2011.01	3805.05	2013.97	0.9586	2.8447
3	4814.11	1352.02	4804.89	1351.01	0.6478	0.9736
4	5114.93	1701.97	5106.01	1700.02	0.9275	1.7144
5	607.04	1429.01	598.13	1429.01	0.9276	0.6600
6	5078.98	1390.98	5070.06	1389.96	0.8810	1.0349
7	3110.94	1437.96	3101.11	1437.96	0.9437	0.7851
8	890.03	1435.01	881.12	1435.01	0.9098	0.6055
9	3219.10	2334.00	3209.88	2336.03	0.9021	1.4920
10	5471.97	1741.01	5463.06	1738.98	0.8558	1.6653
11	5444.93	1430.02	5436.02	1429.01	0.8644	0.9977
12	3444.02	2340.00	3433.88	2342.03	0.9476	1.6836
13	265.97	1375.01	257.98	1375.01	0.9483	0.7401
14	1499.03	1442.02	1490.12	1442.02	0.9678	0.4849
15	1820.12	1403.99	1810.90	1403.99	0.9219	0.5437
16	2853.15	1755.04	2843.93	1754.02	0.9219	1.4662
17	214.05	1750.98	205.13	1750.98	0.8870	1.3764
[illegible]	[illegible]	[illegible]	[illegible]	[illegible]	[illegible]	[illegible]

RMS Error: 1.200312

Close

图 8.65 Tie 点列表

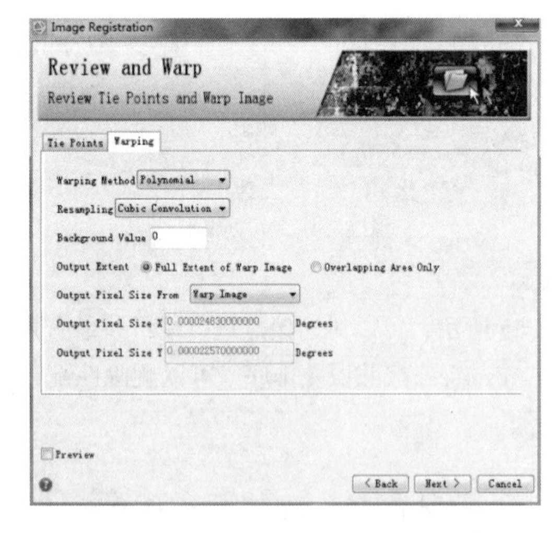

图 8.66 Warping 校正参数设置选项

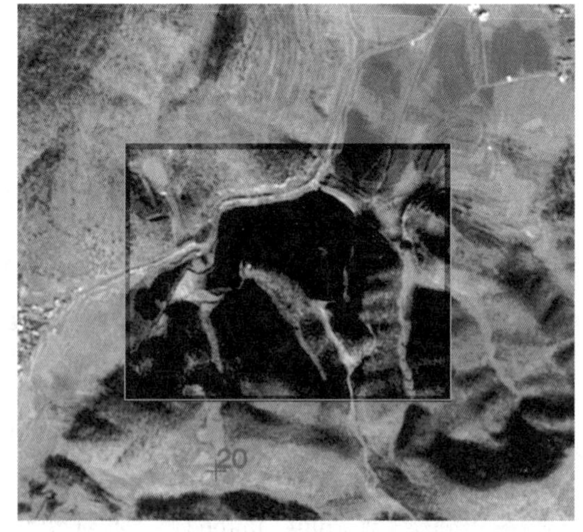

图 8.67 预览配准效果

(4)输出图像配准的结果。

设置输出文件和 Tie 点文件：输出的配准文件可以被保存为 ENVI 标准格式和 TIFF 格式，Tie 点保存为 ASCII 文件。点击 Finish 按钮完成配准，如图 8.68 所示。

2. 不同分辨率影像的图像配准

将相同成像时间、不同分辨率影像数据 SPOT-4 全色和 Landsat ETM+多光谱影像在 ENVI 中打开，其中全色影像为正射影像图，浏览两个数据叠加情况，如图 8.69 所示，设置上面多光谱影像 50%透明，可以看到有严重的“双眼皮”现象，会影响图像融合处理。配准工具仍然使用 ENVI 中的流程化工具 Geometric Correction/Registration/Image Registration Workflow。

1）选择图像配准的文件

以全色图像作为基准影像，以多光谱图像作为待配准影像，读入数据，点击 Next 按钮，进入下一步，如图 8.70 所示。

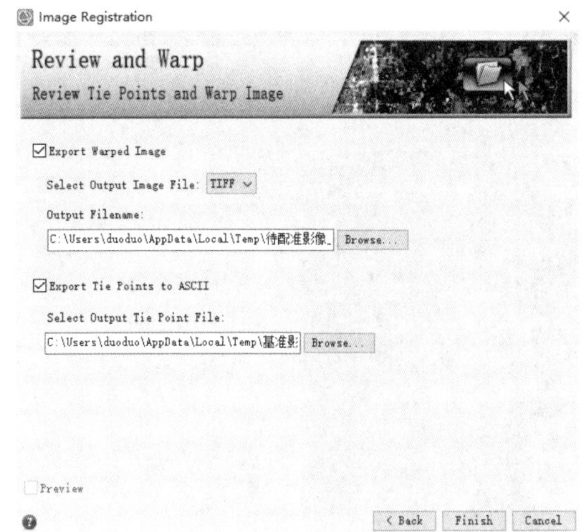

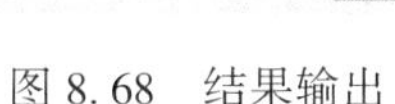
图 8.68　结果输出

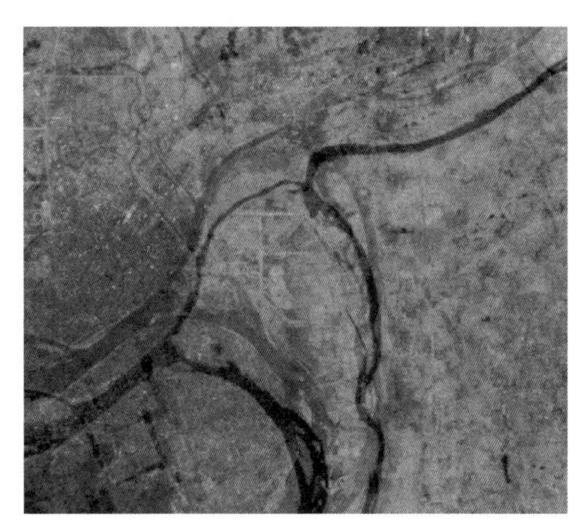

图 8.69　全色影像与多光谱影像叠加显示

2）手动选择 Tie 点

由于两幅影像的分辨率相差较多，所以本次配准过程中需手动选 3 个或 3 个以上控制点，切换到 Seed Tie Points 选项卡，点击 Start Editing 按钮开始选点。可以使用 Layer Manager 控制待配准图像和基准图像的显示开关。定位到控制点附近并记忆控制点在两幅图像中的大致位置，使用鼠标左键在基准图像上面单击添加控制点，出现紫色十字丝，选择右键菜单 Accept as Individual Points 接受并切换到待配准图像，使用鼠标左键单击控制点位置，出现绿色十字丝，选择右键菜单 Accept as Individual Points 保存控制点，在十字丝附近出现控制点编号，并自动切换到基准图像，这样就完成了一个控制点的输入。用同样的方法继续寻找其余的点，结果如图 8.71 所示。

3）自动生成 Tie 点

当选择一定数量的控制点之后，我们可以利用自动找点功能（处理方式与前面相同，不再赘述）。点击 Next 按钮，进入下一步，生成的 Tie 点均匀地分布在图像上，如图 8.72 所示。

图 8.70　选择输入文件

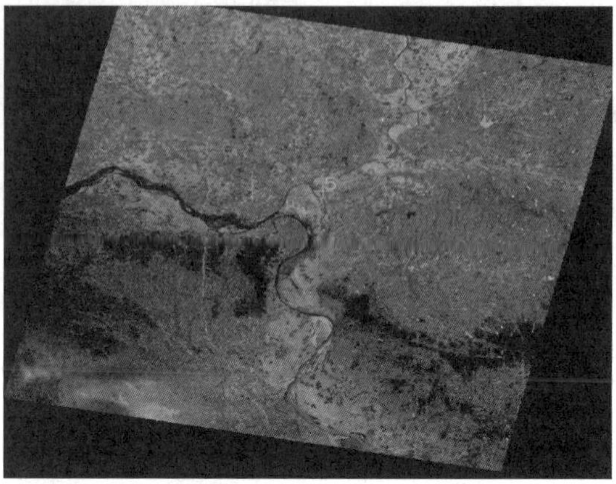

图 8.71　手动选择控制点

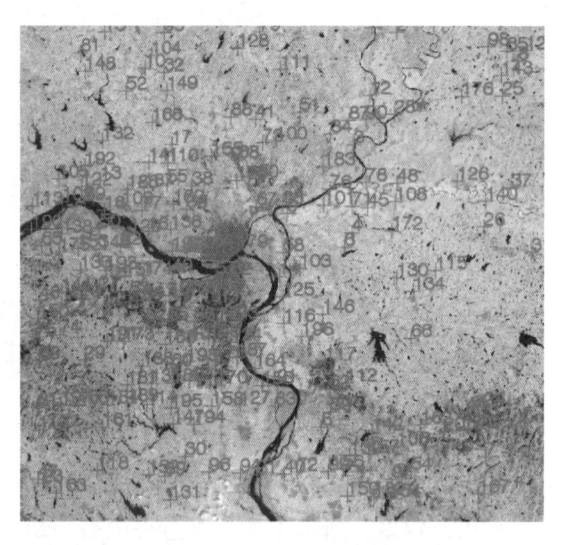

图 8.72　Tie 点分布图

4) 检查 Tie 点和待配准图像

按当前设置参数，点击 Next 按钮，进入下一步，运行完成后，在 Show Table 中查看 Tie 点的误差，如图 8.73 所示，将误差较大的 Tie 点删除，最终 RMS 误差为 0.378437，Tie 点的质量较好。

在 Warping 选项卡下调整参数，如图 8.74 所示，然后单击 Next 按钮。

5) 输出图像配准的结果

设置输出路径和文件名，点击 Finish 按钮，输出配准结果。在 Portal 窗口模式下可以查看配准结果，如图 8.75 所示，相同地物很好地叠加在了一起。

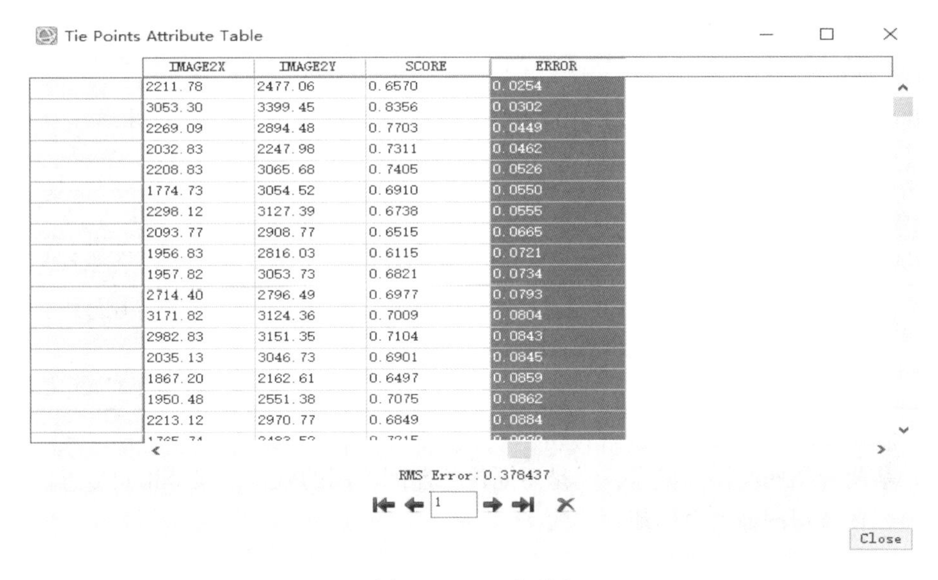

Tie Points Attribute Table

IMAGE2X	IMAGE2Y	SCORE	ERROR
2211.78	2477.06	0.6570	0.0254
3053.30	3399.45	0.8356	0.0302
2269.09	2894.48	0.7703	0.0449
2032.83	2247.98	0.7311	0.0462
2208.83	3065.68	0.7405	0.0526
1774.73	3054.52	0.6910	0.0550
2298.12	3127.39	0.6738	0.0555
2093.77	2908.77	0.6515	0.0665
1956.83	2816.03	0.6115	0.0721
1957.82	3053.73	0.6821	0.0734
2714.40	2796.49	0.6977	0.0793
3171.82	3124.36	0.7009	0.0804
2982.83	3151.35	0.7104	0.0843
2035.13	3046.73	0.6901	0.0845
1867.20	2162.61	0.6497	0.0859
1950.48	2551.38	0.7075	0.0862
2213.12	2970.77	0.6849	0.0884

RMS Error: 0.378437

Close

图 8.73　Tie 点列表

图 8.74　Warping 参数设置

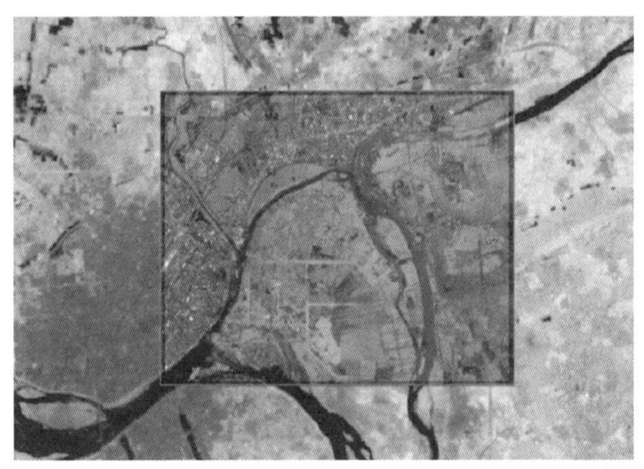

图 8.75　配准结果

8.2.5　图像融合

图像融合，是将低分辨率的多光谱影像与高分辨率的单波段影像重采样，生成一幅高分辨率多光谱影像的遥感图像处理技术。它能使处理后的影像既有较高的空间分辨率，又具有多光谱影像丰富的光谱特征。

图像融合时需要注意两个问题：一是待融合的两幅影像需已完成精确的配准；二是要选择合适的融合方法，同样的融合方法用在不同影像中，得到的结果往往不尽相同。表8.4是ENVI中的几种融合方法及其适用范围，便于我们根据需求，使用合适的融合方法。

表 8.4　各融合方法说明

融合方法	适用范围
IHS 变换	纹理改善，空间保持较好。光谱信息损失较大，受波段限制
Brovey 变换	光谱信息保持较好，受波段限制
乘积运算(CN)	对大的地貌类型效果好，同时可用于多光谱与高光谱的融合
PCA 变换	无波段限制，光谱保持好。第一主成分信息高度集中，色调发生较大变化
Gram-schmidt Pan Sharpening(GS)	改进了 PCA 中信息过分集中的问题，不受波段限制，较好地保持空间纹理信息，尤其能高保真地保持光谱特征 专为最新高空间分辨率影像设计，能较好地保持影像的纹理和光谱信息

本小节将介绍两类图像融合，一是不同传感器图像间的融合；二是相同传感器图像间的融合，以此学习图像融合的流程方法。

1. 不同传感器图像间的融合

下面以 SPOT4 的 10m 全色波段影像和 Landsat ETM+30m 多光谱影像的融合操作为例，学习不同传感器间的图像融合流程方法。融合方法选择 ENVI 中的 Gram-schmidt Pan Sharpening(GS)。

(1)在 ENVI 中分别打开 SPOT 全色影像数据 SPOT 全色影像 .img 和 Landsat ETM+影像数据 Landsat ETM+多光谱影像 .img，如图 8.76 所示。可在 View Metadata 中查看 Map Info 信息。

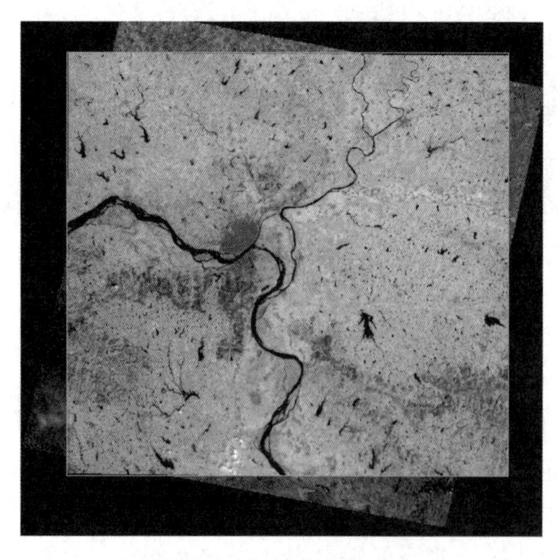

图 8.76　打开待融合影像

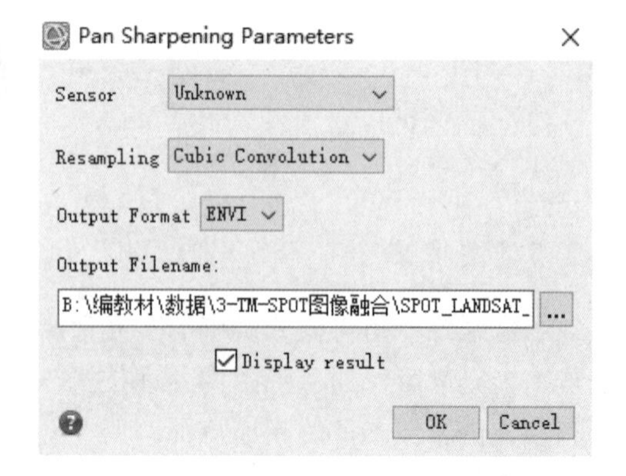

图 8.77　Pan Sharpening Parameters 面板

(2)在 ENVI 软件的 Toolbox 中，打开 Image Sharpening/Gram-Schmidt Pan Sharpening 工具，在 Select Low Spatial Resolution Multi Band Iuput File 中选择 Landsat ETM+多光谱影

像.img，再在 Select High Spatial Resolution Multi Band Input File 中选择 SPOT 全色影像.img 作为高分辨率影像。影像选择完成后弹出 Pan Sharpening Parameters 面板，如图 8.77 所示。

(3)在 Pan Sharpening Parameters 面板中，第一个参数为传感器类型(Sensor)，因是不同传感器间影像相互融合，所以传感器类型选择 Unknown；第二个参数设置重采样方法(Resampling)，选择三次卷积(Cubic Convolution)，输出格式可以根据需要设置为 ENVI 格式或者 TIFF 格式。

(4)选择输出路径及文件名，单击 OK 按钮执行融合处理。

(5)打开融合后的影像，查看 ViewdataMeta 可以看到多光谱图像的分辨率由原来的 30m 提高到了 10m，使用 Portal 工具叠加显示，也可以明显看到融合后的多光谱影像分辨率较融合前有较大提升，如图 8.78 所示。

图 8.78 查看融合结果

2. 相同传感器图像间的融合

相同传感器图像间的融合使用高分一号卫星搭载的全色多光谱相机拍摄的 8m 分辨率多光谱影像(高分一号多光谱影像.img)和 2m 分辨率全色影像(高分一号全色影像数据.img)。为达到更好的效果，融合方法选择 Gram-Schmidt Pansharping。下面以高分一号影像为例介绍相同传感器图像融合流程。

(1)在 ENVI 中分别打开高分一号多光谱影像.img 和高分一号全色影像数据.img。可在 View Metadata 中查看 Map Info 信息，使用 Portal 工具叠加显示，可以看到全色影像的分辨率明显高于多光谱影像的，如图 8.79 所示。

(2)在 ENVI 软件的 Toolbox 中，选择并打开 Image Sharpening/Gram-Schmidt Pan Sharpening 工具，在 Select Low Spatial Resolution Multi Band Iuput File 中选择高分一号多光谱影像.img 作为低分辨率影像，在 Select High Spatial Resolution Multi Band Iuput File 中选

择高分一号全色影像数据 .img 作为高分辨率影像，单击 OK 按钮，进入 Pan Sharpening Parameters 面板。

(3)在 Pan Sharpening Parameters 面板中，第一个参数为传感器类型(Sensor)，选择 Unknown，第二个参数设置重采样方法(Resampling)，选择三次卷积(Cubic Convolution)，输出格式可以根据需要设置为 ENVI 格式或者 TIFF 格式。

(4)选择输出路径及文件名，单击 OK 按钮执行融合处理。

(5) 打开融合后的影像，查看 ViewdataMeta 可以看到多光谱图像的分辨率提高到了 0.7m；使用 Portal 工具叠加显示融合结果，可以看到融合后的多光谱影像分辨率较融合前有较大提升，如图 8.80 所示。

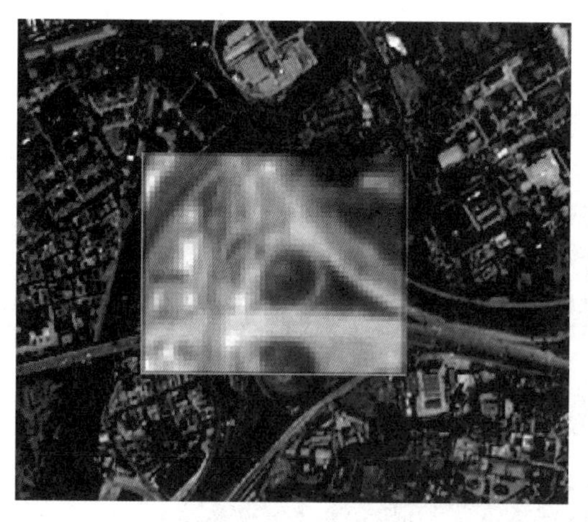

图 8.79　高分一号多光谱与全色影像叠加显示

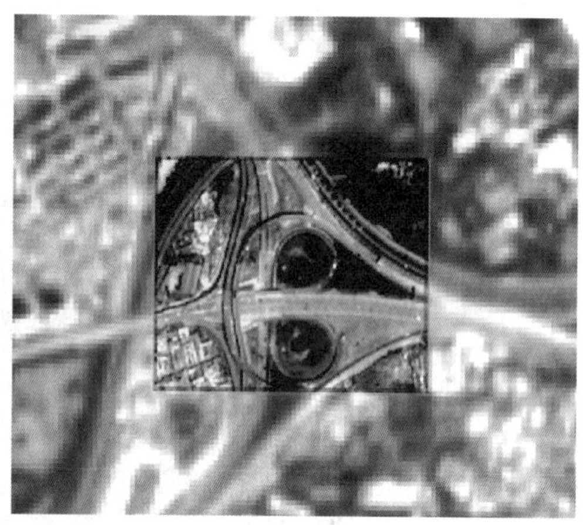

图 8.80　查看融合结果

8.2.6　图像镶嵌

图像镶嵌，是指在一定数学基础控制下将相邻的多景遥感图像拼接成一个大范围、无缝的图像的过程。ENVI 提供多种图像镶嵌工具，这些工具可提供快速方便的交互方式，将有地理坐标或没有地理坐标的两幅或两幅以上的图像镶嵌，得到一幅合成图像。

本小节将以 4 景哨兵 2 号(Sentinel-2)影像为例介绍如何在 ENVI 中进行图像镶嵌的流程方法，主要用到 ENVI 中的 Seamless Mosaic 工具和 Quick Mosaic 工具。Seamless Mosaic 工具可以控制图层的叠放顺序、设置忽略值、显示或隐藏图层或轮廓线、重新计算有效的轮廓线、选择重采样方法和输出范围，可指定输出波段和背景值，可进行颜色校正、羽化/调和以提供高级的自动生成接边线功能，也可手动编辑接边线以提供镶嵌结果的预览等。

基于 Seamless Mosaic 工具的图像镶嵌过程如下。

(1)将待镶嵌的 4 景影像加载到 ENVI 软件中(ENVI 5.6 版本以上可直接打开哨兵 2 号影像，低版本需要处理后才能打开)。

(2)在 Toolbox 工具箱中选择 Mosaic/Seamless Mosaic 工具，选择 Seamless Mosaic 面板左上方的绿色加号，选择 4 景待镶嵌的哨兵 2 号影像，如图 8.81 所示。

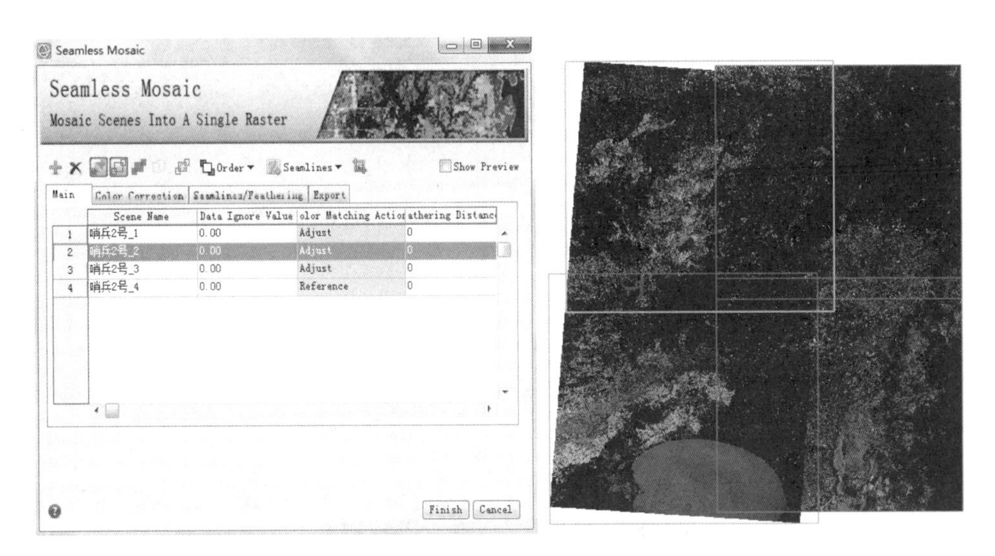

图 8.81 Seamless Mosaic 影像加载

(3)Seamless Mosaic 工具的 Main 选项卡设置。在多景影像重叠区域有背景值时，可先在 Data Ignore Value 中设置透明值，去除影像背景值，背景值的数值设定需要视实际情况而定，本例的背景值为 0。Color Matching Action 是在匀色时选择以哪景影像的色彩为基准。设置 Feathering Distance 中的数值(单位像素)，可以使镶嵌线周围若干个像素过渡自然，不产生明显的硬印。

(4)勾选 Seamless Mosaic 面板右上角的 Show Preview，可以预览每一步设置的效果，以便于及时调整参数的设置。

(5)匀色处理。在 Seamless Mosaic 面板的 Color Correction 选项卡中可以设置颜色直方图匹配(Histogram Matching)方法。该工具提供两种匹配模式，一是整景影像直方图匹配(Entire Scene)，二是重叠区直方图匹配(Overlap Area Only)，应用时可根据处理需要进行选择，如图 8.82 所示。一般想要得到整体效果好的镶嵌影像会采用整景影像直方图匹配，但是会降低处理速度。本例采用整景影像直方图匹配 Entire Scene，即在 Color Correction 选项中，勾选 Histogram Matching，再勾选 Entire Scene。

(6)在 Main 选项卡中，在 Color Matching Action 上点击右键，设置参考(Reference)影像和校正(Adjust)影像，设置完成后，最终影像的色彩将向参考影像匀色，可根据预览效果确定基准图像，如图 8.83 所示。

(7)生成镶嵌线，在 Seamless Mosaic 面板的按钮中选择 Seamlines→Auto Generate Seamlines，自动绘制接边线，首先生成 4 景影像间的镶嵌接边线，预览图如图 8.84 所示。

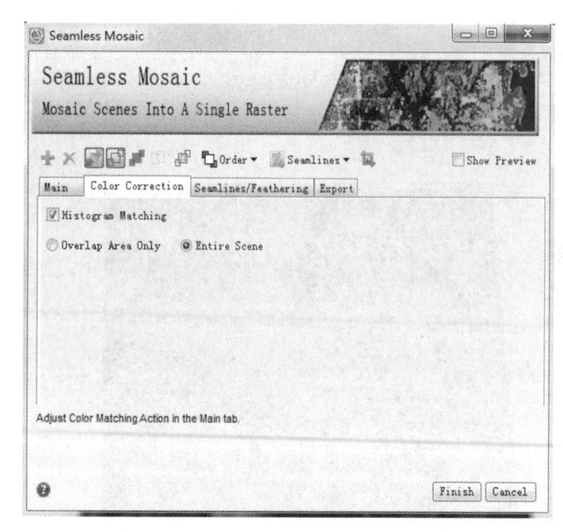

图8.82 Color Correction选项卡

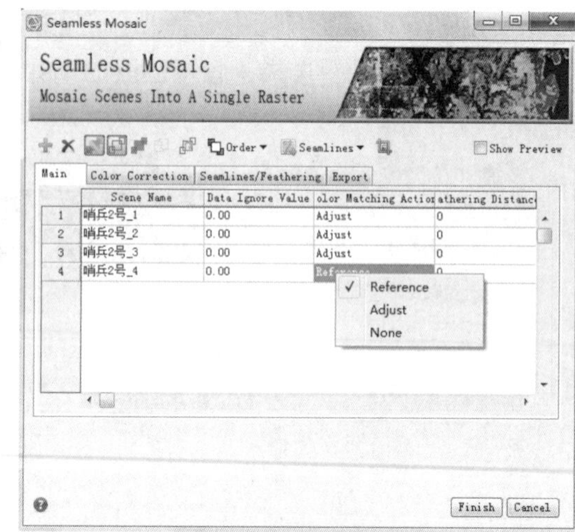

图8.83 Main选项卡

图8.84 接边线(绿色)

自动生成的接边线比较规整，可以明显看到由于颜色不同而显露的接边线。点击下拉菜单Seamlines→Start Editing Seamlines，可以编辑接边线。通过绘制多边形重新设置接边线，图8.85所示为接边线编辑示意图。在自动生成的镶嵌线的基础上手动编辑接边线的好处在于，可以去除自动生成的镶嵌线的生硬感，如横穿山脉、河流、公路、房屋等造成的地物错位。

(8)羽化设置，其可以淡化镶嵌线附近镶嵌硬印问题。羽化有三种选择：None不羽化、Edge Feathering边缘羽化、Seamline Feathering镶嵌线羽化，设置视数据要求而定。本例设置如图8.86所示。

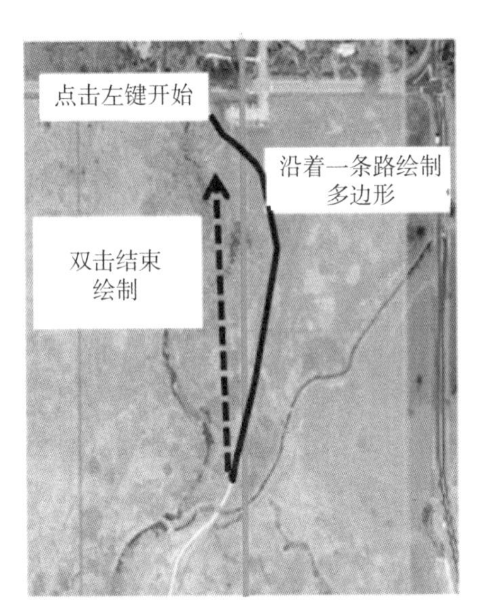

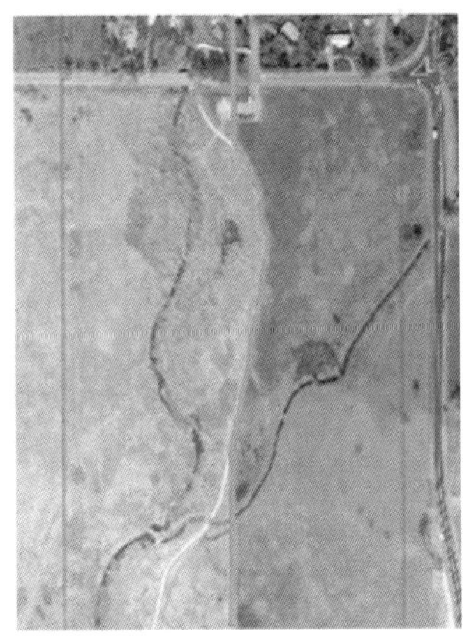

图 8.85 接边线编辑示意图(左：自动生成，右：手动编辑后)

(9) 输出结果。在 Export 面板中，设置重采样方法 Resampling Method 为 Cubic Convolution，设置背景值 Output Background Value 为 0，选择镶嵌结果的输出路径，单击 Finish 按钮执行镶嵌。结果如图 8.87 所示。

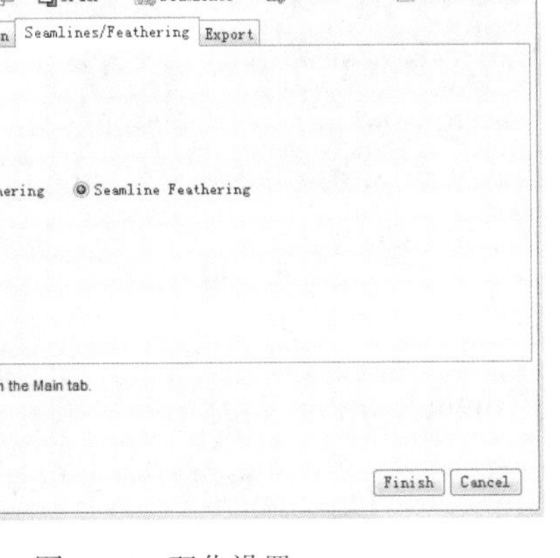

图 8.86 羽化设置

图 8.87 镶嵌结果

8.2.7 图像裁剪

在实际生产和科研工作中，人们都是对感兴趣区图像进行处理，但我们下载到的卫星影像一般范围都远大于我们的感兴趣区，为加快后续数据处理速度，一般会将非感兴趣区的图像去除，这就是图像裁剪的过程。常用的图像裁剪方法是按照行政区划边界或者自然区划边界进行图像裁剪。在测绘遥感数据生产中，最终成果都要进行标准分幅裁剪，但一般这种标准分幅产品很少使用 ENVI 去处理，常在 CASS、ERDAS 中处理。本小节主要讲解在 ENVI 中进行图像的规则裁剪、利用矢量数据进行图像的不规则裁剪。

1. 规则图像裁剪

规则图像裁剪，是指裁剪图像的边界范围是一个矩形。这个矩形范围的获取途径包括行列号、左上角和右下角两点坐标、图像文件、ROI/矢量文件。规则分幅裁剪功能在很多的处理过程中都可以启动。下面以高分一号影像为例，介绍规则图像裁剪的流程方法。

(1)在 ENVI 软件中将待裁剪的高分一号影像数据打开，如图 8.88 所示。

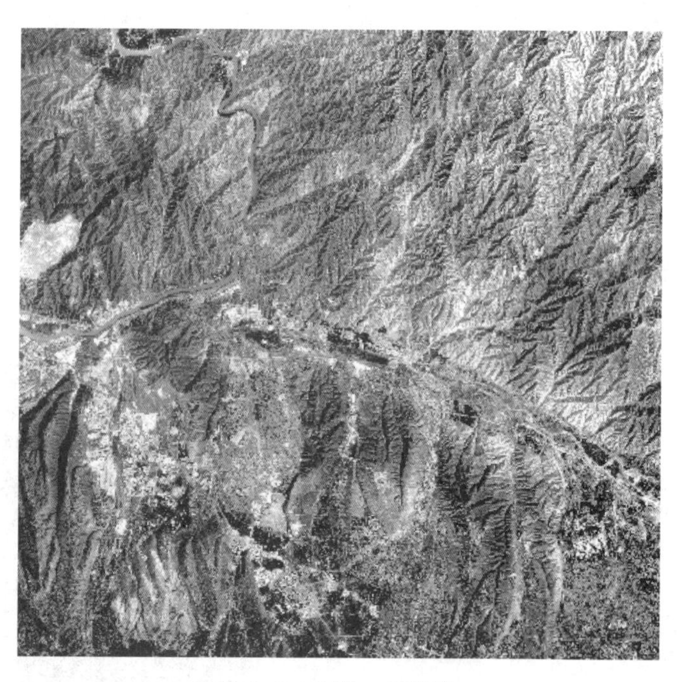

图 8.88 高分一号影像

(2)在 ENVI 软件的菜单栏中选择 File→Save as，在弹出的 File Selection 面板中选择 Spatial Subset 选项，打开右侧裁剪区域选择功能，如图 8.89 所示。

(3)Spatial Subset 提供三种裁剪方式：第一种是 Use View Extent，根据当前主窗口内可视范围确定裁剪区域，自动读取主窗口中显示的区域，红色矩形框内的范围与主窗口的范围一致；第二种是 Subset by File，可通过文件确定裁剪区域，这个文件可以是矢量的或者栅格的等；第三种是通过手动交互确定裁剪区域，可以通过输入行列数(Columns 和 Rows)确定裁剪区域，也可以按住鼠标左键拖动图像中的红色矩形框来移动以行列数确定的裁剪区域，也可以直接用鼠标左键按住红色边框拖动来确定裁剪尺寸以及位置。

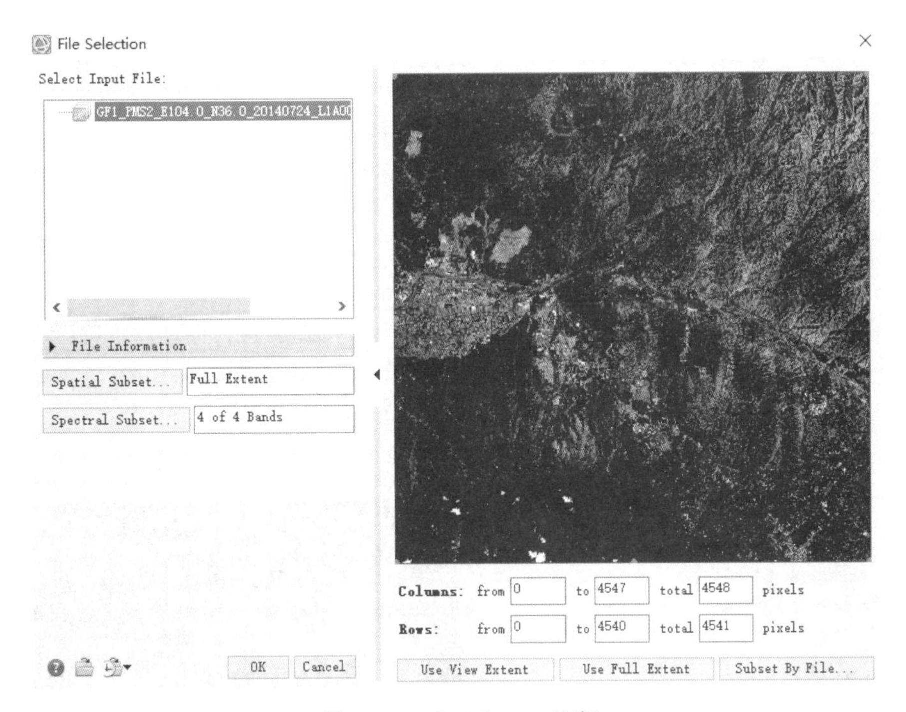

图 8.89 File Selection 面板

(4)在 File Selection 面板的 Spectral Subset 中可以根据需要选择相应的输出波段。

(5)选择输出路径及文件名，点击 OK 按钮，完成规则图像裁剪，结果如图 8.90 所示。

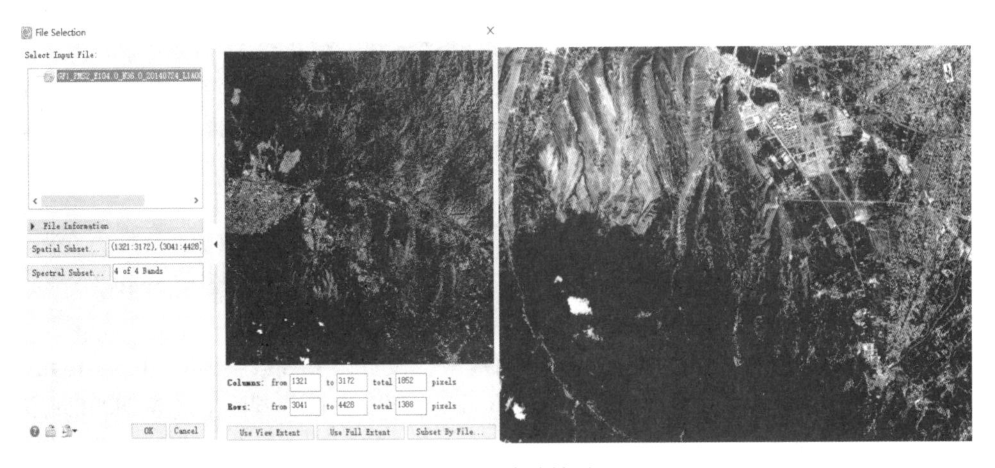

图 8.90 裁剪结果

2. 不规则图像裁剪

不规则图像裁剪有两种方式：一是利用 ROI 工具手动绘制一个完整的闭合多边形区域，绘制完成后用该多边形进行图像裁剪。另一种方式是直接导入 ENVI 支持的外部矢量进行图像裁剪。下面使用高分一号影像分别学习这两种裁剪方式的流程方法。

1)第一种方式

(1)手动绘制裁剪区，在ENVI软件中打开高分一号影像，在Layer Manager中选中高分一号影像文件，点击鼠标右键，选择New Region of Interest，打开Region of Interest (ROI) Tool面板，在此可以修改感兴趣区名称ROI Name、感兴趣区颜色ROI Color等，也可以根据需求绘制若干个多边形，当绘制多个感兴趣区时利用删减工具可以进行删减，如图8.91所示。

(2)在Region of Interest(ROI) Tool面板中点击按钮，在图像上找到感兴趣区域并绘制多边形。本例绘制了主城区作为裁剪区域，在Region of Interest(ROI) Tool面板中，选择File→Save as，可以保存绘制的多边形ROI，如图8.92所示。

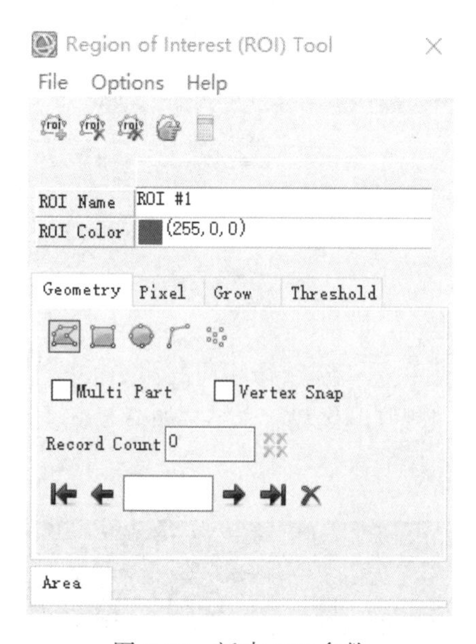

图8.91　新建ROI参数

图8.92　手动绘制的ROI

(3)在Toolbox中，打开Regions of Interest/ Subset Data from ROIs工具，在弹出的Select Input File to Subset via ROI对话框中，选择高分一号影像，打开Spatial Subset via ROI Parameters面板。

(4)在Spatial Subset via ROI Parameters面板中，设置以下参数：Select Input ROIs选择刚才绘制的矢量ROI文件，在Mask pixels output of ROI中选择Yes，将Mask Background Value背景值设置为0。

(5)选择输出路径和文件名，单击OK按钮执行图像裁剪，如图8.93所示。

(6)输出后，就可得到手绘范围大小相对应的影像，如图8.94所示。

2)第二种方式

(1)打开图像Landsat_TM影像文件，同时打开外部的矢量文件.shp数据，如图8.95所示。

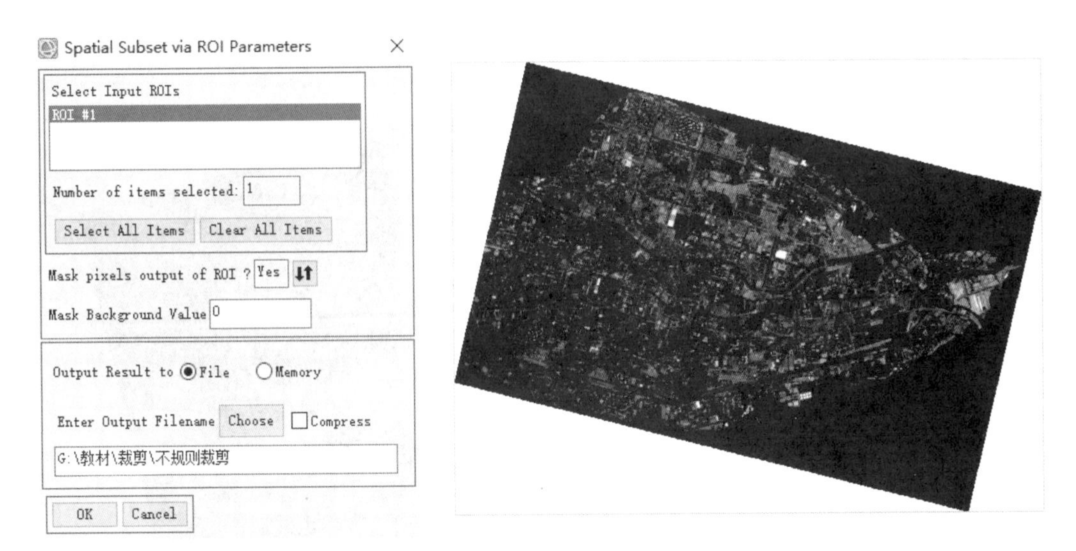

图 8.93 Spatial Subset via ROI Parameters 面板

图 8.94 裁剪结果

图 8.95 待裁剪的 TM 图像加载矢量数据显示

(2)在 Toolbox 中，打开 Regions of Interest /Subset Data from ROIs 工具，在弹出的 Select Input File to Subset via ROI 对话框中，点击 OK 按钮，打开 Spatial Subset via ROI Parameters 面板。

(3)在 Spatial Subset via ROI Parameters 面板中，设置以下参数：Select Input ROIs 选择外部矢量文件，在 Mask pixels output of ROI 中选择 Yes，将 Mask Background Value 背景值设置为 0，如图 8.96 所示。

(4)选择输出路径和文件名，单击 OK 按钮执行图像裁剪，裁剪结果如图 8.97 所示。

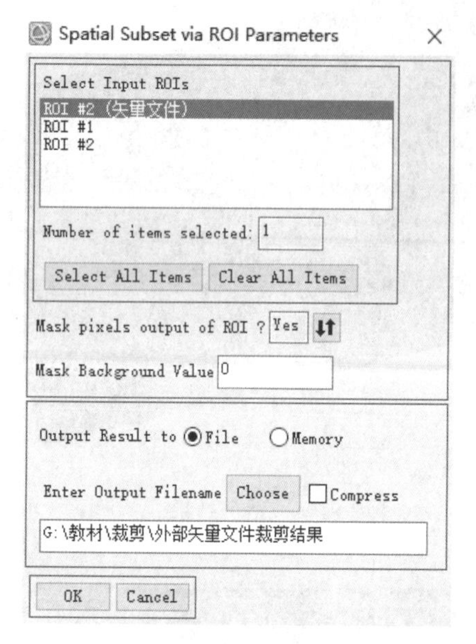

图 8.96 Spatial Subset via ROI Parameters 面板

图 8.97 裁剪结果

8.2.8 监督分类

监督分类又称训练分类法，是遥感图像分类的一种，即用被确认类别的样本像元去识别其他未知类别像元的过程。已被确认类别的样本像元是指那些位于训练区的像元。在这种分类中，首先要对遥感图像上某些样本区中影像地物的类别属性有先验知识，然后分析者在图像上对每一种类别选取一定数量的训练区，计算机计算每种训练样本区的统计信息或其他信息，每个像元和训练样本做比较，同时用这些种子类别对判决函数进行训练，按照不同规则将其划分到和其最相似的样本类。监督分类的基本步骤是选择训练样本和提取统计信息，以及选择分类算法。

遥感影像的监督分类一般包括以下 6 个步骤，如图 8.98 所示。

本节以 Landsat TM5 影像为数据源，学习如何在 ENVI 中进行监督分类来获取土地利用分类图。

1. 类别定义/特征判别

若想对一幅影像进行分类，首先要根据分类目的、影像数据自身的特征、野外调查的先验知识、分类区收集的信息确定其分类系统；对影像进行特征判断，评价图像质量，决定是否需要进行影像增强等预处理。这个过程主要是一个目视解译的过程，仔细程度决定了后续样本选择的精确性。

启动 ENVI 5.1 软件，打开待分类 Landsat TM5 影像数据，打开影像后首先需要通过目视的方法确定分类系统，根据目视结果可以判断示例影像中可分的类别为林地、灌木、

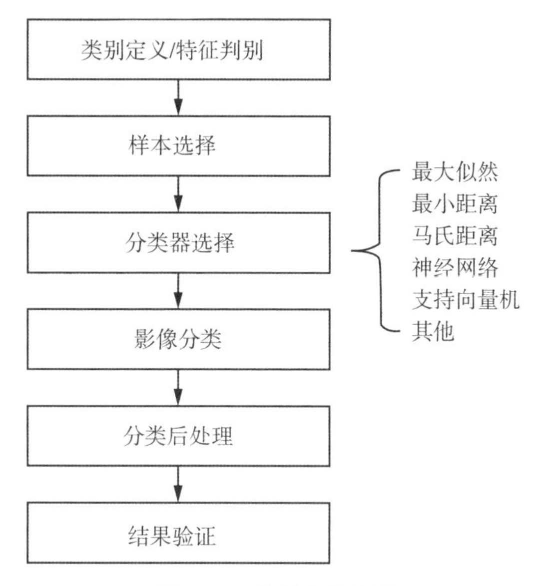

图 8.98 监督分类步骤

耕地、裸地、沙地、阴影，如图 8.99 所示。

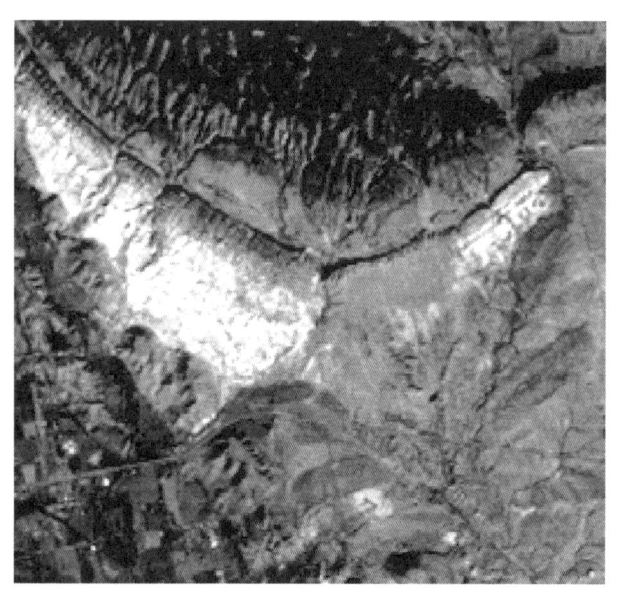

图 8.99 待分类影像

2. 样本选择

(1)确定好分类系统后，进入图层管理器 Layer Manager，在待分类 Landsat TM5 影像图层上点击右键，选择 New Region of Interest，弹出样本选择工具 Region of Interest(ROI)

Tool 面板，6 类地物的训练样本可通过该面板选出。在 Region of Interest(ROI) Tool 面板上，以裸地的样本选择为例，对面板中的参数做以下修改：ROI Name 设置为裸地，ROI Color 设置为棕色(颜色可根据需求而定)，Geometry 可以设置以何种方式选择样本，本例使用多边形，如图 8.100 所示。

图 8.100　在 Region of Interest(ROI) Tool 面板上设置样本参数

设置好后就可以在影像上目视判定为裸地区域的地方点击鼠标左键，开始绘制多边形样本，当绘制完成一个多边形样本后，双击鼠标左键或者点击鼠标右键，选择 Complete and Accept Polygon，重复上述操作方法，根据图像的实际情况在图像上均匀绘制裸地样本，全部绘制完成后裸地的训练样本就选择完成了。

绘制样本过程中要对某个样本进行编辑修改或者删除，可将鼠标移到样本上点击右键，选择 Edit Record 是修改样本，点击 Delete Record 是删除样本。如果 Region of Interest (ROI)Tool 面板关闭了，就需要在图层管理器 Layer Manager 上双击某一类样本，这样就回到上次关闭时的样本选择界面，建议选择样本时及时保存。

与裸地样本选择的流程一样，分别选择林地、灌木、耕地、沙地、阴影五类样本，每类地物选择时需在目录栏 Landsat TM5 影像上点击右键，选择新建 New ROI，也可在 Region of Interest(ROI) Tool 面板上选择新建工具。6 类地物样本分布，如图 8.101 所示。

(2)在执行分类前，需要评价样本选择质量，样本质量可以通过计算样本的可分离性来判断。在 Region of Interest(ROI) Tool 面板上，选择 Option→Compute ROI Separability，在 Choose ROIs 面板，点击 Select All Items 执行计算。各样本间的可分离性由两个参数共同决定，即 Jeffries-Matusita 和 Transformed Divergence，这两个参数的值在 0~2.0 之间。大于 1.8 说明样本之间可分离性好，属于合格样本；小于 1.8，需要编辑样本或者重新选择样本。样本可分离性计算报表如图 8.102 所示。

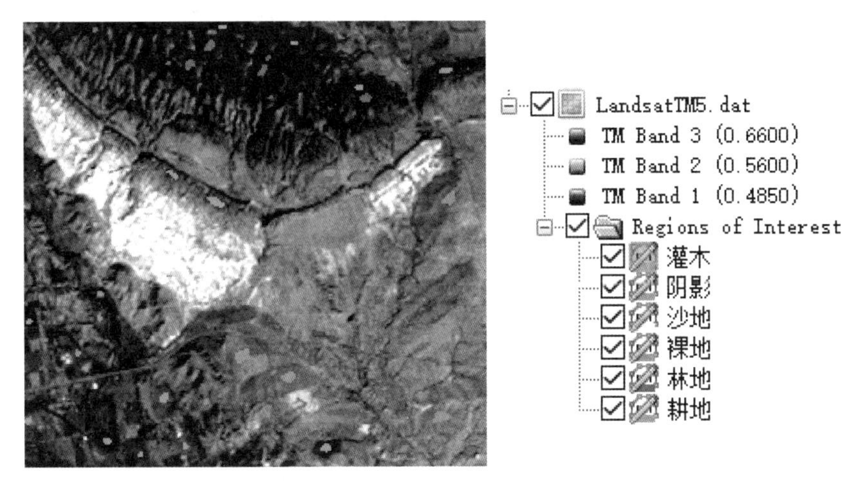

图 8.101　训练样本的选择

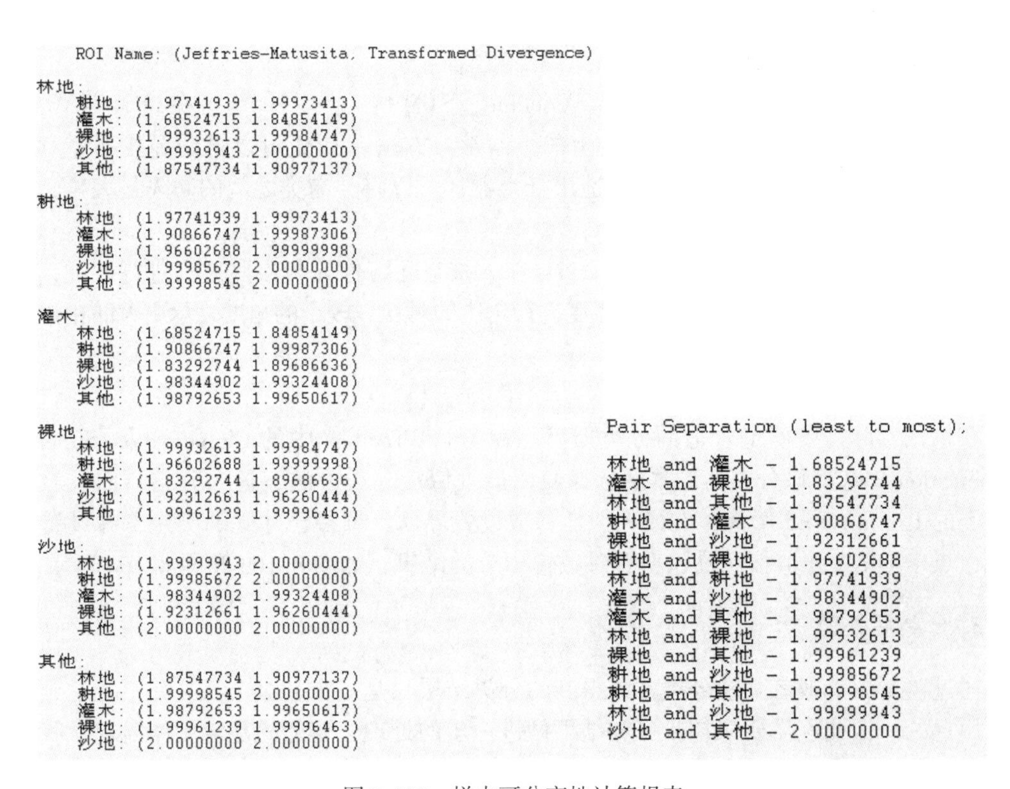

ROI Name: (Jeffries-Matusita, Transformed Divergence)

林地:
耕地: (1.97741939 1.99973413)
灌木: (1.68524715 1.84854149)
裸地: (1.99932613 1.99984747)
沙地: (1.99999943 2.00000000)
其他: (1.87547734 1.90977137)

耕地:
林地: (1.97741939 1.99973413)
灌木: (1.90866747 1.99987306)
裸地: (1.96602688 1.99999998)
沙地: (1.99985672 2.00000000)
其他: (1.99998545 2.00000000)

灌木:
林地: (1.68524715 1.84854149)
耕地: (1.90866747 1.99987306)
裸地: (1.83292744 1.89686636)
沙地: (1.98344902 1.99324408)
其他: (1.98792653 1.99650617)

裸地:
林地: (1.99932613 1.99984747)
耕地: (1.96602688 1.99999998)
灌木: (1.83292744 1.89686636)
沙地: (1.92312661 1.96260444)
其他: (1.99961239 1.99996463)

沙地:
林地: (1.99999943 2.00000000)
耕地: (1.99985672 2.00000000)
灌木: (1.98344902 1.99324408)
裸地: (1.92312661 1.96260444)
其他: (2.00000000 2.00000000)

其他:
林地: (1.87547734 1.90977137)
耕地: (1.99998545 2.00000000)
灌木: (1.98792653 1.99650617)
裸地: (1.99961239 1.99996463)
沙地: (2.00000000 2.00000000)

Pair Separation (least to most);

林地 and 灌木 - 1.68524715
灌木 and 裸地 - 1.83292744
林地 and 其他 - 1.87547734
耕地 and 灌木 - 1.90866747
裸地 and 沙地 - 1.92312661
耕地 and 裸地 - 1.96602688
林地 and 耕地 - 1.97741939
灌木 and 沙地 - 1.98344902
灌木 and 其他 - 1.98792653
林地 and 裸地 - 1.99932613
裸地 and 其他 - 1.99961239
耕地 and 沙地 - 1.99985672
耕地 and 其他 - 1.99998545
林地 and 沙地 - 1.99999943
沙地 and 其他 - 2.00000000

图 8.102　样本可分离性计算报表

(3)在图层管理器中选择 Region of Interest 可以将选好的训练样本保存为 .xml 格式。

3. 分类器选择

根据分类的复杂度、精度需求等确定使用哪一种分类器。目前 ENVI 的监督分类可分为基于传统统计分析学的(包括平行六面体、最小距离、马氏距离、最大似然)、基于神经网络的、基于模式识别的(包括支持向量机、模糊分类等)、针对高光谱的(有波谱角、光谱信息散度、二进制编码)。下面是几种分类器的简单描述。

平行六面体(Parallelepiped)：根据训练样本的亮度值形成一个 n 维的平行六面体数据空间，其他像元的光谱值如果落在平行六面体任何一个训练样本所对应的区域，就被划分到其对应的类别中。

最小距离(Minimum Distance)：利用训练样本数据计算出每一类的均值向量和标准差向量，然后以均值向量作为该类在特征空间中的中心位置，计算输入图像中每个像元到各类中心的距离，到哪一类中心的距离最小，该像元就归入哪一类。

马氏距离(Mahalanobis Distance)：计算输入图像到各训练样本的协方差距离(一种有效的计算两个未知样本集的相似度的方法)，最终技术协方差距离最小的，即为此类别。

最大似然(Maximum Likelihood)：假设每一个波段的每一类统计都呈正态分布，计算给定像元属于某一训练样本的似然度，像元最终被归并到似然度最大的一类当中。

神经网络(Neural Net)：用计算机模拟人脑的结构，用许多小的处理单元模拟生物的神经元，用算法实现人脑的识别、记忆、思考过程。

支持向量机分类(Support Vector Machine，SVM)：是一种建立在统计学习理论(Statistical Learning Theory，SLT)基础上的机器学习方法。SVM可以自动寻找那些对分类有较大区分能力的支持向量，由此构造出分类器，可以将类与类之间的间隔最大化，因而有较好的推广性和较高的分类准确率。

波谱角(Spectral Angle Mapper，SAM)：在 n 维空间将像元与参照波谱进行匹配，计算波谱间的相似度，之后对波谱之间相似度进行角度的对比，较小的角度表示更大的相似度。

4. 影像分类

在根据实际需要确定合适的分类器后，在ENVI Toolbox中的Classification/Supervised Classification中选择该分类器。本例选择使用最大似然分类方法，进入分类器面板后选择待分类的Landsat TM5影像，在最大似然参数设置界面，选择已建立的类别，并设置输出路径，点击OK按钮，按照默认设置参数输出分类结果，如图8.103和图8.104所示。

5. 分类后处理

通过监督分类或者其他分类方法得到的分类结果只是一个初级产品，并不能达到最终的应用目的。因此，需要对初步分类结果做进一步的处理，才能满足应用的需求，我们把这个过程称为分类后处理。常用分类后处理包括更改分类颜色、分类统计分析、小斑点处理、栅格与矢量转换等操作。分类后处理需要用到ENVI软件Toolbox中的Post Classification工具。

1)小斑块去除

应用监督分类或者非监督分类以及决策树分类时，分类结果中不可避免地会产生一些面积很小的图斑。无论从专题制图的角度，还是从实际应用的角度，都有必要对这些小图斑进行剔除或重新分类，目前常用的方法有主要/次要(Majority/Minority)分析、聚类处理

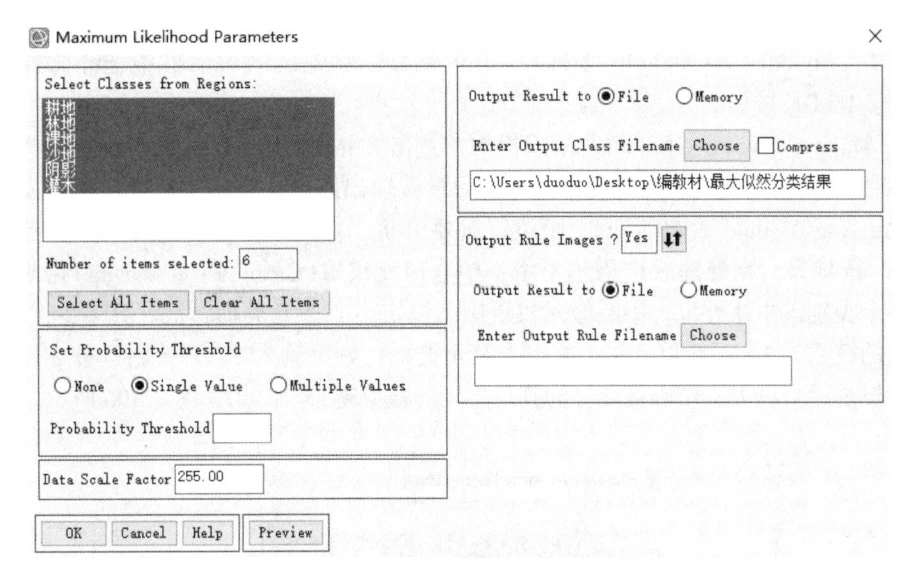

图 8.103　最大似然分类器参数设置

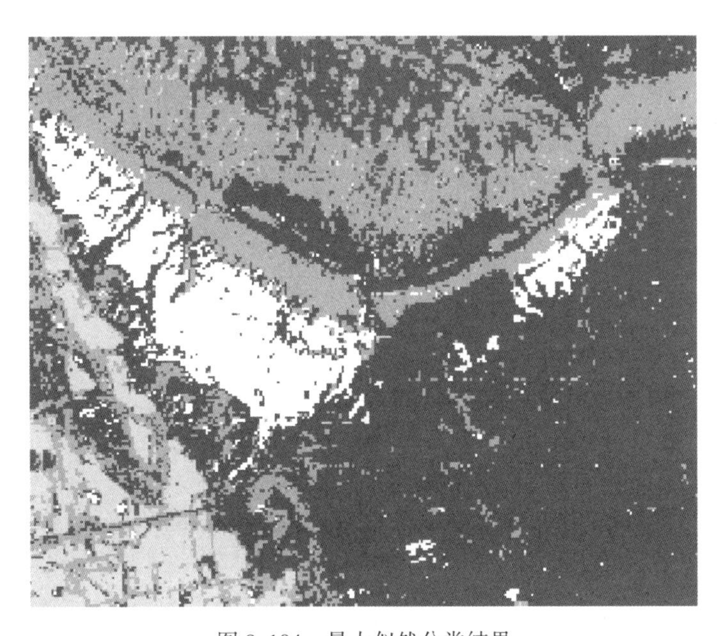

图 8.104　最大似然分类结果

(Clump)和过滤处理(Sieve)。

(1)Majority/Minority 分析。

Majority/Minority 分析采用类似于卷积滤波的方法将较大类别中的虚假像元归到该类中，定义一个变换核尺寸，主要分析(Majority Analysis)用变换核中占主要地位(像元数最多)的像元类别代替中心像元的类别。如果使用次要分析(Minority Analysis)，将用变换核中占次要地位的像元的类别代替中心像元的类别。接下来介绍详细操作流程。

①在分类结果的基础上在 ENVI 软件 Toolbox 中找到 Classification/Post Classification/Majority/Minority Analysis Majority/Minority 分析工具，在弹出的对话框中选择监督分类结果图像，点击 OK 按钮。

②在 Majority/Minority Parameters 面板中，点击 Select All Items，选中所有的类别，其他参数按照默认即可，如图 8.105 所示。然后设置输出路径，点击 OK 按钮执行操作。如果选择 Analysis Method 为 Minority，则执行次要分析；Kernel Size 为核的大小，必须为奇数×奇数，核越大，则处理后结果越平滑；中心像元权重(Center Pixel Weight)用来判定变换核中哪个类别占主体地位，中心像元权重用于设定中心像元类别将被计算多少次。例如：如果输入的权重为 1，系统仅计算 1 次中心像元类别；如果输入 5，系统将计算 5 次中心像元类别。权重设置越大，中心像元分为其他类别的概率越小。结果如图 8.106 所示。

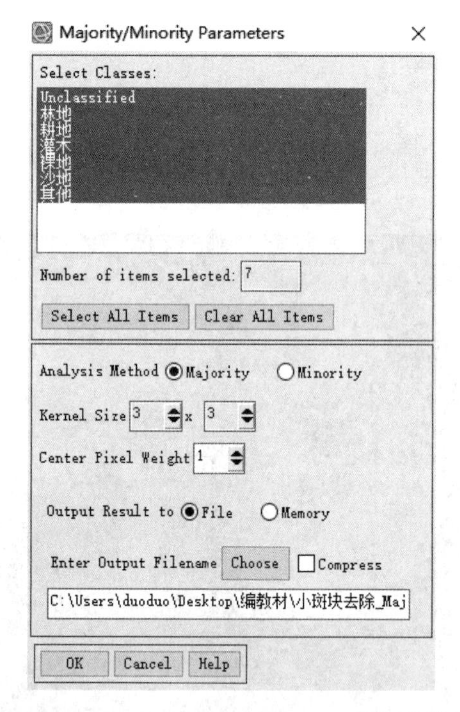

图 8.105　Majority/Minority Parameters 面板参数设置

(2)聚类处理(Clump)。

①在分类结果的基础上，在 ENVI 软件 Toolbox 中找到 Classification/Post Classification/Clump Classes 工具，在弹出的对话框中选择分类后的结果，点击 OK 按钮。

②在 Clump Parameters 面板中点击 Select All Items 选中所有的类别，Operator SizeRows 和 Cols 为数学形态学算子的核大小，必须为奇数，设置的值越大，效果越明显。选择输出路径，结果如图 8.107 所示。

(3)过滤处理(Sieve)。

过滤处理解决分类图像中出现的孤岛问题。过滤处理使用斑点分组方法来消除这些被

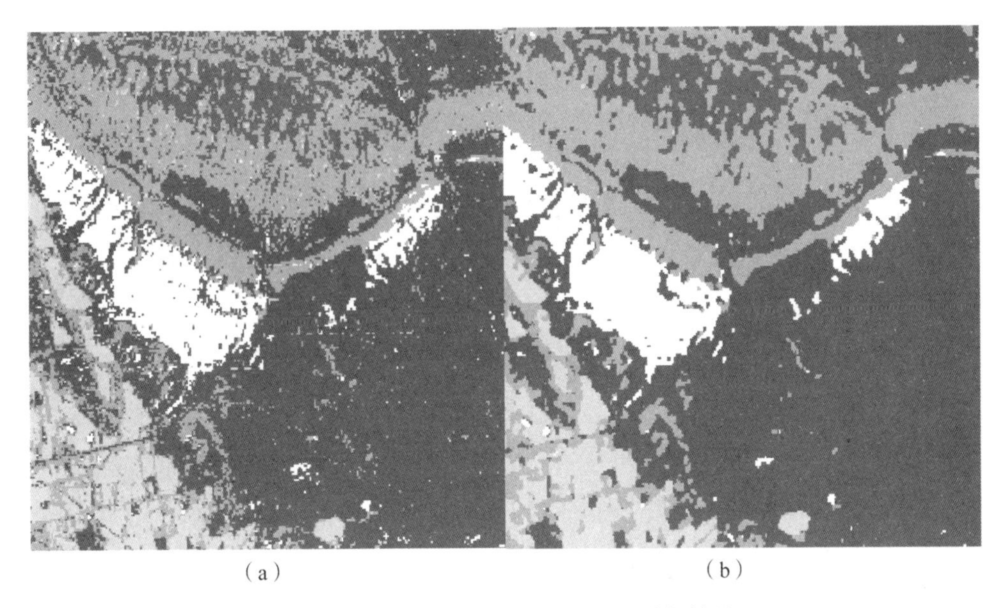

(a) (b)

图 8.106 原始分类结果(a)和 Majority 分析结果(b)

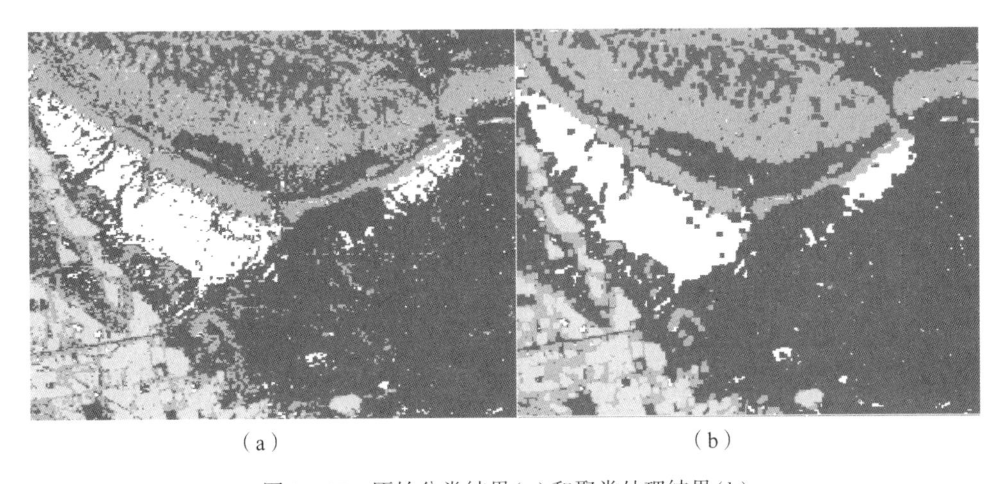

(a) (b)

图 8.107 原始分类结果(a)和聚类处理结果(b)

隔离的分类像元。类别筛选方法通过分析周围的 4 个或 8 个像元，判定一个像元是否与周围的像元同组。如果一类中被分析的像元数小于输入的阈值，这些像元就被从该类中删除，删除的像元归为未分类的像元(Unclassified)。下面介绍详细操作流程。

①在分类结果的基础上在 Toolbox 中找到 Classification/Post Classification/Sieve Classes 工具，在弹出的对话框中选择分类结果，点击 OK 按钮。

②在 Sieve Parameters 面板中点击 Select All Items 选中所有的类别，将 Group Min Threshold 设置为 5，过滤阈值(Group Min Threshold)会将一组中小于该数值的像元从相应类别中删除，归为未分类(Unclassified)；聚类邻域大小(Number of Neighbors)可选四连通域或八连通域，分别表示使用中心像元周围 4 个或 8 个像元进行统计。然后点击 Choose

按钮设置输出路径，点击 OK 按钮执行操作。

③查看结果，如图 8.108 所示，可以看到原始分类结果的碎斑归为背景类别中，更加平滑。

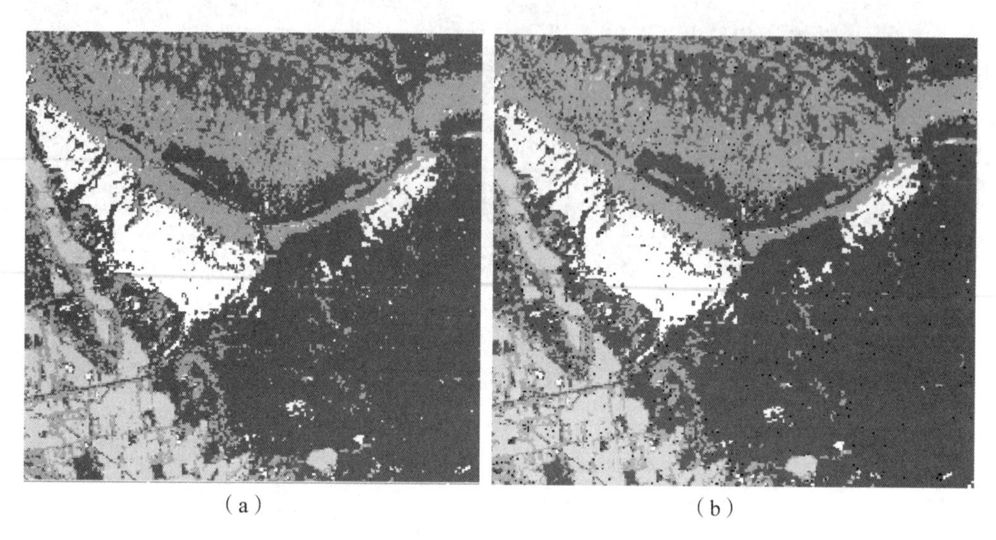

（a）　　　　（b）

图 8.108　原始分类结果(a)和过滤处理结果(b)

2)分类统计

分类完成后，在 ENVI 软件中可以对分类结果做分类统计。分类统计可以基于分类结果计算相关输入文件的统计信息。计算分类结果图像中的信息，该统计功能包含三种统计类型：

基本统计可以统计的分类信息包括所有波段的最小值、最大值、均值和标准差，若该文件是多波段的，还包括特征值。

直方图统计：生成一个关于频率分布的统计直方图，列出图像直方图(如果直方图的灰度小于或等于 256)中每个 DN 值的 Npts(点的数量)、Total(累积点的数量)、Pct(每个灰度值的百分比)和 Acc Pct(累积百分比)。

协方差统计：协方差统计信息包括协方差矩阵和相关系数矩阵以及特征值和特征向量，当选择这一项时，还可以将协方差结果输出为图像。

接下来以本例演示如何在 ENVI 软件中进行分类统计。

(1)在 ENVI 软件中打开原始影像和分类结果影像，在 ENVI 中的 Toolbox 中选择 Classification/Post Classification/Class Statistics 分类统计工具，在弹出的对话框中选择分类结果影像，点击 OK 按钮。

(2)在 Statistics Input File 面板中选择原始影像“LandsatTM5 影像 . dat”，点击 OK 按钮。

(3)在弹出的 Class Selection 面板中，可以根据需要只选择分类列表中的一个或多个类别进行统计，或者点击 Select All Items 统计所有分类的信息，点击 OK 按钮。

(4)在 Compute Statistics Parameters 面板中可以设置统计信息，Basic Stats 是基本统计，Histograms 是直方图统计，Covariance 是协方差统计，同时协方差统计还可生成图像，三种统计方式可根据需要进行勾选。

统计结果有三种输出方式：输出到屏幕显示(Output to the Screen)、生成一个统计文件(.sta)和生成一个文本文件。本例按照图 8.109 所示参数进行设置，点击 Report Precision 按钮可以设置输入精度，设置完成后点击 OK 按钮，执行统计。

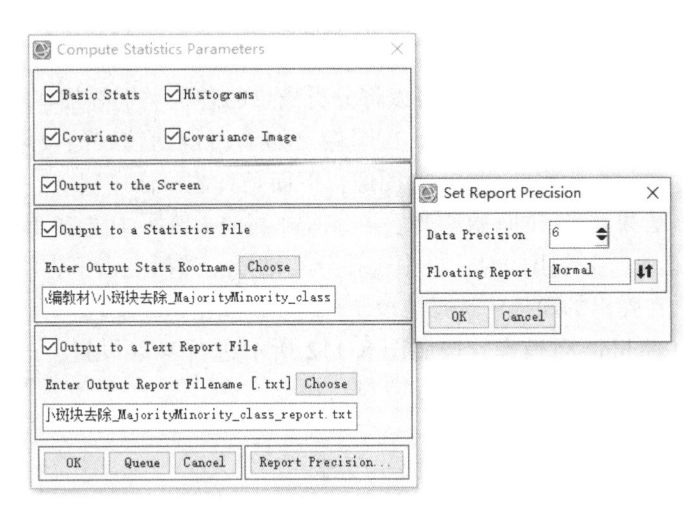

图 8.109 统计结果参数设置面板

统计结束后会显示统计结果的窗口，统计结果以图形和列表形式表示，如图 8.110 所示。

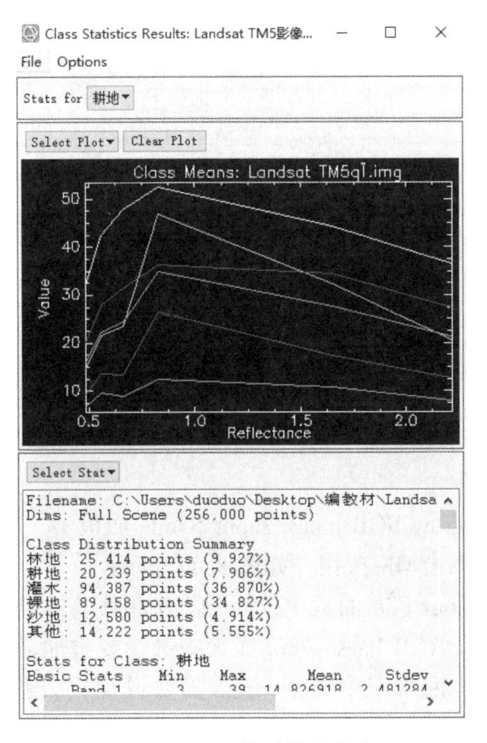

图 8.110 显示统计结果的窗口

列表中显示分类结果中各个类别的像元数、占百分比等统计信息。点击 Select Plot 可选择图形绘制的对象，如基本统计信息、标准差、直方图等。点击 Stats for 选择分类结果中的类别，在列表中显示类别对应输入图像文件 DN 值的统计信息，如协方差、相关系数、特征向量等信息。

3)分类叠加

分类叠加(Overlay Classes)功能，可以将分类结果的各种类别叠加在一幅 RGB 彩色合成图或者灰度图像上，从而生成一幅 RGB 图像。如果想得到较好的效果，在叠加之前，背景图像经过拉伸并保存为字节型(8bit)图像，下面是具体操作过程。

(1)打开分类结果影像和原始影像，在 ENVI 的 Toolbox 中选择 RasterManagement/Stretch Data 拉伸工具，在弹出的对话框中选择分类结果，然后点击下方的 Spectral Subset，如图 8.111 所示，在弹出的面板中选择波段 1、2、3，点击 OK 按钮。

(2)在 Data Stretching 面板中，按照图 8.112 所示进行参数设置，选择好输出路径，点击 OK 按钮即可。

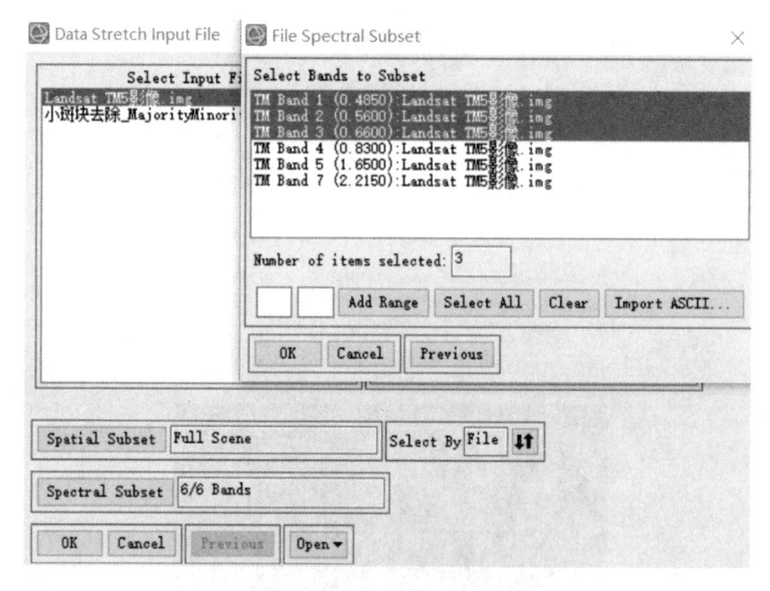

图 8.111　设置拉伸对象

(3)在 Toolbox 中打开分类叠加工具，路径为 Toolbox→Classification→Post Classification→Overlay Classes。

(4)在打开的 Input Overlay RGB Image Input Bands 面板中，R、G、B 分别选择拉伸结果波段的 Band 3、2、1，点击 OK 按钮，如图 8.113 所示。

(5) 在 Classification Input File 面板中选择分类结果图像，点击 OK 按钮。

(6) 在 Class Overlay to RGB Parameters 面板中选择要叠加显示的类别，如图 8.114 所示，这里选择林地、耕地、灌木三个类别(根据需要设置)，设置输出路径，点击 OK 按钮即可。

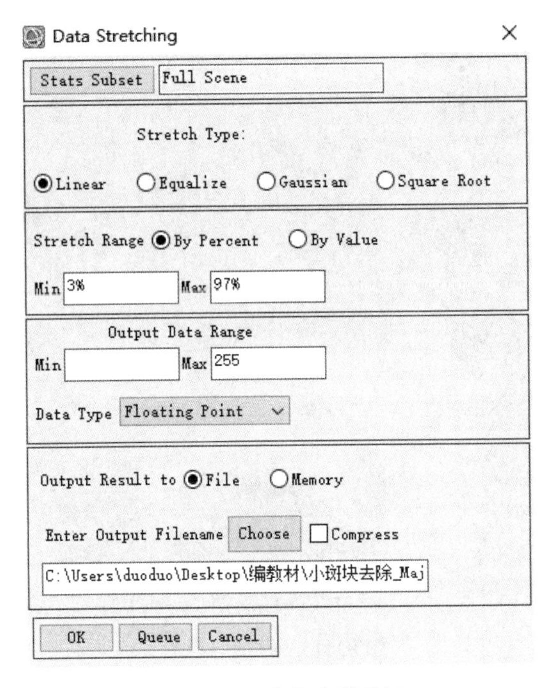

图 8.112　拉伸参数设置

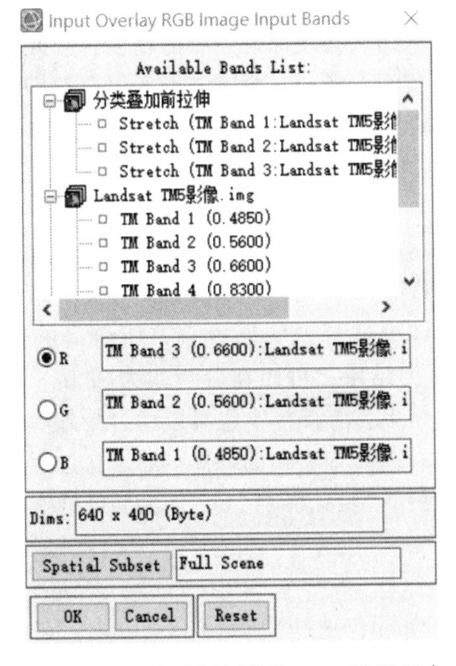

图 8.113　选择背景图像的 RGB 波段组合

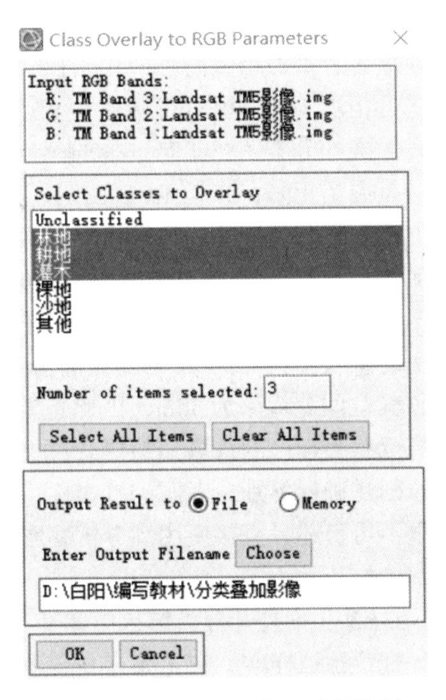

图 8.114　选择要叠加显示的类别

(7) 查看叠加结果，如图 8.115 所示。

(8)可以通过主菜单 File→Save as 将叠加影像结果转换为 TIFF 格式，这样使用普通

图 8.115　叠加效果

图片查看器便可以进行浏览，并保持了背景拉伸效果与原始类别颜色。

4)精度评价

为使监督分类的结果能够应用于社会生产，其结果必须保证一定的精度，因此要对分类结果进行精度验证。要进行精度验证必须有真实的参考源。真实参考源可以使用两种方式：一是标准的分类图；二是选择的感兴趣区(验证样本区)。常用的精度评价的方法有两种：一是混淆矩阵；二是 ROC 曲线。其中，比较常用的为混淆矩阵，ROC 曲线可以用图形的方式表达分类精度，比较形象。两种方式的选择都可以通过以下工具实现：

在 ENVI 软件 Toolbox 中选择 /Classification/Post Classification/Confusion Matrix Using 和 ROC Curves Using 。本例使用混淆矩阵进行精度验证。

真实的感兴趣区参考源可以在高分辨率影像上选择，例如本小节所分类的影像为 Landsat，其空间分辨率为 30m，因此想要验证分类结果，可以在分辨率为 2.5m 的 SOPT 影像中进行感兴趣区的选取，想要获得更精确的结果，验证样本也可以通过野外实地调查获取，原则是确保类别参考源的真实性。验证样本选择方法和训练样本的选择过程是一样的，这里不再赘述。直接使用高分辨率影像上采集的"验证样本 .roi"作为验证样本。下面介绍详细操作步骤。

(1)在 ENVI 中打开分类结果影像。

(2) 打开验证样本，在主菜单中选择 File→Open，选择"验证样本 .roi"，在弹出的 File Selection 对话框中选择"分类结果 . dat"，点击 OK 按钮，如图 8.116 所示。

(3) 在 ENVI 软件的 Toolbox 中选择混淆矩阵计算工具 Toolbox/Classification/Post Classification/Confusion Matrix Using Ground Truth ROIs，在弹出的面板中选择"分类结果 . dat"，点击 OK 按钮。

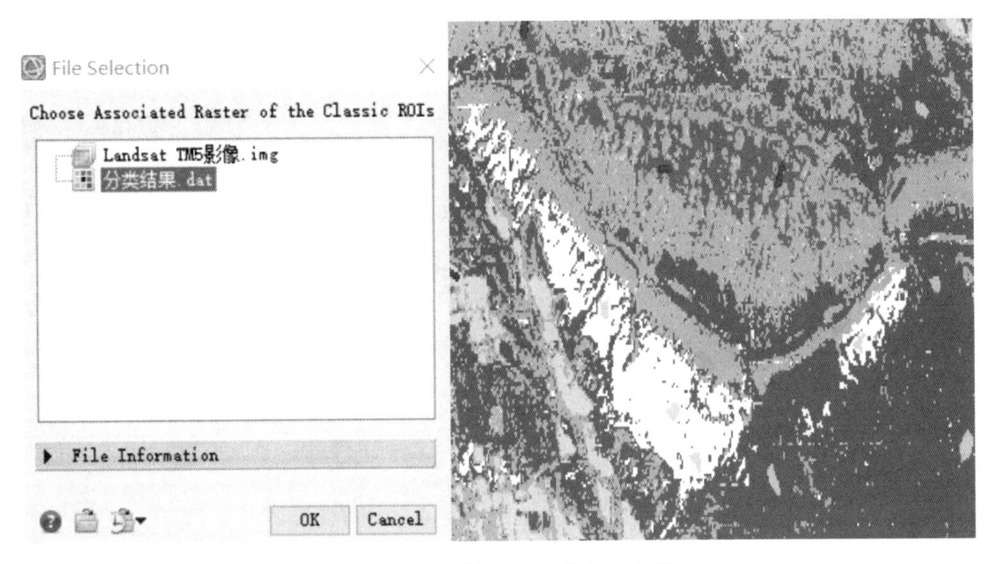

图 8.116 选择与 ROI 绑定的文件

(4)软件会根据分类代码自动匹配，如不正确可以手动更改，如图 8.117(a)所示。点击 OK 按钮后选择混淆矩阵显示风格、像素和百分比，如图 8.117(b)所示。

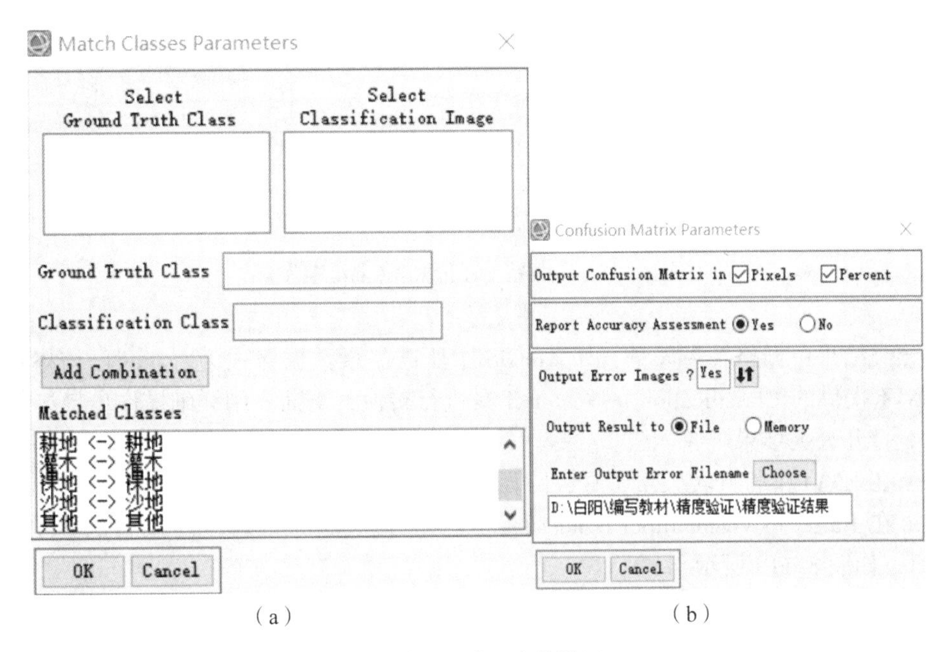

图 8.117 验证参数设置

(5) 点击 OK 按钮，就可以得到精度报表，如图 8.118 所示。

5)分类结果转矢量

当上述步骤均已正确地处理完成后，为了后续在其他制图软件中做出精美的分类图，

Overall Accuracy = (2294/2346) 97.7835%
Kappa Coefficient = 0.9731

Ground Truth (Pixels)

Class	林地	草地	耕地	沙地	裸地
Unclassified	0	0	0	0	0
林地	419	7	0	0	0
草地	0	360	0	0	23
耕地	0	0	464	0	0
沙地	0	0	1	251	0
裸地	0	16	0	0	519
其他	0	0	0	0	0
Total	419	383	465	251	542

Ground Truth (Pixels)

Class	其他	Total
Unclassified	0	0
林地	4	430
草地	1	384
耕地	0	464
沙地	0	252
裸地	0	535
其他	281	281
Total	286	2346

Ground Truth (Percent)

Class	林地	草地	耕地	沙地	裸地
Unclassified	0.00	0.00	0.00	0.00	0.00
林地	100.00	1.83	0.00	0.00	0.00
草地	0.00	93.99	0.00	0.00	4.24
耕地	0.00	0.00	99.78	0.00	0.00
沙地	0.00	0.00	0.22	100.00	0.00
裸地	0.00	4.18	0.00	0.00	95.76
其他	0.00	0.00	0.00	0.00	0.00
Total	100.00	100.00	100.00	100.00	100.00

Ground Truth (Percent)

Class	其他	Total
Unclassified	0.00	0.00
林地	1.40	18.33
草地	0.35	16.37
耕地	0.00	19.78
沙地	0.00	10.74
裸地	0.00	22.80
其他	98.25	11.98
Total	100.00	100.00

图 8.118　分类精度评价报表(混淆矩阵)

需要将分类结果由栅格转为矢量，如 ArcGIS 中所需矢量数据格式为“.shp”，该格式可以利用 ENVI 提供的 Classification to Vector 工具进行转换，下面介绍详细操作步骤。

(1) 打开分类结果影像。

(2) 在 ENVI 中打开转矢量工具，路径为 Toolbox/Vector/Raster to Vector。

(3) 在 Raster to Vector Input Band 面板中选择“最大似然分类结果”文件的波段，点击 OK 按钮，如图 8.119 所示。

(4)在 Raster to Vector Parameters 面板中设置矢量输出参数。选择想要输出为矢量的类别，如图 8.120 所示，这里全部选择，设置输出路径，点击 OK 按钮即可。

注：Output 可选 Single Layer 和 One Layer per Class 两种情况。如果选择 Single Layer，则所有的类别均输出到一个 evf 矢量文件中；如果选择 One Layer per Class，则每一个类别均输出到一个单独的 evf 矢量文件中。

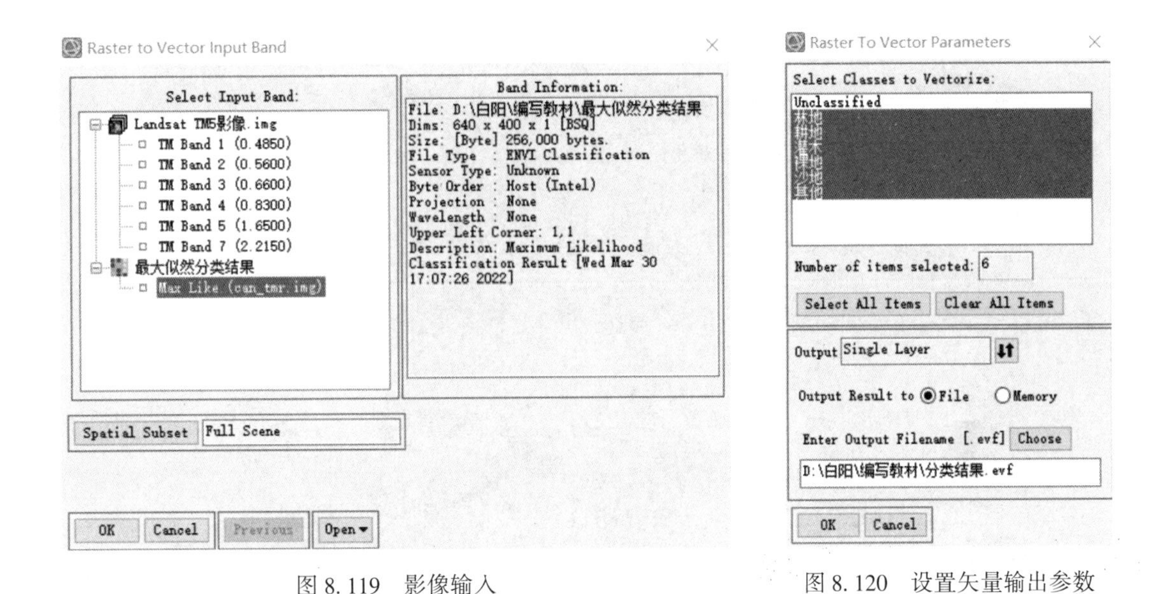

图 8.119　影像输入　　　　图 8.120　设置矢量输出参数

(5)查看输出结果。打开刚才生成的“分类结果 .evf ”文件，并加载到视图中。可以在图层列表右键点击矢量文件名，如图 8.120 所示，选择 Properties，在弹出的面板中可以根据 Class_Name 修改不同类别的颜色，如图 8.121 右所示，颜色根据需要自行设定，点击 OK 按钮，最终效果如图 8.122 所示。

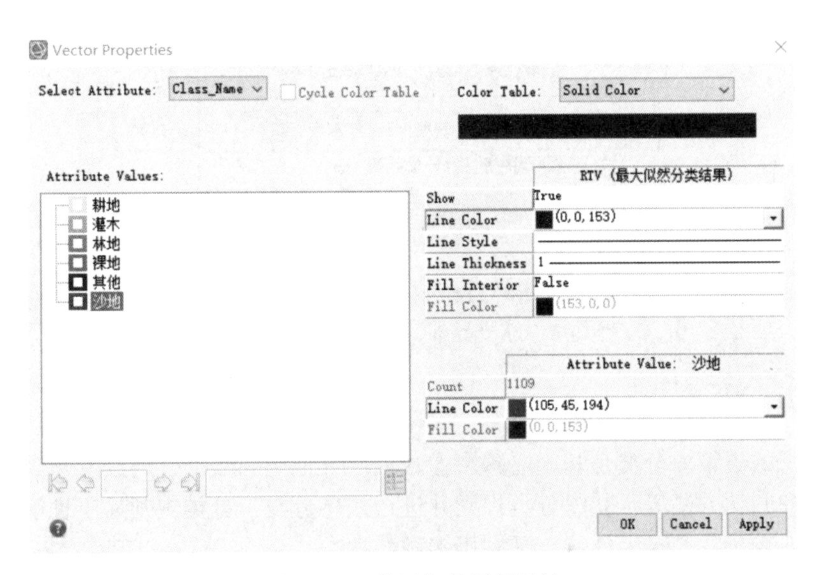

图 8.121　设置矢量图层属性

(6)如果想要能够在 ArcGIS 等制图软件中打开，还需要将“分类结果 .evf”转换为“分类结果 .shp”，如图 8.123 所示，方法是在 ENVI 的 Toolbox 中选择/Vector/Classic EVF to

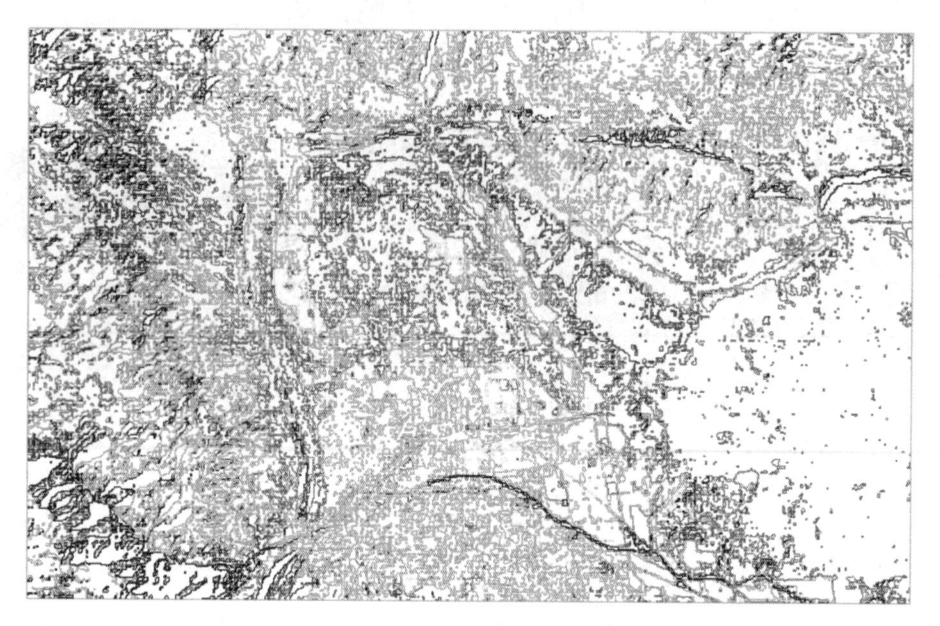

图 8.122　矢量显示最终效果

Shapefile。转换成功后就可以在制图软件中制作土地利用专题图。

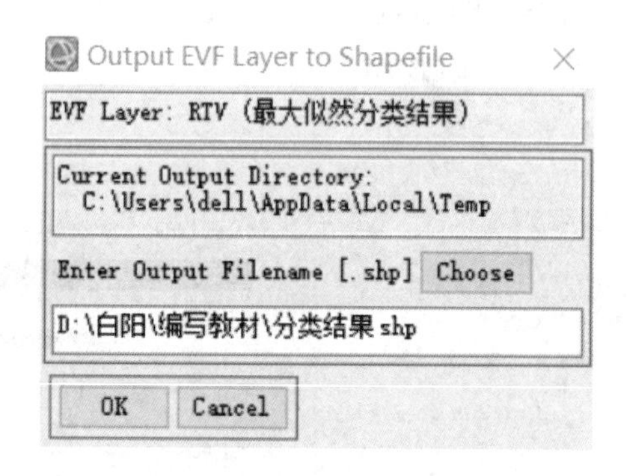

图 8.123　转成 SHP 格式

8.2.9　决策树分类

基于知识的决策树分类是基于遥感影像数据及其他空间数据，通过专家经验总结、简单数学统计和归纳方法等，获得分类规则并进行遥感分类。分类规则易于理解，分类过程也符合人的认知过程，最大的特点是利用多源数据。

专家知识决策树分类的步骤大体上可分为四步：知识(规则)定义、规则输入、决策树运行和分类后处理。难点是规则的获取，可以来自经验总结，如坡度小于 20°是缓坡等；也可以通过统计的方法从样本中获取规则，如 C4.5 算法、CART 算法、S-PLUS 算法等。决策树分类主要的工作是获取规则，本小节介绍使用 CART 算法获取规则，基于规则提取土地覆盖信息。总体技术流程如图 8.124 所示。

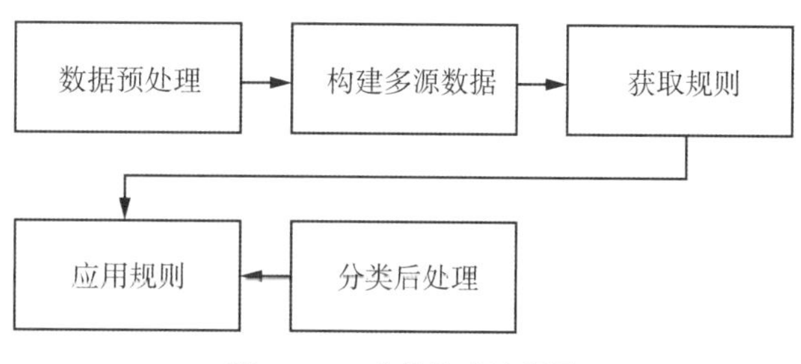

图 8.124 总体技术流程图

1. 数据准备

本例使用 Landsat 8 OLI 影像，分辨率为 30m，该数据已经过几何校正、区域裁剪(处理方法同前面小节)。Landsat 8 OLI 传感器有海岸、蓝、绿、红、近红外、两个短波红外等七个多光谱波段。

(1)启动 ENVI 5.2，打开 Landsat 8 OLI 数据(Landsat8_OLI.dat)。首先对原始影像计算 NDVI、ISODATA 非监督分类，这一步主要是构建多源数据集，如图 8.125 所示。

图 8.125 Landsat8_OLI.dat 数据

(2)在 ENVI 软件 Toolbox 中，选择/Spectral/Vegetation/NDVI，使用 beijing_LC8_mosaic.dat 数据计算 NDVI。当影像具有波长信息时，NDVI 计算工具可以自动识别近红外

波段与红外波段，如本例就是自动识别的第 4、5 波段，如图 8.126 所示，如果不能自动读取波段信息，这里需要手动输入对应的波段进行计算。计算后的影像如图 8.127 所示。

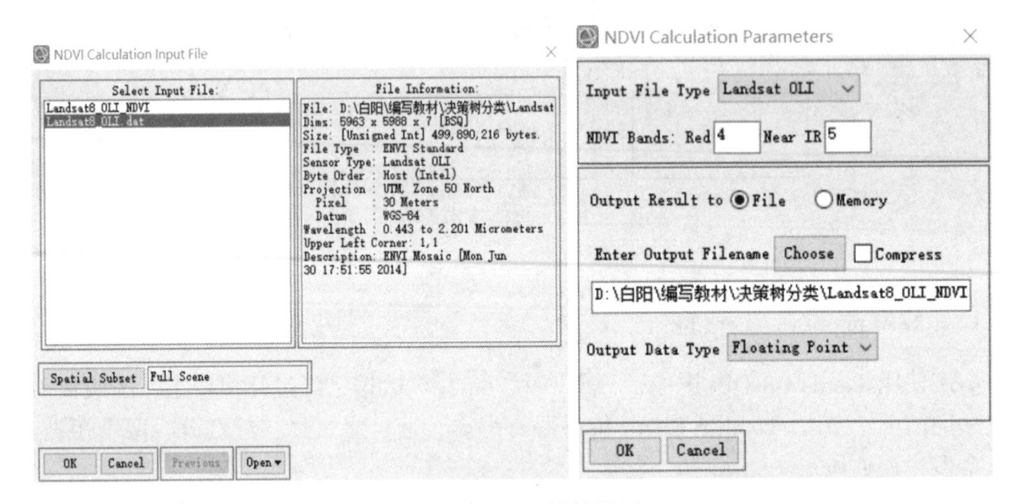

图 8.126　NDVI 计算设置

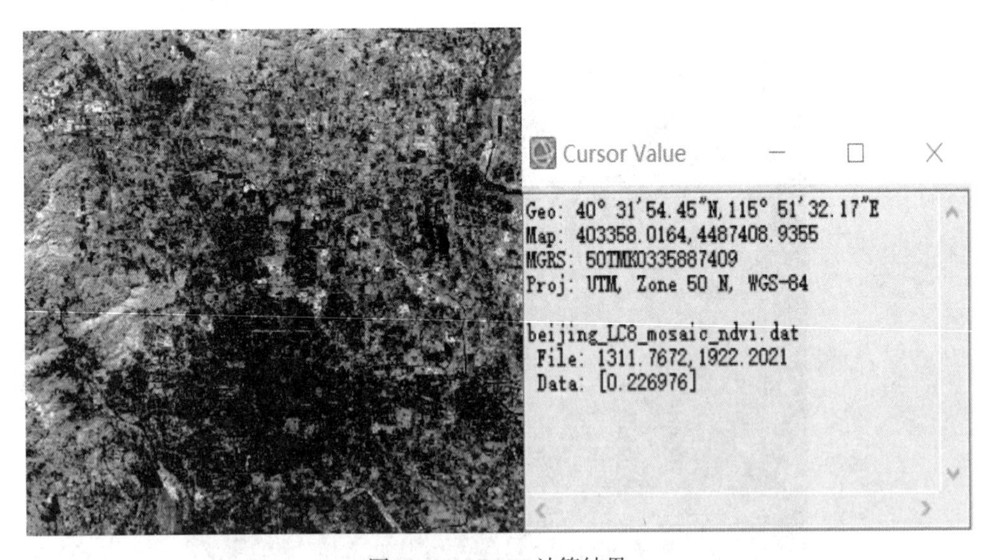

图 8.127　NDVI 计算结果

(3) ISODATA 非监督分类。要通过与 Landsat8_OLI 影像同范围的矢量文件制作掩膜文件，打开矢量文件 .shp 矢量数据。

(4) 在 Toolbox 中，选择/Classification/Unsupervised Classification/IsoData Classification。在文件对话框中，使用矢量文件 .shp 创建掩膜文件，点击 Classification Input File 面板上的 Open 按钮，选择 EVF File，由于此次导入的是 shapefile 格式文件，所以 ENVI 会自动将其转换成 EVF 格式的矢量文件，如图 8.128 所示。

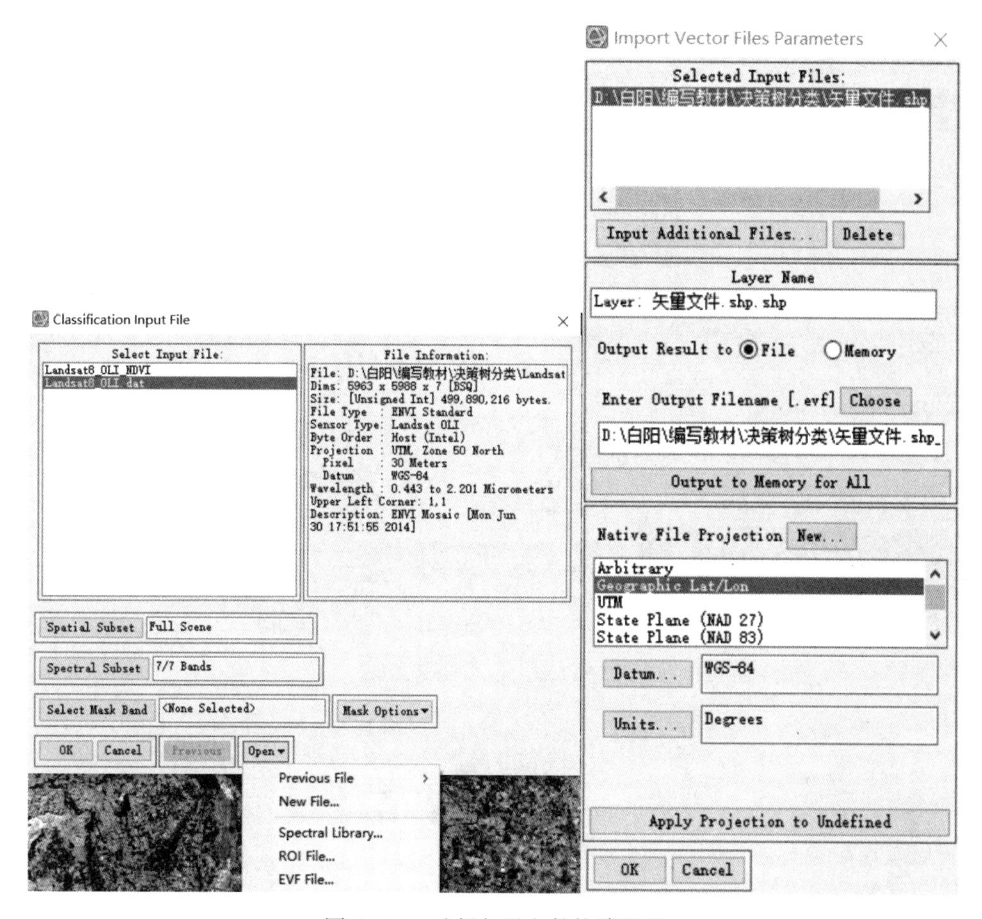

图 8.128　选择矢量文件构建掩膜

（5）矢量文件导入后，选择 Mask Options/Build Mask，弹出 Mask Definition 面板，在其上选择 Options/Import EVFs，如图 8.129 所示。选择上一步导入的矢量文件，在弹出的 Select Data File Associated with EVFs 面板中选择 Landsat8_OLI. dat 影像，如图 8.130 所示，至此掩膜文件制作完成，在 Classification Input File 面板中点击 OK 按钮，进入 ISODATA 参数设置面板。

（6）在 ISODATA Parameters 面板中，默认设置参数即可，选择路径输出分类结果，如图 8.131 和图 8.132 所示。

（7）在 Toolbox 中，选择/Raster Management/Layer Stacking，将 Landsat OLI 影像的 7 个波段、NDVI、ISODATA 结果组合成一个 9 个波段的文件。Metadata Viewer 信息中显示多元数据集为 9 个波段，如图 8.133 所示。

2. 建立分类规则

1）选择训练样本

下面在上一步合成的“多源数据集”影像中选择一定数量的训练样本，利用训练样本

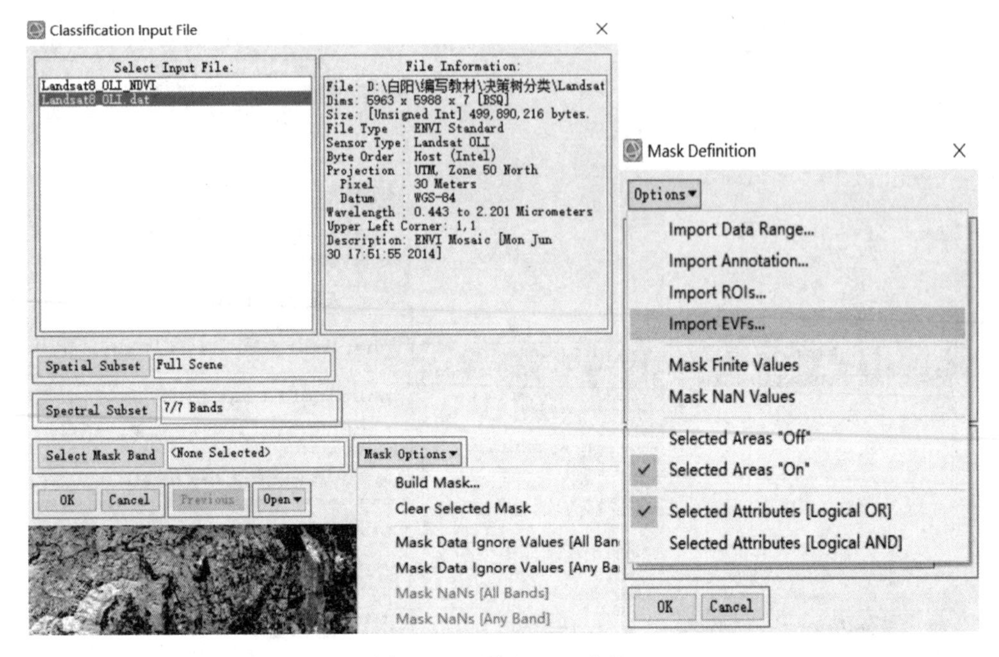

图 8.129　导入 EVF 文件

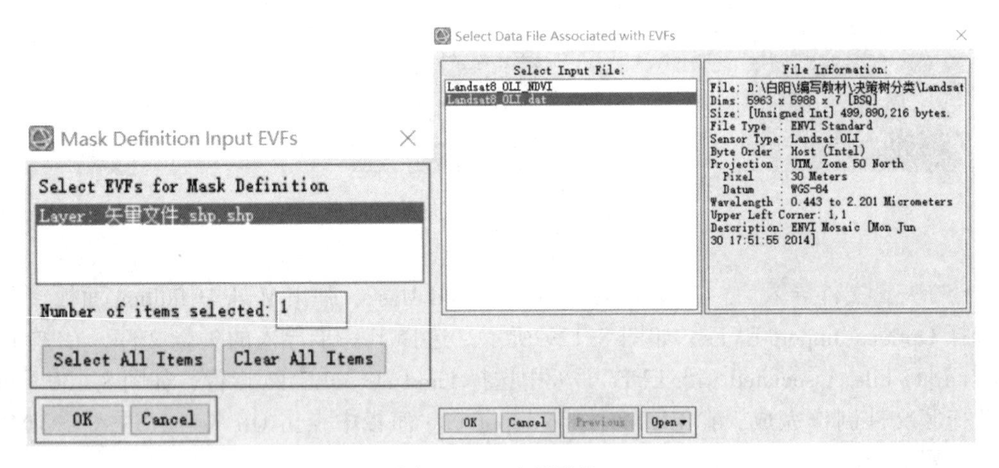

图 8.130　选择影像

获取专业知识规则。

(1)在 ENVI 5.2 中加载显示“多源数据集 .dat”的结果图像，在图层管理器 Layer Manager 中，在 Layer Stacking 的结果图像的图层上点击右键，选择“New Region of Interest”，打开 Region of Interest(ROI) Tool 面板，在该面板选择训练样本。训练样本的选择方法在监督分类学习中已经详细介绍过，这里不再赘述。本例一共分为 5 类，即耕地、建成区、水体、裸地、阴影等。选择的 5 个类型的训练样本如图 8.134 所示，训练样本的可分离度在 1.8 以上。

(2)保存训练样本到本地文件。在 Region of Interest 面板中，选择菜单 File→Export→

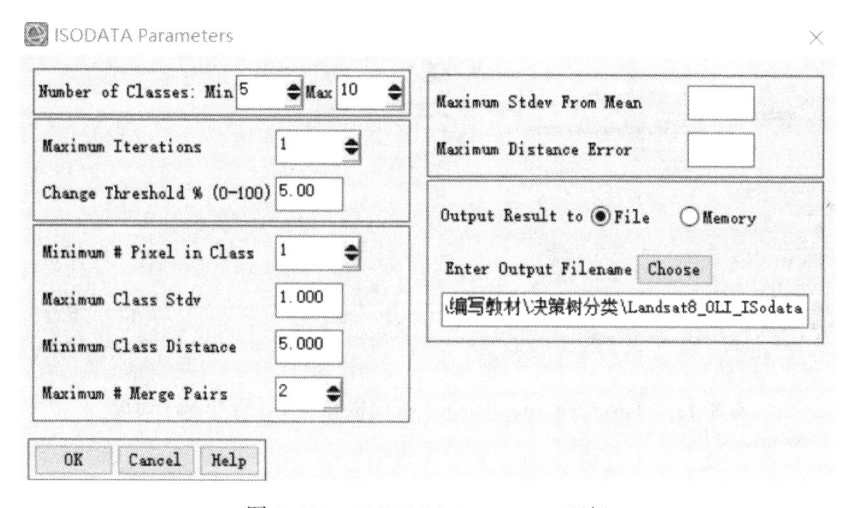

图 8.131 ISODATA Parameters 面板

图 8.132 非监督分类结果

Export to Classic，在弹出的对话框中单击 Select All Items，设置输出路径，点击 OK 按钮。

2)获取规则

本例使用 CART 算法获取规则，首先安装 ENVI 下的 CART 扩展工具，将解压后的文件拷贝到 ENVI Classic 安装目录下的 Save_Add 文件夹内，启动 ENVI Classic。

(1)在 ENVI Classic 中，打开“多源数据集.dat”图像。

(2)在主菜单中选择 Basic Tools→Region of Interest→Restore Saved ROI File，将之前输出的训练样本加载进来。

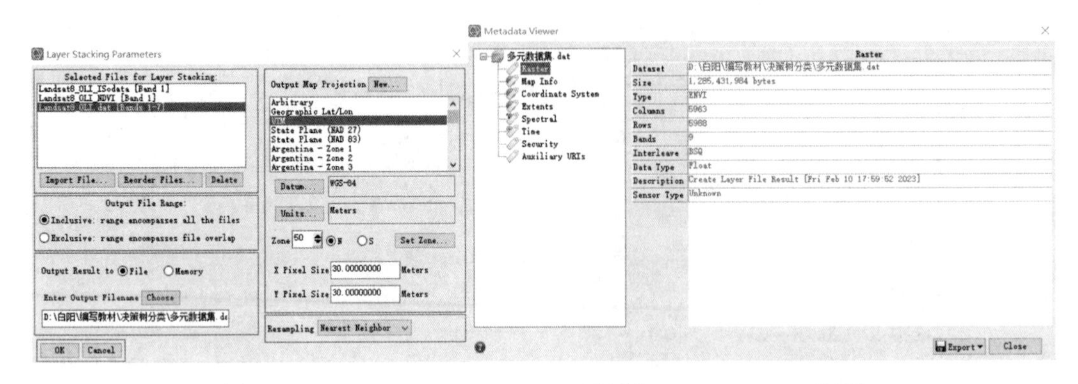

图 8.133　Layer Stacking Parameters 面板和 Metadata Viewer 面板

图 8.134　训练样本

(3)在 ENVI Classic 中，如图 8.135 所示，选择主菜单 Classification→Decision Tree→RuleGen→Classifier，选择“多源数据集.dat”图像。

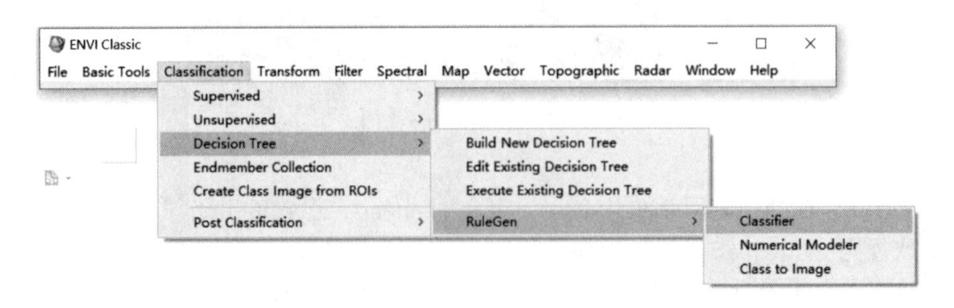

图 8.135　打开 CART 决策树工具

(4)在 RuleGen-Classifier 面板上设置选择样本类别，其他参数默认，并设置输出路径，如图 8.136 所示。

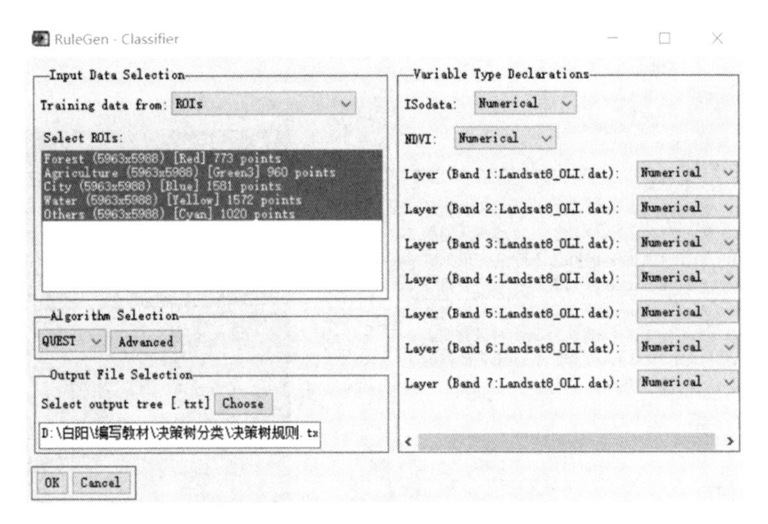

图 8.136 RuleGen-Classifier 面板

(5)启动 ENVI 5.2，查看生成的决策树规则，在 Toolbox 中选择 Classification→Decision Tree→Edit Decision Tree，加载 ENVI Classic 生成的决策树规则，如图 8.137 所示。

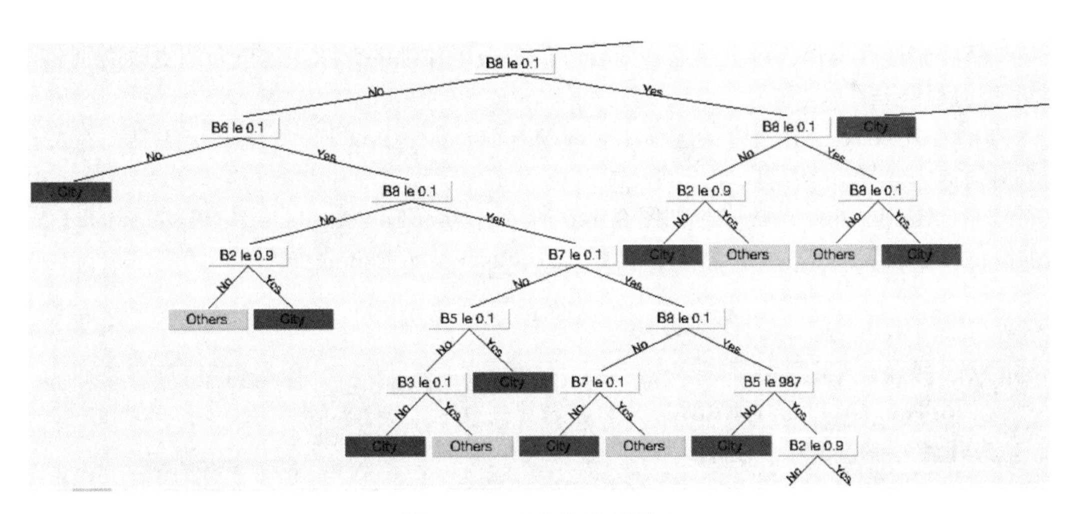

图 8.137 分类规则(部分)

3. 土地覆盖信息提取

这一步是将获取的规则应用于整个图像。可以直接在 ENVI 5.2 中执行决策树分类，方法如下：

(1)在 Toolbox 中，选择 Classification→Decision Tree→Execute Decision Tree，在弹出的对话框中选择生成的决策树规则.txt文件，如图 8.138 所示。

(2)选择“多源数据集.dat”图像，点击 OK 按钮。

(3)在弹出的面板中，设置输出路径和文件名，点击 OK 按钮执行即可，结果如图 8.139 所示。

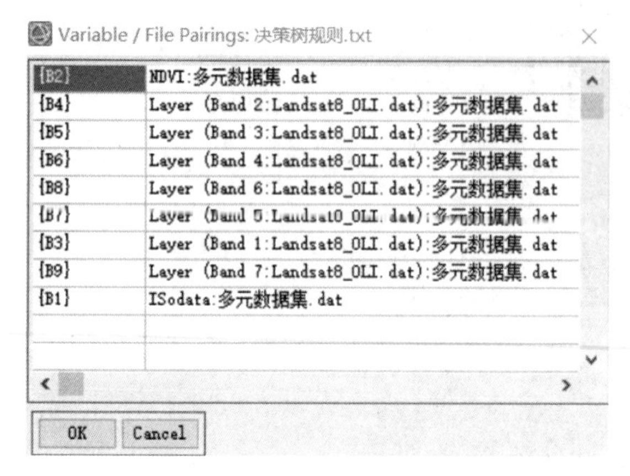

图 8.138　执行 CART 决策树

图 8.139　分类结果

4. 分类后处理

分类后处理根据需求选择，包括更改类别颜色、分类统计分析、小斑点处理、栅格转矢量、精度验证等操作，以上这些在监督分类中做了详细的介绍，这里介绍更改类别名称和颜色的操作步骤。

(1) 在 Toolbox 工具箱中，选择 Raster Management→Edit ENVI Header 工具，在文件输入对话框中选择分类结果。

(2)在 Header Info 面板中，如图 8.140 所示，选择 Edit Attributes→Classification Info，按照默认参数设置后点击 OK 按钮，打开 Class Color Map Editing 面板。

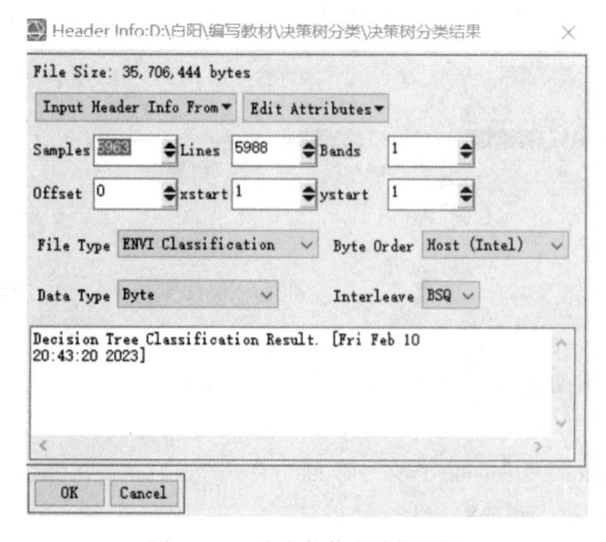

图 8.140　头文件信息编辑面板

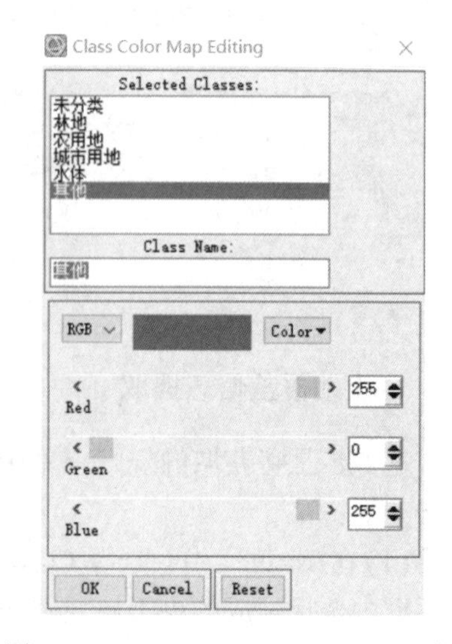

图 8.141　Class Color Map Editing 面板

(3)在图 8.141 所示的面板中，从 Selected Classes 列表中选择需要修改的类别。

(4)在 Class Name 中输入新的类别名。

(5)选择 RGB、HLS 或 HSV 其中一种颜色系统。点击 Color 按钮选择标准颜色，或者移动颜色调整滑块分别调整各个颜色分量来定义颜色。点击 Reset 按钮可以恢复初始值。在完成对颜色的修改后，点击 OK 按钮，效果如图 8.142 所示。

图 8.142 颜色类别更改效果

精度验证的分类后处理方法等同监督分类一样，这里不再赘述。

8.2.10 面向对象图像分类

面向对象分类技术集合邻近像元为对象来识别感兴趣的光谱要素，充分利用高分辨率的全色和多光谱数据的空间、纹理和光谱信息来分割和分类的特点，以高精度的分类结果或者矢量输出。它的过程主要分成两部分：影像对象构建和对象的分类。

ENVI FX 的操作可分为两个部分：发现对象(Find Object)和特征提取(Extract Features)。发现对象包括图像分割、合并分块两个步骤，特征提取包括分类特征的提取和分类规则的构建。ENVI 软件中的面向对象分类主要用到三种独立的流程化工具：基于规则、基于样本、图像分割。本小节分别学习基于规则的面向对象分类和基于样本的面向对象分类。

1. 基于规则的面向对象分类

1)选择数据

根据数据源和特征提取类型等情况，可以有选择性地对数据做一些预处理工作。如果影像空间分辨率非常高，覆盖范围非常大，而提取的特征地物面积较大(如云、大片林地等)，可以降低分辨率，提高精度和运算速度，可以利用 Toolbox/Raster Management/Resize Data 工具实现。如果处理的是高光谱影像数据，可以将不用的波段除去，可利用 Toolbox/Raster Management/Layer Stacking 工具实现。当有其他辅助数据的时候，可以将这些数据和待处理数据组合成新的多波段数据文件，这些辅助数据可以是 DEM、DSM、Lidar 影像和 SAR 影像。计算对象属性时，会生成这些辅助数据的属性信息，可以提高信息提取精度，可利用 Toolbox/Raster Management/Layer Stacking 工具实现。如果影像数据包含一些噪声，可以选择 ENVI 的滤波功能做一些预处理。在数据预处理工作结束后便可以在 ENVI 中打开待分类影像，进入发现对象这个步骤，本例想要在影像中提取出建筑信息，如图 8.143 所示。

图 8.143　待分类影像

2)发现对象

(1)在 Toolbox 中启动 Rule Based FX 工具，选择/Feature Extraction/Rule Based Feature Extraction Workflow，打开工作流程面板，选择待分类的影像。面板中有 4 个选项卡，从左向右依次为输入栅格影像(也就是待分类影像)、输入掩膜文件、输入辅助数据(DEM、土地利用现状图等)、自定义波段(基于波段信息计算 NDVI、NDWI 等各种指数)，如图 8.144 所示。

(2)切换到 Custom Bands 选项卡，在该面板中可以计算多种辅助分类信息，包括归一化植被指数或者波段比值、HSI 颜色空间等，这些辅助波段可以提高图像分割的精度，如本例使用归一化植被指数 NDVI，其与影像的近红外、红外波段有关，常用于提取植被信息。在 Normalized Difference 和 Color Space 属性上打钩，Normalized Difference 会自动识别波段信息，如果不能识别需要手动设置，如图 8.145 所示，点击 Next 按钮。

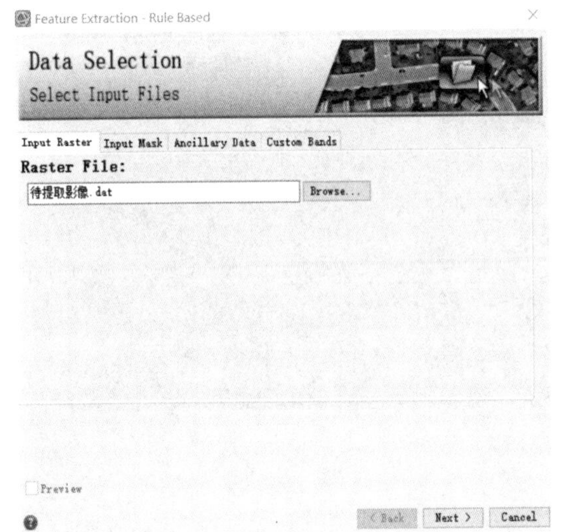

图 8.144 面向对象分类面板

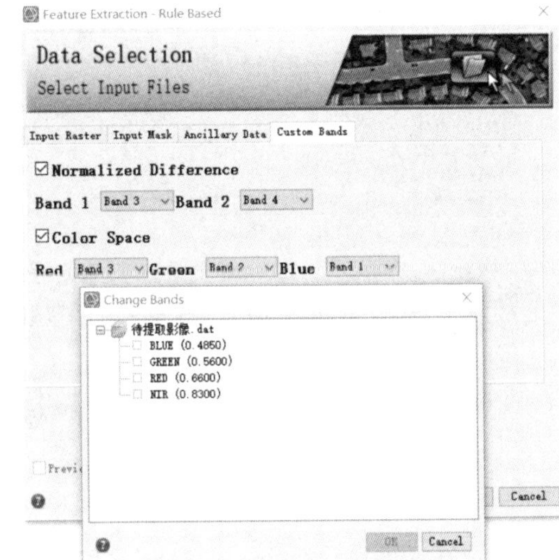

图 8.145 NDVI 参数设置

(3)影像分割、合并。

FX 根据临近像素亮度、纹理、颜色等对影像进行分割，它使用了一种基于边缘的分割算法，这种算法计算很快，并且只需一个输入参数，就能产生多尺度分割结果。使用不同尺度上边界的差异控制，可产生从细到粗的多尺度分割。

①分割阈值(Scale Level)：选择高尺度影像分割将会分出很少的图斑，选择一个低尺度影像分割将会分割出更多的图斑，分割效果的好坏在一定程度上决定了分类效果的精确度，可以通过勾选 Preview 预览分割效果，选择一个理想的分割阈值，尽可能好地分割出边缘特征。有两个图像分割算法供选择：Edge，基于边缘检测，需要结合合并算法以达到最佳效果；Intensity，基于亮度，这种算法非常适合于微小梯度变化(如 DEM)、电磁场图像等，不需要合并算法即可达到较好的效果。调整滑块阈值对影像进行分割，这里设定阈值为 40。

②合并阈值(Merge Level)：影像分割时，由于阈值过低，一些特征会被错分，一个特征有可能被分成很多部分。我们可以通过合并来解决这些问题。合并算法也有两个供选择：

Full Lambda Schedule：合并存在于大块、纹理性较强的区域，如树林、云等，该方法在结合光谱和空间信息的基础上迭代合并邻近的小斑块。

Fast Lambda：合并具有类似颜色和边界大小相邻节段。设定一定阈值，预览效果。这里我们设置的阈值为 90，点击 Next 按钮进入下一步。

③纹理内核的大小(Texture Kernal Size)：如果数据区域较大而纹理差异较小，可以把这个参数设置得大一点。默认是 3，最大是 19。

设置好分割与合并阈值后，勾选 Preview 后可以预览分割合并效果，分割不理想可以重新调整阈值，直到合适为止，如图 8.146 所示。

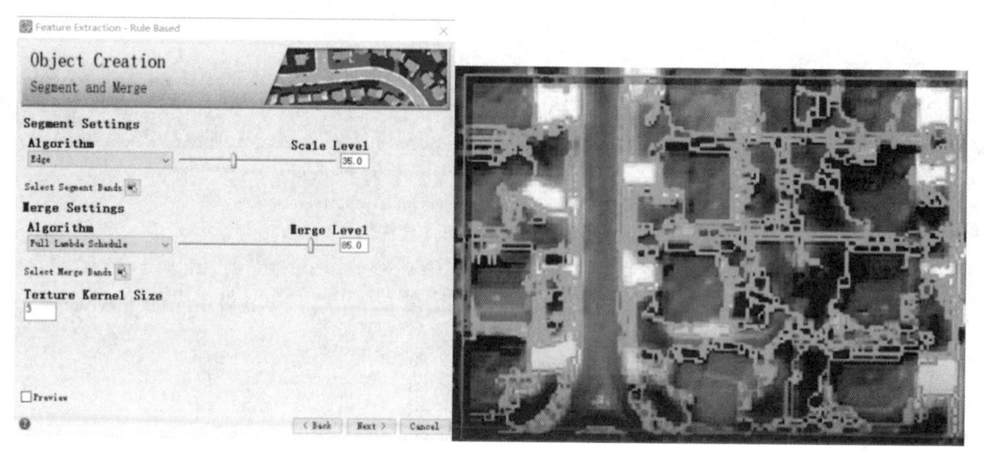

图 8.146　图像分割、合并

确定好阈值后执行下一步，这时 FX 会生成一个 Region Means 影像，自动加载到图层列表中，并在窗口中显示，它是分割后的结果，每一块被填充上该块影像的平均光谱值。经过上述操作后，就完成了发现对象的操作过程，如图 8.147 所示，接下来是特征的提取。

图 8.147　发现对象结果

3）根据规则进行特征提取

在规则分类界面，每一个分类由若干条规则（Rule）组成，每一条规则由若干个属性表达式来描述。规则与规则之间是与的关系，属性表达式之间是并的关系。同一类地物可以由不同规则来描述，比如水体，水体可以是人工池塘、湖泊、河流，也可以是自然湖泊、河流等，描述规则就不一样，需要多条规则来描述。每条规则又由若干个属性来描述，如对水的一个描述：面积大于 500 像素、延长线小于 0.5、NDVI 小于 0.25。这 3 个规则区交集的部分才是想要得到的结果。对道路的描述：延长线大于 0.9、紧密度小于 0.3、标准差小于 20。

这里以提取建筑为例来说明规则分类的操作过程。

(1)待分类影像中容易跟建筑信息错分的地物有道路、森林、草地以及建筑旁边的水泥地。点击绿色加号按钮，新建一个类别，在右侧 Class Properties 下修改好类别的相应属性，如图 8.148 所示。

图 8.148 规则分类面板

通过第一条属性描述，划分植被覆盖区和植被非覆盖区。在分类时常用归一化植被指数(NDVI)提取植被相关的类别，在默认的属性 Spectral Mean 上点击，激活属性，右边出现属性选择面板，选择 Spectral，Band 下面选择 Normalized Difference。其取值范围是[-1, 1]，值越大植被覆盖度越高，因此将 NDVI 值设置较小时会把植被信息去除，把 Show Attribute Image 勾选上，可以看到计算的属性图像。拖动滑条或者手动输入来确定阈值(需要不断地手动调整)，这里设置阈值最大为 0.303。在阈值范围内，在预览窗口中非植被显示为黄色，如图 8.149 所示。

在 Advanced 面板中有三个类别归属的算法：二进制、线性和二次多项式。选择二进制方法时，权重为 0 或者 1，即完全不匹配和完全匹配两个选项；选择线性和二次多项式时，可通过 Tolerance 设置匹配程度，值越大，其他分割块归属这一类的可能性就越大。这里选择类别归属算法为 Liner，分类阈值 Tolerance 为默认的 5，如图 8.150 所示。

第二条属性描述，剔除道路信息，建筑信息和道路的最大区别是建筑近似矩形，可以设置 Rectangular fit 属性。在 Rule 上点击右键，选择 Add Attribute，新建一个规则，在右

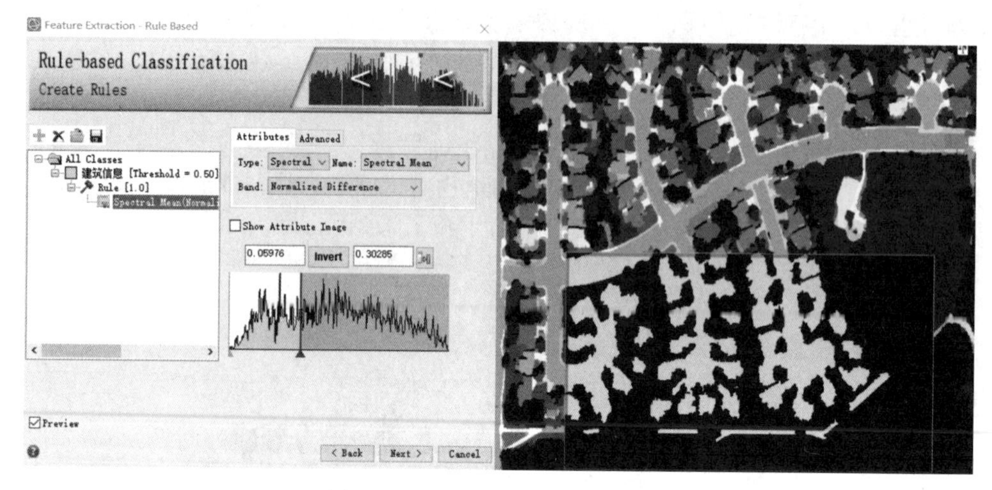

图 8. 149　设置 NDVI 的属性阈值

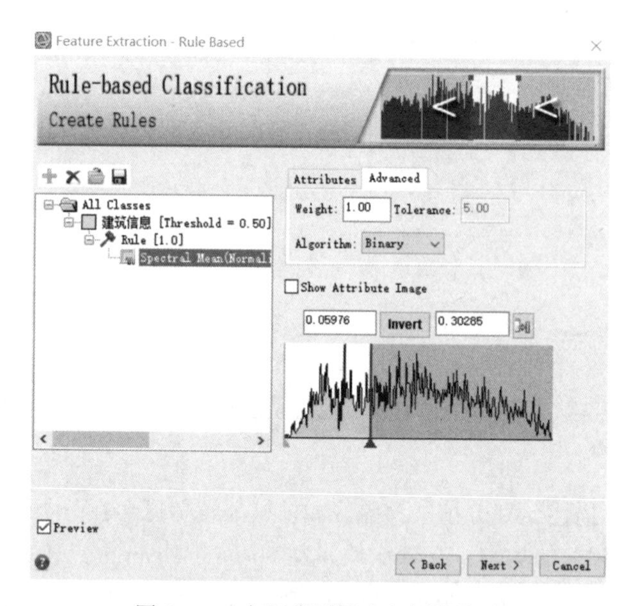

图 8. 150　归属类别算法和阈值设置

侧 Type 中选择 Spatial，在 Name 中选择 Rectangular fit。设置值的范围是 0. 5~1(根据经验和调整阈值确定)，其他参数为默认值，预览窗口默认是该属性的结果。同样的方法设置 Type：Spatial；Name：Area，Area>45；Type：Spatial；Name：Elongation，Elongation<3。点击 All Classes，可预览几个属性共同作用的结果，如图 8. 151 所示。

第三条属性描述，剔除水泥地干扰。水泥地反射率比较高，建筑信息房顶反射率较低，所以我们可以设置波段的像元值。Type：Spectral；Name：Spectral Mean；Band：GREEN，Spectral Mean(GREEN)<640。点击 All Classes，最终的 Rule 规则和预览图如图 8. 152 所示。规则设置好后，点击 Next 按钮。

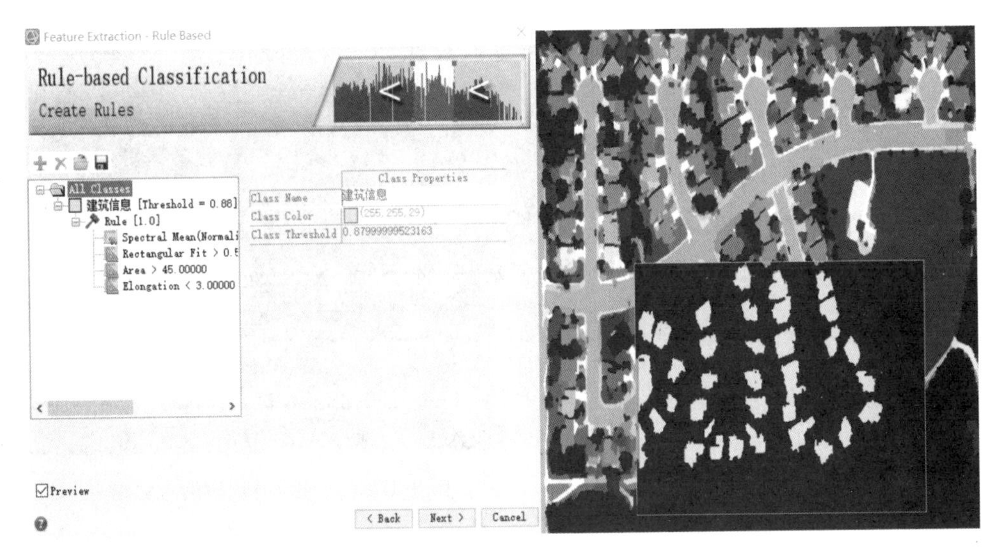

图 8.151　剔除道路信息结果预览

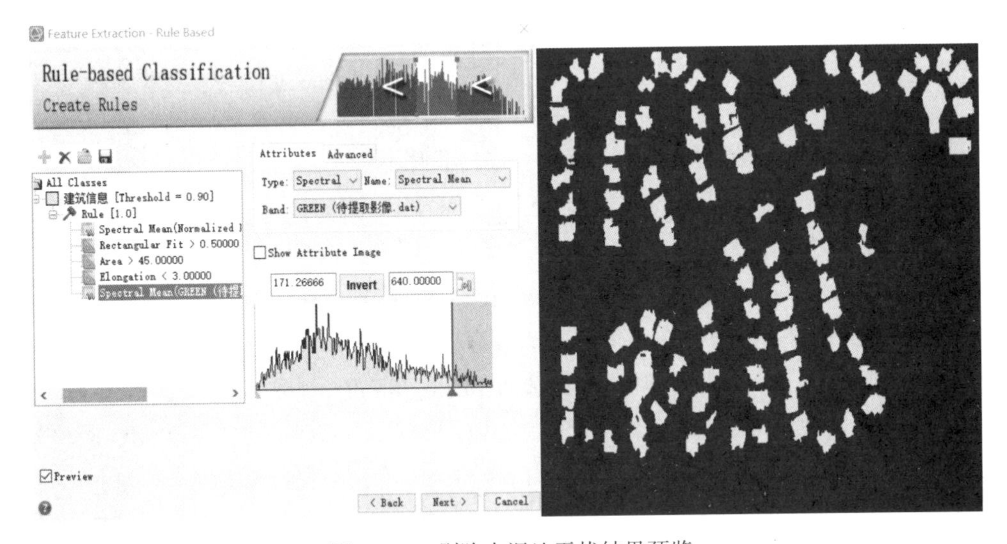

图 8.152　剔除水泥地干扰结果预览

4)输出结果

特征提取结果输出，可以选择以下结果输出：矢量结果及属性、分类图像及分割后的图像，还有高级输出(包括属性图像和置信度图像)、辅助数据(包括规则图像及统计输出)。如图 8.153 所示，选择矢量文件及属性数据一块输出，规则图像及统计结果一起输出。点击 Finish 按钮完成输出。可以查看房屋信息提取的结果(见图 8.154)和矢量属性表。

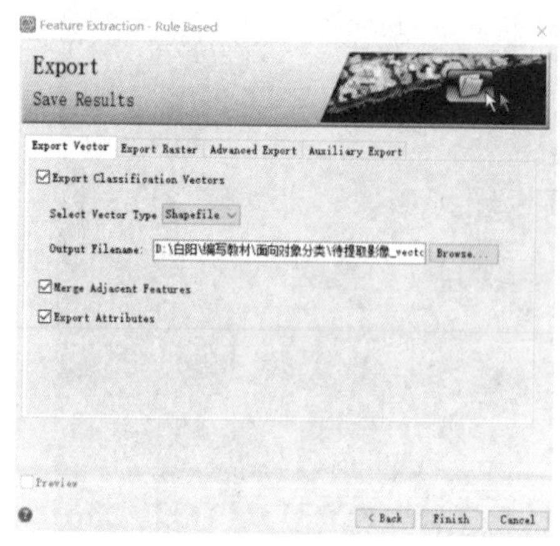

图 8.153　结果输出设置

图 8.154　房屋信息提取的矢量结果

2. 基于样本的面向对象分类

该方法用到的工具为 Toolbox /Feature Extraction/Example Based Feature Extraction Workflow。在 Toolbox 中找到该工具，双击打开流程化的面板，使用的待分类影像与基于规则的面向对象分类方法一致，前面两个处理步骤，选择数据和发现对象，和第一种方法(基于规则的面向对象分类)的前两步完全一致，在此不一一赘述。

1)选择数据

(1)打开待分类影像数据。

(2)启动 Toolbox /Feature Extraction/Example Based Feature Extraction Workflow。

(3)在 Input Raster 选项中选择待分类影像数据。

(4)切换到 Custom Bands 选项卡，勾选 Normalized Difference，自动选择(在有中心波长的情况下)红色波段和近红外波段计算 NDVI。勾选 Color Space，用于 RGB 计算 HIS 空间。

(5)执行下一步。

2)分割合并对象

(1)在图层管理器 Layer Manager 中，在图像图层中点击右键，选择 Change RGB Bands，以 432 显示影像。

(2)在图像分割参数设置面板中，设置 Scale Level=35，Merge Level=85，其他默认。

(3)执行下一步，结果如图 8.155 所示。

3)基于样本的图像分类

经过图像分割和合并之后，进入监督分类的界面，如图 8.156 所示。

(1)选择样本。

对默认的一个类别，在右侧的 Class Properties 中修改类别名称(Class Name)为道路，类别颜色(Class Color)为灰色。在分割图上选择一些样本，为了方便样本的选择，可以在左侧图层管理器中将 Region Means 图层关掉，显示原图，选择一定数量的样本，如果错选样本，可以在这个样本上点击左键删除。可以勾选 Show Boundaries 显示分割边界，方便样本选择，如图 8.157 所示。

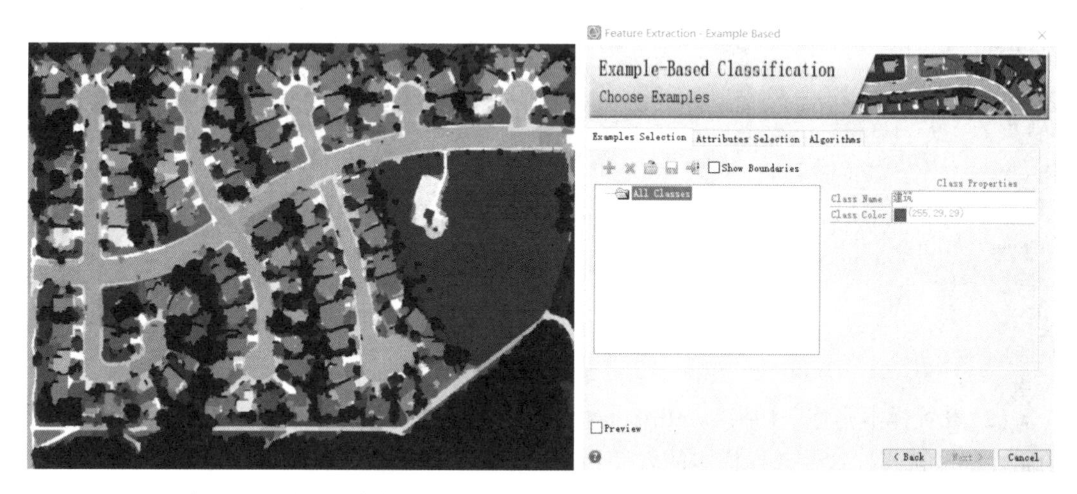

图 8.155　发现对象结果　　　　图 8.156　监督分类界面

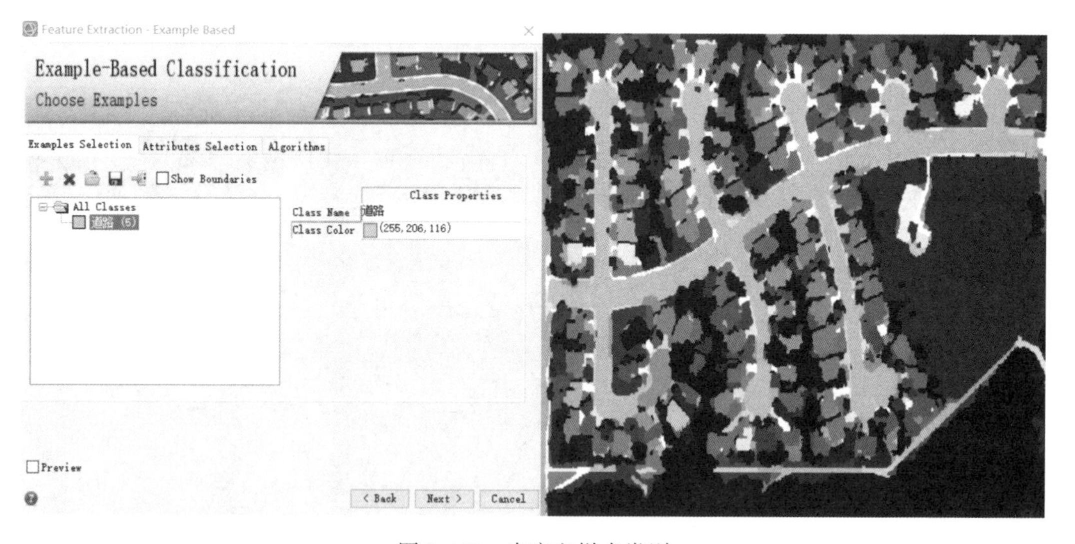

图 8.157　自定义样本类别

一个类别的样本选择完成之后，新增类别，用同样的方法修改类别属性和选择样本。在选择样本的过程中，可以随时预览结果。可以把样本保存为 SHP 文件以备下次使用。这里我们建立 5 个类别，即道路、草地、树林、水泥地、建筑，分别选择一定数量的样本，如图 8.158 所示。

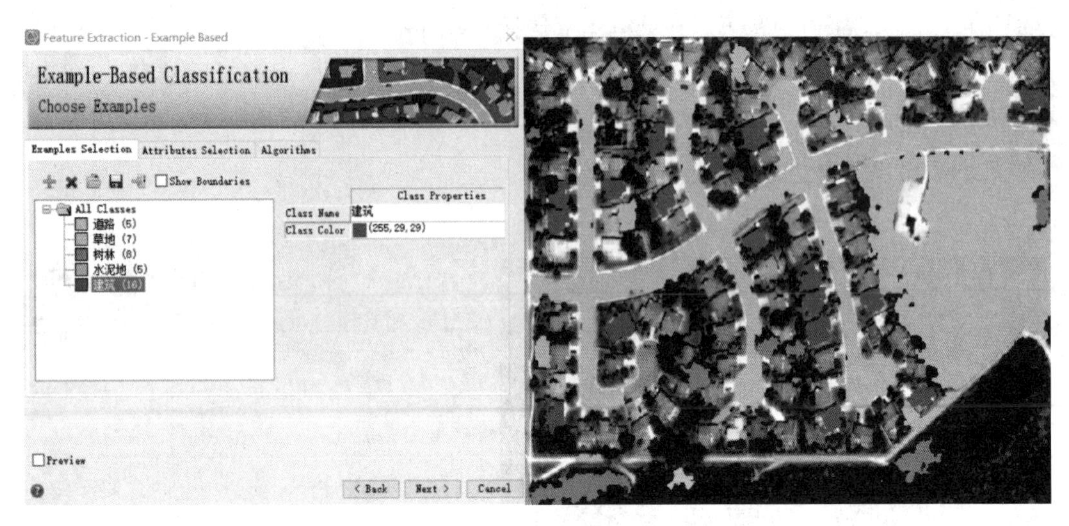

图 8.158　选择样本

(2)设置样本属性。切换到 Attributes Selection 选项卡，如图 8.159 所示，默认是所有的属性都被选择，这些选择样本的属性将被用于后面的监督分类。可以根据提取的实际地物特性选择一定的属性。这里按照默认全选。

(3)选择分类方法。切换到 Algorithms 选项卡，如图 8.160 所示，FX 提供了三种分类方法：K 邻近法、支持向量机法和主成分分析法。

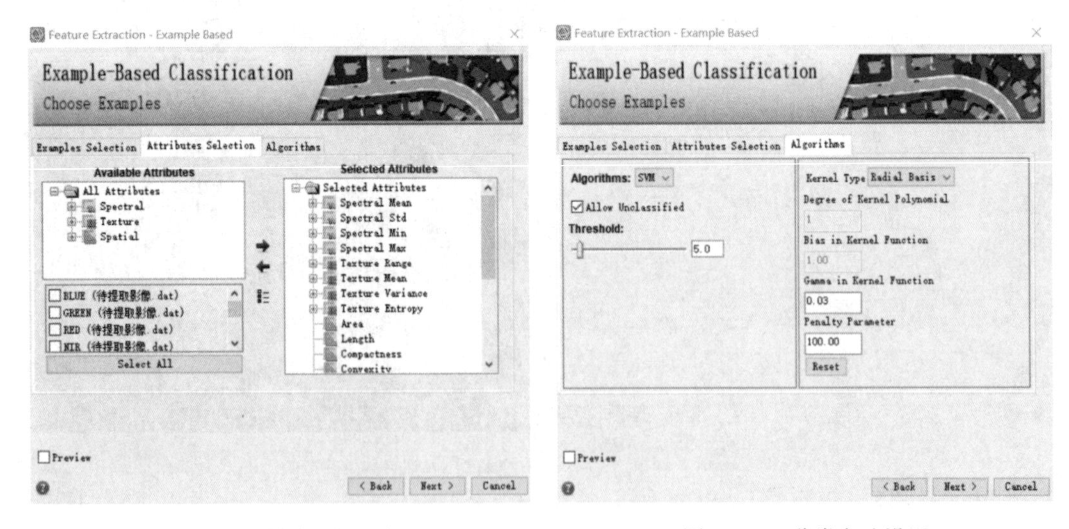

图 8.159　样本属性选择　　　　图 8.160　分类方法设置

本例选择支持向量机，选择该项后需要定义一系列参数，本例选择默认参数设置。建筑信息提取结果如图 8.161 所示。

图 8.161 基于样本选择的农用地提取结果

第9章　遥感数字图像应用实例

9.1　基于景观生态风险时空变化驱动与预测项目概述

9.1.1　目的和意义

城市化进程日益加快，人口、产业集聚对城市空间产生极大需求。从景观生态学视角来看，城市化的实质是自然和农业景观向城市景观不断转化的过程，城市化所产生的耕地减少、生态退化、环境污染等诸多问题，均是不合理的景观格局及景观要素间的不协调所致。研究景观格局变化是探讨生态状况、空间变异规律以及与生态过程相关的区域资源环境问题的重要途径。高强度人为活动对景观格局、生态系统结构和服务功能造成极大扰动，进而产生一定的生态风险。采用生态系统服务价值评估方法对研究区域生态系统服务价值进行定量评估是高效、合理配置资源环境的基础；构建科学的景观生态风险评价体系及预测模型，对研究区域 LER 进行时空动态分析与预测、作用机理研究，可指导区域生态可持续管理、适应性风险减缓策略的制订。

生态系统为人类的生存和发展提供了大量的物质材料，然而环境的严重污染使生态系统安全遭受了极大的威胁和压力。生态风险评价源于环境风险管理政策，是评估、预测人为活动或不利事件对生态环境产生危害和不利影响的可能性的过程，以及对该风险可接受程度进行评估的技术方法体系，是制定相关生态质量基准、污染物环境控制标准的基础依据。其中，所谓的不利变化是指那些对于生态系统中重要的结构、功能和成分有预警作用的变化。生态风险评价可以确定风险源与生态效应间的关系，判断有毒有害物质对生态系统产生影响的概率，以及当前污染水平下对评价区域内多大比例的生态物种产生影响，为环境风险管理提供理论及技术支持。

(1)为景观生态风险研究提供新方法和手段。

提出景观生态风险构建方法，解决景观生态风险评价终点仍指向性不明的现状，提高风险评估结果决策层面的指导作用，为景观生态风险构建提供了新方法、新思想。

(2)为当地规划者提供参考意义，实现资源合理配置。

2016 年 3 月，国务院批准了《哈长城市群发展规划》，将哈尔滨市定位为城市群核心城市、“东北亚区域中心城市”。同时，作为“一带一路”倡议节点区域、第一条欧亚大陆桥和空中走廊的重要枢纽、国家战略定位的“沿边开发开放中心城市”，哈尔滨市在提升东北对外开放水平中发挥着重要作用。近年来，区域土地利用覆被不断变化，在“人工-自然”驱动下生态系统变得脆弱，间接影响城市群乃至松花江流域生态安全。《哈长城市群发展规划》强调要科学规划城市空间布局，实现生态环境共建、开放合作共赢。

对哈尔滨市景观生态风险进行量化研究，能向人们较直观地展示区域内部生态系统风险情况，增强人们的保护意识，并且能清楚地了解到区域内部空间分布特征，根据其重要值确定空间保护度划分，做到优先保护现行、全面保护并进。本研究成果有助于明确哈尔滨市空间的发展方向，优化空间布局，提升城市竞争力，为区域的可持续发展提供理论依据，同时对社会经济与生态环境和谐并进的可持续发展带来极大的、积极的影响。

9.1.2 国内外研究现状及分析

生态风险评价是一种能有效支持生态系统管理的工具，可为生态系统保护和管理提供决策支持。景观生态风险(LER)研究注重生态风险的尺度效应及时空异质性，不依赖大量实测数据，以景观格局分析为基础，表达生态风险的时空异质性。具体途径上，通常对研究区进行风险小区划分，也可根据研究需要基于流域或行政区划分。如吕乐婷、Leuven RSEW、汪翡翠等分别采用不同的景观格局指数构建 LER 模型对区域、流域生态风险进行分析。生态服务价值(ESV)是生态系统提供给人类生存与发展所需要的各种效用，满足生态风险评价的条件，因此可以将其放在 LER 的构建中。

当前，对于影响 LER 变化因素的研究较少，相比之下，更多的研究是关于土地利用变化、景观格局变化、城镇扩展等驱动力的。在为数不多的 LER 驱动力研究中，大多学者采用定性的方法，结合可能引起 LER 的几种因子分析对 LER 的影响。也有个别学者对各因子进行分级，统计各分级下的 LER 值，将两者进行相关分析，获得 LER 与各因子等级变化关系。因此，现有 LER 时空变化驱动力研究方法多基于定性分析，缺乏定量的分析方法；且地理空间数据具有空间非平稳性，进行 LER 驱动力相关分析时，缺乏具有地理参考的分析方法。地理加权回归模型(GWR)考虑了地理空间数据的空间非平稳性，近两年多用于具有地理差别的研究中，如陈彧等利用 GWR 分析 ESV 驱动因素，王惠等利用 GWR 研究生态环境质量对土地利用变化的响应。由于缺乏变量空间自相关性指导，当前学者们利用 GWR 进行驱动力分析时均采用调整型的高斯核函数作为空间权重函数，AIC 法作为带宽确定方法。

在对 LER 预测方面，国外相关研究主要集中在生态预报上，如 Brown 等运用 Mechanistic-Empirical 方法对切萨皮克海湾生态系统进行了短期预报，Ricciardi 等对 Hemimysis Anomala 入侵北美产生的生态影响进行了预测。国内是近几年才开始相关研究的，目前，大多 LER 预测均采用两种预测方式。一种是基于 Markov 模型或土地利用规划预测研究区域土地利用或景观格局，根据预测结果采用 LER 计算公式计算研究区域、所包含的行政子区域或网格单元 LER。该方法在进行整个区域 LER 预测时具有较好的预测能力，但对于局部区域预测能力较弱，尤其当进行小区域划分时，针对小区域预测效果较差，甚至会出现相反的预测结果。另一种方式是采用 BP 神经网络模型或灰色预测模型对区域 LER 进行预测。灰色预测模型在进行基于小样本数据预测时具有较好的预测功能，但目前所实现的预测只能针对整个研究区域 LER 预测，无法实现基于单元网格的 LER 预测，即无法预测 LER 空间分布。

本文以哈尔滨市为研究区，将生态服务价值作为评价终点引入 LER 评价中，提出确定满足空间相关性的 ESV 大小两个尺度，用于确定采用 GWR 进行 LER 驱动力分析设定的空间权重邻域范围，构造基于单元网格的 LER 预测模型对研究区域 LER 空间分布进行预测，综合、准确地衡量 LER 发生的潜在可能。

9.1.3　研究内容及方法

1. 研究内容

本研究以哈尔滨市为研究区，对区域近 20 年景观格局空间关联格局及时间变化特征进行分析，基于景观地理学、景观生态学理论与方法对区域生态服务价值时空变化进行分析，对区域 LER 时空变化、关联性特征及驱动力进行研究，预测 LER 空间分布。

(1)哈尔滨市景观格局时空变化研究：对研究区域进行多尺度网格划分，对研究区景观格局分布情况进行时空动态变化分析。

(2)哈尔滨市 ESV 计算：计算多尺度下网格单元 ESV，统计各尺度下研究区域 ESV 空间相关性，确定后期进行 ESV 驱动力分析所需的大小两个尺度。

(3)LER 评价体系构建及时空动态与作用机理研究。

①构建 LER 评价体系。

②LER 时空动态：根据公式计算相邻年限区间网格 LER，对区域 LER 的空间集聚性进行时序对比分析，对区域 LER 空间集聚性的时空演化规律进行总结，对研究期间的 LER 等级分布格局及其变化进行分析。

③LER 作用机理及时空分异：选取多指标的变化量作为自变量，并与因变量 LER 进行最小二乘线性(OLS)分析，确定 LER 主导因素；单元网格 LER 值及其变化率分别代表空间、时间分异特征，引入地理加权回归模型(GWR)，对 LER 驱动因素的空间分异参数进行估计，分析区域 LER 与各驱动因子变化的空间相关性、影响程度，定性分析哈尔滨市 LER 影响机制，并通过自然断点法对结果进行可视化表达。

(4)LER 分布预测：通过 MATLAB 编程实现基于网格单元的灰色预测模型，以每个单元网格 LER 为模型输入数据，预测网格 2018—2023 年 LER，对预测结果 LER 分布格局进行分析。

2. 研究方法

1)文献分析法

文献分析法是指通过对收集到的某方面的文献资料进行研究，以探明研究对象的性质和状况，并从中引出自己观点的分析方法。它能帮助调查研究者形成关于研究对象的一般印象，有利于对研究对象做历史的动态把握，还可研究已不可能接近的研究对象。利用中国期刊网全文数据库和外文期刊全文数据库等文献库，收集整理景观服务价值、景观生态风险的理论、方法等相关研究成果，对已有研究从时空分异特征、影响因素、预测模型方面出发进行总结归纳，在此基础上选取相应影响因素及研究方法，作为课题研究的基础准备及参考资料。

2)定性与定量分析法

定性分析法是依据预测者的主观判断分析能力来推断事物的性质和发展趋势的分析方法。这种方法可充分发挥管理人员的经验和判断能力。景观生态风险变化是多种因素共同影响的结果，在进行影响机制研究分析之前，必须依据前期文献学习、理论储备，结合研究区实际情况，从定性角度选取景观生态风险影响因素。

定量分析法是对社会现象的数量特征、数量关系与数量变化进行分析的方法。拟采用模型计算、统计分析、地理信息技术、图像分析等技术方法，统计分析景观生态风险时序变化特征，绘制景观生态风险空间分布图、空间变化图、空间集聚图等。运用景观生态风险数量变化模型计算出研究区景观生态风险的变化率，定量描述景观生态风险的变化速度，既可以表征景观生态风险的时间序列变化，也可以对区域景观生态风险动态的总体状况及其空间分异特征进行分析。

3)实证分析法

实证分析法要着眼于当前社会或学科现实，通过事例和经验等从理论上推理说明。其功能在于揭示和描述社会现象的相互作用和发展趋势。在前期文献学习和理论研究的基础之上，选取哈尔滨市为研究对象，通过统计数据、空间地理信息的搜集处理等基础数据准备，获取景观分布现状、自然地理状况、社会经济状况等相关信息，为景观生态风险时空分异研究奠定研究基础。

9.2 研究区域概况

哈尔滨市位于东北平原东北部地区，东经 125°42′—130°10′，北纬 44°04′—46°40′。总面积 5 万多平方千米，行政区划包括主城区(南岗区、双城区、呼兰区、平房区、松北区、道外区、道里区、阿城区、香坊区 9 个辖区)、依兰县、宾县、巴彦县、方正县、木兰县、通河县、延寿县、尚志市、五常市。

主城区地势平坦、低洼，其余 7 县多山及丘陵地。东南临张广才岭支脉丘陵，北部为小兴安岭山区，中部有松花江通过，山势不高，河流纵横，平原辽阔。哈尔滨市区主要分布在松花江形成的三级阶地上：第一级阶地海拔 132~140m，主要包括道里区和道外区，地势平坦；第二级阶地海拔 145~175m，由第一级阶地逐步过渡，无明显界限，主要包括南岗区和香坊区的部分地区，面积较大，长期流水侵蚀，略有起伏，土层深厚，土质肥沃，是哈尔滨市重要农业区；第三级阶地海拔 180~200m，主要分布在荒山嘴子和平房区南部等地，再往东南则逐渐过渡到张广才岭余脉，为丘陵地区。哈尔滨的山地为张广才岭、完达山脉和小兴安岭余脉，主要分布在东部，多为中心区和低山区，海拔 110~1600m，最高为尚志市三秃顶子，海拔 1637.6m。丘陵漫岗地除属于松花江一级台地的部分低洼地外，大部分为小丘陵漫岗地，分布于东南部、东北部、张广才岭余脉与松嫩平原过渡地带，海拔 140~175m，坡度和缓，大多为 7°~25°，部分谷地散布其间。平洼地主要分布在中部和西部，地势平坦，海拔 116~174m。河流冲积低平原主要分布在中部、西部，由松花江、呼兰河、阿什河、拉林河、蚂蜒河及其支流冲积而成，地势低洼，海拔 112~130m。低平原岗地主要分布在中部、西部，属河漫滩区与洪积-冰水平原之间的过渡地带，海拔 120~145m。

研究区域属中温带大陆性季风气候，冬季历时长而夏季较短，四季分明，气温垂直变化较大，年平均气温 4.7℃，1 月份和 7 月份分别出现气温最低值和最高值，1 月平均气温-16.5℃，7 月平均气温 22.5℃，全年日照时数约 2244.5 小时，降雨主要集中在 6—9 月，降雨量为 548.1mm，无霜期天数为 154 天，适宜农作物生长发育。

受地形、气候、植物等自然因素及人为活动影响，研究区域土壤类型较多，共有 9 个土类、21 个亚类、25 个土种。黑土是郊区和 7 个县的主要土壤，也是分布最广、数量最多的土壤类型。黑土在研究区域分为 2 个亚类(黑土和草甸黑土)、3 个土属(黏质黑土、砂质黑土、草甸黑土)，共 7 个土种。黑土土壤养分含量比较丰富，适于各种农作物生长。黑钙土是研究区域主要耕作土壤，主要分布在中部平川地和岗平地上，在全研究区域分为 3 个亚类，即黑钙土、淋溶黑钙土、草甸黑钙土，共 8 个土种。黑钙土养分含量仅次于黑土，适于作物栽培。草甸土也是研究区域主要耕作土壤，多数分布在沿江河低洼淋溶地带和松花江台地漫滩地带。草甸土在研究区域分为 6 个亚类，即草甸土、碱化草甸土、泛滥地草甸土、盐化草甸土、潜育草甸土、硫酸盐草甸土，共 10 个土种。草甸土大部分宜耕性较差，适宜发展草场和栽植薪炭林。砂土及沼泽土主要分布于江河两岸河滩和低洼地块，适宜发展渔业和牧业。

研究区域内的河流均属松花江水系和牡丹江水系，主要有松花江、呼兰河、拉林河、阿什河等。松花江南源发源于吉林省抚松县长白山天池，北源发源于大兴安岭支脉伊勒呼里上的嫩江，其干流东流松花江段自西向东横贯研究区域，是研究区域城市用水和作物灌溉的最大供给河道。全年降水主要集中在 6—9 月，降水量达 70%以上。研究区域水资源分布极度不均匀，且有过境水丰富、自产水偏少等特点，其表现为东部水资源富足而西部较为贫乏。

研究区域植物资源丰富，种类繁多，具有分布集中、经济价值高的特点。森林主要分布在东部的张广才岭西北麓山区和小兴安岭南坡。主要林种为用材林、防护林、经济林、薪炭林、特用林等。森林主要树种有红松、樟子松、落叶松、云杉、冷杉、水曲柳、黄菠萝、胡桃楸以及柞、锻、榆、杨、桦等。其中，红松以材质优良享誉国内外，水曲柳以花纹美丽驰名。此外，还有黄太平、大秋果、苹果、葡萄等温带果木林，以及特种经济林、黑豆果等。野生果树资源中经济价值较大的有悬钩子、刺玫瑰、猕猴桃、东方草莓等。野生坚果产量较大，已成为重要出口资源。药用植物中，名贵药材有山参、黄柏、地龙、苦参、狼毒、黄芪、五味子、刺五加、党参、茯苓、满山红(红萍)等。草原植物以“东北三宝”之一的小叶樟和饲用碱草为主。野生食用植物有蕨菜、薇菜、猴腿菜、刺嫩芽、明叶菜、枪头菜、猫爪等 10 余种，还有大量的猴头蘑、榛蘑、元蘑、木耳等食用菌。野生油料有松子、榛子。野生花卉有 130 余种，其中具有观赏价值的有小细叶百合、渥丹百合、山丹百合、燕子花、紫花鸢尾等 20 余种。具有经济价值的水生植物主要有芡实(鸡头米)、睡莲、东北金鱼藻、菱角、菖蒲、芦苇、乌拉草。山野果子有杏、李子、山桃、梨、山葡萄等。

9.3 数据来源与处理

1. 主要软件简介

1) ArcGIS

ArcGIS 是美国 Esri 公司研发的构建于工业标准之上的无缝扩展的 GIS 产品家族。它整合了数据库软件工程、人工智能网络技术、移动技术、云计算等主流的 IT 技术，旨在为用户提供一套完整的、开放的企业级 GIS 解决方案。无论是在桌面端、服务器端、浏览器端、移动端乃至云端，ArcGIS 10 都有与之对应的产品组件，并且可由用户自由定制，以满足不同层次的应用需求。ArcGIS 提供了一个可伸缩的、全面的地理信息系统平台。它具有强大的对地球表层空间信息进行分析和处理的能力，从而对地球上存在的现象和发生的事件进行分析和预测，对地物的空间地理位置和属性信息有着精准的描述表达；主要用于创建和使用地图，编辑和管理地理数据，分析、共享和显示地理信息，并在一系列应用中使用地图和地理信息。不同用户可以使用 ArcGIS 桌面、浏览器、移动设备和 Web 应用程序接口与 GIS 系统进行交互，从而访问和使用在线 GIS 和地图服务。ArcGIS 作为一套完整的 GIS 产品，为用户提供了丰富的资源，包括地图、应用程序、社区服务等。ArcGIS 10.3 是一个智能的以 Web 为中心的地理平台，推出更精细的分级授权、全新的 I3S 三维标准、大数据分析处理产品、多 Portal 间协作共享等诸多新特性，更进一步促进用户间的沟通协作，分析大数据背后的价值，使用户更智能、更高效、更敏捷地进行决策及响应。

2) Fragstats

Fragstats 是一款提供基于单元格的指标、表面指标、抽样策略、功能指标、度量标准等多种功能模块的景观格局指数计算软件。指数的级别一共三个，即 path 水平、class 水平、landscape 水平三个级别。不同级别对应不同的指数，分别代表不同的生态学意义。

3) GS+

GS+是第一个通过集成包提供半方差分析的地理统计软件，它提供了专家所要求的灵活性和新手所欣赏的简单性。GS+在世界范围内被广泛使用，被用于数百项空间分析的科学研究。尤其是通过 ESRI 和其他 GIS 供应商提供 GIS 软件包的用户更喜欢 GS+，因为它可以更全面地访问复杂的分析，输出的文件可以很容易地导入 GIS 数据库和地图中。

4) GeoDa

GeoDa 是一个设计实现栅格数据探求性空间数据分析(ESDA)的软件工具集合体的最新成果，是在任何操作系统背景下都能够进行空间数据分析的软件，也是一款国际公认的免费使用的软件。它解决了通用 GIS 软件相对昂贵的缺点，具有很强的经济价值和应用前景。它向用户提供了一个友好的和图示的界面用以描述空间数据分析，比如自相关性统计和异常值指示等。

2. 遥感数据处理

从地理空间数据云(www. gscloud. cn)下载研究区域 1998 年、2003 年、2008 年、2013 年和 2018 年五期 Landsat TM/ETM+/OLI 遥感影像作为遥感数据源，轨道号为 116/28、116/29、117/28、117/29、118/28、118/29，影像拍摄时间分别为 6 月、8 月和 9 月，含云量都控制在 5%内，下载 30m×30m DEM 数据。根据国家一级土地利用分类标准，结合哈尔滨市主要土地利用方式，将研究区土地利用类型划分为建设用地、水域、林地、草地、耕地和未利用地 6 种。以 ENVI 5. 3 软件为平台，对研究区域五期影像进行辐射定标、大气校正、镶嵌裁剪等数据处理工作，根据野外考察及相关资料，利用最大似然法进行监督分类，获得区域五期土地利用类型分布图，五期影像的总体分类精度分别为 85. 62%、86. 58%、87. 83%、85. 92%和 90. 76%。

3. 非遥感数据处理

非遥感数据包括哈尔滨市 1998 年、2003 年、2008 年、2013 年和 2018 年道路及河流分布数据、外业调查补充数据、研究区县级边界矢量数据、气象数据(降水量、平均气温等)、各类社会经济数据等。将各类社会经济数据按照多期物价指数进行统一化，借助 ArcGIS 10. 3 软件，根据哈尔滨年鉴统计的五期各区县人口密度数据、各类社会经济数据、降水量、平均气温等按照网格内行政区县面积比例加权计算出五期每个网格的人口密度数值、各类社会经济数值、降水量值、平均气温值，并进行归一化处理。

9. 4　景观生态风险时空变化与分析

9. 4. 1　景观生态风险计算

1. 景观生态风险计算公式

生态系统服务(ecosystem services)满足生态风险评价终点的概念内涵和评价终点的选取准则，将其作为评价终点引入景观生态风险评价中，可以提高风险评估结果决策层面上的指导作用。

由景观干扰度变化度、人为胁迫度变化度、景观服务价值变化度复合构建景观生态风险评价体系。各因子计算公式如下：

$$LDD = x_1 \times LC + x_2 \times LV + x_3 \times LD \tag{9.1}$$

式中：LDD 为景观干扰度指数，LC 为景观破碎度指数，LV 为景观分离度指数，LD 为景观分维数指数，x_1、x_2 和 x_3 分别为 LC、LV 和 LD 的权重。

$$PS = y_1 \times PD + y_2 \times \frac{S_{con} + S_{cul}}{S_{total}} \tag{9.2}$$

式中：PS 为人为胁迫度，PD 为归一化人口密度，S_{con} 为建设用地面积，S_{cul} 为耕地面积，

S_{total} 为总面积，y_1 和 y_2 分别为 PD 和$\frac{S_{con}+S_{cul}}{S_{total}}$的权重。

$$\text{LER} = w_1 \times \text{LDD} + w_2 \times \text{PS} + w_3 \times \text{ESV} \tag{9.3}$$

式中：LER 为景观生态风险，w_1、w_2、w_3 分别为 LDD、PS 和 ESV 的权重。

评价指标权重赋值是否合理将直接影响景观生态风险指数的合理性，本研究采用 AHP 的原理和方法确定景观破碎度指数、景观分离度指数、景观分维数及景观干扰度、人为胁迫度和 ESV 的权重。本研究通过计算获得一致性比例的计算结果为 0.0078(<0.1)，表明判断矩阵具有满意的一致性，获得景观破碎度指数、景观分离度指数、景观分维数，ESV、景观干扰度和人为胁迫度指数权重值分别为 0.539、0.297、0.164。

为消除不同量纲影响，运算前各因子都进行标准化处理，各权重采用专家经验法结合层次分析法确定。

2. 景观生态风险区域划分及计算

按照边长 3.5km 尺度将研究区域划分成 4588 个网格单元，利用 ArcGIS 10.3 中的 Fishnet 工具及 Split 工具对矢量图进行单元分割。基于 Fragstats 4.2 软件批量提取五期每个网格景观类型面积、破碎度指数、分离度指数和分维数，结合课题组其他成员研究获得的网格景观服务价值和区县人口密度数据，按照式(9.1)、式(9.2)和式(9.3)计算五期每个网格的景观生态风险，并将该值作为网格中心点的属性值，获得研究区域五期景观生态风险网格分布图。

9.4.2 基于地统计学的理论模型拟合分析

空间变异结构可以通过半方差函数的理论模型模拟，计算公式为：

$$\gamma(h) = \sum_{i=1}^{N(h)} [Z(x_i) - Z(x_i + h)]^2 / 2N(h) \tag{9.4}$$

式中：$\gamma(h)$ 为变异函数值；$Z(x_i)$ 和 $Z(x_i+h)$ 是 $Z(x)$ 在空间单元 x_i 和 x_i+h 上的景观服务价值，$i=1, 2, \cdots, N(h)$；$N(h)$ 是分割距离 h 的样本量。

最优变异函数拟合模型的选择主要考虑决定系数 R^2 取得最大值，残差值 RSS 取得较小值，并结合结构方差与基台值的比值 $C/(C+C_0)$（该值反映了空间相关性的强弱，将它定义为空间相关系数，即该系数越大空间相关性越强，说明样本间的变异更多是由结构性引起的）、有效变程 A（变程值表示某一特征在空间上自相关的空间幅度，在大于变程的空间尺度上该变量没有自相关性）。

莫兰指数被用于判定地理变量空间自相关关系，包括全局自相关莫兰指数和局部自相关莫兰指数。其中全局自相关莫兰指数用于分析地理变量空间相似性聚集度，局部自相关莫兰指数用来识别地理变量在不同空间单元的高值簇或热点区与低值簇或冷点区的空间分布。全局自相关莫兰指数和局部自相关莫兰指数计算公式如下：

$$I_{\text{GlobalMoran's}} = \frac{n \sum_{e=1}^{n} \sum_{f=1}^{n} w_{ef}(P_e - P_{ave}) \times (P_f - P_{ave})}{\left(\sum_{e=1}^{n} \sum_{f=1}^{n} w_{ef}\right) \times \sum_{e=1}^{n} (P_e - P_{ave})^2} \tag{9.5}$$

$$I_{\text{LocalMoran's}} = \left(\frac{P_e - P_{\text{ave}}}{\left(\sum_{e=1,\ e \neq f}^{n} P_e^2 \right) / (n-1) - P_{\text{ave}}^2} \right) \sum_{e=1}^{n} w_{ef}(P_e - P_{\text{ave}}) \tag{9.6}$$

式中：P_e 和 P_f 分别为地理单元 e 和地理单元 f 位置的函数值($e \neq f$)；w_{ef} 为权重系数矩阵；n 为地理单元数。

莫兰指数的判断区间为[-1, 1]：区间(0, 1]表示正自相关，值越大，其正自相关性越高；区间[-1, 0)表示负自相关，值越小，其负自相关性越高；值等于0表明变量值在空间上是相互独立分布的。

在地统计学软件GS+的支持下，完成五期景观生态风险的统计特征分析，获取五期景观生态风险分布直方图，如图9.1所示，五期景观生态风险基本符合正态分布。

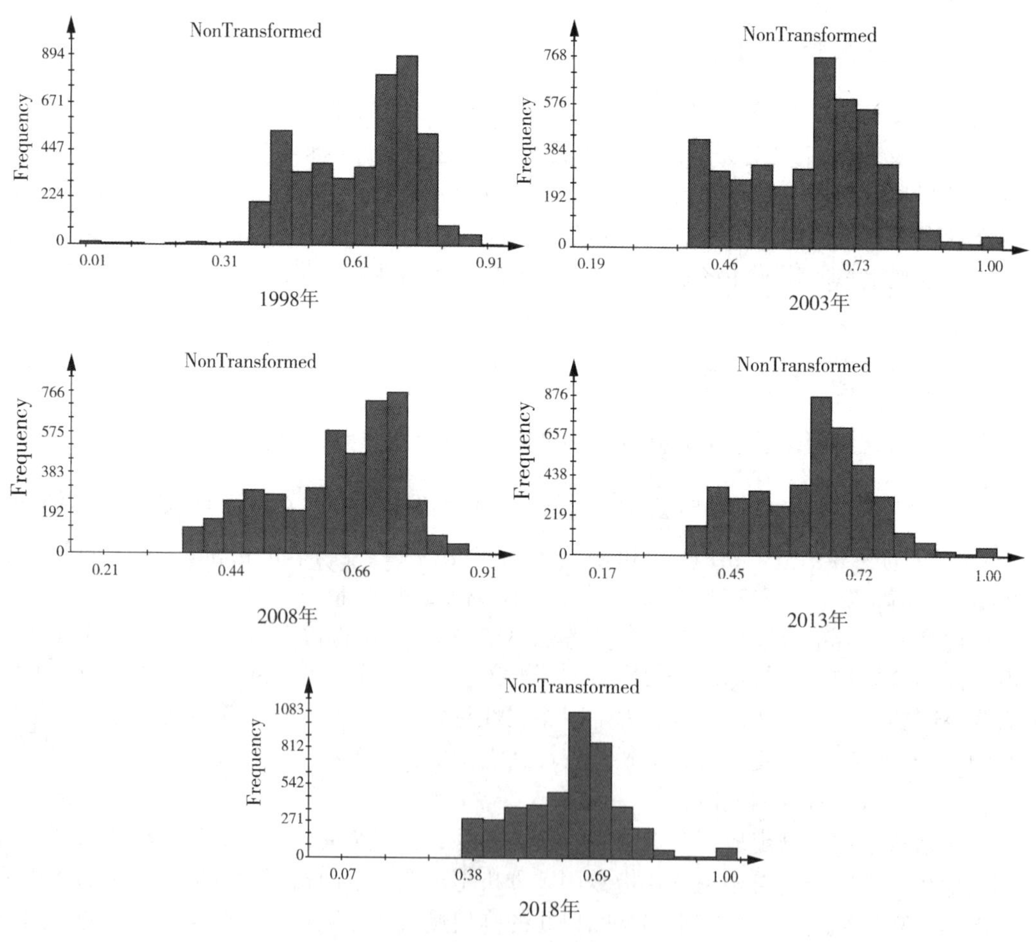

图9.1 五期景观生态风险分布直方图

在地统计学软件GS+的支持下，构造3.5km×3.5km尺度下五期景观生态风险变异函数模型，完成数据变异函数理论模型的拟合，如表9.1所示。最优变异函数拟合模型主要由决定系数 R^2 确定，同时结合块金值 $C/(C+C_0)$、有效变程值 A 及残差值RSS。在

3.5km×3.5km 尺度下，五期景观生态风险均为指数模型拟合效果最好，R^2 分别为 0.959、0.943、0.954、0.977 和 0.928，RSS 均为最小值，$C/(C+C_0)$ 均大于 0.5，分别为 0.6550、0.7250、0.7580、0.8080 和 0.8720，结构方差占总方差的比值呈现递增的变化，说明在 3.5km×3.5km 单元网格划分下，1998—2018 年，结构性因素对景观生态风险影响程度加深。1998 年、2003 年、2008 年、2013 年和 2018 年研究区景观生态风险空间分异的变程分别为 250.200km、308.400km、285.900km、594.000km 和 53.866km，表明 3.5km×3.5km 单元网格划分下研究区景观生态风险具有高度的空间相关性。

表 9.1　景观生态风险变异函数拟合模型参数

年份	模型	C_0	Sill$(C+C_0)$	$C/(C+C_0)$	A	R^2	RSS
1998 年	指数	0.0073	0.0210	0.6550	250200.000	0.959	7.134×10^{-6}
	球状	0.0090	0.0197	0.5430	192700.000	0.933	1.157×10^{-5}
	高斯	0.0097	0.0195	0.5030	147051.114	0.889	1.997×10^{-5}
	线性	0.0100	0.0209	0.5220	182670.063	0.908	1.588×10^{-5}
2003 年	指数	0.0070	0.0253	0.7250	308400.000	0.943	1.712×10^{-5}
	球状	0.0087	0.0236	0.6310	227300.000	0.929	2.137×10^{-5}
	高斯	0.0103	0.0226	0.5440	172339.056	0.878	3.647×10^{-5}
	线性	0.0095	0.0239	0.6050	182670.063	0.923	2.310×10^{-5}
2008 年	指数	0.0044	0.0180	0.7580	285900.000	0.954	7.655×10^{-6}
	球状	0.0058	0.0165	0.6490	207900.000	0.934	1.100×10^{-5}
	高斯	0.0068	0.0159	0.5730	153979.317	0.889	1.862×10^{-5}
	线性	0.0065	0.0173	0.0625	182670.063	0.922	1.307×10^{-5}
2013 年	指数	0.0056	0.0293	0.8080	594000.000	0.977	6.120×10^{-7}
	球状	0.0063	0.0222	0.7160	267200.000	0.977	6.228×10^{-6}
	高斯	0.0820	0.0213	0.6170	209404.943	0.948	1.390×10^{-6}
	线性	0.0068	0.0209	0.6750	182670.063	0.979	5.568×10^{-6}
2018 年	指数	0.0020	0.0152	0.8720	53866.780	0.928	5.783×10^{-6}
	球状	0.0066	0.0151	0.5630	67600.000	0.914	6.054×10^{-6}
	高斯	0.0075	0.0151	0.5030	53866.780	0.911	6.324×10^{-6}
	线性	0.0108	0.0169	0.3620	182670.063	0.707	2.062×10^{-5}

9.4.3 景观生态风险时空变化分析

按照自然断点法对哈尔滨市五期景观生态风险进行 5 个不同等级的划分，即低景观生态风险、较低景观生态风险、中等景观生态风险、较高景观生态风险和高景观生态风险。运用 ArcGIS 10.3 地统计模块中的普通克里格插值法对划分景观生态风险等级后的离散点进行插值，生成五期景观生态风险连续空间分布图，对五期景观生态风险进行分级统计，如表 9.2 所示。

表 9.2　五期景观生态风险分级统计

时间	低景观生态风险	较低景观生态风险	中等景观生态风险	较高景观生态风险	高景观生态风险
1998 年	11.95%	25.71%	20.73%	26.38%	26.26%
2003 年	21.44%	14.89%	23.29%	22.96%	27.42%
2008 年	25.76%	26.64%	28.84%	10.76%	5.52%
2013 年	22.29%	17.41%	27.15%	18.81%	19.30%
2018 年	18.56%	15.35%	29.42%	21.09%	21.50%

1998 年，研究区域高景观生态风险、较高景观生态风险和较低景观生态风险分布面积较大，高景观生态风险主要分布在西部区域主城区，低景观生态风险主要分布在北部及东南林地区域，较高景观生态风险主要分布于大面积的耕地分布区，较低景观生态风险主要分布于林地与耕地边界区域，中等景观生态风险大面积分布于较低和较高风险区交界区域。2003 年，研究区域内高景观生态风险面积比例最大，为主要景观生态风险类型，占研究区域面积的 27.42%，较低景观生态风险区域所占面积相对较小。2008 年，研究区域内景观生态风险主要分布在东部区域，低景观生态风险主要分布在中部区域，其他景观生态风险呈现区域内均匀交错分布。2013 年，研究区域内主要景观生态风险类型为中等景观生态风险，较低景观生态风险和较高景观生态风险区域所占面积比较小。2018 年，研究区域内主要景观生态风险类型仍为中等景观生态风险，其他各级景观生态风险所占面积比例较均衡。

9.4.4　区域景观生态风险的空间关联格局分析

1. 基于 Moran's I 的全局自相关分析方法

全局 Moran's I 指数常用于检验和判定研究区域景观分布的全局自相关关系，本文利用 GeoDa 软件，根据 1998 年、2003 年、2008 年、2013 年和 2018 年景观生态风险的空间分布数据得出 Moran's I 散点图，如图 9.2 所示，在 3.5km 尺度下全局 Moran's I 值在各时期分别为 0.772598、0.767102、0.814399、0.752047 和 0.623601。Moran's I 值在 1998—2008 年整体呈略微上升趋势，2008—2018 年呈略微下降趋势，表明研究区景观生态风险在 2008 年最强，其空间分布并不是随机的，存在一定内在联系，即景观生态风险以聚类模式在空间分布。

本研究基于 ArcGIS10.3，完成了景观生态风险的全局空间自相关指数 Moran's I 值的

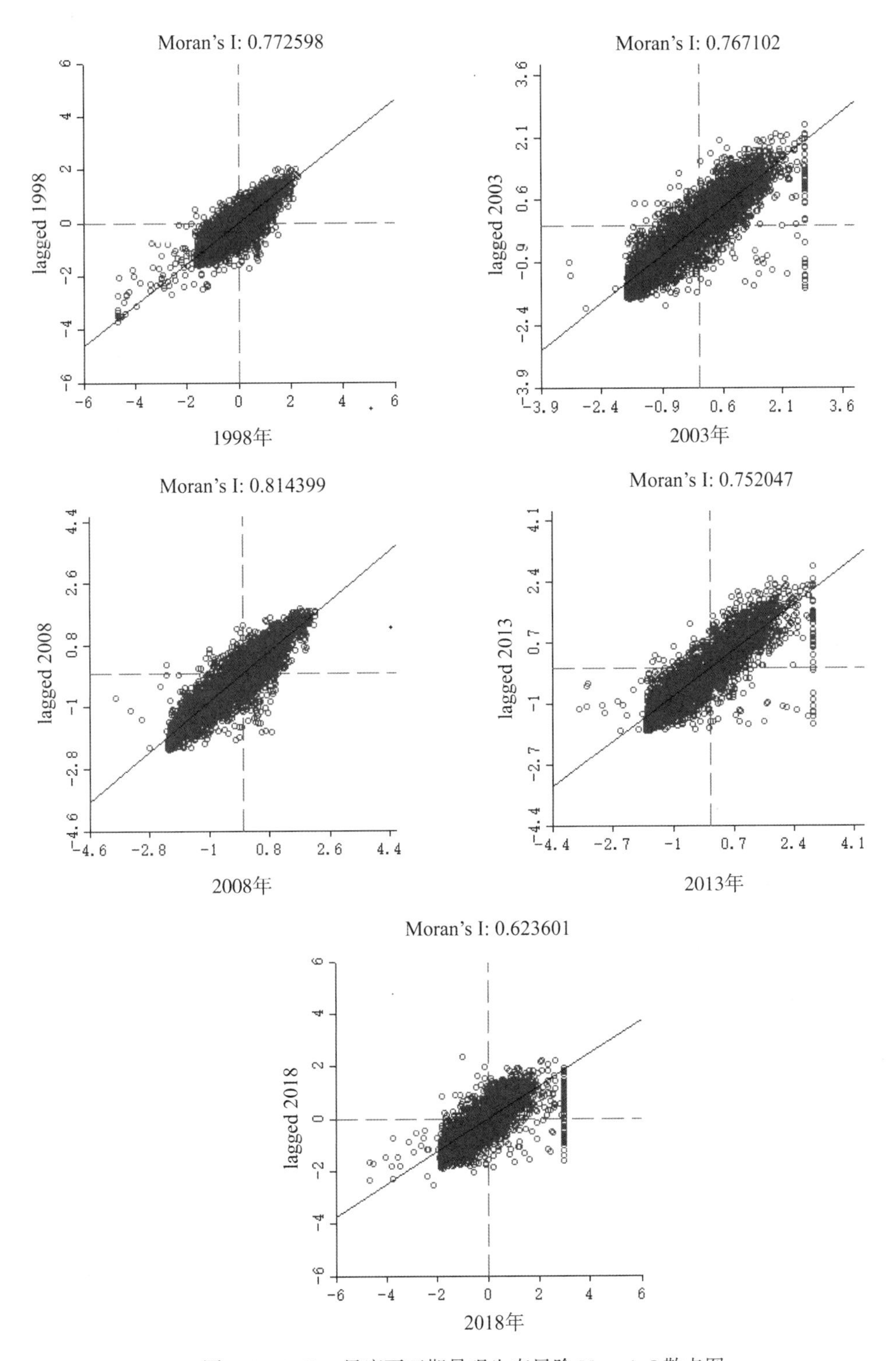

图 9.2 3.5km 尺度下五期景观生态风险 Moran's I 散点图

计算。由于1998年到2018年的Moran's I指数均介于0到1之间，可知研究区域的景观格局均呈现聚集的分布状态，整体景观的优势度大。

2. 局部自相关分析方法

全域空间自相关指标可以检验整个区域某一要素的空间分布模式，但全局Moran's I指数不能用来测度相邻区域之间要素或属性的空间关联模式，也没有反映出景观生态风险的局域显著性水平的具体数值，因此需要讨论局部小区的某一地理要素或属性与相邻局部小区上的同一要素或属性的相关程度。为此，我们进一步对研究单元的景观生态风险进行局域空间关联格局分析，得出LISA集群图，将研究区域分为五个分布区："不显著""高—高""低—低""低—高""高—低"。其中"高—高"值区主要是不同类型景观之间的互相转换导致区域景观破碎度加大，景观生态风险呈不断增强的趋势。

在不同尺度下各类值区的分布大致相同，在五期图像中"不显著"值区占比最大，分布范围最广，"低—高"和"高—低"值区占比都较小，但分布比较分散。

1998年"高—高"值区分布较为分散，主要集中分布在中部和西北部；"低—低"值区分布比较分散，大多位于研究区的东部和南部，这与同期的景观生态风险网格分布格局较为一致。

1998—2003年研究区景观生态风险集群结构未发生明显变化，"高—高"值区稍向西部区域转移，转移极小，但分布还是比较分散；而"低—低"值区未发生太多转移，还是主要分散分布在研究区的东部和南部，中部地区略微增加。

2003—2008年研究区景观生态风险集群结构在"高—高"值区发生了比较明显的变化，开始向北部区域移动，但在其他值区未发生太大转移。

2008—2013年研究区景观生态风险集群结构在"高—高"值区发生了比较明显的变化，从分散分布在中部区域和西北部区域转变成了集中分布在西北部地区；"低—低"值区开始出现在区域东南部。

2013—2018年"高—高"值区分布变得最分散，从集中分布在西北部转移到整个区域分散分布；"低—低"值区分布比较分散，大多位于研究区的边缘地区；"低—高"和"高—低"值区占比都较小，位置比较分散。

9.5 景观生态风险时空变化驱动力

9.5.1 驱动因子选择及计算

基于理论分析，综合考虑指标差异性、数据可获取性及研究区域经济因素，从自然因素、人为因素和经济因素方面选取高程、与主要道路距离、与主要河流距离、与居民点距离、人口密度、农业总产值、林业总产值、畜牧业总产值、第二产业、第三产业、GDP、城镇化率、温度、降水量、植被覆盖度15个因子作为LER时空变化初选驱动因子。其中高程通过30m空间分辨率DEM提取，并重采样至3500m；与主要道路距离、与主要河流距离通过扫描研究区域1∶500地图，提取主要道路、主要河流矢量，在ArcGIS 10.3中采用近邻分析(Near)计算网格中心点与主要道路距离、与主要河流距离；与居民点距离则通过遥感影像提取的斑块面积位于前 10%的建设用地矢量作为主要居民点，在 ArcGIS 10.3 中采用近邻分析(Near)计算网格中心点与主要居民点距离；本研究按照区县经济、人口密度因子总值不变原则、因子与土地利用相关性原则将人口数、畜牧业总产值、第二产业、第三产业、GDP、城镇化率通过建设用地矢量、网格矢量、区县矢量相交面积比例加权计算每个网格因子值，将农业总产值通过耕地矢量、网格矢量、区县矢量相交面积比例加权计算每个网格农业总产值；温度、降水量通过网格矢量、区县矢量相交面积比例加权计算每个网格因子值；通过遥感影像提取 NDVI 计算获得植被覆盖度。

9.5.2 自变量与因变量空间相关性

通过地统计学软件 GeoDa 进行自变量因子与因变量双变量空间自相关计算，获得 15 个备选自变量与 LER 均存在一定程度的二元空间相关性，见表 9.3，这里初步选择相关性较高的道路距离、第二产业、第三产业、GDP、农业、牧业、人口密度和高程 8 个因子进行下一步验证。

表 9.3 备选自变量因子与景观生态风险二元空间相关性

	1998 年	2003 年	2008 年	2013 年	2018 年
河流距离	-0.1017	-0.1163	-0.1458	-0.1719	-0.1641
道路距离	-0.3680	-0.2559	-0.3402	-0.2454	-0.2507
第二产业	0.2742	0.2034	0.2486	0.2812	0.2423
第三产业	0.2550	0.2010	0.2496	0.2771	0.2371
GDP	0.2787	0.2142	0.2561	0.2983	0.2563
农业	0.5512	0.4149	0.5906	0.4202	0.3176
林业	-0.1258	-0.0310	-0.1701	-0.1353	-0.0832
牧业	0.3192	0.2408	0.2838	0.1951	0.2180
渔业	-0.0513	0.0918	0.0721	0.0196	0.0557
人口密度	0.3132	0.2437	0.2882	0.3052	0.2744
降水量	0.1036	-0.0835	-0.1721	-0.1326	-0.1181
温度	0.1933	0.1974	0.1941	0.1916	0.1925
高程	-0.4077	-0.3359	-0.5153	-0.3515	-0.3837
城镇化率	0.1789	0.1804	0.1660	0.1508	0.1732
植被覆盖率	-0.1140	-0.1754	-0.3901	-0.1492	0.1536

9.5.3 自变量多重共线性

回归模型中两个或多个自变量之间高度相关(但不完全)被称为多重共线性。多重共线性的存在会导致难以准确地对回归模型的系数进行估计。经过二元相关性验证后保留的自变量因子还要进一步验证多重共线性。本研究运用SPSS软件进行8个回归自变量的多重共线性诊断，通过VIF判断共线性，其结果见表9.4。

表9.4　回归自变量多重共线性VIF

	道路距离	第二产业	第三产业	GDP	畜牧业总产值	人口密度	高程	农业总产值
1998年	1.49	280.38	838.04	3293.55	20.44	149.21	1.63	1.78
2003年	1.42	279.06	398.97	607.05	32.93	31.74	1.56	2.10
2008年	1.35	887.54	31.65	1173.35	18.15	39.26	1.67	1.62
2013年	1.31	427.72	322.80	782.14	11.40	122.91	1.49	1.52
2018年	1.32	347.82	364.55	823.67	10.20	98.62	1.37	1.59

从表9.4可以得出，各年份第二产业、第三产业、GDP、畜牧业总产值和人口密度5个因子的VIF均大于10，表明这些变量存在严重的多重共线性，应该合理排除，考虑到第二产业为本研究区域重要产业，保留第二产业因子，去除第三产业、GDP、畜牧业总产值和人口密度4个因子。经过上述对线性回归自变量的预检，回归模型所选择的自变量为道路距离、第二产业、农业总产值、高程这4个因子。

9.5.4　地理加权回归系数分析

通过对地理位置加权驱动回归模型可以得到各驱动因素的回归系数在一定程度上可以直接反映该模型中的驱动因素对影响哈尔滨地区城市生态风险的大小，回归系数的差异也可以理解为该驱动因素对城市生态风险影响的时空差异性。

1. 道路距离系数时空变化

道路距离系数对哈尔滨市部分地区的生态风险产生了一定的影响，其中1998年、2003年、2013年和2018年道路距离表现显著的地区基本上类似。南部地区道路距离对生态风险的影响较为明显。其中2008年分布格局变化较大，发生显著变化的是主城区道路距离因素，对生态风险的影响变小。东部地区道路距离产生影响明显变小。从1998年到2008年主城区周围道路距离系数逐年减小，南部地区逐年增大。2018年相较于2013年主城区道路距离影响明显增多，说明近几年道路建设发展迅速，使得道路距离驱动力因子对景观生态风险造成显著影响。

综上所述，道路距离因素对哈尔滨市的景观生态风险具有一定影响。

本研究对于哈尔滨市交通与道路的距离影响因素最初设定的主要目的是研究哈尔滨市交通生态道路的建设过程是否对哈尔滨市的交通生态风险造成了影响。以上结果表明，较多地区的哈尔滨市交通生态道路距离的建设对哈尔滨市周边的区域确实可能会产生很大交通生态环境的影响，因此该地区的交通生态道路的建设对哈尔滨市生态环境敏感地区的交通生态的风险还是可能会对哈尔滨市体现出显著的负面影响。但是哈尔滨市主城区的交通道路的发展不会对该地区的生态环境造成巨大破坏，反而有助于促进经济发展，从而加快科学技术的进步和产业发展，更有利于改善营商环境，降低地区生态风险。

2. 农业总产值系数时空变化

1998年，农业对哈尔滨市生态风险总体影响较大的是东部地区，主城区地带农业对生态风险的影响较小。

2003年，其基本分布格局与1998年类似，但可以发现其影响较大的东部区域在原有基础上明显减小，说明农业对生态风险的影响明显变小。

2008年与2003年相比，农业对生态风险的影响明显增大，影响较小的区域从中西部转向中北部，说明农业开始有转型的特点。

2013年，变化最显著的就是主城区，可能是由于经济的发展，主城区的农业对生态风险的影响变大。

2018年相较于2013年农业影响面积部分增多，中部地区变化幅度较小，西部地区与2013年分布格局基本类似。

综上所述，农业对哈尔滨市生态风险的整体影响很大，大部分哈尔滨市受到农业影响，但影响程度存在显著的空间差异，并且在部分经济发达的城区影响并不显著。

结合哈尔滨市实际状况分析，以上结果表明：农业的发展对哈尔滨市东南部地区生态风险带来较大风险。该地区是最容易发生水土流失、造成植被覆盖度减小的地区，农业的发展带来的负面影响较大。

3. 高程系数时空变化

2003年与2013年，高程对生态风险在总体上影响显著，哈尔滨市大部分地区高程表现程度比较高。其中1998—2003年期间，高程对生态风险的表现为统计显著的区域逐年在扩大，说明高程对生态风险的影响还很大。而2003—2008年期间，高程对生态风险的影响显著减小。2018年与2013年情况基本类似，高程对哈尔滨市生态风险的影响总体来说是较大的，只有主城区影响不显著。

本研究考虑高程因素最初设定的目的是探究高程是否对哈尔滨市的生态风险的分布造成了影响。哈尔滨市的社会经济以及城市的布局均具有明显的沿地形分布发育的典型特征。以上结论所反映的实际意义在于：高程对生态风险的影响是显著的。

4. 第二产业系数时空变化

1998—2013年期间第二产业分布格局基本一致，表现出统计显著的地区分布均匀，基本上从2003年到2013年第二产业没有出现太大变化。其中2003年与2013年的情况比较类似。1998—2003年期间第二产业对生态风险的影响明显增大。因此，可以发现区域中第二产业因素对哈尔滨市生态风险是具有一定影响的，只是影响的方向和程度存在明显空间差异。

1998年，对第二产业表现出统计显著的区域主要位于北部地区，对城市的生态风险影响比较大。

2003 年，第二产业因素出现明显变化的是主城区，第二产业因素影响显著增大，这反映出对生态风险影响较大的地区正在增加。

2008 年和 2013 年第二产业系数的影响格局基本上与 2003 年相似，在基本格局不变的情况下，通河县与木兰县地区对第二产业因素表现显著的区域有所增加。

2018 年第二产业系数的分布基本与 2013 年分布一致，西部部分地区逐渐增大，南部部分地区保持不变。

综上所述，第二产业从 2003 年开始影响程度逐渐增强，2013 年开始至 2018 年期间，经济因素等影响使得影响程度变弱。

本研究考虑第二产业因素的初始设想是想探究第二产业是否会对周边区域的生态风险造成负面影响。而以上结果说明，哈尔滨市各个区域的第二产业对生态风险的影响距离城市越远越高，相反在其他地区，反而越近越好。

9.6　研究区域景观生态风险分布均匀度

9.6.1　均匀度理论

1. 基于信息熵理论的均匀度理论

信息熵最早由克劳德·香农提出，用于判断不同通信信号出现概率的均匀性，当不同信号出现概率呈现比较均匀的分布时所能呈现的信息量较大，当不同的信号出现概率呈现不均匀分布时所能呈现的信息量较小，其计算公式如下：

$$H = -\sum_{i=1}^{n} p_i \times \log_2 p_i \tag{9.7}$$

式中：H 为信息熵，n 为不同信号个数，p_i 为信号 i 出现的概率。

在景观生态学中基于信息熵理论的均匀度用来描述景观里不同生态系统的分配均匀程度，其计算公式如下：

$$\text{SHEI} = \frac{H}{H_{\max}} \tag{9.8}$$

式中：SHEI 为基于信息熵理论的均匀度指数，H 为信息熵，$H_{\max}$ 为理论最大均匀信息熵。

$$H_{\max} = \log_2 n \tag{9.9}$$

本研究引入信息熵理论，将计算获得的景观服务价值按照大小进行相等间隔法等级划分，将不同等级的景观服务价值看成不同信号，统计网格不同等级景观服务价值出现的概率，通过式(9.7)、式(9.8)和式(9.9)计算研究区域五期景观服务价值基于信息熵理论的均匀度，该均匀度可以衡量研究区域不同等级景观服务价值在数量上分布的均匀程度，不能衡量空间分布的均匀程度。

2. 基于独占圆与被含均匀度理论

独占圆与被含均匀度理论最早由罗传文教授提出，用于判断林分中植物格局的均匀程度，定义如下：

二维空间中具有相同属性的一组离散点 $P_i(i=1, 2, \cdots, n)$，假设 $A \in P_i(i=1, 2, \cdots, n)$，将距离点 A 的最近邻体点记为 B，$B \in P_i(i=1, 2, \cdots, n)$，$A$、$B$ 两点间距离称为点 A 的紧邻距离，记为 $D(A)$；以 A 为圆心，以 $D(A)/2$ 为半径的圆称为点 A 的独占圆，独占圆的任意外切正方形称为点 A 的独占体，则点 A 独占体面积记为 $S(A)$。

被含均匀度 U 被定义为离散点 $P_i(i=1, 2, \cdots, n)$ 独占体总面积与研究区域面积之比，计算公式如下：

$$U = \sum_{i=1}^{n} S(P_i) / S_{区域} \tag{9.10}$$

计算研究区域五期不同等级的景观服务价值被含均匀度，该均匀度可以衡量不同等级的景观服务价值空间分布的均匀程度。

9.6.2 哈尔滨市景观生态风险分布均匀度

1. 基于信息熵理论的均匀度变化与分析

分别对五期各等级景观生态风险网格数量进行统计，按照式(9.8)和式(9.9)计算研究区域五期不同等级景观生态风险在数量上分布的均匀度，结果见表 9.5，1998 年、2003 年、2008 年、2013 年和 2018 年不同等级景观生态风险的数量分布均匀度分别为 0.872、0.962、0.990、0.944 和 0.939。五期景观生态风险数量分布均匀度都很高，源于研究区域内各级别景观生态风险网格分布数量较均衡。其中 1998 年数量分布均匀度最小，源于 1998 年低值景观生态风险网格个数很少，低概率分布降低了整体数量分布均匀度，其他年份数量分布均匀度均超过 0.9，说明各级别景观生态风险网格分布数量均衡。五期不同等级景观生态风险的数量分布均匀度总体上呈现先增大后减小的变化。

表 9.5 五期各等级景观生态风险网格数及均匀度

时间	低景观生态风险	较低景观生态风险	中等景观生态风险	较高景观生态风险	高景观生态风险	均匀度
1998 年	72	1226	608	1286	1396	0.872
2003 年	1078	628	1229	1180	473	0.962
2008 年	897	620	1034	1047	990	0.990
2013 年	1121	734	1433	967	333	0.944
2018 年	933	647	1553	1084	371	0.939

2. 独占圆与被含均匀度理论变化与分析

根据独占圆定义，以网格中心点坐标为独占圆圆心，将五期网格景观生态风险等级值赋给中心点矢量，在 ArcGIS 10.3 中编写代码计算每期不同等级景观生态风险的独占圆，并按照式(9.10)计算独占体面积及被含均匀度，结果如表9.6所示。

表9.6 景观生态风险空间分布均匀度

年份	景观生态风险等级	独占体面积/hm^2	均匀度	平均均匀度
1998年	低景观生态风险	200000.34	0.048796	0.274029
	较低景观生态风险	1471299.99	0.358966	
	中等景观生态风险	2361684.81	0.576202	
	较高景观生态风险	1146790.45	0.279793	
	高景观生态风险	436064.13	0.10639	
2003年	低景观生态风险	302346.13	0.073766	0.311577
	较低景观生态风险	1194759.23	0.291496	
	中等景观生态风险	2466924.81	0.601878	
	较高景观生态风险	2045366.84	0.499027	
	高景观生态风险	375927.16	0.091718	
2008年	低景观生态风险	405143.61	0.098847	0.267704
	较低景观生态风险	1051388.78	0.256517	
	中等景观生态风险	2787625.35	0.680122	
	较高景观生态风险	899961.63	0.219572	
	高景观生态风险	342093.69	0.083464	
2013年	低景观生态风险	592755.14	0.144620	0.191981
	较低景观生态风险	919378.87	0.224309	
	中等景观生态风险	2295714.79	0.560106	
	较高景观生态风险	102711.12	0.025059	
	高景观生态风险	23812.33	0.005810	
2018年	低景观生态风险	478805.13	0.116818	0.232394
	较低景观生态风险	1305688.26	0.318561	
	中等景观生态风险	2881022.07	0.702909	
	较高景观生态风险	83600.84	0.020397	
	高景观生态风险	13457.17	0.003283	

从表9.6可以看出，各等级景观生态风险空间分布不均匀，中等景观生态风险空间分布均匀度均大于0.5，说明中等景观生态风险在研究区域内空间分布较均匀，其余各等级景观生态风险空间分布均匀度均小于0.5，都处于不均匀分布状态，尤其是高景观生态风险和低景观生态风险分布均匀度极低，源于高景观生态风险、低景观生态风险网格个数

少，且较集中分布于局部范围内。五期景观生态风险平均均匀度均小于0.32，表现为不均匀空间分布，呈现无规律的变化。

9.7 研究区域景观生态风险分布预测

1. 2018 年 LER 网格预测

利用 MATLAB 编程实现基于网格单元的灰色预测模型，以每个单元网格 1998 年、2003 年、2008 年、2013 年 LER 为模型输入数据，预测网格 2018 年 LER。

2. 模型精度验证

预测精度泛指进行预测的模型所产生的模拟值与历史实际值拟合的程度，是用来衡量预测模型优劣的重要指标。本研究采用误差信息比计算每个网格的 LER 预测精度，利用平均误差信息比计算整个研究区域 LER 预测精度。

$$P = \left| \frac{\mathrm{LER}_{\mathrm{yuce}} - \mathrm{LER}_{\mathrm{zhenshi}}}{\mathrm{LER}_{\mathrm{zhenshi}}} \right| \tag{9.11}$$

$$P_{\mathrm{ave}} = \frac{1}{n} \sum_{i=1}^{n} P_i \tag{9.12}$$

式中，P 为误差信息比，该值越小精度越高，这里设置0.25为精度阈值，即 P 小于0.25满足精度要求；$\mathrm{LER}_{\mathrm{yuce}}$ 是预测的生态风险数据值，$\mathrm{LER}_{\mathrm{zhenshi}}$ 是现实的生态风险数据值，n 是网格个数。

将预测所得的研究区域 2018 年网格 LER 和研究区域 2018 年实际网格 LER 按式(9.11)进行每个网格精度计算，满足精度的网格个数为 4294，满足精度要求的网格比例达到 93.55%。按式(9.12)计算获得整个研究区域预测 LER 平均误差信息比为 0.103，小于 0.25，满足精度要求。

3. 哈尔滨市 2023 年 LER 空间分布预测

根据哈尔滨市 1998 年、2003 年、2008 年、2013 年和 2018 年网格 LER，利用基于网格的灰色预测模型预测哈尔滨市 2023 年网格 LER。利用地理统计软件 GS+计算获得哈尔滨市 2023 年 LER 全局自相关指数为 0.565，具有较强的空间自相关性。在 ArcGIS 10.3 中，采用自然断点法进行分级，采用克里金插值生成 LER 连续空间分布。相对于 2018 年，2023 年研究区域 LER 空间差别不明显，2023 年研究区域 LER 平均值为 0.6410，较 2018 年研究区域 LER 平均值略有增加，但增加幅度很低。其中 LER 增加的网格个数为 2083，LER 降低的网格个数为 2505，从个数来看，LER 降低的区域面积大。

9.8 结论

本研究以哈尔滨市 1998 年、2003 年、2008 年、2013 年和 2018 年五期遥感影像和部分国土资源二调数据、道路及河流分布数据、外业调查补充数据、研究区县级边界矢量数据、气象数据(降水量、平均气温等)、各类社会经济数据等为原始数据。通过景观干扰度变化度、人为胁迫度变化度、景观服务价值变化度复合构建景观生态风险评价体系，对哈尔滨市五期景观生态风险进行时空变化分析；基于信息熵理论的均匀度和独占圆理论均匀度对哈尔滨市五期景观生态风险进行了数量与空间分布均匀度的计算；采用地理加权回归模型对哈尔滨市 1998—2018 年景观生态风险时空变化驱动力进行分析；通过 MATLAB 编程实现基于网格单元的灰色预测模型，以每个单元网格 LER 为模型输入数据，预测网格 2018—2023 年 LER，对预测结果 LER 分布格局进行分析。得到以下结论：

(1)在 3. 5km×3. 5km 单元网格划分下，1998—2018 年，结构性因素对景观生态风险影响程度加深。1998 年、2003 年、2008 年、2013 年和 2018 年研究区景观生态风险空间分异的变程分别为 250. 200km、308. 400km、285. 900km、594. 000km 和 53. 866km，表明 3. 5km×3. 5km 单元网格划分下研究区景观生态风险具有高度的空间相关性。

(2)1998 年，研究区域高景观生态风险、较高景观生态风险和较低景观生态风险分布面积较大，高景观生态风险主要分布在西部区域主城区，低景观生态风险主要分布在北部及东南林地区域，较高景观生态风险主要分布于大面积的耕地分布区，较低景观生态风险主要分布于林地与耕地边界区域，中等景观生态风险大面积分布于较低和较高风险区交界区域。2003 年，研究区域内高景观生态风险面积比例最大，为主要景观生态风险类型，占研究区域面积的 27. 42%，较低景观生态风险所占面积相对较小。2008 年，研究区域内景观生态风险主要分布在东部区域，低景观生态风险主要分布在中部区域，其他景观生态风险呈现区域内均匀交错分布。2013 年，研究区域内主要景观生态风险类型为中等景观生态风险，较低景观生态风险和较高景观生态风险区域所占面积比较小。2018 年，研究区域内主要景观生态风险类型仍为中等景观生态风险，其他各级景观生态风险所占面积比例较均衡。

(3)道路距离系数对哈尔滨市 LER 产生了一定的影响，其中 1998 年、2003 年、2013 年和 2018 年道路距离表现显著的区域基本相似。南部地区道路距离对 LER 的影响较为明显。其中 2008 年分布格局变化较大，发生显著变化的是主城区，对 LER 的影响变小。东部地区道路距离产生影响明显变小。从 1998 年到 2008 年主城区周围道路距离系数逐年减小，南部地区逐年增大。2018 年相较于 2013 年主城区道路距离影响明显增大，说明近几年道路建设发展迅速，使得道路距离驱动力因子对生态风险造成显著影响。

农业对哈尔滨市 LER 的整体影响很大，但影响程度存在显著的空间差异。1998 年，农业对哈尔滨市 LER 总体影响较大的是东部地区，主城区农业对生态风险的影响较小。2003 年，其基本分布格局与 1998 年类似，但可以发现其影响较大的东部区域在原有基础上明显减小，说明农业对 LER 的影响明显变小。2008 年与 2003 年相比，农业对 LER 的影响明显增大，影响较小的区域从中西部转向中北部，说明农业开始有转型的特点。2013 年，变化最显著的是主城区，主要由于经济的发展，主城区的农业对 LER 的影响变大。2018 年相较于 2013 年农业影响面积增大，中部地区变化幅度较小，西部地区与 2013 年分布格局基本类似。

2003 年与 2013 年，高程对 LER 的影响总体上较大，只有主城区影响不显著。哈尔滨市大部分地区高程表现程度比较高。其中1998—2003年期间，高程对LER的表现为统计显著的区域逐年扩大，2003—2008年期间高程对LER的影响减小，2018年与2013年情况基本类似。

1998—2013年期间第二产业系数分布格局基本一致，表现出显著的地区分布均匀，2003—2013年第二产业系数没有出现太大变化。1998年，对第二产业表现出显著的区域主要位于北部地区，对城市的生态风险影响比较大。2003年，第二产业因素出现明显变化的是主城区，第二产业因素影响显著增大，2008年和2018年通河县与木兰县地区对第二产业因素表现显著的区域有所增加。2018年第二产业系数的分布基本与2013年分布一致，西部部分地区逐渐增大，南部部分地区保持不变。第二产业从2003年开始影响程度逐渐增强，2013年开始至2018年期间，经济因素等影响使得影响程度变弱。

(4)五期景观生态风险数量分布均匀度都很高，源于研究区域内各级别景观生态风险网格分布数量较均衡。五期不同等级景观生态风险的数量分布均匀度总体上呈现先增大后减小的变化。五期景观生态风险平均均匀度均小于0.32，表现为不均匀空间分布，呈现无规律的变化。

(5)哈尔滨市2023年LER全局自相关指数为0.565，具有较强的空间自相关性。相对于2018年，2023年研究区域LER空间差别不明显，2023年研究区域LER平均值为0.6410，较2018年研究区域LER平均值略有增加，但增加幅度很低。其中LER增加的网格个数为2083，LER降低的网格个数为2505，从个数来看，LER降低的区域面积大。

本研究的创新点如下：

(1)将生态服务价值作为评价终点，利用景观干扰度变化度、人为胁迫度变化度、景观服务价值变化度复合构建景观生态风险评价体系，对哈尔滨市1998年、2003年、2008年、2013年和2018年景观生态风险进行时空变化分析。

(2)引入信息熵理论和独占圆理论进行哈尔滨市1998年、2003年、2008年、2013年和2018年景观生态风险数量与空间均匀度计算。

(3)基于单元网格的LER预测模型，对研究区域LER空间分布进行预测，综合、准确地衡量LER发生的潜在可能。

主要参考文献

[1]邓书斌. ENVI 遥感影像处理方法[M]. 北京：科学出版社，2010.

[2]沈焕锋，钟燕飞，王毅，等. ENVI 遥感影像处理方法[M]. 武汉：武汉大学出版社，2009.

[3]贾永红. 数字图像处理[M]. 4 版. 武汉：武汉大学出版社，2023.

[4]李德仁，周月琴，金为铣. 摄影测量与遥感概论[M]. 北京：测绘出版社，2001.

[5]梅安新，彭望琭，秦其明，等. 遥感导论[M]. 北京：高等教育出版社，2001.

[6]方圣辉，龚龑，孙家抦，等. 遥感原理与应用[M]. 4 版. 武汉：武汉大学出版社，2024.

[7]赵英时，等. 遥感应用分析原理与方法[M]. 2 版. 北京：科学出版社，2013.

[8]周其军，叶勤，邵永社，等. 遥感原理与应用[M]. 武汉：武汉大学出版社，2014.

[9]周廷刚. 遥感数字图像处理[M]. 北京：科学出版社，2020.

[10]闫利. 遥感图像处理实验教程[M]. 武汉：武汉大学出版社，2010.

[11]赵虎，周晓兰，聂芳，等. 遥感与数字图像处理[M]. 成都：西南交通大学出版社，2019.

[12]王育坚，鲍泓，袁家政. 图像处理与三维可视化[M]. 北京：北京邮电大学出版社，2011.

[13]边肇祺，张学工，等. 模式识别[M]. 2 版. 北京：清华大学出版社，1999.

[14]赵宇明，熊惠霖，周越，等. 模式识别[M]. 上海：上海交通大学出版社，2013.

[15]牟少敏，时爱菊. 模式识别与机器学习技术[M]. 北京：冶金工业出版社，2019.

[16]方匡南. 随机森林组合预测理论及其在金融中的应用[M]. 厦门：厦门大学出版社，2012.

[17]吴喜之，马景义，吕晓玲，等. 数据挖掘前沿问题[M]. 北京：中国统计出版社，2009.

[18]康琦，吴启迪. 机器学习中的不平衡分类方法[M]. 上海：同济大学出版社，2017.

[19]胡文生，杨剑锋，张豹. 大数据经典算法简介[M]. 成都：电子科技大学出版社，2017.

[20]邵振峰. 城市遥感[M]. 武汉：武汉大学出版社，2009.

[21]浦瑞良，宫鹏. 高光谱遥感及其应用[M]. 北京：高等教育出版社，2000.

[22]张良培，张立福. 高光谱遥感[M]. 武汉：武汉大学出版社，2005.

[23]王树根. 摄影测量原理与应用[M]. 武汉：武汉大学出版社，2009.

[24]潘俊，王密. 航空影像匀色与镶嵌处理[M]. 武汉：武汉大学出版社，2018.

[25]章孝灿，黄智才，戴企成，等．遥感数字图像处理[M]. 2版．杭州：浙江大学出版社，1997.
[26]李玲．遥感数字图像处理[M]. 重庆：重庆大学出版社，2010.
[27]陈晓玲，赵红梅，田礼乔．环境遥感模型与应用[M]. 武汉：武汉大学出版社，2008.
[28]余肖生，陈鹏，姜艳静．大数据处理：从采集到可视化[M]. 武汉：武汉大学出版社，2020.
[29]郑树泉，王倩，武智霞，等．工业智能技术与应用[M]. 上海：上海科学出版社，2019.
[30]谭琨．高光谱遥感影像半监督分类研究[M]. 徐州：中国矿业大学出版社，2014.
[31]杨可明．遥感原理与应用[M]. 徐州：中国矿业大学出版社，2016.
[32]陈国平．摄影测量与遥感[M]. 北京：测绘出版社，2011.
[33]王桥，王文杰．基于遥感的宏观生态监控技术研究[M]. 北京：中国环境科学出版社，2006.
[34]王文杰，蒋卫国，王维，等．环境遥感监测与应用[M]. 北京：中国环境科学出版社，2011.
[35]李恒凯．离子吸附型稀土矿区地表环境多源遥感监测方法[M]. 北京：冶金工业出版社，2019.
[36]张全新．深度学习中的图像分类与对抗技术[M]. 北京：北京理工大学出版社，2020.
[37]程起敏．遥感图像检索技术[M]. 武汉：武汉大学出版社，2011.
[38]李小娟，刘晓萌，胡德勇，等. ENVI遥感影像处理教程[M]. 北京：中国环境科学出版社，2008.
[39]范树印，等．土地整治遥感监测技术方法与实践[M]. 北京：地质出版社，2016.
[40]黄慧萍．面向对象影像分析中的尺度问题研究[D]. 北京：中国科学院研究生院(遥感应用研究所)，2003.
[41]张克军．遥感图像特征提取方法研究[D]. 西安：西北工业大学，2007.
[42]王惠林．基于知识的遥感图像分类方法研究：以腾格里沙漠南部地区为例[D]. 兰州：兰州大学，2007.
[43]刘英姿，葛根旺．基于知识的遥感影像土地分类模型的分析[J]. 科技信息(科学教研)，2008(5)：32-33.
[44]卢军．不同分辨率遥感影像镶嵌和色彩均衡研究[D]. 贵阳：贵州师范大学，2008.
[45]黄瑾．面向对象遥感影像分类方法在土地利用信息提取中的应用研究[D]. 成都：成都理工大学，2010.
[46]胡婷．遥感图像典型地物特征提取的尺度效应研究[D]. 西安：西北大学，2010.
[47]于洪苹，程朋根，李永胜. PhotoShop软件在遥感影像处理中的应用[J]. 测绘科学，2011，36(3)：199-201.
[48]罗开盛，李仁东，常变蓉，等．面向对象的最优分割尺度选择研究进展[J]. 世界科技研究与发展，2013，35(1)：75-79.
[49]黄志坚．面向对象影像分析中的多尺度方法研究[D]. 长沙：国防科学技术大

学，2014.

[50]韩宇韬．数字正射影像镶嵌中色彩一致性处理的若干问题研究[D]．武汉：武汉大学，2014.

[51]马晓东．基于加权决策树的随机森林模型优化[D]．武汉：华中师范大学，2017.

[52]贺佳伟，裴亮，李景爱．基于专家知识的决策树分类[J]．测绘与空间地理信息，2017，40(5)：91-94.

[53]金永涛，杨秀峰，高涛，等．基于面向对象与深度学习的典型地物提取[J]．国土资源遥感，2018，30(1)：22-29.

[54]胡凤伟，胡龙华，李琦．基于 PhotoShop 的卫星影像处理方法研究[J]．矿产勘查，2018，9(6)：1286-1290.

[55]薛白．多源遥感卫星影像镶嵌技术方法研究[D]．北京：中国地质大学(北京)，2019.

[56]陈果．面向对象的高分辨率遥感影像主要地物信息提取分类研究[D]．西安：西安科技大学，2020.

[57]张荞，张艳梅，蒙印．基于直方图匹配的多源遥感影像匀色研究[J]．地理空间信息，2020，18(12)：54-57.

[58]郭霞．基于 Landsat-8 OLI 遥感数据的随机森林分类优化研究[D]．秦皇岛：燕山大学，2021.

[59]Komiyama H，Takeuchi K. Sustain ability science：building a new discipline [J]. Sustainability Science，2006，1(1)：1-6.

[60]Turner B L，Skole D，Sanderson S，et al. Land-use and Land-cover Change：Science / Research Plan[M]. Stockholm：International Geosphere-Biosphere Programme，1995.

[61]Wu J G. Landscape Ecology-Pattern，Process，Scale and Hierarchy[M]. Beijing：High Education Press，2000.

[62]张玉珍，李延风，段勇．闽江流域生态安全预警研究[J]．福州大学学报(自然科学版)，2012，40(1)：132-137.

[63]Turner M G，Romme W H，Gardner R H，et al. A revised concept of landscape equilibrium：Disturbance and stability on scaled landscapes[J]. Landscape Ecology，1993，8(3)：213-227.

[64]傅伯杰，陈利顶，王军，等．土地利用结构与生态过程[J]．第四纪研究，2003，23(3)：247-255.

[65]韩晓佳，刘小鹏，王亚娟，等．基于景观格局的干旱区绿洲生态风险评价与管理：以青铜峡市为例[J]．水土保持研究，2017，24(5)：285-290.

[66]李雅婷，赵牡丹，张帅兵，等．基于景观结构的眉县土地利用生态风险空间特征[J]．水土保持研究，2018，25(5)：220-225，233.

[67]Rosa D L，Martinico F. Assessment of hazards and risks for landscape protection planning in Sicily[J]. Journal of Environmental Management，2013，127：155-167.

[68]Thomas M F. Landscape sensitivity in time and space-anintroduction[J]. Catena，2011，42(2-4)：83-98.

[69]Katarina P, Monika V. A method proposal for cumulative environmental impact assessment based on the landscape vulnerability evaluation[J]. Environmental Impact Assessment Review, 2015(50): 74-84.

[70]Sati V P. Landscape vulnerability and rehabilitation issues: A study of hydropower projects in Garhwal region, Himalaya[J]. Natural Hazards, 2015, 75(3): 2265-2278.

[71]Kamaljit S B, Gladwin J, Siddappa S. Poverty, Biodiversity and institutions in forest-agriculture ecotones in the western ghats and eastern himalaya ranges of india[J]. Agriculture, Ecosystems and Environment, 2007, 12: 287-295.

[72]吴楠，张永福，李瑞．基于景观指数的干旱区河谷县域土地利用生态风险分析及预测[J]．水土保持研究，2018，25(2)：207-212.

[73]Mortberg U M, Balfors B, Knol W C. Landscape Ecological Assessment: A Tool for Integrating Biodiversity Issues in Strategic Environmental Assessment and Planning[J]. Journal of Environ-mental Management, 2007, 82: 457-470.

[74]汪翡翠，汪东川，张利辉，等．京津冀城市群土地利用生态风险的时空变化分析[J]．生态学报，2018，38(12)：4307-4316.

[75]Nitschke C R, Innes J L. Integrating climate change into forest management in South-Central British Columbia: an assessment of landscape vulnerability and development of a climate-smart frame-work[J]. Forest Ecology and Management, 2008, 256: 313-327.

[76]胡绵好，袁菊红，蔡静远，等．河流城市土地利用景观格局变化及其生态风险分析：以江西省德兴市为例[J]．生态科学，2018，37(1)：78-86.

[77]Aretano R, Semeraro T, Petrosillo I, et al. Mapping ecologica vulnerability to fire for effective conservation management of natural protected areas[J]. Ecological Modelling, 2015, 295: 163-175.

[78]Kates R W, Clark W C, Corell T, et al. Environment and development: sustainability science[J]. Science, 2001, 292(5517): 641-642.

[79]张玉娟，王延亮，刘丹丹．土壤侵蚀时空动态分析：以黑龙江省宾县为例[J]．测绘通报，2014(7)：102-104，124.

[80]Ying X, Zeng G M, Chen G Q, et al. Combining AHP with GIS in synthetic evaluation of eco-environment quality-a case study of Hunan Province, China[J]. Ecological Modelling, 2007, 209(2/4): 97-109.

[81]吕乐婷，张杰，孙才志，等．基于土地利用变化的细河流域景观生态风险评估[J]．生态学报，2018，38(16)：5952-5960.

[82]De Lange A H J, Sala S, Vighi M, et al. Ecological vulnerability in risk assessment—A review and perspectives, Science of the Total Environment, 2010, 408(2010): 3871-3879.

[83]黎启燃，刘辉．基于景观结构的土地利用生态风险分析[J]．福州大学学报(自然科学版)，2014，42(1)：62-69.

[84]Landis W G. Twenty years before and hence ecological risk assessment at multiple

endpoints[J]. Human and Ecological Risk Assessment, 2003, 9: 1317-1326.

[85]李继红，甘依童，李文慧，等．基于 CA 和 MAS 的哈尔滨城市土地利用变化研究[J]. 森林工程，2018，34(1)：30-35.

[86]Zhang Y, Xu J H, Zeng G, et al. The spatial relationship between regional development potential and resource & environment carrying capacity[J]. Resources Science, 2009, 31(8): 1328-1334.

[87]杨光．松花江流域哈尔滨段水环境变化对水生态系统安全的影响研究[D]. 哈尔滨：东北农业大学，2015.

[88]Kanwarpreet S, Virender K. Hazard assessment of landslide disaster using information value method and analytical hierarchy process in highly tectonic Chamba region in bosom of Himalaya[J]. Journal of Mountain Science, 2018, 15(4): 808-824.

[89]韦仕川，吴次芳，杨杨．基于 RS 和 GIS 的黄河三角洲土地利用变化及生态安全研究：以东营市为例[J]. 水土保持学报，2008，22(1)：185-189.

[90]刘湘南，黄方，王平．GIS 空间分析原理与方法[M]. 2 版．北京：科学出版社，2008.

[91]昝旺．基于土地利用动态变化的区域景观生态风险时空分异研究：以西昌市为例[D]. 成都：四川师范大学，2016.

[92]任金铜，杨可明，陈群利，等．贵州草海湿地区域土地利用景观生态安全评价[J]. 环境科学与技术，2018，41(5)：158-165.

[93]王亚娟，王鹏，韩文文，等．宁夏中部干旱带生态移民过程生态风险时空分异：以红寺堡区为例[J]. 干旱区地理，2018，41(4)：817-825.

[94]刘艳军，于会胜，刘德刚，等．东北地区建设用地开发强度格局演变的空间分异机制[J]. 地理学报，2018，73(5)：818-831.

[95]孙才志，闫晓露，钟敬秋．下辽河平原景观格局脆弱性及空间关联格局[J]. 生态学报，2014，34(2)：247-257.

[96]赵丽红．南昌市景观格局时空变化及其驱动力研究[D]. 南昌：江西农业大学，2016.

[97]魏伟，石培基，雷莉，等．基于景观结构和空间统计方法的绿洲区生态风险分析：以石羊河武威、民勤绿洲为例[J]. 自然资源学报，2014，29(12)：2023-2035.

[98]罗传文．均匀论[M]. 北京：科学出版社，2014.

[99]范文义，罗传文．“3S”理论与技术[M]. 哈尔滨：东北林业大学出版社，2003.

[100]张安定，吴孟泉，王大鹏，等．遥感技术基础与应用[M]. 北京：科学出版社，2014.

[101]蒋卫国，王文杰，李京，等．遥感卫星导论[M]. 北京：科学出版社，2015.

[102]盛庆红，肖晖．卫星遥感与摄影测量[M]. 北京：科学出版社，2015.

[103]周绍光，杨英宝，陈仁喜，等．遥感与图像处理[M]. 北京：国防工业出版社，2014.

[104]韦玉春，汤国安，江闽，等．遥感数字图像处理教程[M]. 2 版．北京：科学出版社，2015.

[105]John A. Richards. 遥感数字图像分析导论[M]. 5版. 北京：电子工业出版社，2015.
[106]韦玉春. 遥感数字图像处理实验教程[M]. 北京：科学出版社，2011.
[107]王桥，厉青，陈良富，等. 大气环境卫星遥感技术及其应用[M]. 北京：科学出版社，2011.
[108]傅肃性. 遥感专题分析与地学图谱[M]. 北京：科学出版社，2002.
[109]尹占娥. 现代遥感导论[M]. 北京：科学出版社，2008.
[110]张婷婷. 遥感技术概论[M]. 郑州：黄河水利出版社，2011.
[111]李云梅，王桥，黄家柱，等. 地面遥感实验原理与方法[M]. 北京：科学出版社，2011.
[112]常庆瑞，蒋平安，周勇，等. 遥感技术导论[M]. 北京：科学出版社，2004.
[113]杜培军. 遥感原理及应用[M]. 北京：中国矿业大学出版社，2006.
[114]张树文，张养贞，李颖，等. 东北地区土地利用/覆被时空特征分析[M]. 北京：科学出版社，2006.
[115]史培军，等. 土地利用/覆盖变化研究的方法与实践[M]. 北京：科学出版社，2000.
[116]关泽群，刘继林. 遥感图像解译[M]. 武汉：武汉大学出版社，2007.
[117]彭望琭. 遥感概论[M]. 北京：高等教育出版社，2002.
[118]陈晓玲，赵红梅，田礼乔. 环境遥感模型与应用[M]. 武汉：武汉大学出版社，2008.
[119]贾永红，张谦，崔卫红，等. 数字图像处理实习教程[M]. 2版. 武汉：武汉大学出版社，2011.
[120]韩玲，李斌，顾俊凯，等. 航空与航天摄影技术[M]. 武汉：武汉大学出版社，2008.